普通高等教育电子科学与技术研究生核心课程系列教材
科学出版社"十四五"普通高等教育研究生规划教材

半导体光电子学

主　编　詹义强
副主编　胡来归　蔚安然

科学出版社
北　京

内 容 简 介

半导体光电子学是研究半导体光子和光电子器件的学科，涉及各种半导体光电子器件的物理概念、工作原理及制作技术，在能源、显示、传感和通信等领域都拥有广泛的应用。

本书主要包括半导体材料基本性质、半导体光电子器件基本结构、载流子注入与速率方程、半导体激光器基本理论、光信号调制、半导体光电探测器、太阳能光热与光伏、半导体光调制器和光子集成器件，以及半导体光电子器件制造技术等内容，系统介绍了半导体光电子器件中涉及的基本物理概念和制作方法，分析器件的基本工作原理，可以为将来从事半导体光电子器件研究和光纤通信系统研究打下较为扎实的基础。

本书可作为电子科学与技术、光学工程等学科研究生及相关专业高年级本科生教材，也可供相关科技工作者参考。

图书在版编目（CIP）数据

半导体光电子学 / 詹义强主编. —北京：科学出版社，2023.3

普通高等教育电子科学与技术研究生核心课程系列教材·科学出版社"十四五"普通高等教育研究生规划教材

ISBN 978-7-03-074749-5

Ⅰ. ①半⋯ Ⅱ. ①詹⋯ Ⅲ. ①半导体电子学–光电子学–高等学校–教材 Ⅳ. ①TN36

中国国家版本馆 CIP 数据核字（2023）第 016107 号

责任编辑：潘斯斯 / 责任校对：杨 赛
责任印制：张 伟 / 封面设计：迷底书装

科 学 出 版 社 出版
北京东黄城根北街 16 号
邮政编码：100717
http://www.sciencep.com
北京虎彩文化传播有限公司 印刷
科学出版社发行 各地新华书店经销
*
2023 年 3 月第 一 版 开本：787×1092 1/16
2023 年 12 月第二次印刷 印张：19 1/4
字数：457 000
定价：128.00 元
（如有印装质量问题，我社负责调换）

前　言

　　半导体是一类导电能力介于绝缘体与导体之间且导电性能可调控的材料,具有掺杂、温敏和光敏等诸多特性。而半导体光电子器件是利用光电相互间的转换效应制成的各种半导体功能器件,是构成光电子学科的核心部分。半导体光电子学是研究半导体中光子与电子相互作用、光能与电能相互转换的一门科学。它不仅涉及量子力学、固体物理、半导体物理等基础物理知识,也涵盖相关半导体光电子器件结构及制备技术。2018 年 1 月,在工业和信息化部发布的《中国光电子器件产业技术发展路线图(2018—2022 年)》中明确提出光电子器件是光电子技术的核心和关键。光电子器件产业近年来受到国家相关部门的高度重视,是国家鼓励发展的高科技产业,也是国家战略性新兴产业中的支柱产业。中国光学泰斗王大珩院士说,21 世纪光电子技术将以年倍增的爆炸速度增长,光电仪器仪表是工业生产的"倍增器",是科学研究的"先行官",是国防军事的"战斗力",是社会生活的"物化法官"。可见,光电子技术已经广泛地深入了生活和生产的方方面面,光电子技术的飞速发展与科技成果的创造对民用生产、生活和军工生产等各方面均产生了重大的积极影响。

　　光电子技术的快速发展始于 20 世纪 60 年代激光器的诞生;到 70 年代,随着室温下连续工作的半导体激光器和低传输损耗的光纤的出现,光电子技术得以迅速发展;80 年代,从光纤通信实用化到光纤传感器以及激光唱机诞生,光电子技术已经逐渐走进人们的日常生活并改变生活的方式;21 世纪,随着光子晶体等面向全光概念研究的不断深入,光电子技术逐渐向光子技术演进。目前,国内外正掀起一股光子学和光子产业热潮。光电子技术是 21 世纪的前沿高科技,是国际竞争制胜的战略性技术。光电子技术研发成果服务于当下人们的生活生产、航空事业、交通运输业和医疗事业,同时,研究中积累的大量科学与技术知识为光电子领域后续的发展奠定了坚实的基础。在 2020 年举行的中国国际光电高峰论坛上,中国工程院姜会林院士做了题为《先进光电技术发展态势研究》的精彩报告。针对未来先进光电技术的发展趋势,姜院士总结了五大趋势:"五新"、"五特"、"五多"、"五化"和"五域",憧憬了以光电子为基础的传统先进照明、光伏、传感器等器件未来在空间探测、海洋探测、光电显示、医疗健康、智慧城市等领域的应用潜力和目标。

　　"半导体光电子学"作为一门具有多学科交叉特色的研究生课程,融合了从物理理论基础到器件制备实用化多方面的知识,涉及各种半导体光电子器件的物理概念、工作原理及制作技术。本书从半导体材料基本性质出发,概述了以不同半导体特性制备的半导体光电子器件基本结构,紧接着详细介绍不同器件的应用和原理,包括半导体激光器基本理论、光信号调制、半导体光电探测器、太阳能光热与光伏件、半导体光调制器和光子集成器件,最后针对半导体光电子器件制造技术等内容展开系统介绍。本书共 9 章。

第 1 章为绪论部分，第 2 章介绍半导体光电子器件中的异质结与横模，第 3 章介绍载流子注入与速率方程，第 4 章介绍半导体激光器，第 5 章介绍动态单模与高速调制，第 6 章介绍半导体光电探测器，第 7 章介绍太阳能光热与光伏，第 8 章介绍光子集成，第 9 章介绍半导体光电子器件制造技术。其中，第 1～5 章由詹义强老师负责编写，第 6～8 章由蔚安然老师负责编写，第 9 章由胡来归老师负责编写。本书编写过程中，李建平博士、邓亮亮博士、周小洁博士，研究生张秋仪、盛晨旭、秦守坤、李真源、邱鑫霞、蔡依辰、王浩亮、王琰琰、李晓果、李崇源、潘依伊、王雅鑫、胡天翔协助资料收集和编写，在此表示衷心的感谢。

　　本书得到"复旦大学研究生教材资助项目"的资助，在此表示衷心的感谢。由于作者学识有限，加上半导体光电子技术发展迅速，书中难免存在一些疏漏之处，恳请读者和同行批评指正。

作　者

2022 年 9 月

目　　录

第 1 章　绪　　论

　　半导体材料是半导体产业的基石，同时是推动集成电路技术创新的引擎。在当今我们生活的 21 世纪，小到日常使用的手机、计算机，大到汽车、智能机器人等，无一不需要高性能芯片从内部进行驱动。组成芯片的最小单元即为半导体场效应管这样一种神奇的"电学开关"。它通过电控制实现"开"和"关"的行为，而数以亿万个这样的"开关"组合在一起就能够实现复杂的运算。这些"开关"便利用了半导体材料的特性，人们经过几十年的研究，探索了各种特性的半导体材料，使"开关"更加可靠、高效。如何将这些"开关"巧妙地组合在一起，实现更加高级的功能？这就需要用到半导体加工制备技术，近几十年来研究人员发展了各种半导体加工制备技术。随着半导体加工制备技术水平和加工精度的不断提高，半导体芯片的集成度与运算能力也不断地提高，给生活带来了翻天覆地的变化。伴随着半导体产业的蓬勃发展，新型光电子器件也层出不穷，半导体光电子器件已成为生活的重要组成部分。当使用光作为信息传递的媒介时，需要半导体光电子器件实现电信号与光信号之间的相互转换。日常生活中的收音机信号发射接收器、电梯自动闭合门和数码相机中的光电探测器，以及用于光纤通话的激光信号发射器，都属于半导体光电子器件集成的实际应用。这些光电子器件利用了电子和光子之间复杂的相互作用，都为生活提供了巨大的便利。本章首先回顾并介绍了半导体器件及传统半导体集成电路(Integrated Circuit, IC)产业的发展历史；然后介绍半导体材料的基本性质，包括半导体的晶体结构，并由此延伸到半导体的能带结构；最后介绍半导体材料在光电子器件中的应用和常见的半导体 LED 器件机理。

1.1　半导体器件及半导体 IC 产业的发展历史

1.1.1　半导体器件早期发展

　　半导体材料最早的应用可以追溯到 1874 年，Braun 发现了金属(铜、铁、银等)和锗半导体材料接触时，会产生电流传导的非对称性，利用金属和半导体接触的特性最终制备了一些器件，称为检波器，这可以看作收音机的早期版本。之后到了 1906 年，Pickard 使用硅材料制备了点接触的检波器。1907 年，Pierce 使用金属溅射系统在半导体材料上溅射各种金属时，发现了金属半导体二极管的整流特性。随后到了 1935 年，硒整流器和硅点接触二极管已经广泛应用于收音机中的检波器。伴随着雷达技术的发展，整流二极管和混频器的需求量持续上升，进一步推动了半导体产业的发展。随着金属半导体接触物理模型的提出，人们对于金属半导体接触器件的认识也达到了一个新的阶段。1942 年，

Bethe 提出了著名的热电子发射理论，理论中介绍了在金属与半导体接触时，电流的大小是由半导体中的电子向金属热电子发射的过程决定的，而不是由漂移或者扩散过程决定的。半导体时代真正始于 1947 年 12 月[1]，AT&T 公司贝尔实验室的科学家 John Bardeen 和 Walter Brattain 展示了一种由半导体材料锗制成的固态电子设备。当将电信号施加到锗晶体上的触点时，输出功率大于输入功率，最终这些结果以论文形式发表于 1948 年[1]，且第一个点接触型晶体管也因此而诞生。晶体管(Transistor)这个新的词汇来自两个单词的组合：Transfer(传输)和 Resistor(电阻)。John Bardeen 和 Walter Brattain 的主管 William Shockley 于 1949 年对一种新型的晶体管，即结型双极晶体管(Junction Bipolar Transistor)进行了预测，这种晶体管的巨大优势在于容易批量生产[2]。1956 年，这三人因晶体管的发明一起获得了诺贝尔物理学奖。受到军用方面对电子设备需求的推动，20 世纪 50 年代半导体产业迅速发展。锗晶体管因为尺寸更小、功耗更低、工作温度更低、响应时间更短等优势迅速取代了大多数电子设备中的真空管(Vacuum Tube)。通过引入制造更高纯度的单晶半导体材料的技术，晶体管制造显著加速。1950 年人类制造出第一颗单晶锗，1952 年人类制造出第一颗单晶硅。在整个 20 世纪 50 年代，半导体工业快速发展，和工业界联合最终发展了各种分立电子器件，这些分立的电子器件用于制造收音机、计算机以及许多其他民用和军用产品。这里分立元件主要是指一种独立的电子器件，如电阻、电容、二极管或晶体管，它们是构成一个庞大电子系统的最小单元。当今它们仍然广泛使用于电子产品中，在任何电子系统和几乎每块印刷电路板(Printed Circuit Board，PCB)上都可以轻松找到各式各样的分立元件[1]。

1.1.2 半导体 IC 产业发展

1957 年，参加纪念晶体管发明十周年研讨会的 Jack Kilby 注意到，大多数分立元件，如电阻、电容、二极管和晶体管，都可以由一块半导体材料(如硅)加工制成。因此，他认为有可能将众多分立元件制作在同一块半导体基板上并将它们相互连接起来形成电路，这将大大缩小电路的尺寸，并降低电路的成本。Jack Kilby 于 1958 年加入德州仪器公司(Texas Instruments Inc.)并追求实现他的新想法。由于没有现成的硅衬底，他使用了他能找到的材料：一个锗条。首先在锗条上面制备了一个晶体管，随后又加了一个电容、三个电阻。通过连接晶体管、电容和三个电阻，Jack Kilby 制造了第一个 IC 器件，如图 1-1 所示。由于德州仪器公司的 Jack Kilby 制造的第一个 IC 器件为长条形状，IC 器件长期以来一直称为"条"而不是"芯片"。大约在同一时间，飞兆半导体公司(Fairchild Semiconductor Inc.)的 Robert Noyce 也在研究类似的事情——用更低的成本赚更多的钱。与 Jack Kilby 的 IC 器件(或条)不同，后者使用真正的金属线连接不同的分立元件，Robert Noyce 的芯片采用铝图形蚀刻，在晶圆表面蒸镀铝薄膜并按照特定形状刻蚀铝薄膜以达到不同元件之间的金属互连。通过使用硅代替锗，Robert Noyce 应用了由他的同事 Jean Horni 开发的平面制备工艺来制造结型晶体管，该晶体管使用了硅及其氧化物二氧化硅，高度稳定的二氧化硅在高温氧化炉中能够很容易地在硅片表面生长，可以用于电隔离和扩散掩模。

Robert Noyce 在 1960 年设计的第一批硅 IC 芯片由 0.4 英寸(in)①硅晶片制成。Robert Noyce 的芯片具备现代 IC 芯片的基本加工技术。1961 年,飞兆半导体公司制造了第一款仅由四个晶体管组成的商用 IC,并以每个 150 美元的价格出售。美国国家航空航天局(NASA)是新推出的 IC 芯片的主要客户。

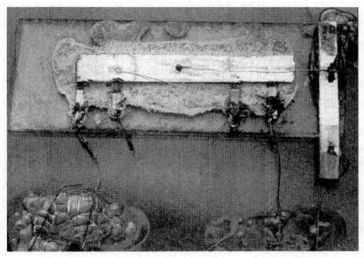

图 1-1　德州仪器公司的 Jack Kilby 制作的世界上第一个集成电路器件原型照片[1]

经过长达数年的专利权斗争,德州仪器公司和飞兆半导体公司通过同意交叉许可各自的技术解决了争端,Jack Kilby 和 Robert Noyce 也共享了 IC 发明者的头衔。2000 年 Jack Kilby 因 IC 的发明获得了诺贝尔物理学奖。Robert Noyce 于 1968 年离开飞兆半导体公司,并与 Andrew Grove 和 Gordon Moore 共同创立了英特尔公司。他后来还担任了位于得克萨斯州奥斯汀的国际半导体制造商联盟 SEMATECH 的首席执行官。

1.1.3　摩尔定律和后摩尔时代

20 世纪 60 年代,集成电路产业发展非常迅速。1964 年,英特尔公司的联合创始人之一 Gordon Moore 注意到计算机芯片上集成的元器件数量每 12 个月翻一番,而价格却保持不变。作为集成电路领域的先驱者,他预测这种趋势将在未来保持。事实证明 Gordon Moore 提出的理论准确预测了行业 40 多年的发展,仅在 1975 年进行了轻微调整,将 12 个月的周期改为 18 个月。他的这种预测在半导体行业称为摩尔定律(Moore's Law)。

在 2000 年之前,半导体行业的特征尺寸通常以微米 μm 为单位。2000 年后,半导体技术发展到了纳米(nm)技术节点。在不到 50 年的时间里,IC 芯片的最小特征尺寸急剧缩小,从 20 世纪 60 年代的约 50μm 缩小到 2020 年的仅 5nm。通过减小最小特征尺寸可以制造出更小的器件,从而使每个晶片可以容纳更多的芯片,或者可以用相同的裸片尺寸制造更强大的芯片。两种方式都有助于 IC 制造厂(Fabs)在 IC 芯片制造中获得更

---

① 1in = 2.54cm。

多的利润。例如，当技术节点从 28nm 缩小到 20nm 时，芯片的尺寸缩小为原来的 51%，这意味着芯片的数量则几乎翻倍。同样，通过进一步将特征尺寸缩小到 14nm，与 28nm 技术相比，芯片数量几乎是 28nm 技术的四倍。在最小特征尺寸达到其最终物理尺寸(1nm)之前，需要突破许多技术挑战限制。最值得注意的技术挑战是使芯片图形化的光刻工艺，这是用于将设计图形转移到晶圆表面并形成 IC 器件的基本 IC 制造步骤。目前使用的光学光刻技术将升级为更加先进的光刻技术，如极紫外(EUV)光刻、纳米压印光刻(NIL)或电子束直写(EBDW)光刻。这些先进光刻技术能够进一步缩小元件最小特征尺寸的物理极限。

集成电路自发明以来，其制造技术发展迅速，芯片单位面积上集成的微处理单元随时间的增长与摩尔定律非常吻合。半导体厂商通过在更小的尺寸上集成更多的器件，节约最多的材料，最终获取更多的利润。此外，半导体制程的缩减也会对芯片的性能有显著影响。在过去很长一段时间里，半导体厂商证明了减小半导体器件特征尺寸可以提高设备速度，降低功耗并提高整体设备性能。因此，几乎所有的半导体厂商都将缩小最小特征尺寸以提升处理器运算性能，降低制造成本并提高利润率放在技术研发的首位。当研发成本和特征尺寸减小所带来的利润增加处于合理水平时，半导体集成电路制造商有强烈的动机大力投资新技术并推动器件微缩。然而，当 IC 技术节点达到纳米范围时，由于严重的漏电以及纳米尺度的一些量子干扰问题，简单地缩小最小特征尺寸不再能够有效地提高器件性能，除非在器件中使用非常昂贵的高 k 值栅极电介质和金属栅极，而这样做无疑会大大增加制造成本。在纳米技术时代，随着 IC 技术节点的不断缩小推进，研发成本几乎呈指数级增长。随着 IC 技术节点发展到 32nm、28nm、22nm、20nm、14nm、5nm 及以下，越来越少的 IC 制造商能够独自承担研发成本。在可预见的未来，摩尔定律将成为历史。

1.2　半导体材料的基本性质

1.1 节讲述了半导体器件的发展历史，以及现代社会基于半导体材料一步步发展起来的大规模集成电路的历程。这里首先明确一个基本概念，什么是半导体？半导体是指常温下导电性能介于金属(包括铜、铝、钨等)等良导体和橡胶、塑料、干木等绝缘体之间的一类材料。最常用的半导体材料是硅(Si)和锗(Ge)，它们都位于元素周期表的第Ⅳ主族。另外，还有一些化合物，如砷化镓(GaAs)、碳化硅(SiC)和硅锗(SiGe)，也是半导体材料。半导体最重要的特性之一是可以通过添加某些杂质(称为掺杂过程)和施加电场来控制其导电性。本节将回归半导体材料的本身，从半导体材料的晶体结构开始，简单了解研究半导体的性质，探究半导体材料可以有如此神奇的作用的原因。

1.2.1　半导体的结构特征

半导体的光电等物理性质从根本来说是由半导体的晶体结构所决定的。本节从两种最基本且典型的半导体材料，即硅(Si)和砷化镓(GaAs)来简单介绍半导体的晶体结构。硅是最被广泛且深入研究的半导体材料,目前的所有的商业化芯片几乎都是由硅制成的。用于制作半导体器件的硅存在多种形态,包括硅多晶、硅单晶、硅片、硅外延片、非晶硅薄膜等,根据不同的实际用途兼顾成本考量,来选择不同形态的硅材料。砷化镓是镓和砷两种元素所合成的化合物,也是重要的ⅢA 族、ⅤA 族化合物半导体材料,由于其具有直接带隙,通常用于微波电路、红外线发光二极体、半导体激光器和太阳能电池等元件的制作。下面从经典半导体材料的晶体结构出发,逐步进行介绍。

晶体的特点是其具有结构良好的周期性原子排列。可以重复形成整个晶体的最小原子组合称为原始晶胞,其晶格常数为 a。图 1-2 显示了一些重要的晶格结构,分别为简立方、体心立方和面心立方。许多重要的半导体都具有和金刚石晶格或闪锌矿晶格一样的结构,属于四方相;也就是说,每个原子都被四个等距的最近邻原子包围,这些近邻原子位于四面体的顶点。两个最近邻原子之间的化学键是由两个具有相反自旋的电子形成的。金刚石晶格和闪锌矿晶格可以被认为是两个互穿的面心立方(FCC)晶格嵌套而成的。对于金刚石晶格,如硅,所有原子都是相同的;而在闪锌矿晶格中,如砷化镓,一个亚晶格是镓,另一个亚晶格是砷。大多数Ⅲ-Ⅴ族化合物是闪锌矿结构晶格;但是,也有许多半导体(包括一些Ⅲ-Ⅴ化合物)是纤锌矿结构。纤锌矿结构被认为是两个互穿的面心立方晶格。在这种纤锌矿结构中,每个原子有六个最近邻原子。此外,纤锌矿晶格可以被认为是两个互穿的六方密堆积晶格(如硫化镉(CdS)的亚晶格)嵌套而成的。在这种结构中,对于每个亚晶格(Cd 或 S 组成),相邻层的两个平面水平平移,使得这两个平面之间的距离最小,因此命名为最密堆积。纤锌矿结构具有四个等距最近邻的四面体排列,类似于闪锌矿结构。

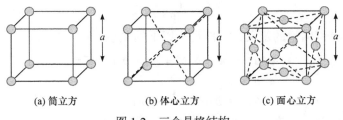

(a) 简立方   (b) 体心立方   (c) 面心立方

图 1-2 三个晶格结构

米勒指数是描述半导体晶体结构的一个重要的参数,用来描述晶体结构中不同的面。每个晶面和每个坐标轴相切位置的倒数组合起来为该面的米勒指数。由于半导体器件通常构建在半导体表面上或在表面附近,对于有很多晶面的半导体来说,表面晶面的取向和特征很重要。定义晶体中各种平面的一种简便方法是使用米勒指数。在半导体晶格中,米勒指数是通过晶格常数(或原始单元)找到平面与三个基轴的截距来确定的,然后取这些数字的倒数并取它们的最小公倍数的整数。米勒指数包含在不同的括号中表示不同的含义,小括号(hkl)表示单个平面,大括号{hkl}表示一组平行平面。图 1-3 显示了立方晶格中重要平面的米勒指数。对于单元素硅,最容易断裂的平面是{111}平面。相比之下,具有相似的晶格结构,但在近邻原子所成化学键中包含少量离子键的砷化镓在{110}平面上容易裂解。一般可用原始晶胞的三个原始基向量 a、b 和 c 来描述晶体结构,使得晶体结构在通过任何向量的平移下保持不变,平移后的向量是这些基向量的整数倍之和。平移

向量可以用 R 表示，晶体结构的平移向量 R 可以描述为

$$R = ma + nb + pc \tag{1-1}$$

式中，m、n、p 均为整数。

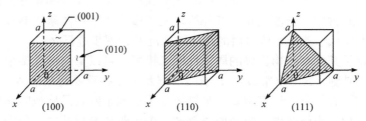

图 1-3　立方晶格中一些重要的米勒指数

以上介绍了晶体的基本结构和不同晶面的表示方法。为了将晶体结构和半导体的能带结构联系起来，接下来继续介绍一个重要的概念，即倒格子。如果将晶格结构看作半导体结构在空间中的分布，那么倒格子描述的是周期型半导体在向量空间中的表示，后面会用到这个概念，将倒格子单位向量定义为 a^*、b^* 和 c^*，下面的公式展示了基本的空间单位向量如何转换为倒格子单位向量：

$$a^* = 2\pi \frac{b \times c}{a \times b \times c}$$
$$b^* = 2\pi \frac{c \times a}{a \times b \times c} \tag{1-2}$$
$$c^* = 2\pi \frac{a \times b}{a \times b \times c}$$

根据倒格子单位向量的定义，可以得出以下的关系：

$$a \cdot a^* = 2\pi, \quad b \cdot b^* = 2\pi, \quad c \cdot c^* = 2\pi$$
$$a \cdot b^* = 0 \tag{1-3}$$
$$a \cdot b \times c = b \cdot c \times a = c \cdot a \times b$$

另外，一个任意的倒格子空间的位移 G 可以表示为

$$G = ha^* + kb^* + lc^* \tag{1-4}$$

式中，h、k、l 均为整数。

倒格子的原始单元可以用 Wigner-Seitz 原胞表示。Wigner-Seitz 原胞是通过在倒格子中从所选中心到最近的等效倒格子位置绘制垂直平分线平面来构建的。倒格子中的 Wigner-Seitz 晶胞称为第一布里渊区。图 1-4 给出了常见的面心立方晶格、体心立方晶格和六方密堆积晶格的第一布里渊区图案。

图 1-4 中，图(a)～图(c)分别对应了面心立方晶格、体心立方晶格和六方密堆积晶格的第一布里渊区图案。布里渊区在半导体中是一个非常重要的概念，它将虚拟的动量空间和实空间联系起来，在表示半导体中载流子的 $E\text{-}k$ 关系时，倒格子空间中的向量就是波矢 k。

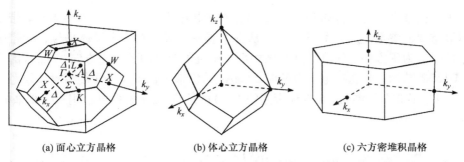

(a) 面心立方晶格　　　　　　(b) 体心立方晶格　　　　　　(c) 六方密堆积晶格

图 1-4　常见的面心立方晶格、体心立方晶格和六方密堆积晶格的第一布里渊区图案

1.2.2　半导体的能带结构

半导体晶格中载流子的能量-动量(E-k)关系很重要，例如，在光子与声子的相互作用中能量和动量是必须守恒的，以及电子与空穴的相互作用中都离不开对能量和动量的分析。能量-动量关系是理解半导体能带结构的关键。在讨论能量-动量关系时，还有两个要提到的物理量，分别是有效质量和群速度，这将在后面讨论。

晶体固体的能带结构，即能量-动量(E-k)关系，通常通过求解单一电子近似的薛定谔方程得到。这里要用到一个重要的定理，即布洛赫定理。布洛赫定理是能带结构基础的最重要的定理之一，它指出如果势能 $V(r)$ 在晶格空间中是周期性的，则薛定谔方程中波函数的解必须是布洛赫函数形式(具体的验证在这里不做展开)。波函数的薛定谔方程如式(1-5)所示，其波函数的布洛赫形式的解如式(1-6)所示：

$$\left[-\frac{\hbar^2}{2m^*}\nabla^2 + V(r)\right]\psi(r,k) = E(k)\psi(r,k) \tag{1-5}$$

$$\psi(r,k) = \exp(jk \cdot r)U_b(r,k) \tag{1-6}$$

$U_b(r,k)$ 中的 b 是一个整数，代表不同的能带。$\psi(r,k)$ 和 $U_b(r,k)$ 都是以空间中 R 为周期的周期函数。相关的周期函数可以用式(1-7)来表示：

$$\psi(r+R,k) = \exp\left[jk \cdot (r+R)\right]U_b(r+R,k) = \exp(jk \cdot r)\exp(jk \cdot R)U_b(r,k) \tag{1-7}$$

值得注意的是 $k \cdot R = 2\pi n$，其中 n 为整数。因此可以得出 $\psi(r,k) = \psi(r+R,k)$。这里波函数中的 k 可以用倒格子空间中的任意向量 G 来代替。另外，根据布洛赫定理，$\psi(r,k)$ 为周期函数，可以得出能量 $E(k)$ 在倒格子中其实也是周期性的，即 $E(k) = E(k+G)$ 在式(1-7)中的参数下标 b 代表了一个能带，一个能带对应于一个 k。另外，根据周期性条件，容易得到可以用第一布里渊区内的 k 来表示倒格子空间的所有 k。这也是第一布里渊区最为重要的原因。

半导体中能带的理论计算方法有很多种，最为经典的三种分别是平面波法、赝势法以及 $k \cdot p$ 方法。图 1-5 展示了经典的 Si 和 GaAs 的能带结构。从图中可以看到，在上方能带和下方能带中间有一个空白的区域，该区域称为半导体的禁带，该区域的宽度称为禁带宽度 E_g。根据晶体周期性结构以及载流子波函数满足薛定谔方程，可以推导出在半导体的禁带中，不允许存在载流子。禁带上方的能带称为半导体的导带 E_c，导带中允许存在电子。在禁带下方的能带称为价带 E_v，在价带中会存在空穴。半导体的能带结构是半导体最重要的参数之一。另外，可以从图中观察发现，对于半导体来说，导带中载流子的能量向上为正方向。而价带则与之相反，载流子能量向下为正方向。GaAs 的晶体结构属于闪锌矿结构，当忽略电子自旋时，GaAs 的价带包含了 4 个子能带，如果考虑自旋作用，则包含了 8 个子能带。在近能带边缘 $k=0$ 的地方，$E\text{-}k$ 关系可以用式(1-8)来描述(一维情况下)：

$$E(k) = \frac{\hbar^2 k^2}{2m^*} \tag{1-8}$$

式中，m^*为有效质量。m^*可以用式(1-9)来表示：

$$\frac{1}{m_{ij}^*} = \frac{1}{\hbar^2}\frac{\partial^2 E(k)}{\partial k_i \partial k_j} \tag{1-9}$$

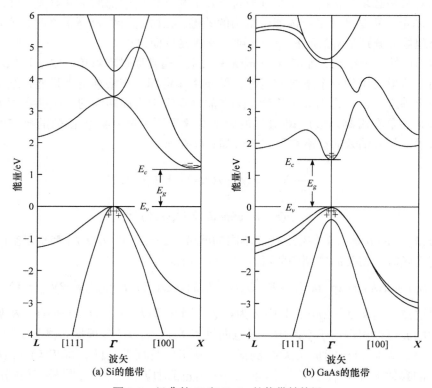

(a) Si的能带　　　　　　　(b) GaAs的能带

图 1-5　经典的 Si 和 GaAs 的能带结构[3]

另外，载流子运动可以用群速度这一物理量来描述，群速度的表述如下：

$$v_g = \frac{1}{\hbar} \cdot \frac{\mathrm{d}E}{\mathrm{d}k} \tag{1-10}$$

载流子的动量可以表示为

$$p = \hbar k \tag{1-11}$$

　　从图 1-5 可以观察到，GaAs 的导带包含了一系列的子能带。同样的导带底也位于 $k=0$ 的位置。通过对比可以发现 GaAs 的导带底和价带顶均位于 $k=0$ 的位置，而 Si 的导带底位于其他位置。这里将导带底和价带顶位于 k 空间相同位置的半导体称为直接带隙半导体，如 GaAs。将导带底和价带顶位于不同位置的半导体称为间接带隙半导体，如 Si。直接带隙半导体和间接带隙半导体在载流子跃迁的时候会有很大不同：直接带隙半导体的载流子跃迁前后，动量不发生改变；间接带隙半导体由于导带底和价带顶的位置不同，载流子的跃迁会引起动量的改变，因此需要声子的参与，从而会对半导体器件性能产生很大的影响，后面在介绍器件的时候会进一步介绍。

　　图 1-6 显示了 Si 和 GaAs 这两种经典半导体材料等能面的形状。对于 Si，沿(100)轴有六个椭球体，椭球体的中心位于距布里渊区中心约 $\frac{3}{4}$ 的位置。对于 GaAs，等能面是区域中心的球体。通过将实验结果拟合到抛物线带，可以得到电子有效质量。

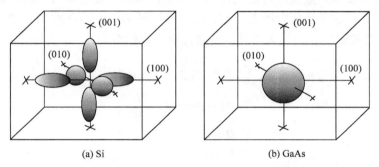

(a) Si　　　　　　　　　(b) GaAs

图 1-6　Si 和 GaAs 这两种经典半导体材料恒定能量表面的形状[4]

　　在室温和常压下，Si 的能带宽度为 1.12eV，GaAs 的能带宽度为 1.42eV。上述数值适用于高纯度的半导体材料。对于高掺杂材料，能带宽度变窄。实验结果表明，大多数半导体的能带宽度随着温度的升高而减小。图 1-7 显示了 Si 和 GaAs 的能带宽度随温度

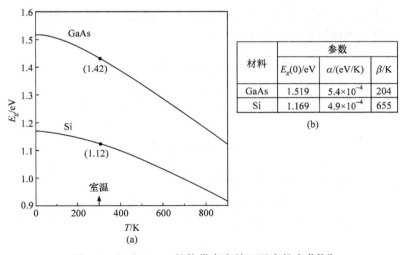

材料	参数		
	$E_g(0)$/eV	α/(eV/K)	β/K
GaAs	1.519	5.4×10^{-4}	204
Si	1.169	4.9×10^{-4}	655

(b)

(a)

图 1-7　Si 和 GaAs 的能带宽度关于温度的变化[5,6]

的变化。这两种半导体在 0K 时的能带宽度分别接近 1.17eV 和 1.52eV。能带宽度随温度的变化可以用一个通用函数近似表示，式(1-12)中的相关参数在图 1-7(b)中给出：

$$E_g(T) = E_g(0) - \frac{\alpha T^2}{T + \beta} \tag{1-12}$$

1.2.3　半导体基本光学特性

前面讲述了半导体的晶体结构特征以及半导体的能带结构特征，本节讲述半导体基本的光学特性。表征半导体材料光学特性最基本的两个参数是反射系数和吸收系数。反射系数和吸收系数分别直接反映了半导体材料对于入射光的反射性能和吸收性能。通过分析反射系数和吸收系数可以推导半导体中相关电子-空穴对跃迁以及激子跃迁。这里首先介绍半导体的重要的光学参数，即反射系数和吸收系数。

反射系数和吸收系数是通过麦克斯韦方程组得到的。麦克斯韦方程组描述了经典的电磁相互作用。在这里定义电场强度 $\boldsymbol{E}$、电位移矢量 $\boldsymbol{D}$、磁场强度 $\boldsymbol{H}$、磁感应强度 $\boldsymbol{B}$、电流密度 $\boldsymbol{J}$、电荷密度 ρ，那么宏观域的麦克斯韦方程组为：

$$\nabla \times \boldsymbol{E} = -\frac{\partial \boldsymbol{B}}{\partial t}$$

$$\nabla \times \boldsymbol{H} = \boldsymbol{J} = \sigma \boldsymbol{E} + \frac{\partial \boldsymbol{D}}{\partial t} \tag{1-13}$$

$$\nabla \cdot \boldsymbol{D} = \rho$$

$$\nabla \cdot \boldsymbol{B} = 0$$

半导体材料的介电常数(复数)可以用以下公式表达：

$$\kappa = \kappa_1 + \mathrm{j}\kappa_2 \tag{1-14}$$

从而可以得到

$$\boldsymbol{D} = \kappa \varepsilon_0 \boldsymbol{E} \tag{1-15}$$

下面假设在目标区域中不存在多余的电荷。从麦克斯韦方程组得到以下关系。为简单起见，假设空间内没有电荷，即 $\sigma = 0$。

$$\nabla \times \nabla \times \boldsymbol{E} = -\frac{\partial}{\partial t}(\nabla \times \boldsymbol{B})$$

$$= -\mu_0 \frac{\partial}{\partial t}\left(\sigma \boldsymbol{E} + \frac{\partial \boldsymbol{D}}{\partial t}\right)$$

$$= -\mu_0 \kappa \varepsilon_0 \frac{\partial^2}{\partial t^2} \boldsymbol{E} \tag{1-16}$$

由于空间内没有电荷，将 $\rho = 0$ 并得到以下结果：

$$\nabla \times \nabla \times \boldsymbol{E} = \nabla(\nabla \cdot \boldsymbol{E}) - \nabla^2 \boldsymbol{E}$$

$$\nabla \cdot \boldsymbol{E} = 0 \tag{1-17}$$

$$\nabla^2 \boldsymbol{E} = \mu_0 \kappa \varepsilon_0 \frac{\partial^2}{\partial t^2} \boldsymbol{E}$$

假设一个平面波电磁场：

$$\boldsymbol{E} \sim \boldsymbol{E}\exp[i(\boldsymbol{k}\cdot\boldsymbol{r} - \omega t)] \tag{1-18}$$

把平面波电磁场公式代入式(1-16)中，可以得到

$$(ik)^2 = -(i\omega)^2 \mu_0 \kappa \varepsilon_0 \tag{1-19}$$

平面波电磁场的相速度可以写为

$$\frac{\omega}{k} = \frac{1}{\sqrt{\mu_0 \varepsilon_0}\sqrt{\kappa}} = \frac{c}{\sqrt{\kappa}} = c' \tag{1-20}$$

式中，c 为真空中的光速(真空中介电常数 κ=1)，也可以写为

$$c = \frac{1}{\sqrt{\mu_0 \varepsilon_0}} \cong 3.0\times10^8\,\mathrm{m/s} \tag{1-21}$$

c' 为光速在介电常数为 κ 的介质中的速度：

$$c' = \frac{c}{\sqrt{\kappa}} = \frac{c}{n} \tag{1-22}$$

在式(1-22)中定义了折射率 $n = \sqrt{\kappa}$。由于之前提到的介电常数为复数，因此与介电常数相关的反射系数也应为复数形式。将垂直于半导体表面的方向设为 z 方向，在该方向上的电场振幅为 $E_\perp$，从而可以得到下面推导关系：

$$E(z,t) = E_\perp \exp[\mathrm{j}(kz - \omega t)] = E_\perp \exp\left[\mathrm{j}\omega\left(\frac{k}{\omega}z - t\right)\right]$$
$$= E_\perp \exp\left[\mathrm{j}\omega\left(\frac{\sqrt{\kappa}}{c}z - t\right)\right] \tag{1-23}$$

根据图 1-8，定义在半导体表面处的入射、反射和透射电磁波如下：

$$E_i = E_{i0}\exp\left[\mathrm{j}\omega\left(\frac{1}{c}z - t\right)\right]$$
$$E_r = E_{r0}\exp\left[\mathrm{j}\omega\left(-\frac{1}{c}z - t\right)\right] \tag{1-24}$$
$$E_t = E_{t0}\exp\left[\mathrm{j}\omega\left(\frac{\sqrt{\kappa}}{c}z - t\right)\right]$$

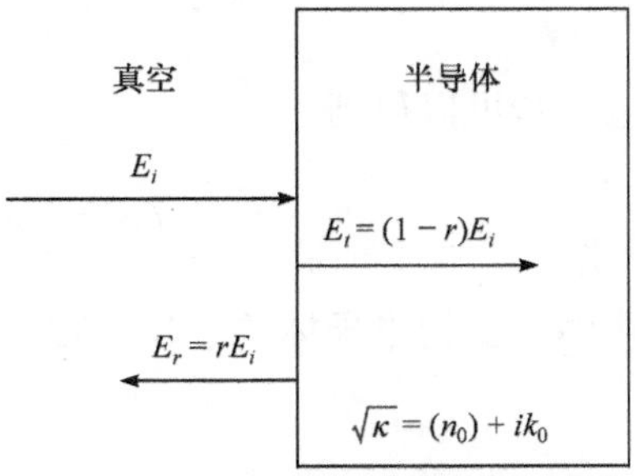

图 1-8 在半导体材料表面处的入射、反射和透射电磁波(光线)示意图

由于假设在半导体表面处，没有额外的电荷存在，因此电场和其梯度在垂直半导体表面的 z 方向上是连续的。反射系数 r 和投射系数 t 需要满足以下的关系：

$$1 = r + t$$
$$1 = -r + t\sqrt{\kappa} = -r + (1-r)\sqrt{\kappa} \tag{1-25}$$

从式(1-25)的关系中，最终可以得到反射系数 r 的表达式：

$$r = \frac{\sqrt{\kappa} - 1}{\sqrt{\kappa} + 1} \tag{1-26}$$

另外，定义复数的折射率 n^*：

$$\sqrt{\kappa} = n^* = n_0 + \mathrm{j}k_0$$
$$\sqrt{\kappa_1 + \mathrm{j}\kappa_2} = n_0 + \mathrm{j}k_0 \tag{1-27}$$

介电常数的实部和虚部可以分别表示如下：

$$\kappa_1 = n_0^2 - k_0^2$$
$$\kappa_2 = 2n_0 k_0 \tag{1-28}$$

式中，n_0 和 k_0 分别为折射率和消光系数。反射系数的振幅可以由式(1-29)表示：

$$r = \frac{n_0 - 1 + \mathrm{j}k_0}{n_0 + 1 + \mathrm{j}k_0} = |r| \tan \theta, \quad \tan \theta = \frac{2k_0}{n_0^2 + k_0^2 - 1} \tag{1-29}$$

通过以上推导，最终可以推出反射系数 r 表达式：

$$r = |r|^2 = \frac{(n_0 - 1)^2 + k_0^2}{(n_0 + 1)^2 + k_0^2} = \frac{(\kappa_1^2 + \kappa_2^2)^{\frac{1}{2}} - \left[2\kappa_1 + 2(\kappa_1^2 + \kappa_2^2)^{\frac{1}{2}} \right]^{\frac{1}{2}} + 1}{(\kappa_1^2 + \kappa_2^2)^{\frac{1}{2}} + \left[2\kappa_1 + 2(\kappa_1^2 + \kappa_2^2)^{\frac{1}{2}} \right]^{\frac{1}{2}} + 1}$$

将式(1-27)代入式(1-23)中可以得到

$$E(z,t) = E_\perp \exp\left[\mathrm{j}\omega\left(\frac{\sqrt{\kappa}}{c} z - t \right) \right] = E_\perp \exp\left[\mathrm{j}\omega\left(\frac{n_0 + \mathrm{j}k_0}{c} z - t \right) \right]$$
$$= E_\perp \exp\left(-\frac{\omega k_0}{c} z \right) \exp\left[\mathrm{j}\omega\left(\frac{n_0}{c} z - t \right) \right] \tag{1-30}$$

进一步可以得到

$$I \propto E^2 \propto E_\perp^2 \exp\left(-2 \frac{\omega k_0}{c} z \right) \equiv E_\perp^2 \exp(-\alpha z) \tag{1-31}$$

式中，α 为半导体的吸收系数，可以表示为

$$\alpha = 2 \frac{\omega k_0}{c} = \frac{\omega \kappa_2}{n_0 c} \tag{1-32}$$

至此，从麦克斯韦方程组进行的半导体反射系数和吸收系数推导完成。

1.3　半导体的光电应用简介

1.1 节与 1.2 节讲述了半导体的发展历程、半导体的晶体结构，并从晶体结构延伸到半导体的能带结构，以及推导了半导体两个重要的光学参数。接下来对半导体的光电应用进行介绍。在半导体的光电应用中，有一类非常重要的半导体器件，称为半导体光

电子器件。光电子器件是光子作为基本的粒子在其中起主要作用的器件。光电子器件可分为三类：①将电能转换为光辐射的光源器件——发光二极管和二极管激光器(通过受激辐射进行光放大)；②通过将光信号转换为电信号来检测光信号的光电探测器；③将光辐射转换为电能的光伏设备或太阳能电池。本节将继续从半导体的能带结构出发，通过介绍半导体基本光电子器件 LED(Light-Emitting Diode)来进一步探究半导体的光电性质及其应用。半导体 LED 的发展是人类半导体发展历程的一个重要里程碑，改变了我们的日常生活。本节结合前面介绍的半导体基本结构特征和能带特征来介绍 LED 相关知识。

1.3.1 半导体发光器件原理简介

电致发光现象于 1907 年被发现，是在偏置电压(简称偏压)下将通过半导体器件的电流转换为光辐射的现象。电致发光与热辐射(白炽光)的不同之处在于其光谱中包含相对较窄的线宽。对于 LED，光谱线宽通常为 5～20nm。也有一些 LED 光谱甚至可以像激光二极管一样几乎是完美的单色，线宽为 0.01～0.1nm。LED 和激光器是半导体器件中的光源，它们在我们的日常生活中发挥着重要的作用，并推动了许多行业科学前沿研究的发展，如通信行业和制造业。LED 和半导体激光器(Laser)都属于发光器件。半导体发光是由于材料中的电子受到激发，从而产生的光辐射(紫外线、可见光或红外线)，不包括纯粹由材料温度(白炽度)引起的任何辐射。不同波长的光大致分为紫外光、可见光和红外光三个部分。人眼的视觉可以感知的光谱范围为 400～700nm。红外区为长波，波长范围为 700nm～1mm；紫外区则为较短波长，波长范围为 10～40nm。

半导体的发光是由载流子的能带间跃迁造成的。图 1-9 展示了半导体载流子不同类型的跃迁。这些跃迁的过程按如下的分类依次介绍。分类(1)是带间跃迁：①本征发射在能量上与带隙非常接近；②涉及高能或热载流子的高能发射，有时与雪崩发射有关。

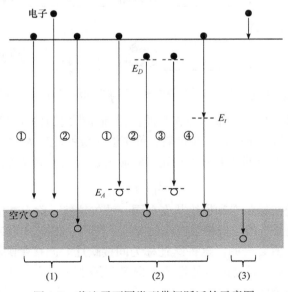

图 1-9 载流子不同类型带间跃迁的示意图

分类(2)是涉及化学杂质或物理缺陷的跃迁：①导带到受主型缺陷的跃迁；②施主型缺陷到价带的跃迁；③施主型缺陷到受主型缺陷的跃迁；④导带到价带通过深能级缺陷的跃迁。分类(3)是涉及热载流子的带内跃迁，有时称为减速发射或俄歇发射。并非所有跃迁都可以在相同材料或相同条件下发生，而且并非所有跃迁都是辐射性的。一种有效的发光材料需要的是这些过程中辐射跃迁优于非辐射跃迁，如俄歇跃迁，尽可能地将跃迁释放的能量有效转化为光子而非转移到带内激发热电子。可以看出，带间复合(1)过程是最有效的辐射过程。大部分发光性能优异的半导体发光材料都是(1)过程的跃迁机制。

1.3.2　载流子跃迁发射光谱介绍

　　光子和半导体中电子相互作用的三个主要光电过程如图 1-10 所示：①过程是能量大于半导体带宽的光子入射半导体，半导体价带中的电子跃迁到半导体的导带。②过程是导带中的电子可以自发返回到价带中的空态(与空穴复合)，同时发射光子。因此，这个过程是①过程的逆过程。③过程是入射光子可以通过复合激发另一个相似光子的发射，从而产生一个由两个相干光子组成网络。①过程是光电探测器或太阳能电池中的主要应用的特性，②过程是 LED 中的主要过程，而③过程相关机理则可以用来产生高相干光的激光。

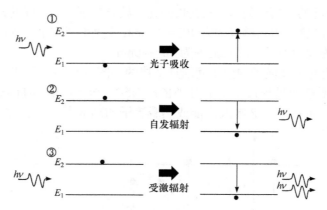

图 1-10　光子与半导体中电子相互作用过程的三个过程

　　对于光子吸收或发射，直接带隙材料的价带和导带之间的光学跃迁的传统理论是基于波矢 k 选择规则。从动量守恒来角度看，价带波函数的波矢 k_1 和导带的波矢 k_2 必须相差光子的波矢。由于电子的波矢远大于光子的波矢，因此 k 选择规则一般写为

$$k_1 = k_2 \tag{1-33}$$

　　如果允许的跃迁初始状态和最终状态在同一波矢位置，称为直接跃迁或垂直跃迁(在 $E\text{-}k$ 空间中)。当导带最小值与价带最高点的 k 值不同时，载流子的跃迁需要声子的加入，声子是保持晶体动量所必需的，这种跃迁称为间接跃迁。间接带隙材料中的辐射跃迁往往是间接跃迁，因此发生跃迁的可能性要小得多。有时为了促进间接带隙半导体的发光，需要引入特殊类型的杂质。

图 1-11 给出一个半导体材料带宽随组分变化的例子，可以看到随着组分的变化，半导体材料的直接带隙和间接带隙也是可能发生变化的。在 x 为 0 时，$GaAs_{1-x}P_x$ 半导体带宽为 1.424eV；当 x 为 0.45 时，带宽达到 1.977eV。从图(b)中可以看到，当 x 大于 0.45 后，位于 X 处的导带底低于原点位置对应的导带底，半导体从直接带隙转变成了间接带隙。

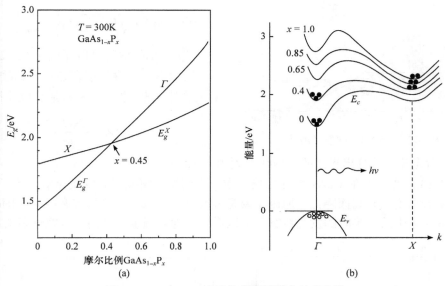

图 1-11　$GaAs_{1-x}P_x$ 半导体带宽随组分的变化[7]

以上讨论了半导体载流子在能带与能带间的复合，一般在理论上是导带底和价带顶的载流子发生了复合。但是在实际中，由于有温度条件的存在，电子和空穴都不可能刚好存在于导带底和价带顶，而是会在导带底偏上一些的位置和价带顶偏下一些的位置。因此，载流子带间复合所产生的光子能量也不会刚好是禁带宽度的能量，而是会稍微大于禁带宽度的能量。在这里对自发辐射的光谱稍做分析，在能带边缘附近，发射光子的能量由以下关系控制：

$$hv = \left(E_c + \frac{\hbar^2 k^2}{2m_e^*} \right) - \left(E_v - \frac{\hbar^2 k^2}{2m_h^*} \right)$$

$$= E_g + \frac{\hbar^2 k^2}{2m_r^*} \tag{1-34}$$

式中，m_r^* 称为简化有效质量，用式(1-35)来表示：

$$\frac{1}{m_r^*} = \frac{1}{m_e^*} + \frac{1}{m_h^*} \tag{1-35}$$

同样地，简化态密度可以用式(1-36)表示：

$$2N(E) = \frac{(2m_r^*)^{\frac{3}{2}}}{2\pi^2 \hbar^3} \sqrt{E - E_g} \tag{1-36}$$

载流子的分布符合玻尔兹曼分布：

$$F(E) = \exp\left(-\frac{E}{kT}\right) \tag{1-37}$$

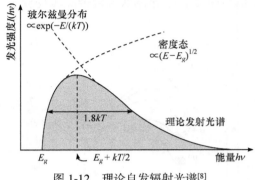

图 1-12　理论自发辐射光谱[8]

自发辐射的速率与式(1-36)和式(1-37)呈比例关系，通常可以表式为下列公式：

$$I(E = h\nu) \propto \sqrt{E - E_g} \exp\left(-\frac{E}{kT}\right) \tag{1-38}$$

式(1-38)的本质可以用图 1-12 来表示。图中可以看到自发辐射存在一定的线宽，一半光强对应的线宽是 $1.8kT$，换算成波长宽度：

$$\Delta\lambda \approx \frac{1.8kT\lambda^2}{hc} \tag{1-39}$$

式中，c 为光速。计算出光谱的发射线宽大约为 10nm。

图 1-13(a)展示了在 GaAs 发光二极管中，不同温度情况下的发光光谱。可以看到光子能量随着温度的升高而降低，原因主要是温度升高导致半导体的带宽减小。图(b)展示了能量降为原来的一半时的发光线宽。可以看到，随着温度的升高，线宽逐渐增加。

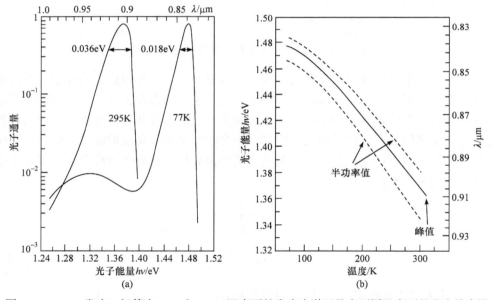

图 1-13　GaAs 发光二极管在 77K 和 295K 温度下的发光光谱以及在不同温度下的发光线宽[7]

1.3.3　半导体发光激发过程

半导体发光的类型可以通过输入能量的来源来区分：①涉及光辐射激发的光致发光；②阴极发光，通过电子束或阴极射线照射产生发光；③其他快速粒子的辐射发光或高能辐射；④电场或电流的电致发光。这里主要关注电致发光，尤其是注入电流产生的电致发光，这种方式通过将少数载流子注入发生辐射跃迁的半导体 PN 结中产生发光。电致发光可以通过多种方法激发，包括载流子注入、本征激发、雪崩和隧穿过程。载流子注入是电致发光迄今为止最重要的激发方法。当正偏压应用于 PN 结时，通过结注入少数载流子可以产生有效的辐射复合，从而将电能转换为光子能量。在随后的部分中，将主要关注载流子注入电致发光器件，即 LED 器件。对于本征激发，一般是将半导体粉末(如 ZnS)嵌入在电介质(塑料或玻璃)中并经受交变电场。在电场频率的音频范围内，通常会发生电致发光，只是一般效率低(小于 1%)。本征激发的机理主要是加速电子或来自俘获中心的电子场发射引起的碰撞电离。对于雪崩，一般是使用反向偏置电压在 PN 结或金属-半导体势垒上导致雪崩击穿，产生的电子-空穴对碰撞电离可能导致带间发射(雪崩发射)或带内(减速发射)跃迁。另外，使用正向偏置电压或反向偏置电压在 PN 结中产生的隧道效应也可以引起电致发光。当一个足够大的反向偏压施加到金属-半导体势垒上时(在 P 型简并衬底)，金属侧的空穴可以产生隧道效应进入价带半导体中并随后从价带沿相反方向隧穿到导带电子进行辐射复合，产生电致发光。

1.3.4 半导体 LED 器件发展及机理概述

发光二极管(LED)内部的发光区域是一种半导体 PN 结，在适当的正向偏置条件下，可以在紫外、可见和红外光谱区域进行自发辐射。早在 1907 年，Round 在从 SiC 基板的相关实验中首次发现了电致发光。更详细的实验由 Lossev 提出，他的工作从 20 世纪 20 年代一直延续到 1930 年。1949 年 PN 结被发明之后，LED 结构由点接触转变为 PN 结结构。随后研究人员研究了除 SiC 以外的其他半导体材料，如 Ge 和 Si。由于这些半导体具有间接带隙，因此它们的发光效率非常有限。1962 年，直接带隙 GaAs 材料被报道具有更高的量子效率。这些研究很快促进了半导体激光的发展。到目前为止，研究者认识到使用直接带隙材料更容易实现高效的电致发光。1964~1965 年，通过引入等电子杂质，间接带隙材料发光取得了重大进展。这些研究对由间接带隙 GaAs 制成的商用 LED 产生了深远的影响。近些年，LED 领域的一个重大进展是蓝光 LED 的发明，研究者发现了可使用 InGaN 生产蓝色和紫外光谱。

LED 技术经过几十年的发展，目前已经非常成熟。LED 的应用非常广泛，大致可以分为三种。第一种是为了展示。典型的日常示例是用于音频和视频家庭娱乐的不同电子设备中的面板显示器、汽车中的面板显示器、计算机屏幕、计算器、时钟和手表。随着效率和强度的不断提高，户外标志和交通信号灯越来越受欢迎。第二种是用于照明。LED 已经很大程度取代了传统的白炽灯电灯泡。这种 LED 应用的示例包括家用灯、手电筒、书灯、汽车前灯等。这里 LED 的最大优势是它们的高效率，在便携式使用中可将电池寿命延长很多倍。LED 更可靠，使用寿命更长。此功能大大降低了必须更换传统灯泡的成本，这在交通信号灯等户外应用中尤其重要。第三种是作为光纤通信系统的光源，用于中短距离(<10km)的中低数据速率(<1Gbit/s)的信息传输。此种应用下，红外波长 LED 更适合，因为它的波长可确保典型光纤中的损耗最小。与半导体激光器相比，使用 LED 作为光源有独特的优缺点。优点包括工作温度更高、发射功率的温度依赖性更小、器件结构更简单以及驱动电路更简单。缺点是较低的亮

度和较低的调制频率，以及较宽的光谱线宽，通常为 5～20nm，而激光器的线宽为 0.01～0.1nm。

PN 结型半导体 LED 的基本原理如图 1-14 所示。在正向偏压下，少数载流子注入两侧的多子区域，在 PN 结的结区附近，原有的载流子浓度平衡被打破，从而在结区会发生大量的载流子复合。如果使用直接的 PN 结，可以看到复合的效率由于结区的结构不会很高。如果使用 PIN 结，则进一步将少数载流子限制在结区的位置，从而获得较高的复合效率。如果进一步缩减中间层的厚度，将其厚度缩减至 10nm 或者更薄，则会激发量子限制效应，从而可以产生更高的复合效率。关于 LED 的更多原理和详细机理将在第 2～4 章具体介绍。

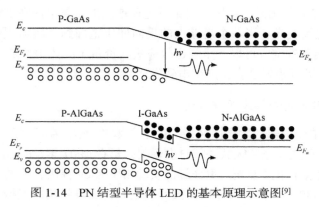

图 1-14　PN 结型半导体 LED 的基本原理示意图[9]

课 后 习 题

1. 尝试简单介绍摩尔定律。
2. 尝试解释晶格和倒格子的区别。
3. 简要介绍 Si 的能带结构。
4. 介绍直接带隙半导体和间接带隙半导体的区别。
5. 简要介绍直接带隙半导体 LED 发光原理。

参 考 文 献

[1] XIAO H. Introduction to semiconductor manufacturing technology[M]. 2nd ed. Washington: SPIE Press, 2012.

[2] MOORE G E.Cramming more components onto integrated circuits[J]. Electronics,1965,38(8): 114-117.

[3] COHEN M L, CHELIKOWSKY J R. Electronic structure and optical properties of semiconductors[M]. 2nd ed. Berlin: Springer-Verlag, 1988.

[4] ZIMAN J M. Electrons and phonons[M]. Clarendon: Oxford Press, 1960.

[5] THURMOND C D. The standard thermodynamic function of the formation of electrons and holes in Ge, Si, GaAs and GaP[J]. Journal of the electrochemical society, 1995, 1(22): 1133.

[6] ALEX V, FINKBEINER S, WEBER J. Temperature dependence of the indirect energy gap in crystalline silicon[J]. Applied physics, 1996, 79: 6943.

[7] CRAFORD M G. Recent developments in LED technology[J]. IEEE transactions electron devices, 1977, 24(7): 935-943.

[8] SCHUBERT E F. Light-emitting diodes[M].Cambridge: Cambridge University Press, 2003.

[9] CAN W N. Characteristics of a GaAs spontaneous infrared source with 40 percent efficiency[J]. IEEE transactions electron devices, 1965, 12(10): 531-535.

第 2 章 半导体光电子器件中的异质结与横模

2.1 半导体光电子器件的基本结构

  光电子器件按照器件结构可分为体光电子器件、正反向结、异质结和多结光电子器件。本章从半导体 PN 同质结和异质结基础与特性介绍出发，系统介绍半导体光电子器件的基本结构，以利用 PN 同质结/异质结制备而成的半导体激光器为典型介绍半导体接触的实际应用，并对其工作模式和相差等物理模型进行概述，为更好地设计和应用半导体器件奠定理论基础。

  PN 结是半导体在 P 型半导体区域和 N 型半导体区域中的接触部分。PN 结具有单向导通、反向饱和漏电以及击穿导体特性，这些特性以各种形式应用于包括二极管和晶体管在内的各种半导体元件中，是晶体管和集成电路最基础、最重要的物理原理，所有以晶体管为基础的复杂电路的分析都离不开它。

2.1.1 PN 结

1. PN 结的形成和杂质分布

  将一块 P 型半导体和一块 N 型半导体键合在一起，或者用适当的工艺方法(如合金法、扩散法、生长法、离子注入法等)把 P 型(N 型)杂质掺入在 N 型(P 型)半导体单晶上，从而在两者的交界面处形成 P 型和 N 型两种导电类型的半导体接触，从而形成 PN 结。图 2-1 所示为 PN 结基本结构示意图。

  视掺杂方式及工艺条件的不同，在结的交界面处，杂质浓度由 N_A(P 型)突变为 N_D(N 型)，具有这种杂质分布的 PN 结称为突变结。而杂质浓度从 P 区到 N 区逐渐变化的结通常称为缓变结。它们的杂质分布如图 2-2 所示。合金结和高表面浓度的浅扩散结一般可认为是突变结，而低表面浓度的深扩散结一般可以认为是线性缓变结。

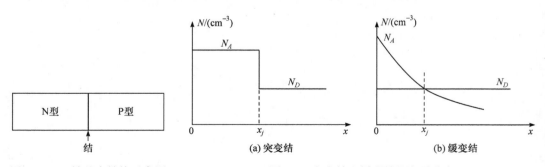

图 2-1 PN 结基本结构示意图   图 2-2 突变结和缓变结的杂质分布

2. 热平衡条件下的 PN 结

1) PN 结的空间电荷区与内建电场

考虑两块半导体单晶，一块 N 型，另一块 P 型。单独的 N 型(P 型)半导体中，电离施主(受主)与少子空穴(电子)的电荷平衡电子(空穴)电荷来维持电中性。但是当这两块半导体紧密结合形成 PN 结时，界面处存在的载流子浓度梯度导致了空穴由 P 区至 N 区、电子由 N 区至 P 区的扩散运动。对于 P 区，空穴向 N 区的扩散导致不可动的带负电荷的电离受主积累，而这些电离受主没有正电荷与其维持电中性。因此，在 PN 结附近 P 区一侧出现了一个负电荷区。同样，在 PN 结附近 N 区一侧出现了一个由电离施主构成的正电荷区。由于电离施主和电离受主在空间上不能移动，因此称为空间电荷，它们在 PN 结两侧的所在区域就称为空间电荷区，如图 2-3 所示。

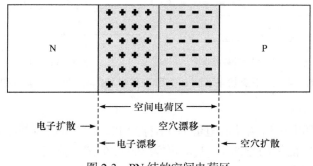

图 2-3　PN 结的空间电荷区

空间电荷区中的电荷形成从 N 区指向 P 区的电场，称为内建电场。在内建电场的作用下，载流子做漂移运动，电子和空穴的漂移方向与它们各自的扩散方向相反。因此，内建电场起着阻碍电子和空穴进一步扩散的作用。

随扩散运动的进行，空间电荷逐渐增多，空间电荷区逐渐拓宽。空间电荷区内的内建电场随着空间电荷的增多而逐渐增强，载流子的漂移运动也随之逐渐加强。在无外加电压的情况下，载流子的扩散和漂移最终将达到动态平衡，两种载流子的扩散电流和漂移电流各自因大小相等、方向相反而抵消。因此，没有外加电压的 PN 结中的净电流为零。这时的空间电荷数量不变，空间电荷区不再继续扩展而保持一定的宽度和一定的内建电场强度。这种情况称为 PN 结的热平衡状态，处于热平衡状态的 PN 结称为平衡 PN 结。

2) PN 结能带结构

在 PN 结形成初期，界面处发生载流子转移，导致能带结构的变化。载流子在一个热平衡系统中的分布是由其费米能级决定的，载流子的转移会引起费米能级的变化，因此能带弯曲与费米能级的变化有关。图 2-4(a)表示 P 型和 N 型两块半导体的能带图，图中 E_{F_n} 和 E_{F_p} 分别表示 N 型和 P 型半导体的费米能级。在形成 PN 结之前，两块半导体的能带都是平直的。当两块半导体结合形成 PN 结时，电子将从费米能级高的 N 区流向费米能级低的 P 区，空穴则从 P 区流向 N 区，因此空间上 E_{F_n} 不断下移且 E_{F_p} 不断上移，直至 $E_{F_n} = E_{F_p}$ 时为止。这时，PN 结中有统一的费米能级，PN 结处于平衡状态，其能带如图 2-4(b)所示。事实上，E_{F_n} 是随着 N 区能带一起下移的，而 E_{F_p} 随着 P 区能带一起上移。能带相对移动的原因是 PN 结空间电荷区中存在内建电场。随着从 N 区指向 P 区的内建电场的不断增强，空间电荷区内电势 $V_{(x)}$ 由 N 区指向 P 区并不断降低，而电子的电势能 $-qV_{(x)}$ 则从 N 区指向 P 区并不断升高，所以 P 区的能带相对 N 区上移，而 N 区的能带相对 P 区下移，直至费米能级处处相等时，能带才停止相对移动，PN 结达到平衡状态。因此，PN 结中费米能级处处相等恰好标志了载流子的扩散电流和漂移电流互相抵消，没有净电流通过 PN 结。

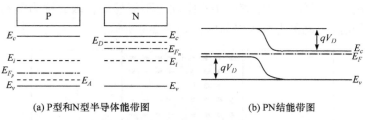

(a) P型和N型半导体能带图　　　　　　　(b) PN结能带图

图 2-4　热平衡状态下的 P 型和 N 型半导体与 PN 结的能带图

3) PN 结接触电势差

平衡 PN 结空间电荷区两端的电势差 V_D 称为 PN 结的接触电势差或内建电势差，相应的电势能之差，即能带的弯曲量 qV_D，称为 PN 结的势垒高度。

从图 2-4 可知势垒高度 qV_D 正好补偿了 N 区和 P 区的费米能级之差，而使平衡 PN 结的费米能级处处相等，因此有

$$qV_D = E_{F_n} - E_{F_p} \tag{2-1}$$

令 n_{n0}、n_{p0} 分别表示 N 区和 P 区的平衡电子浓度，E_i 和 n_i 分别为本征半导体的费米能级和本征载流子浓度，则对于非简并半导体，其值为

$$n_{n0} = n_i \exp\left(\frac{E_{F_n} - E_i}{k_0 T}\right), \quad n_{p0} = n_i \exp\left(\frac{E_{F_p} - E_i}{k_0 T}\right) \tag{2-2}$$

两式相除取对数得

$$\ln \frac{n_{n0}}{n_{p0}} = \frac{1}{k_0 T}\left(E_{F_n} - E_{F_p}\right) \tag{2-3}$$

因为 $n_{n0} \approx N_D$，$n_{p0} \approx \frac{n_i^2}{N_A}$，所以有

$$V_D = \frac{1}{q}\left(E_{F_n} - E_{F_p}\right) = \frac{k_0 T}{q}\ln \frac{n_{n0}}{n_{p0}} = \frac{k_0 T}{q}\left(\ln \frac{N_D N_A}{n_i^2}\right) \tag{2-4}$$

式(2-4)表明，V_D 与 PN 结两边的掺杂浓度、温度、材料的禁带宽度有关。在一定的温度条件下，突变结两边的掺杂浓度越高，接触电势差 V_D 越大；禁带宽度越大，n_i 越小，V_D 也越大。

4) PN 结中载流子浓度

如图 2-5(a)所示，对一个平衡 PN 结取 P 区电势为零，则势垒区中任意一点 x 的电势 $V(x)$ 皆为正值；越接近 N 区的点，其电势越高；在势垒区邻接 N 区的边界 x_n 处，电势达到最高值 V_D。图中 x_n、x_p 分别为 N 区和 P 区势垒区边界。由此知 N 区电子的势能 $E(x_n) = E_{cn} = -qV_D$，势垒区内任意点 x 处电势能即为 $E(x) = -qV(x)$，因而电子在 P 区的势能比在 N 区高 qV_D，在势垒区内的势能比在 N 区高 $qV_D - qV(x)$，如图 2-5(b) 所示。

平衡 PN 结中电子和空穴的浓度大致如图 2-5(c)所示。一般情况下，势垒区中的杂质在室温附近虽已全部电离，但其中的载流子浓度比起 N 区和 P 区的多数载流子浓度仍小得多。这是因为内建电场引起势垒区内能带弯曲，而费米能级保持不变，或在内建电场的作用下，势垒区内的载流子耗尽。因此，通常也称势垒区为耗尽区，认为其中的载流子浓度极小，可以忽略，空间电荷密度就等于电离杂质浓度。

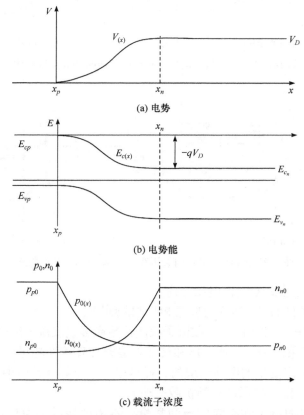

图 2-5　平衡 PN 结势垒区中的电势、电势能和载流子浓度

3. PN 结电流-电压特性

1) 非平衡状态下的 PN 结

PN 结外接正向偏压(即 P 区接电源正极，N 区接负极)时，因势垒区内载流子浓度

小、电阻大，势垒区外的 P 区和 N 区中载流子浓度大、电阻小，所以外加正向偏压基本降落在势垒区。正向偏压在势垒区中产生了与内建电场方向相反的电场，因而减弱了势垒区中的电场强度，这就表明空间电荷相应减少，故势垒区的宽度也减小，同时势垒高度从 qV_D 下降为 $q(V_D - V)$，如图 2-6(a)所示。当 PN 结外接反向偏压时，反向偏压在势垒区产生的电场与内建电场方向一致，势垒区的电场增强，势垒区变宽，势垒高度从 qV_D 增高为 $q(V_D + V)$，如图 2-6(b)所示。相应的费米能级如图 2-7 所示，相关载流子注入知识将在第 3 章展开详细讨论。

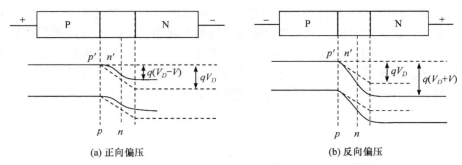

(a) 正向偏压　　　　　　　　　　　　(b) 反向偏压

图 2-6　PN 结外接正向偏压和反向偏压时的势垒区变化

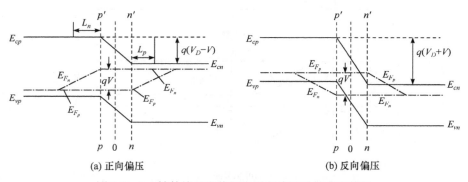

(a) 正向偏压　　　　　　　　　　　　(b) 反向偏压

图 2-7　PN 结外接正向偏压和反向偏压时的费米能级

2) 理想 PN 结模型及其电流-电压方程

符合以下假设条件的 PN 结称为理想 PN 结模型[1-3]。

(1) 小注入条件——注入的少数载流子浓度比平衡多数载流子浓度小得多。

(2) 突变耗尽区条件——外加电压和接触电势差都降落在耗尽层上，耗尽层中的电荷是由电离施主和电离受主的电荷组成的，耗尽层外的半导体是电中性的。因此，注入的少数载流子在 P 区和 N 区做的是纯扩散运动。

(3) 通过耗尽层的电子和空穴电流为常量，不考虑耗尽层中载流子的产生及复合作用。

(4) 玻尔兹曼边界条件——在耗尽层两端，载流子分布满足玻尔兹曼统计分布。

推导得通过 PN 结的总电流密度：

$$J = \left(\frac{qD_p p_{n0}}{L_p} + \frac{qD_n n_{p0}}{L_n} \right) \left[\exp(qV/(k_0 T)) - 1 \right] \tag{2-5}$$

令 $J_s = \dfrac{qD_p p_{n0}}{L_p} + \dfrac{qD_n n_{p0}}{L_n}$ ，则有

$$J = J_s \left[\exp(qV/(k_0 T)) - 1 \right] \tag{2-6}$$

这就是理想 PN 结的电流-电压方程，又称肖克莱方程。

正向偏压和反向偏压下的非平衡少数载流子分布见图 2-8。

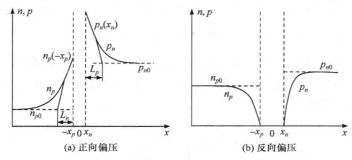

(a) 正向偏压　　　(b) 反向偏压

图 2-8　正向偏压和反向偏压下的非平衡少数载流子分布

从肖克莱方程可以得出以下结论。

(1) PN 结具有单向导电性。

在正向偏压下，正向电流密度随正向偏压呈指数级迅速增大。在室温下，$k_0 T/q = 0.026V$ ，一般外加正向偏压约零点几伏，故 $\exp(qV/k_0 T) \gg 1$ ，式(2-6)可表示为

$$J = J_s \exp(qV/(k_0 T)) \tag{2-7}$$

在反向偏压下，$V < 0$ ，当 $q|V| \gg k_0 T$ 时，$\exp(qV/(k_0 T)) \to 0$ ，式(2-6)化为

$$J = -J_s = -\left(\frac{qD_p p_{n0}}{L_p} + \frac{qD_n n_{p0}}{L_n} \right) \tag{2-8}$$

式中，负号 "-" 表示电流密度方向与正向偏压时相反。而且反向电流密度为常量，与外加电压无关，故 $-J_s$ 称为反向饱和电流密度。根据式(2-6)作电流密度-电压(J-V)关系曲线，如图 2-9 所示。可见在正向偏压及反向偏压下，曲线不对称，表现出 PN 结具有单向导电性或整流特性。

(2) 温度对电流密度的影响。

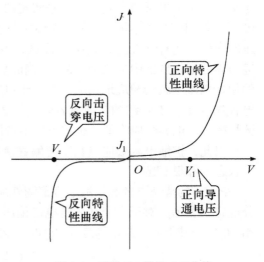

图 2-9　理想 PN 结的 J-V 曲线

对于反向饱和电流密度 $-J_s$ ，因为式(2-8)中两项的情况相似，所以只需考虑其中的

第一项即可。因 D_n、L_n、n_{p0} 与温度有关（D_n、L_n 均与 μ_n 及 T 有关），设 D_n/τ_n 与 T^γ 成正比，γ 为一常数，则有

$$
\begin{aligned}
J_s &\approx \frac{qD_n n_{p0}}{L_n} = q\left(\frac{D_n}{\tau_n}\right)^{\frac{1}{2}} \frac{n_i{}^2}{N_A} \propto T^{\frac{\gamma}{2}}\left[T^3 \exp\left(-\frac{E_g}{k_0 T}\right)\right] \\
&= T^{3+\frac{\gamma}{2}} \exp\left(-\frac{E_g}{k_0 T}\right)
\end{aligned}
\tag{2-9}
$$

式中，$T^{3+\frac{\gamma}{2}}$ 随温度变化较缓慢，故 J_s 随温度变化主要由 $\exp\left(-\dfrac{E_g}{k_0 T}\right)$ 决定。因此，J_s 随温度升高而迅速增大，并且 E_g 越大的半导体，J_s 变化越快。

因为 $E_g = E_g(0) + \beta T$，设 $E_g(0) = qV_{g0}$，$E_g(0)$ 为 0K 时的禁带宽度，V_{g0} 为 0K 时导带底和价带顶的电势差，将上述关系代入式(2-9)中，则加正向偏压 V_F 时，式(2-7)表示的正向电流与温度的关系为

$$
J \propto T^{3+\frac{\gamma}{2}} \exp\left[-\frac{q\left(V_F - V_{g0}\right)}{k_0 T}\right]
\tag{2-10}
$$

因此，正向电流密度随温度上升而增加。

4. PN 结电容

在对 PN 结施加正反向偏压时，势垒区宽度及其中的空间电荷数量会随着外加偏压的变化而变化。由于 PN 结中的空间电荷基本上都是不能移动的杂质离子，其数量的变化实际上是由电子或空穴的移动来实现的。这和电容的充放电相似。这种由外加偏压在 PN 结势垒区产生的电容效应称为势垒电容效应，通常用 C_T 表示。除此之外，在正向偏压的作用下还有空穴从 P 区注入 N 区，电子从 N 区注入 P 区，从而分别在 N 区和 P 区近边界处的扩散区中形成额外的空穴和电子的积累。当正向偏压变化时，扩散区内积累的额外载流子就会相应地增减，类似于电容的充放电。这种由正向偏压在扩散区产生的电容效应称为 PN 结的扩散电容效应，通常用 C_D 表示。而在反向偏压的作用下，少子数量很少，电容效应降低，也就可以不考虑了。

因此，扩散电容效应只在正向偏置状态下是明显的，而势垒电容效应在正、反向偏置状态下都很明显。

PN 结的势垒电容和扩散电容都随外加偏压的变化而变化。因此，PN 结电容要用微分电容来表示。对于一个在固定电流偏压 V 作用下的 PN 结，当一个微小的交流电压 $\mathrm{d}V$ 叠加于其上并引起电荷变化 $\mathrm{d}Q$ 时，该直流偏压下的微分电容即定义为

$$
C = \mathrm{d}Q/\mathrm{d}V
\tag{2-11}
$$

由于不同直流偏压下 PN 结的势垒区宽度和电荷数不同，扩散区的电荷累积状态也不相同，因而 PN 结的微分电容对不同的直流偏压有不同的大小。

5. PN 结的击穿

实验发现，对 PN 结施加的反向偏压增大到某一数值V_{BR}时，反向电流密度突然开始迅速增大的现象称为 PN 结击穿。发生击穿时的反向偏压称为 PN 结的击穿电压，PN 结的击穿图如图 2-10 所示。

击穿现象中，电流的增大不是由于迁移率的增大，而是由于载流子数目的增加。到目前为止，PN 结击穿共有三种：雪崩击穿、隧道击穿和热电击穿。接下来主要讲述这三种击穿的机理。

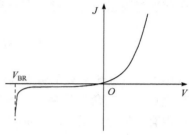

图 2-10　PN 结的击穿

1) 雪崩击穿

在反向偏压下，流过 PN 结的反向电流，主要是由 P 区扩散到势垒区中的电子电流和由 N 区扩散到势垒区中的空穴电流所组成的。当反向偏压增加时，势垒区中的电场随着增强，通过势垒区的电子和空穴由于受到强电场的作用，获得的动能增大，它们在晶体中运行时将与势垒区内的晶格原子发生不间断的碰撞，碰撞使得束缚在共价键中的价电子碰撞出来，成为自由电子-空穴对，从能带观点来看，就是高能量的电子和空穴把满带中的电子激发到导带，产生了电子-空穴对。如图 2-11 所示，PN 结势垒区中电子 1 碰撞出来一个电子 2 和一个空穴 2，于是一个载流子变成了三个载流子。这三个载流子(电子和空穴)在强电场作用下，向相反的方向运动，还会继续发生碰撞，产生第三代的电子-空穴对。空穴 1 也如此产生第二代、第三代的载流子。如此继续下去，载流子就急剧增加，这种繁殖载流子的方式称为载流子的倍增效应。由于倍增效应，势垒区单位时间内产生大量载流子，迅速增大了反向电流，从而发生 PN 结击穿。这就是雪崩击穿的机理。

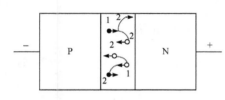

图 2-11　雪崩倍增效应

雪崩击穿除了与势垒区中的电场强度有关外，还与势垒区的宽度有关，因为载流子动能的增加，需要有一个加速过程，如果势垒区很薄，即使电场很强，载流子在势垒区中加速，也达不到产生雪崩倍增效应所必需的动能，就不能产生雪崩击穿。

2) 隧道击穿(齐纳击穿)

隧道击穿是在强电场作用下，大量电子由于隧道效应从价带穿过禁带而进入到导带所引起的一种击穿现象。因为其最初是由齐纳提出来解释电介质击穿现象的，故也称为齐纳击穿。

当 PN 结加反向偏压时，势垒区能带发生倾斜；反向偏压越大，势垒越高，势垒区的内建电场也越强，势垒区能带也越加倾斜，甚至可以使 N 区的导带底比 P 区的价带顶还低，如图 2-12(a)所示。PN 结内建电场ε使 P 区的价带电子得到附加势能$q\varepsilon x$；当内建电场ε大到某值以后，价带中的部分电子所得到的附加势能$q\varepsilon x$可以大于禁带宽度E_g，如果图中 P 区价带中的 A 点和 N 区导带的 B 点有相同的能量，则在 A 点的电子可

以过渡到 B 点。实际上，这只是说明在由 A 点到 B 点的一段距离中，电场给予电子的能量 $q\varepsilon\Delta x$ 等于禁带宽度 E_g。因为 A 和 B 之间隔着水平距离为 Δx 的禁带，所以电子从 A 到 B 的过渡一般不会发生。随着反向偏压的增大，势垒区内的电场增强，能带更加倾斜，Δx 将变得更短。当反向偏压达到一定数值，Δx 短到一定程度时，P 区价带中的电子将通过隧道效应穿过禁带而到达 N 区导带中。隧道概率为

$$P = \exp\left\{-\frac{2}{\hbar}\left(2m_{dn}\right)^{1/2}\int_{x_1}^{x_2}\left[E(x)-E\right]^{1/2}\mathrm{d}x\right\} \tag{2-12}$$

式中，$E(x)$ 为点 x 处的势垒高度；E 为电子能量；x_1 及 x_2 为势垒区的边界。电子隧穿的势垒可看成三角形势垒，如图 2-12(b)所示。为了计算方便起见，令 $E=0$，并假定势垒区内有一恒定电场 ε，因而在 x 点处有

$$E(x) = q\varepsilon x \tag{2-13}$$

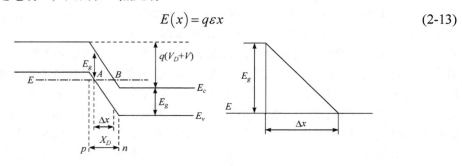

(a)大反向偏压下PN结的能带图　　　　　　(b) PN结的三角形势垒

图 2-12　PN 结能带图和势垒图

将其代入式(2-12)的积分中，并取积分上、下限为 Δx 及 0，故有

$$P = \exp\left[-\frac{4}{3\hbar}\left(2m_{dn}\right)^{1/2}\int_0^{\Delta x}(q\varepsilon)^{1/2}x^{1/2}\mathrm{d}x\right] \tag{2-14}$$

经计算并利用关系 $\Delta x = E_g / q\varepsilon$ 可得

$$P = \exp\left[-\frac{4}{3\hbar}\left(2m_{dn}\right)^{1/2}\frac{E_g^{3/2}}{q\varepsilon}\right] \tag{2-15}$$

$$P = \exp\left[-\frac{4}{3\hbar}\left(2m_{dn}\right)^{1/2}\left(E_g\right)^{1/2}\Delta x\right] \tag{2-16}$$

由式(2-15)和式(2-16)可以看出，对于一定的半导体材料，势垒区中的电场 ε 越大，或隧道长度 Δx 越短，则电子穿过隧道的概率 P 越大。当电场 ε 大到一定程度，或 Δx 短到一定程度时，将使 P 区价带中大量的电子隧穿势垒到达 N 区导带中，使反向电流急剧增大，于是 PN 结就发生隧道击穿。这时外加的反向偏压即为隧道击穿电压(或齐纳击穿电压)。

3) 热电击穿

当 PN 结上施加反向偏压时，流过 PN 结的反向电流要引起热损耗。反向偏压逐渐

增大时，热损耗增大，这将产生大量热能。如果没有良好的散热条件，则将引起结区温度上升。

考虑式(2-8)表示的反向饱和电流密度 $-J_s$ 中的一项 $J_s = qD_n n_{p0}/L_n$。因为 $n_{p0} = n_i^2/p_{p0} = n_i^2/N_A$，所以反向饱和电流 $J_s \propto n_i^2$。又由 $n_{p0} = n_i^2/p_{p0} = n_i^2/N_A$ 知道，$n_i^2 \propto T^3 \times \exp\left(-E_g/k_0 T\right)$，可见，反向饱和电流密度随温度升高按指数规律上升，产生的热能也迅速增大，进而又导致结区温度上升，反向饱和电流密度增大。如此反复循环下去，最后使 J_s 无限增大而发生击穿。这种由热不稳定性引起的击穿，称为热电击穿。对于禁带宽度比较小的半导体，如锗 PN 结，由于反向饱和电流密度较大，在室温下这种击穿很重要。

6. PN 结隧道效应

对于两边都是重掺杂的 PN 结，电流-电压特性如图 2-13 所示，正向电流一开始就随正向偏压的增加而迅速上升达到一个极大值 I_p，称为峰值电流，对应的正向偏压 V_p 称为峰值电压。随后电压增加，电流反而减小，达到一极小值 I_v，称为谷值电流，对应的电压 V_v 称为谷值电压。当电压大于谷值电压 V_v 后，电流又随电压增大而上升。在 $V_p \sim V_v$ 这段电压范围内，随着电压的增大，电流反而减小的现象称为负阻，这一段电流-电压特性曲线的斜率为负的，这一特性称为负阻特性。反向时，反向电流随反向偏压的增大而迅速增加，由重掺杂的 P 区和 N 区形成的 PN 结通常称为隧道结，由这种隧道结制成的隧道二极管，由

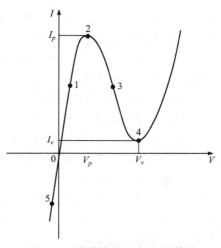

图 2-13　隧道结的电流-电压特性

于它具有正向负阻特性而获得了多种用途。隧道结的这种电流-电压特性，是与它的隧道效应密切相关的。

2.1.2　异质结

2.1.1 节讨论的 PN 结是由导电类型相反的同一种半导体单晶材料组成的，这种 PN 结两侧的禁带宽度相同，通常也称为同质结。而由两种不同的半导体单晶材料组成的 PN 结的两侧的能带不相同，称为异质结。能带的差异为半导体结型器件增加了设计自由度，使器件的性能得到明显改善，并直接产生了一些新功能器件，因此异质结理论和异质结技术在半导体科技领域的地位日显突出。

1. 半导体异质结及其能带结构

1) 半导体异质结的构成与类型

异质结通常由两种不同性质的半导体单晶薄层构成，但由于在结界面上需保持晶格的连续性，因而这两种材料至少要在结界面上具有相近的晶体结构。用两种单晶材料构

成异质结必须满足晶格匹配和热匹配的要求。

一般情况下将晶格失配率 Δ 定义为两种材料晶格常数之差的绝对值 $|a_1 - a_2|$ 与其晶格常数的平均值 $a = (a_1 - a_2)/2$ 之比,但对于异质外延,Δ 则通常定义为衬底材料与外延材料晶格常数之差的绝对值 $|a_s - a_e|$ 与外延材料晶格常数 a_e 之比,二者略有不同。在异质结物理中,通常将组成材料的晶格失配率 Δ 小于或等于 0.5%时的搭配称为晶格匹配,晶格失配率 Δ 大于 0.5%时则视为晶格失配。热匹配本质上也指的是晶格匹配,即不同温度下的晶格匹配。

由于异质结一般要在高温条件下制备,如果外延层与衬底的热匹配状况不佳,异质结中就很容易出现由热失配引起的晶格缺陷。在这个问题上,制备工艺后期的降温过程很关键。对于常温失配率小而高温失配率大的配对,冷却过快会使高温下生成的高密度位错"冷冻"保留下来,使异质结界面在常温下具有高密度位错缺陷;对于常温失配率大而高温失配率小的配对,虽然快速冷却可降低异质结界面的位错密度,但室温下较大的晶格失配率又会在外延层中产生很大应力,严重时甚至会使外延层龟裂。

晶格失配会在异质结界面及其附近引入高密度的位错等电学缺陷,使异质结的性能降低。如果两种材料的晶格常数不是严重失配,以一种材料为衬底外延生长另一种材料的薄层时,只要生长层足够薄,也可以形成高品质的异质结,这是应变作用的结果。也就是说,在进行晶格失配材料的异质外延初期,生长层中的原子首先会按照衬底材料的晶格常数来排列,而不是按照它们自己固有的原子间距。这样,界面两侧的不同物质就具有相同的晶格常数,此现象称为异质材料的应变生长。但是在应变生长过程中,生长层或因缩短了原子间距而产生压应力,或因拉长了原子间距而产生拉应力。随着生长层的增厚,应力逐渐积累到不能维持衬底材料晶格常数的程度,这时就要通过产生位错等缺陷来释放,并不再维持衬底材料的晶格常数而按自身的晶格常数生长。因此,生长层都有一个临界厚度。

生长层的临界厚度 t_c 与外延材料的晶格常数 a_e、外延材料与衬底材料的晶格失配率 Δ 有关:

$$t_c \approx \frac{a_e}{2\Delta} = \frac{a_e^2}{2|a_s - a_e|} \tag{2-17}$$

式中,a_s 为衬底材料的晶格常数。应变生长在晶格失配率高达 7%的情况下仍能进行。

生长层不但有优质的结晶品质,其禁带宽度也因为晶格常数的变化而有所变化,从而为器件设计增加了一个额外的选择自由度。

根据 PN 结从一种材料向另一种材料过渡的变化程度,可以将异质结分为突变异质结和缓变异质结。用两种材料直接键合而成的异质结是典型的突变异质结,用液相外延法生长组分不同的两种同系固溶体构成的异质结一般是缓变异质结。制备固溶体异质结的工艺不同,其材料缓变区的宽度也有很大区别。

(1) 反型异质结。

反型异质结是指由导电类型相反的两种不同的半导体单晶所形成的异质结。例如,由 P 型 Ge 与 N 型 GaAs 所形成的即为反型异质结,并记为 PN-Ge/Si 或 P-Ge/N-Si;如果 Ge/Si 异质结由 N 型 Ge 与 P 型 Si 构成，则记为 NP-Ge/Si 或 N-Ge/P-Si。在器件应用中常见的反型异质结有 PN-Ge/Si、PN-Si/GaAs、PN-Si/ZnS、PN-GaAs/GaP、NP-Ge/GaAs、NP-Si/GaP、PN-InGaN/GaN 等。

(2) 同型异质结。

构成同型异质结的两种材料只是能带结构不同，其导电类型相同，如 NN-Ge/Si、PN-Si/GaAs、NN-GaAs/ZnSe、PP-Si/GaP、NN-Si/SiC 等。由于构成材料的禁带宽度相差很大，同型异质结往往也会产生较高的接触电势差，具有类似于同质 PN 结的单向导电性。

2) 理想异质结的能带结构

异质结的能带结构取决于形成异质结的两种半导体材料的电子亲和能、禁带宽度、导电类型、掺杂浓度和界面态多种因素，因此不能像同质结那样直接从费米能级推断其能带结构的特征。

界面态使异质结的能带结构有一定的不确定性，而一个良好的异质结应有较低的界面态密度，因此在讨论异质结的能带结构时先不考虑界面态的影响。

(1) 突变反型异质结。

① 热平衡状态下的能带结构。

图 2-14(a)为禁带宽度分别为 E_{g1} 和 $E_{g2}(E_{g1}<E_{g2})$ 的 P 型半导体和 N 型半导体在形成 PN 异质结前的热平衡能带图。图中，W_1 和 W_2 分别表示两种材料的功函数；χ_1、χ_2 分别表示两种材料的电子亲和能。用下标"1"和"2"分别表示窄禁带和宽禁带材料的物理参数。

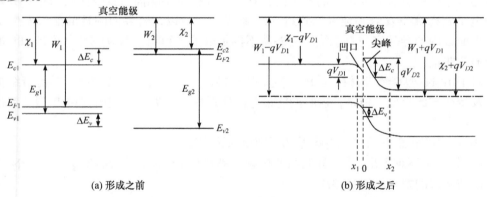

(a) 形成之前　　　　　　　　　　　　(b) 形成之后

图 2-14　突变 PN 结在形成之前和形成之后的平衡能带图

当二者紧密接触时，跟 PN 同质结一样，电子从 N 型半导体流向 P 型半导体，使 N 型半导体的费米能级降低，能带上翘；同时使 P 型半导体的费米能级升高，能带下弯，直至 PN 结两侧半导体的费米能级相等时为止，如图 2-14(b)所示。这时，两侧半导体有统一的费米能级，并在结界面的两边形成空间电荷区。由于不考虑界面态，空间电荷区中正、负电荷数相等。正、负电荷之间产生电场，也称为内建电场。因为存在电场，电子在空间电荷区中的各点有不同的附加电势能，即能带会弯曲，其总弯曲量仍等于二者费米能级之差。这些都跟 PN 同质结一样。不同之处主要有两点：一是因为两种材料的介电常数不同，内建电场在交界面处会不连续；二是因为两种材料的禁带宽度不同，能带的弯曲会出现一些新的特征。对于图 2-14 所示的这种能带配合，即窄禁带材料的禁带包含在宽禁带材料的禁带之中的情况，禁带宽度的不同使能带弯曲出现了与 PN 同质结不同的两个重要特征。

在结界面处，N 型宽禁带半导体的导带翘起一个"尖峰"，这个"尖峰"成为 N 型半导体这一边的电子势垒 qV_{D2}，相应的区域成为电子耗尽区，也即由电离施主构成的空间电荷区；同时，P 型窄禁带半导体的导带弯下一个"凹口"，在价带中形成空穴势垒 qV_{D1}，相应的区域成为空穴耗尽区，也即由电离受主构成的空间电荷区。"凹口"和"尖峰"的同时存在起到了在窄禁带 P 型侧表面囤积电子而阻止其向宽禁带 N 型侧运动的作用。这就是 PN 异质结的载流子限制作用。

导带和价带在结界面处都发生了突变。导带底在界面处的突变 ΔE_c 为两种材料的电子亲和能之差，即

$$\Delta E_c = \chi_1 - \chi_2 \tag{2-18}$$

价带顶的突变自然就是两种材料禁带宽度之差的剩余部分，即

$$\Delta E_v = \left(E_{g1} - E_{g2}\right) - \left(\chi_1 - \chi_2\right) \tag{2-19}$$

式(2-18)和式(2-19)对所有突变异质结普遍适用，称为安德森定则[4,5]。在异质结物理中，ΔE_c 和 ΔE_v 分别称为导带阶和价带阶，是很重要的异质结参数。

值得一提的是，真空能级代表的是电子在真空中的最低能量，是固定不变的。异质结的能带结构中只有结界面上的各个能量状态仍保持着接触前与真空能级的相对关系。因为电子要向真空发射必须首先到达 PN 结界面，所以，若界面附近的能带发生了弯曲，界面以内的导带底与真空能级的差就不再是电子亲和能，而应该是电子亲和能加上能带的弯曲量。

对于由 N 型窄禁带材料与 P 型宽禁带材料构成的突变反型异质结，其能带结构的形成及特征与此相似。但是，这时的能带弯曲所形成的"尖峰"应出现在 P 型宽禁带半导体的价带顶。

② 热平衡状态下的接触电势差和空间电荷区宽度。

由图 2-14 不难看出，PN 异质结的接触电势差 V_D（或能带总弯曲量 qV_D）跟 PN 结一样，由结两边的费米能级之差决定，即

$$qV_D = qV_{D1} + qV_{D2} = W_1 - W_2 \tag{2-20}$$

由求解结两边电荷空间区的泊松方程，可以求出接触电势差在结两边的分量，即

$$V_{D1} = \frac{qN_A}{2\varepsilon_1\varepsilon_0}\left(x_0 - x_1\right)^2 = \frac{qN_A}{2\varepsilon_1\varepsilon_0}X_1^2 \tag{2-21}$$

$$V_{D2} = \frac{qN_D}{2\varepsilon_2\varepsilon_0}\left(x_2 - x_0\right)^2 = \frac{qN_D}{2\varepsilon_2\varepsilon_0}X_2^2 \tag{2-22}$$

式中，ε_0 是真空电容率；ε_1 和 ε_2 分别是 P 型窄禁带材料和 N 型宽禁带材料的介电常

数；N_A 和 N_D 分别是 P 型窄禁带材料和 N 型宽禁带材料的掺杂浓度；x_0、x_1 和 x_2 分别是结界面、P 型侧和 N 型侧空间电荷区边界面的坐标，如图 2-14 所示。

相应地，PN 结两边的空间电荷区宽度分别为

$$X_1 = \left[\frac{2\varepsilon_1\varepsilon_2\varepsilon_0 N_D V_D}{q N_A (\varepsilon_1 N_A + \varepsilon_2 N_D)} \right]^{1/2} \tag{2-23}$$

$$X_2 = \left[\frac{2\varepsilon_1\varepsilon_2\varepsilon_0 N_A V_D}{q N_D (\varepsilon_1 N_A + \varepsilon_2 N_D)} \right]^{1/2} \tag{2-24}$$

式(2-23)和式(2-24)在 $\varepsilon_1 = \varepsilon_2$ 时，与突变 PN 同质结的空间电荷区宽度公式相同。

通过求解泊松方程，还可以了解异质结空间电荷区中的电场分布情况。对于突变反型异质结，因为 PN 结两边的杂质分布是均匀的，所以电场在 PN 结两边会线性变化，其最大值出现在异质结界面上。但是，由于 $\varepsilon_1 \neq \varepsilon_2$，PN 结两边的电场会在界面上不连续，即 P 型侧和 N 型侧的最大电场强度不相等。介电常数较大的一边，其最大电场强度较低，如图 2-15 所示。

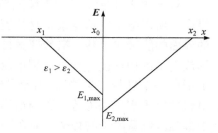

图 2-15　突变 PN 异质结空间电荷区中的电场分布

③ 势垒电容。

类似 2.1.1 节求突变 PN 同质结势垒电容的办法，可求得突变 PN 异质结微分势垒比电容的表达式为

$$C_{TS} = \left[\frac{\varepsilon_1\varepsilon_2 q N_A N_D}{2(\varepsilon_1 N_A + \varepsilon_2 N_D)(V_D - V)} \right]^{1/2} \tag{2-25}$$

式中，V 为外加偏压。式(2-25)在 $\varepsilon_1 = \varepsilon_2$ 时即与 2.1.1 节导出的突变 PN 同质结的微分势垒比电容的表达式相同。从式(2-25)不难看出，对于面积为 A 的突变 PN 异质结，其微分势垒电容 $C_T = A C_{TS}$ 的平方值的倒数 $1/C_T^2$ 与外加偏压 U 呈线性变化关系。用 C-U 测试仪测出一个突变 PN 异质结的势垒电容 C_T 在不同外加偏压 V 下的值，作出 $1/C_T^2$ 对 V 的函数图，该图形应为一直线。将该直线延长到与电压轴相交，即可由交点的坐标确定该异质结的接触电势差 V_D。此外，根据 $1/C_T^2$-V 直线的斜率：

$$\frac{\mathrm{d}(C_T^{-2})}{\mathrm{d}V} = \frac{2(\varepsilon_1 N_A + \varepsilon_2 N_D)}{A^2 \varepsilon_1\varepsilon_2\varepsilon_0 q N_A V_D} \tag{2-26}$$

即可由已知材料的杂质浓度算出另一种材料的未知杂质浓度。

(2) 突变同型异质结。

① 热平衡状态下的能带结构。

图 2-16(a)、(b)分别为 NN 同型异质结和 PP 同型异质结在零偏压下的能带图。在这里同样假定窄禁带材料的禁带完全包含在宽禁带材料的禁带之中[6]。

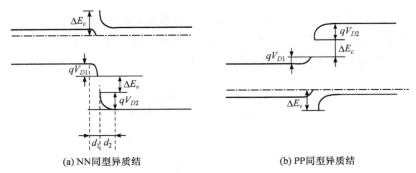

(a) NN 同型异质结　　　　　　　(b) PP 同型异质结

图 2-16　NN 同型异质结和 PP 同型异质结在零偏压下的能带图

　　对于图 2-16(a)所示的 NN 同型异质结，由于图中宽禁带材料比窄禁带材料的费米能级高，所以电子将从宽禁带材料流向窄禁带材料，从而使宽禁带材料靠近两个半导体间的界面的能带向上翘，窄禁带材料靠近界面的能带向下弯。对于 N 型半导体，能带下弯形成电子的积累区，能带上翘形成电子的耗尽区。由于宽禁带一侧的耗尽层往往在界面上形成一个导带"尖峰"，对窄禁带积累层中的电子有很强的约束作用，因而称窄禁带材料的电子积累层为势阱更为恰当。这种情况与反型异质结不同：反型异质结的界面两边都是多数载流子的势垒，而在同型异质结中总有一边是多数载流子的势阱。

　　PP 同型异质结在热平衡状态下的能带图与 NN 同型异质结相似，同样是在一边形成多数载流子空穴的积累层(势阱)，另一边形成多数载流子的耗尽层(势垒)。

　　在同形异质结中，导带阶与价带阶跟反型异质结一样按式(2-18)和式(2-19)确定。

　　② 同型异质结的势垒高度和势阱深度。

　　对于同型异质结，由电中性条件和泊松方程同样可以求出接触电势差的表达式，但这个表达式是一个超越方程。对于 NN 同型异质结，其结果为

$$\exp\left(\frac{qV_{D1}}{k_0T}\right) - \frac{qV_{D1}}{k_0T} - 1 = \frac{\varepsilon_2 N_{D2}}{\varepsilon_1 N_{D1}}\left[\exp\left(-\frac{qV_{D2}}{k_0T}\right) + \frac{qV_{D2}}{k_0T} - 1\right] \tag{2-27}$$

　　式(2-27)决定了接触电势差 V_D 在结两边的分配，也即势垒高度 qV_{D2} 与势阱深度 qV_{D1} 的比例，同时也决定了这种分配比例随能带弯曲程度的变化情况。

　　接触电势差 V_D 的变化，在热平衡状态下可由掺杂浓度的改变引起，也可是异质结材料搭配不同的结果，但更多的时候 V_D 是在非平衡状态下随着偏置电压 V 的改变而改变的。虽然式(2-27)表示的是无外加偏压的热平衡状态，但其函数关系同样适用于偏置状态，只是要将式中的 V_{D1} 改为 $V_{D1}-V_1$，V_{D2} 改为 $V_{D2}-V_2$。这里，$V_1+V_2=V$ 表示外加偏压在结两边空间电荷区的分配。对 NN 同型异质结，宽禁带一侧加正电压相当于反向偏置，外加偏压记为 $-V$，能带的总弯曲量为 $q(V_D+V)$，窄禁带一边的势阱深度为 $V_{D1}+V_1$，宽禁带一边的势垒高度则为 $V_{D2}+V_2$。

　　图 2-17 为图 2-16(a)所示 NN 同型异质结在反向偏置的状态下，窄禁带侧势垒高度随总势垒高度和相对杂质浓度的变化情况。图中曲线以 $\varepsilon_1 N_{D1}$ 与 $\varepsilon_2 N_{D2}$ 的比值为参考量。从图中可见，当窄禁带材料相对于宽禁带材料为重掺杂时，势阱所占比例甚小，但

它会随着窄禁带材料相对掺杂浓度的降低而增大。这说明，能带弯曲主要发生在轻掺杂一边，跟反型异质结的情况类似。也就是说，如果想要强化 NN 同型异质结对电子的约束作用(陷阱作用)，就要降低其势垒层的掺杂浓度；如果想要强化 NN 同型异质结对电子的阻挡作用(势垒作用)，就要提高其势垒层的掺杂浓度，使势阱变浅，势垒升高。在 $\varepsilon_1 N_{D1} \approx \varepsilon_2 N_{D2}$ 且势垒深度 $q(V_{D1}+V) \leqslant k_0 T$ 的情况下，能带弯曲主要集中在使宽禁带材料一侧的势垒增高上，这时的 NN 同型异质结犹如一个肖特基势垒接触。

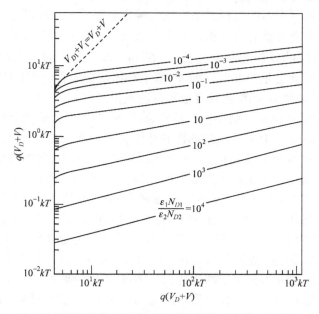

图 2-17　NN 同型异质结中窄禁带侧势垒高度随总势垒高度和相对杂质浓度的变化

　　以上讨论的是不考虑界面态的理想化同型异质结。在界面态的作用不容忽视时，同型异质结的能带结构会发生很大变化，必须对理想同型异质结能带图进行必要的修正。

3) 界面态对异质结能带结构的影响

(1) 界面态密度。

异质结的界面态主要来自构成材料之间的晶格失配，因为晶格失配必然在结界面上产生未饱和的悬挂键，而悬挂键会引入施主或受主能级。因此，异质结界面上的悬挂键密度即是界面态密度。突变异质结界面的悬挂键密度 ΔN_s 可以用两种材料在界面上的键密度之差来表示，即

$$\Delta N_s = N_{s1} - N_{s2} \tag{2-28}$$

式中，N_{s1} 和 N_{s2} 分别为两种材料在结界面上的键密度，由材料的晶格常数和结界面的晶向决定，可将键密度粗略地理解为晶格平面上的格点密度。设异质结两边的材料都是正六方体结构的晶格，晶格常数分别为 a_1 和 a_2，则可将式(2-28)改写为

$$\Delta N_s = \left| \frac{1}{a_2^{\,2}} - \frac{1}{a_1^{\,2}} \right| = \left| \frac{(a_1-a_2)(a_1+a_2)}{a_1^{\,2} a_2^{\,2}} \right| \approx \frac{2|\Delta a|}{a^3} \tag{2-29}$$

式中，$\Delta a = a_1 - a_2$，$a = (a_1 + a_2)/2$ 为平均晶格常数，并设 $a_1 a_2 \approx a^2$。

(2) 界面态的影响。

对于低密度的界面态，无论其性质如何，都不会对异质结的能带结构带来实质性的影响，其基本形状不会有多大改变。但当界面态密度较高时，界面态中的电荷虽然还不会改变结两侧能带弯曲的方向，但已能明显改变某一侧空间电荷区的宽度和势垒高度。当有高密度的界面态存在于结界面上时，前面所述理想状态下，因费米能级差，应该从高费米能级侧转移到低费米能级侧的电子就会被界面态截收，能带弯曲主要受界面态的控制，弯曲程度甚至方向都有可能被界面电荷改变。根据表面态理论做出的计算结果表明，当金刚石型晶体的界面态密度达到 $1 \times 10^{13} \mathrm{m}^{-2}$ 以上时，即会出现这种情况。具体说，如果高密度的界面态是施主型，则 P 型半导体就会向它们转移空穴(或说施主型界面态向 P 型半导体转移电子)而使其界面附近的能带向下弯；同时，界面态接收空穴(即释放电子)后带上大量正电荷，就会使与其紧邻的 N 型半导体的能带也往下弯，成为电子的积累层，而不是理想 PN 异质结那样的耗尽层。也就是说，对于高密度的施主型界面态，无论 PN、NP 反型异质结还是 PP 同型异质结，结两边的能带都是向下弯的，如图 2-18(a)所示。类似地，如果高密度的界面态是受主型，N 型半导体就会向它们转移电子而使其靠近界面的能带向上翘，同时，界面态接收电子后，带上大量负电荷，就会使与其紧邻的 P 型半导体的能带也往上翘，成为空穴的积累层，而不是理想 PN 异质结那样的耗尽层。也就是说，对于高密度的受主型界面态，无论 PN、NP 反型异质结还是 NN 同型异质结，结两边的能带都向上翘，如图 2-18(b)所示。由图 2-18 中的各种情况可见，高密度界面态使同型异质结两边皆成为多数载流子势垒，而非理想情况下的一边势垒一边势阱。反型异质结却在高密度界面态的作用下，从理想情况下的两边皆为多数载流子势垒变为一边势垒一边势阱。由此可见界面态对异质结问题的重要性。

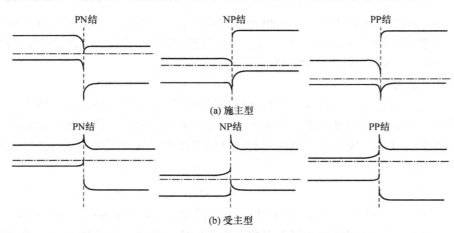

图 2-18　施主型和受主型界面态影响下的异质结能带图

2. 异质结特性及其应用

异质结特殊的能带结构决定其具有区别于同质 PN 结的优良特性，这主要指它的高注入比特性和因禁带宽度之差形成势垒而限制注入载流子的特性，以及因为宽、窄禁带的配合使用而在光电探测和光电能量转换方面独具特色的广谱特性与窗口特性等。

1) 伏安特性

由于异质结的能带结构变化多端，分析和描述其伏安特性要比分析同质结困难得多。长期以来，人们对异质结的不同类型和电压偏置状态下能带结构的不同特征提出了多种分析模型，如扩散模型、热电子发射模型、复合模型、隧穿模型以及扩散-发射、复合-隧穿等混合模型。实际上，异质结中载流子的运输过程很难用单一的模型来准确描述，往往需要用两种甚至两种以上模型的结合。

(1) 负反向势垒和正反向势垒。

根据 PN 异质结 N 型宽禁带半导体导带的尖峰相对于 P 型窄禁带半导体导带底的高低，可将电子势垒分为负反向势垒和正反向势垒两种，如图 2-19 所示。其中，图 2-19(a) 为 N 区导带尖峰低于 P 区导带底的情况，称为负反向势垒或低势垒尖峰；图 2-19(b) 为 N 区势垒尖峰高于 P 区导带底的情况，称为正反向势垒或高势垒尖峰。显然，这里的 "反向" 是指电子从 P 型侧流向 N 型侧，这是 PN 结处于反向偏置状态时的电子流向。

NP 异质结界面上只有 P 型宽禁带半导体的价带尖峰，按其尖峰相对于 N 型窄禁带半导体价带顶的高低，同样分为负反向势垒和正反向势垒两种。

需要注意的一点是，图 2-19 为热平衡状态下的情况。在偏置状态下，反向势垒的正、负有可能发生变化，有些负反向势垒在足够高的正向偏置电压下完全有可能变为正反向势垒，有些正反向势垒在足够高的反向偏置电压下完全有可能变为负反向势垒。

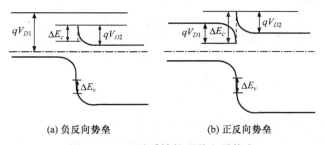

(a) 负反向势垒　　　　　　　　(b) 正反向势垒

图 2-19　PN 异质结的两种电子势垒

对异质结伏安特性的讨论要根据势垒尖峰的特点使用不同的模型。下面对正、负反向势垒这两种情况分别进行讨论。

(2) 负反向势垒 PN 异质结的伏安特性。

参照图 2-19(a)可知，热平衡时负反向势垒 PN 异质结的电子势垒和空穴势垒高度分别为

$$q\left(V_{D1} + V_{D2}\right) - \Delta E_c = qV_D - \Delta E_c \tag{2-30}$$

$$q\left(V_{D1} + V_{D2}\right) + \Delta E_v = qV_D + \Delta E_v \tag{2-31}$$

二者差别较大。在正向偏置电压 V 的作用下，其电子准费米能级向上移动，空穴准费米能级向下移动，总移动量为 qV。若其仍能保持负反向势垒异质结的特点，如图 2-20 所示，则其势垒区能带弯曲的基本情况与 PN 同质结类似，即正向偏压下势垒降低，空

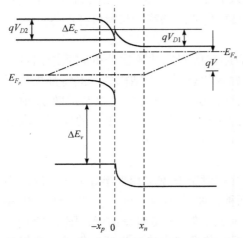

图 2-20　正向偏压下的负反向势垒 PN 异质结

间电荷区变窄，载流子主要通过扩散越过势垒，因而其伏安特性适合用扩散电流模型来描述。

加正向偏压 V 后，电子势垒和空穴势垒分别变为

$$q\varphi_n = q(V_D - V) - \Delta E_c \qquad (2\text{-}32)$$

$$q\varphi_p = q(V_D - V) + \Delta E_v \qquad (2\text{-}33)$$

按照用扩散电流模型建立 PN 同质结电流-电压方程的方法和过程，可以得到正向偏压下从宽禁带一侧流过异质结的电子扩散电流和从窄禁带一侧流过异质结的空穴扩散电流的密度表达式，分别为

$$J_n = \frac{qD_{n1}n_{10}}{L_{n1}}\left[\exp\left(\frac{qV}{k_0T}\right) - 1\right] \qquad (2\text{-}34)$$

$$J_p = \frac{qD_{p1}p_{20}}{L_{p2}}\left[\exp\left(\frac{qV}{k_0T}\right) - 1\right] \qquad (2\text{-}35)$$

总电流密度即为

$$J = J_n + J_p = \left(\frac{qD_{n1}n_{10}}{L_{n1}} + \frac{qD_{p1}p_{20}}{L_{p2}}\right)\left[\exp\left(\frac{qV}{k_0T}\right) - 1\right]$$

$$= J_s\left[\exp\left(\frac{qV}{k_0T}\right) - 1\right] \qquad (2\text{-}36)$$

在形式上，式(2-36)与 PN 同质结的肖克莱方程极为相似。不同的是，PN 同质结中反向饱和电流由同一个禁带宽度下的 N 区少数载流子浓度 p_{n0} 和 P 区少数载流子浓度 n_{p0} 决定，在两区掺杂浓度差别不大时，二者接近相等；而在这里，PN 异质结的反向饱和电流由禁带宽度不同的两种材料的少数载流子浓度决定，即使二者掺杂浓度相同，其值也相差很大。对于这里讨论的具体情况，N 型宽禁带半导体的少数载流子浓度 p_{20} 必然远小于 P 型窄禁带半导体的少数载流子浓度 n_{10}，而两种材料中少数载流子的扩散速度 D/L 一般不会相差太大，因而 J_p 实际上可以忽略。这说明，PN 异质结在正向偏压下形成负反向势垒时，其正向电流主要是 P 型窄禁带材料注入 N 区的电子扩散电流，即 $J \approx J_n$。

(3) 正反向势垒 PN 异质结的伏安特性。

对于图 2-18(b)所示的正反向势垒 PN 异质结，正向偏压下虽然能带弯曲量会减小，但仍会保持其正反向势垒的特征，从 N 区向 P 区扩散的电子仍面临着一个尖峰形势垒 $q(V_{D2} - V_2)$，如图 2-21 所示。图中，V_1 和 V_2 分别表示外加偏压 V 在 P 区和 N 区的降

落。这时，从 N 区内部扩散至势垒处的电子当中，只有能量高于势垒尖峰者才有可能突破热电子发射机制的限制。利用讨论肖特基势垒电流-电压关系的热电子发射模型，可以算出在正向偏压下由 N 区向 P 区发射的电子电流密度为

$$J_2 = qn_{20}\left(\frac{k_0T}{2\pi m_2^*}\right)^{1/2}\exp\left[-\frac{q(V_{D2}-V_2)}{k_0T}\right] \tag{2-37}$$

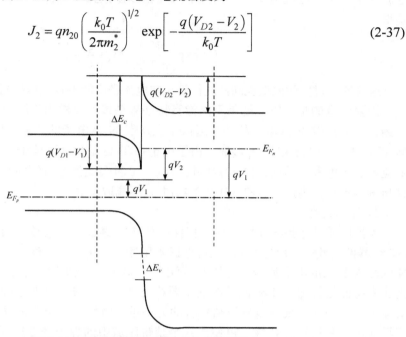

图 2-21 正向偏压下的正反向势垒异质结

从 P 区向 N 区发射的电子电流密度为

$$J_1 = qn_{10}\left(\frac{k_0T}{2\pi m_1^*}\right)^{1/2}\exp\left[-\frac{\Delta E_c - q(V_{D1}-V_1)}{k_0T}\right] \tag{2-38}$$

参照图 2-18 可知，热平衡状态下无论具有哪种形式势垒的 PN 异质结，其 P 区和 N 区的导带底能量之差 ΔE 皆为 $qV_{D1}+qV_{D2}-\Delta E_c$。因此，异质结空间电荷区两边的热平衡电子密度 n_{10} 和 n_{20} 的关系可利用此能量差表示为

$$n_{10} = n_{20}\exp\left[\frac{\Delta E_c - q(V_{D1}+V_{D2})}{k_0T}\right] \tag{2-39}$$

将此关系代入式(2-38)，从 P 区向 N 区发射的电子电流密度可重新表示为

$$J_1 = qn_{20}\left(\frac{k_0T}{2\pi m_1^*}\right)^{1/2}\exp\left[\frac{-q(V_{D2}+V_1)}{k_0T}\right] \tag{2-40}$$

于是，总电子电流密度为

$$J = J_2 - J_1 = qn_{20}\left(\frac{k_0T}{2\pi m_1^*}\right)^{1/2}\exp\left(-\frac{qV_{D2}}{k_0T}\right)\left[\exp\left(\frac{qV_2}{k_0T}\right)-\exp\left(-\frac{qV_1}{k_0T}\right)\right] \tag{2-41}$$

式中，$m^* = m_1^* = m_2^*$，即假定两种材料的电子有效质量相等。

对于这里讨论的正、负反向势垒 PN 异质结，正向偏压下由 P 区发射到 N 区的电子电流很小，正向电流主要是从 N 区向 P 区发射的电子电流，式(2-41)中 J_1 可以略去，于是得

$$J \propto \exp\left(\frac{qV_2}{k_0T}\right) \propto \exp\left(\frac{qV}{k_0T}\right) \tag{2-42}$$

这说明通过发射模型也同样能得到正向电流密度随偏置电压按指数关系升高的结论。

需要注意的是，以上结果不能像肖特基势垒接触那样用于反向偏置的情况。因为反向偏压下窄禁带 P 区电子的势垒远低于宽禁带 N 区电子的势垒，反向电流主要由 P 区向 N 区发射的电子电流 J_1 形成。由于电子在 P 区是少数载流子，J_1 在较高的反向偏压下应该趋于饱和，然而式(2-40)表明 J_1 在 $U<0$ 时会随其绝对值的升高而呈指数级上升，这与事实不符。因此，式(2-37)式(2-42)中 V 不能取负数。

2) 注入特性

无论同质结还是异质结，注入特性都是 PN 结的一个很重要的特性，它决定着很多 PN 结器件的性能。PN 结的注入特性通常用注入比来表征。注入比定义为正向偏压下从 N 区注入 P 区的电子流密度与从 P 区注入 N 区的空穴流密度之比。其中，PN 异质结的高注入特性是其优于 PN 同质结的主要特征之一，是异质结在多种器件中广为应用的重要原因。而超注入现象是异质结特有的另一重要特性，在半导体异质结激光器中得到了广泛应用。利用这个特性，可使注入窄禁带区域中的少子密度达到 $1 \times 10^{18} cm^{-3}$ 以上，使激光器所要求的粒子数反转条件容易得到满足[7,8]。

3) 光伏特性

与 PN 同质结相比，PN 异质结因为结两侧材料的禁带宽度不同而对光有更广的光谱。为讨论 PN 异质结的光谱效应，可将结附近分成 4 个小区域。如图 2-22 所示，这 4 个小区域分别是结两侧禁带宽度不同的两个空间电荷区，其宽度分别为 X_1 和 X_2；空间电荷区两侧 P 型窄禁带半导体的电子扩散区和 N 型宽禁带半导体的空穴扩散区，其宽度分别为电子扩散长度 L_n 和空穴扩散长度 L_p。当有适当波长的多色光分别在各小区域被均匀吸收时，可将 PN 异质结的光电流表示为

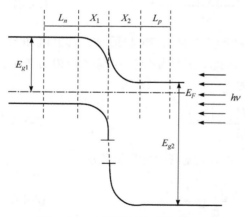

图 2-22　PN 异质结光吸收分区图

$$J_L = J_1 + J_2 + J_3 + J_4 = q\left[G_1(L_n + X_1) + G_2(L_p + X_2)\right] \tag{2-43}$$

与 PN 同质结光电流表达式相比，其主要区别在于对禁带宽度不同的区域使用了不同的光生载流子产生率 G_1 和 G_2。因为产生率取决于材料对入射光的吸收系数，而吸收系数是光波长的函数，而且不同材料对相同波长的光的吸收系数一般并不相等，所以即

便是同一波长的光, 异质结两侧的光生载流子产生率也不相同。

现在考虑用不同能量的光从宽禁带一侧入射该异质结。当光子能量 $h\nu$ 比窄禁带材料的禁带宽度还小时, 这些光子基本不被异质结吸收, 产生率 G_1 和 G_2 皆为零, 因而光电流为零。当 $E_{g1} < h\nu < E_{g2}$ 时, 宽禁带材料对这些光子的吸收系数基本为零, 而窄禁带材料对这些光子的吸收系数有一定大小, 因而 G_2 为零, G_1 不为零, 光电流 $J_L = J_1 + J_2$。当入射光子的能量 $h\nu = E_{g2}$ 时, 入射光首先被宽禁带材料吸收, 未能完全吸收的部分光子还会被窄禁带材料吸收, G_1 和 G_2 皆不为零, 光电流 $J_L = J_1 + J_2 + J_3 + J_4$。但当 $h\nu > E_{g2}$ 时, 由于吸收系数 α 随着光子能量的增大而大幅度增大, 光的穿透深度 $1/\alpha$ 就会大幅度减小, 吸收就有可能集中在宽禁带材料的表面, 表面复合将使光生载流子浓度降低, 尤其在宽禁带材料的厚度大于 $X_2 + L_p$ 时, 大量光生载流子扩散不到空间电荷区边沿即因复合而消失, 光生电流将大幅度下降。因此, 异质结的光谱响应主要集中在与 E_{g1} 和 E_{g2} 相当的光子能量之间的范围, 在此范围之外的光谱响应很小。这就是异质结的 "窗口效应", 窗口大小由两种材料的禁带宽度之差决定。对于禁带宽度为 E_{g1} 的 PN 同质结, 能量接近 E_{g2} 的高能光子会因其浅表面的强吸收而对光电流没有贡献, 而对于禁带宽度为 E_{g2} 的 PN 同质结, 能量接近 E_{g1} 的低能光子不被吸收而穿透出去, 对光电流也没有贡献。因此, PN 异质结比 PN 同质结的光谱响应大得多。

2.2　半导体光电子器件中的模式

利用 PN 结和异质结的光-电子(或电-光子)转换效应可制备各种功能器件。早期的光电子器件只限于被动式的应用, 20 世纪 60 年代作为相干光载波源的半导体激光器的问世, 则使它进入主动式应用阶段, 光电子器件组合应用的功能在某些方面(如光通信、光信息处理等)正在扩展电子学难以执行的功能。一门新的分支学科——光电子学正在迅速发展, 而光电子器件则构成光电子学的核心部分。本节以半导体激光器为代表, 概述半导体接触在光电子器件实际应用中的半导体物理学。

半导体激光器的模式特性是由谐振腔横向、侧向、纵向的三个线度以及介质的特性所决定的。通常来说, 激光器谐振腔内有多种模式, 但只有那些满足阈值条件的激光模式才能被激励, 产生振荡并经过放大最终形成激光输出[9,10]。

在自由空间传播的均匀平面电磁波(空间中没有自由电荷, 没有传导电流)、电场与磁场都没有和波传播方向平行的分量, 都和传播方向垂直。此时, 电场强度 E、磁场强度 H 和波矢 k 两两垂直, 才可以说电磁波是横波。

沿一定途径(如波导)传播的电磁波为导行电磁波。根据麦克斯韦方程, 导行电磁波在传播方向上一般是有 E 和 H 分量的。

根据传播方向上有无电场分量或磁场分量, 可分为如下三类, 任何光都可以这三类波的合成形式表示出来。

(1) EM 波: 在传播方向上没有电场和磁场分量, 称为横电磁波。若激光在谐振腔

中的传播方向为 z 方向，那么激光的电场和磁场将没有 z 方向的分量，实际的激光模式是准 TEM 模，即允许 E_z、H_z 分量的存在，但它们必须远小于横向分量，因为较大的 E_z 意味着波矢方向偏离光轴较大，容易溢出腔外，所以损耗大，难于形成振荡。

(2) TE 波(s 波)：在传播方向上有磁场分量但无电场分量，称为横电波。在平面光波导(封闭腔结构)中，电磁场分量有 E_y、H_x、H_z，传播方向为 z 方向。

(3) TM 波(p 波)：在传播方向上有电场分量而无磁场分量，称为横磁波。在平面光波导(封闭腔结构)中，电磁场分量有 H_y、E_x、E_z，传播方向为 z 方向。

横波与电磁波传播方向 k 是垂直的，可以想象一个单簇的光线就是一根直线的水管，水管横截面就是与水流方向垂直的。

2.2.1 横模及其物理意义

1. 半导体激光器的模式

光学谐振腔内电磁场可能存在的本征态称为激光的模式，不同的模对应不同的场分布和共振状态，可以分为横模和纵模。光在腔内来回反射，相当于不断经过光阑，因此会引起衍射，使振幅和相位的空间分布发生畸变，腔内电磁场在垂直于其传输方向的横截面内稳定的场分布称为横模。不同的横模对应于不同的横向稳定光场分布和频率[11]。

轴对称情况下，激光的模式一般用 TEM_{mn} 来标记，m 表示 x 方向暗区数，n 表示 y 方向暗区数。旋转对称时，其习惯用 TEM_{pl} 表示，p 表示沿径向的节线数，即暗环数，l 表示角向节线数，即暗直径数，各节线圆沿 r 方向不是等距分布的。TEM_{00} 模又称基模，基模的场集中在反射镜中心，其中任何一点光强都不为零，在它的光轴上有最大的高斯强度分布，是光斑的最简单结构。除基模外，其他的横模都称为高阶模。图 2-23 为横模光斑示意图。高阶横模的峰值和节点的位置、幅度，通常需要使用高阶厄米多项式或高阶拉盖尔多项式方程来确定。

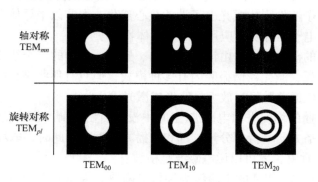

图 2-23　横模光斑示意图

由于谐振腔反射镜几何尺寸是有限的，当光波在两镜间往返传输时，必然会因经过边缘时的衍射效应而产生损耗。在决定腔中激光振荡稳定场分布的形成时，衍射将起主要作用。

　　分析图 2-24 所示光波在理想平行平面腔中的传输过程[12]。设在初始时镜 1 上有某一场分布 E_1，则光波由镜 1 传输到镜 2 时，将镜 2 上产生一个新的场分布 E_2，场分布 E_2 经过第二次传输后又将在镜 1 上产生一个新的场分布 E_3，每次经过一次传输，光波因衍射而损耗一部分能量，并且衍射还会引起场分布的变化，因此，经过一次往返传输之后所生成的场分布 E_3 不仅振幅小于 E_1，而且也可能形成这样一种稳定场：它的相对分布不再受衍射影响，即在腔内往返传输一周后能够"再现"前一次的场分布。这种稳定场经过一次往返传输后，可能的变化仅仅是：因为实际存在的损耗，镜面上的各点的场振幅按同样的比例衰减，各点相位发生同样大小的滞后。这种在腔反射镜面上经过一次往返传输后能"自再现"的稳定场分布就称为横模。

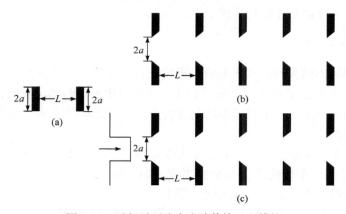

图 2-24　平行平面腔内光波传输过程模拟

　　为了形象地理解腔内"自再现"模的形成，可用光波在光阑传输线中的传输过程来模拟它在平行平面腔中的往返传输过程。光阑传输线如图 2-24(b) 所示，由一系列同轴光阑构成。这些光阑的孔开在平行放置的无限大、完全吸收屏（即黑体）上，相邻两个光阑间距离等于腔长 L，光阑大小等于镜的横向尺寸 $2a$，当模拟对称开腔时，所有光阑大小和形状都相同，光波从一个光阑传到另一个光阑的过程就等效于在平行平面腔中从一个反射镜面传输到另一个反射镜面的过程，每通过一个光阑时，光将发生衍射，射到光阑以外的光将被黑体屏完全吸收。如图 2-24(c) 所示，设想初始时有一束均匀平面光波入射在传输线的第一个光阑上，这时第一个光阑上光波的强度分布是均匀的（矩形分布），由于衍射，在穿过该光阑后波前形状要发生改变，并且会产生一些衍射瓣。当它到达第二个光阑时，其边缘强度将比中心部分小，而且第二个光阑已不再是等相位面了。这样顺次通过第二个光阑、第三个光阑……每通过一个光阑，光波的振幅和相位都要发生一次改变。可以预期，在通过足够多的光阑后，镜面上光波的振幅和相位分布将不再发生变化。

　　2. 横模与纵模之间的关系

　　激光器输出的不同横模和纵模分别与不同的光场分布与振荡频率相对应，但不同纵模间的光场分布大致相同，这样就需要从频率的角度进行区分；不同横模间的光场分布差异明显，可以从光斑图案直接进行区分，但不同横模间的频率也有着一定的差异。

对于激光器的输出光束为基横模和基侧模的光束，其输出能量绝大部分集中在光斑的对称中心上，这种良好的输出光束非常有利于光纤耦合，同时易于聚成小光斑。但是对于输出光束为多侧模的激光器，其输出光功率-驱动电流(P-I)特性曲线易出现"扭折"现象。因此，在光通信信息领域的应用上更多地要求激光器以基横模工作。

半导体激光器在以基横模工作的情况下，其相干性最好。通过以上分析，要从半导体激光器的结构设计和外延材料选择上进行考虑，使其能保证基横模工作。根据基横模的输出条件，通过对光场内载流子的横向、纵向限制，减小有源区的厚度和宽度等方法，能够实现半导体激光器的基横模工作。

3. 横模的物理意义

为了提高半导体激光器的输出能量，通常使用较长腔长的谐振腔结构，这样就会使得激光器的输出光束为多模光束。通过对比基横模(TEM$_{00}$ 模)和高阶模，前者具有高亮度、远场发散角小以及光强横向分布均匀等特点，同时光场的时间、空间相干性较好。

基横模输出的优点如下。

(1) 基横模的光强分布均匀，中心处光强最强，其光斑没有光强断开的节线；而其他各高阶模的光强分布在光斑中都至少出现一条光强断开的节线，导致光强分布不均匀，限制了高阶模在不同应用领域的使用需求。

(2) 基横模的输出光束均匀，其光强中心沿着直线进行传播。

(3) 基横模的光强呈现高斯分布形式，可以将其通过光学系统的变换实现聚焦、准直、扩束等作用，从而使激光广泛地应用于不同的应用领域。

高质量光束、高功率、基横模工作的激光器的优势如下。

(1) 提高激光器的远场特性。降低输出光束的垂直发散角，得到近圆形光斑，从而提高光束质量以及光纤耦合的效率。

(2) 提高激光器的基横模输出功率，从而保证在高功率下 P-I 曲线的线性特性。

(3) 提高激光器的稳态特性。

综上所述，以稳定的基横模工作的半导体激光器是一种理想的相干光源，在光谱分析、全息术摄影、激光干涉测量、激光医疗、激光制导等信息科技、军事应用领域都有着广泛的应用。

2.2.2　TE、TM 模及其物理意义

不同于无限大介质，光纤波导中不存在横电磁模(TEM)，即电场和磁场分量不能同时垂直于光场的波矢方向，但是电场和磁场只有一个满足横场分布时，对应的模场分布称为横电场(TE)和横磁场(TM)。其余模分布中电磁场的三个正交分量均不为零，可视为 TE 模和 TM 模按照一定比例的叠加。

当 $E_z = 0$ 时，TE 模电场分量只存在于垂直光纤轴向的横截面内，纤芯内的电磁场各个分量表示为

$$E_\theta = -\mathrm{j}\omega\mu_0 \frac{a}{w} \cdot \frac{J_0(a)}{K_0(a)} BK_1\left(\frac{w}{a}r\right) \tag{2-44}$$

$$H_r = \mathrm{j}\beta\frac{a}{w} \cdot \frac{J_0(a)}{K_0(a)} BK_1\left(\frac{w}{a}r\right) \tag{2-45}$$

$$H_z = B\frac{a}{w} \cdot \frac{J_0(a)}{K_0(a)} K_0\left(\frac{w}{a}r\right) \tag{2-46}$$

包层内的场分布为

$$E_\theta = \mathrm{j}\omega\mu_0 \frac{a}{u} BJ_1\left(\frac{u}{a}r\right) \tag{2-47}$$

$$H_r = \mathrm{j}\beta\frac{a}{u} BJ_1\left(\frac{u}{a}r\right) \tag{2-48}$$

$$H_z = BJ_0\left(\frac{u}{a}r\right) \tag{2-49}$$

从式(2-49)中可知，电场只沿角向分布，关于光纤轴线呈对称分布，除此之外，函数表达式中只含径向分量。

当 $H_z = 0$ 时，TM 模磁场分量垂直于光纤轴向，纤芯内电磁场分布为

$$H_\theta = -\mathrm{j}\omega\mu_0 \frac{a}{u} AJ_1\left(\frac{u}{a}r\right) \tag{2-50}$$

$$E_r = \mathrm{j}\beta\frac{a}{u} AJ_1\left(\frac{u}{a}r\right) \tag{2-51}$$

$$E_z = AJ_0\left(\frac{u}{a}r\right) \tag{2-52}$$

包层内的场分布为

$$H_\theta = -\mathrm{j}\omega\mu_0 \frac{a}{w} \cdot \frac{J_0(a)}{K_0(a)} AK_1\left(\frac{w}{a}r\right) \tag{2-53}$$

$$E_r = \mathrm{j}\beta\frac{a}{w} \cdot \frac{J_0(a)}{K_0(a)} AK_1\left(\frac{w}{a}r\right) \tag{2-54}$$

$$E_z = A\frac{J_0(a)}{K_0(a)} K_0\left(\frac{w}{a}r\right) \tag{2-55}$$

从式(2-55)可知，TM 模中磁场只存在角向分量，和 TE 模不同，TM 模中的电场除了径向方向存在电场分布之外，其在 z 轴方向也存在分量，由于其在量值上相对于径向分量比较小，在弱波导近似中可以忽略。

图 2-25 表示 TE 模和 TM 模中电场在横截面上的分布，其中箭头表示瞬时电场的振动方向，从图上可以看出，TE 模中电场方向和柱坐标系的角向矢量重合，对应着轴对

称偏振光束的角向偏振光，同时 TM 模中电场方向和柱坐标系中径向矢量重合，因此对应着轴对称偏振光束的径向偏振光[13]。

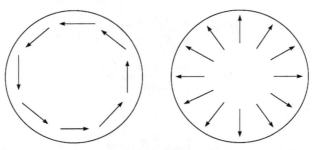

图 2-25　光纤中 TE 模角向偏振模式和 TM 模径向偏振模式

2.3　器件的远场与相差

2.3.1　器件的远场

半导体激光器输出的光场分布分为近场和远场。近场是指光强在解离面上或距解离面一个光波长范围内的分布，这往往和激光器的侧向模式联系在一起。远场是指距输出腔面一个光波长以外的光束在空间上的分布，这常常与光束的发散角相联系。

对于半导体激光器的许多应用，总是希望在远场有圆形对称光斑，以便用普通的透镜系统聚焦成小光点，也便于与通常的圆形截面光纤高效率地耦合。对于用于光信号处理的半导体激光器，更希望有发散角很小的窄束输出，以便聚焦成极小的光点，在激光通信中提高信息的储存密度。然而，通常的半导体激光器的远场光斑既不对称，又具有很大的光束发散角，如图 2-26 所示。在垂直于结界面方向上的发散角 $\theta_\perp$ 很大，一般达到 30°～40°，而在平行于结界面方向上的光束发散角 $\theta_{//}$ 也会有 10°～20°。这种远场不对称且发散角大的特性主要来源于激光器有源层横截面的不对称性和很小的线度。

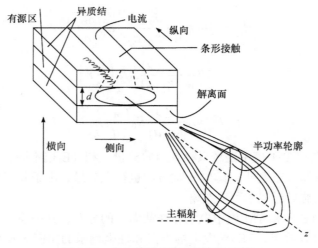

图 2-26　半导体激光器的远场分布图

1. 垂直于结界面的发散角 $\theta_{\perp}$

半导体激光器有源层厚度很小，一般为 0.1～0.2μm。这是获得单横模和小的阈值电流密度所需要的。由光的狭缝衍射理论也可以理解 $\theta_{\perp}$ 如此之大的原因[14]。

为了求出 $\theta_{\perp}$，必须计算光强随自由空间偏离光传播轴线的远场分布。这里考虑图 2-27 的结构，即为在 $z=0$ 处具有半导体-空气界面的三层平板介质波导。为推导方便，认为波导在 y 方向上是无穷的；折射率为 $\bar{N}_z$、厚度为 d 的有源层中心在 $x=0$ 处，为了求得 $\theta_{\perp}$，应先求出自由空间某点 $Q(x,z)$ 处的电场 $E(x,z)$，因为 $x=r\sin\theta$，$z=r\cos\theta$（r 看成由点源 O 所发出的球面波半径），就可以将 $E(x,z)$ 表示为 θ 的函数，再利用傅里叶变换将 $E(x,z)$ 变换成 $E(\theta)$，继而可求出光强 $I(\theta)$ 和在 $\theta=0$ 时的光强 $I(0)$。可定义 $I(\theta)/I(0)$ 为 $1/2$ 时所对应的角度为 $\theta_{\perp}$，这里省去以上步骤的详细推导，直接写出 $E(\theta)$ 为

$$E(\theta) = (k_\theta/(2\pi r))^{1/2} \exp(j\pi/4)\exp(-jk_\theta r)\cos 0$$
$$\times \int_{-\infty}^{0} E_r(x,0)\exp(jk_0 x\sin 0)\mathrm{d}x \tag{2-56}$$

式中，$k_0 = 2\pi/\lambda_0$，λ_0 为自由空间波长；$E_r(x,0)$ 是 $z=0$ 处的光强。求解式(2-56)的关键是要知道 $E_r(x,0)$，利用杜姆克在有源层厚度 d 很小时所用的近似解：

$$E_r(\theta) = E_0 \exp(-\gamma|x|) \tag{2-57}$$

式中，γ 为衰减常数，利用式(2-56)可得到

$$E(\theta) = (k_\theta/(2\pi r))^{1/2} \exp(j\pi/4)\exp(-jk_\theta r)\cos 0$$
$$\times \left\{ E_0 \int_{-\infty}^{0} \exp\left[(\gamma + jk_0\sin 0)x\right]\mathrm{d}x \right.$$
$$\left. + E_0 \int_{0}^{-\infty} \exp\left[-(\gamma - jk_0\sin 0)x\right]\mathrm{d}x \right\} \tag{2-58}$$

$$E(\theta) = (k_\theta/2\pi r)^{1/2} \exp(j\pi/4)\exp(-jk_\theta r)\cos 0\left(\frac{2E_0\gamma}{\gamma^2 + k\delta\sin^2\theta}\right) \tag{2-59}$$

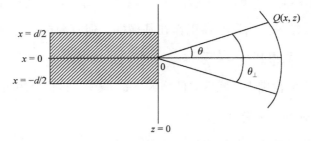

图 2-27　计算 DH 激光器沿垂直于结界面方向的远场分布的示意图

当 θ 很小时，$\cos\theta \approx 1$，远场强度与 θ 的关系为

$$I(\theta) \propto \left|\boldsymbol{E}(0)\right|^2 \propto \gamma^2 \Big/ \left(\gamma^2 + k\delta\sin^2\theta\right)^2 \tag{2-60}$$

决定半强度点所对应的光束发散角之半的方程为

$$\frac{I\left(\theta_{1/2}\right)}{I(0)} = \gamma^4 \Big/ \left(\gamma^2 + k\delta\sin^2\theta_{1/2}\right)^2 = \frac{1}{2} \tag{2-61}$$

因而有

$$\sin\theta_{1/2} = \left(\sqrt{2}-1\right)^{\frac{1}{2}} \gamma/k_0 \tag{2-62}$$

当 $\theta_{1/2}$ 很小时，有 $\sin\theta_{1/2} \approx \theta_{1/2}$，故半强度点处的全发散角为

$$\theta_\perp = 2\theta_{1/2} \approx 2\left(\sqrt{2}-1\right)^{\frac{1}{2}} \gamma/k_0 = 0.2\gamma\lambda_0 \tag{2-63}$$

若取对称平板介质波导，$\overline{n}_1 = \overline{n}_3$，取衰减常数 γ 的近似式为

$$\gamma \approx \left(\overline{n}_2^2 - \overline{n}_1^2\right)kd/2 \tag{2-64}$$

则式(2-63)变为

$$\theta_\perp(\text{弧度}) \approx 4.0\left(\overline{n}_2^2 - \overline{n}_1^2\right)d/\lambda_0 \tag{2-65}$$

或表示为

$$\theta_\perp(\text{度}) \approx 2.3\times10^2\left(\overline{n}_2^2 - \overline{n}_1^2\right)d/\lambda_0 \tag{2-66}$$

以 $Ga_{0.7}Al_{0.3}As/GaAs$ 激光器为例，$\lambda_0 = 0.9\mu m$，$d = 0.1\mu m$，$\overline{n}_1 = 3.25$，$\overline{n}_2 = 3.59$，则由式(2-66)得 $\theta_\perp$ 为 50°。式(2-66)只适合 d 比较小的情况，表明随着有源层厚度 d 的减少，光场扩展出有源层外的比例增加，这相当于加厚了有源层的厚度，因而使 $\theta_\perp$ 减少。

杜姆克给出了一个很宽的 d 值范围内 $\theta_\perp$ 的近似表达式：

$$\theta_\perp = \frac{4.05\left(\overline{n}_2^2 - \overline{n}_1^2\right)d/\lambda_0}{1+\left[4.05\left(\overline{n}_2^2 - \overline{n}_1^2\right)/1.2\right](d/\lambda_0)^2} \tag{2-67}$$

显然，当 d 很小时，忽略式(2-67)分母中第二项 $\left[4.05\left(\overline{n}_2^2 - \overline{n}_1^2\right)/1.2\right](d/\lambda_0)^2$，而得到与式(2-65)相近的结果。当激光器工作在基横模，但有源层 d 较厚时，则可以忽略式(2-67)分母中的 1，而得到 $\theta_\perp = \dfrac{1.2\lambda_0}{d}$。

这表明在 d 较大的范围内，随着 d 的增大，$\theta_\perp$ 减少，这仍可用衍射理论来解释。

2. 平行于结界面的发散角 $\theta_{//}$

前面所讨论的在较厚有源层内的光束发散角也适用于平行于结界面方向的情况，设有源层宽为 W，则

$$\theta_{//}(\text{弧度}) \approx \lambda_0/W \tag{2-68}$$

因为有源层宽 W 较宽，所以 $\theta_{//}$ 一般能到达 $10°$ 左右。

3. 波导结构对远场特性的影响

由式(2-60)～式(2-68)的有关表达式可看到，远场特性与异质结界面两边材料的折射率差和有源层厚度密切相关。平行于界面方向的远场分布同样取决于波导结构。对于侧向增益波导激光器，由于存在多光束发射，侧向远场分布易出现不平缓和不对称。图 2-28 分别为在侧向具有增益波导与折射率波导的远场分布，增益波导的这种远场特性往往伴随着输出光功率-驱动电流的非线性而出现不利于调制的"扭折"现象。

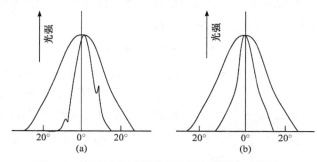

图 2-28　增益波导远场分布和折射率波导远场分布

为了获得圆形对称的窄光束远场分布，已由有源层宽度很窄的折射率波导激光器获得了近似的圆形光斑。2016 年出现的在激光器两端具有薄锥形厚度有源层的结构兼顾了激光器以窄光束发射和低阈值电流工作的特点，使 $\theta_\perp$ 达到 $10°$，这样就能得到近乎圆形对称的光斑。图 2-29 说明了这种结构的远场分布。

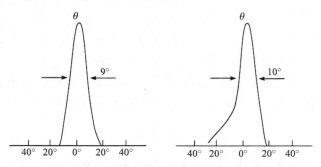

图 2-29　锥形有源层激光器窄光束远场分布

2.3.2　器件的相差

尽管相干通信系统可以增加数据传输的光谱效率，从而增加系统的传输容量，但是它把信息同时调制到了载波的强度和相位之上，导致了激光器的相位噪声对系统的传输质量有着重要的影响。由于相位噪声的影响，信号无法分离，这时需要在接收机中通过载波相位恢复来补偿激光器的相位噪声，只有当激光器的相位噪声足够小的情况下才能够正确地追踪载波的相位变化，从而实现正确的信号传输。因此研究可调谐半导体激光器的相位噪声问题，并且分析它们在相干系统中应用时存在的问题具有重要意义。

　　1. 半导体激光器的相位噪声

　　在单模的激光器中，可以假设激光器的输出频率保持不变，由于相位噪声的影响，激光器的输出光谱就会出现展宽。把输出的光场 $E(t)$ 表示为

$$E(t)=\sqrt{A}\exp\left[i(\omega t+\varphi)\right]=\beta\exp(i\omega t) \tag{2-69}$$

式中，ω 是激光器输出光的角频率；β 和 A 分别是复振幅和光强；φ 是相位变化。由于自发辐射的影响，激光器的光强和相位会出现抖动，假设第 i 次自发辐射引起的复振幅的变化 $\Delta\beta_i$ 具有单位的强度和随机的相位，表示为

$$\Delta\beta_i=\exp(i\varphi+i\theta_i) \tag{2-70}$$

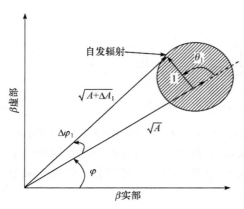

图 2-30　自发辐射引起的
输出光强和相位的变化

式中，相位 θ_i 是在 $[0，2\pi]$ 中随机变化的，如图 2-30 所示，那么自发辐射引起的激光器输出光的强度和相位变化分别表示为

$$\Delta A_i=1+2\sqrt{A}\cos(\theta_i) \tag{2-71}$$

$$\Delta\varphi_i=\frac{1}{\sqrt{A}}\sin(\theta_i) \tag{2-72}$$

从式(2-59)中可以看到激光器的输出相位因为自发辐射而在不停变化，从而产生了相位噪声。但是在半导体材料中，因为有源区中的增益和有效折射率都与载流子浓度有关，所以光强的变化就会引起载流子浓度的波动，然后改变介质的有效折射率，并引起激光器输出频率的改变。因此，对于半导体激光器而言，它的相位噪声就包括了两个部分：①激光器固有的相位噪声，该噪声由自发辐射直接产生；②载流子噪声，载流子的抖动引起折射率变化，进而导致输出频率的抖动。输出光的相位和光强有着关系式：

$$\Delta\varphi=\frac{\alpha}{2A}\Delta A \tag{2-73}$$

式中，α 是线宽增强因子，它是一个反映半导体激光器的相位噪声大小的关键参数，并且和复折射率 n 之间的关系为

$$n=n'+in'' \tag{2-74}$$

$$\alpha=\frac{\partial n'/\partial N}{\partial n''/\partial N}=\frac{4\pi}{\lambda}\cdot\frac{\partial n'/\partial N}{\partial g/\partial N}=\frac{4\pi}{\lambda}\cdot\frac{\partial n'/\partial N}{g_n} \tag{2-75}$$

式中，λ 是输出光的波长；g 是有源区内部的增益；g_n 是微分增益。把式(2-71)代入式(2-73)中可以得到总的相位的变化为

$$\Delta\varphi_{it} = \Delta\varphi_i + \frac{\alpha}{2A}\Delta A_i = \frac{1}{\sqrt{A}}\sin(\theta_i) - \frac{\alpha}{2A}\left[1 + 2\sqrt{A}\cos(\theta_i)\right]$$

$$= -\frac{\alpha}{2A} + \frac{1}{\sqrt{A}}\left[\sin(\theta_i) - \alpha\cos(\theta_i)\right] \tag{2-76}$$

因此可以看到式(2-76)的 $-\dfrac{\alpha}{2A}$ 是一个不变的相位变化，假设自发辐射的速率是 R，则这一项引起的相位变化为

$$\langle\Delta\varphi\rangle = \frac{\alpha R t}{2I} \tag{2-77}$$

在这种情况下，相当于激光器的频率改变了一个固定的值，并不会引入额外的相位噪声。在进行了 $N = Rt$ 次自发辐射后，式(2-76)中的 $\dfrac{1}{\sqrt{A}}\left[\sin(\theta_i) - \alpha\cos(\theta_i)\right]$ 引起的相位变化可以表示为

$$\Delta\varphi = \sum_{i=1}^{N}\frac{1}{\sqrt{A}}\left[\sin(\theta_i) - \alpha\cos(\theta_i)\right] \tag{2-78}$$

因此，相位差的方差可以表示为

$$\langle\Delta\varphi^2\rangle = \frac{R\left(1+\alpha^2\right)t}{2A} \tag{2-79}$$

而激光器的相干时间 t_{coh} 和 $\langle\Delta\varphi^2\rangle$ 以及线宽 Δf 之间的关系：

$$t_{\mathrm{coh}} = \frac{\langle\Delta\varphi^2\rangle}{2t} \tag{2-80}$$

$$\Delta f = \frac{1}{\pi t_{\mathrm{coh}}} \tag{2-81}$$

根据这两个关系，就可以得到激光器的线宽为

$$\Delta f = \frac{R\left(1+\alpha^2\right)}{4\pi A} = \Delta f_{\mathrm{ST}}\left(1+\alpha^2\right) \tag{2-82}$$

式中，Δf_{ST} 是修正的 Schawlow-Townes 线宽，这种在没有考虑半导体中的载流子浓度抖动的情况下的线宽公式可以很好地表征固体或者气体激光器的线宽。然而对于半导体激光器而言，Δf_{ST} 被增强了 $1+\alpha^2$ 倍(这也是 α 称为线宽增强因子的原因)。其中 1 代表了自发辐射的直接贡献，而 α^2 代表了载流子浓度抖动的贡献。

替换式(2-82)中的一些参量，可以得到计算线宽的公式：

$$\Delta f = \frac{\left(\Gamma v_g g_{\mathrm{th}}\right)^2}{4\pi P} = n_{\mathrm{ST}}h\nu\left(1+\alpha^2\right) \tag{2-83}$$

式中，Γ 是光场限制因子；P 是输出功率。通过降低线宽增强因子、阈值增益或者增加输出功率等方式，就可以有效地降低激光器的线宽。

2. 相位噪声的表征方式

为了表征相位噪声，可以对激光器的输出光场进行运算，得到一些更便于分析的函数曲线，常用的函数包括场谱 $S(f)$、频率调制(Frequency Modulation，FM)噪声谱 $S_F(f)$ 和相位差方差 $\sigma(\tau)^2$，它们之间的关系如图 2-31 所示。相互之间的推导公式如表 2-1 所示。

表 2-1　光场复振幅、相位差、场谱、FM 噪声谱和相位差方差之间互相推导的公式

公式	公式编号
$S(f) = \left\langle \left\| \mathfrak{I}\left[E(t)\right]\right\|^2\right\rangle$	(2-84)
$\Delta\varphi_\tau(t) = \varphi(t) - \varphi(t-\tau)$	(2-85)
$\sigma_\varphi(\tau)^2 = \left\langle \Delta\varphi_\tau(t)^2\right\rangle$	(2-86)
$S_{\Delta\varphi_\tau}(f) = 4\left[\dfrac{\sin(\pi ft)}{f}\right]^2 S_F(f)$	(2-87)
$\sigma_\varphi(\tau)^2 = 4\displaystyle\int_0^\infty \left[\dfrac{\sin(\pi ft)}{f}\right]^2 S_F(f)\mathrm{d}f$	(2-88)
$S(f) = \mathfrak{I}\left[\exp\left(-\dfrac{\sigma_\varphi(\tau)^2}{2}\right)\right]$	(2-89)

注：$\mathfrak{I}[*]$ 表示傅里叶变换，$\langle * \rangle$ 表示统计平均。

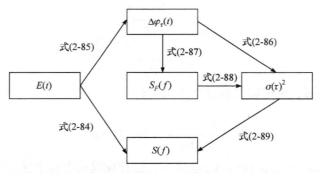

图 2-31　光场复振幅、相位差、场谱、FM 噪声谱和相位差方差相互之间的关系

在得到了激光器的输出相位之后，就可以计算得到场谱、FM 噪声谱和相位差方差，并通过这些函数曲线来对噪声的大小和特性进行分析。在理想的情况下，相位噪声是一个维纳过程，由此计算得到的场谱、FM 噪声谱和相位差方差如图 2-32 所示。场谱是洛伦兹线性关系，而且通过它计算得到的 3dB 带宽就是最常用的衡量相位噪声大小的线宽 Δf。而 FM 噪声谱反映的是激光器频率抖动的功率噪声谱，在理想的相位噪声模型下，它是一个白噪声，功率谱的大小和线宽之间的关系为

$$S_F(f) = \frac{\Delta f}{\pi} \tag{2-90}$$

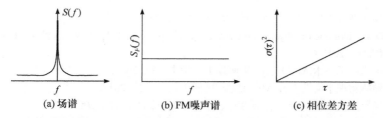

图 2-32　在理想情况的基础上计算得到的场谱、FM 噪声谱和相位差方差函数曲线

相位差方差反映的是两个时间间隔为 τ 的信号之间的相位差的方差，它是随着 τ 的增加线性增加的，且其斜率和线宽的大小有关：

$$\sigma_\varphi\left(\tau\right)^2 = 2\pi\Delta f\tau \tag{2-91}$$

可以看出在理想的相位噪声模型下，这三种函数曲线都能够比较好地反映相位噪声的大小。但是在实际的情况下，激光器的相位噪声会偏离理想的噪声模型，通常会在 FM 噪声谱的低频区域出现增强，这种现象对于可调谐激光器尤为突出。为了更好地表征具有复杂特性的相位噪声，需要知道相位噪声在频域的分布。

课 后 习 题

1. 计算当温度从 300K 增加到 400K 时，硅 PN 结反向电流增加的倍数。

2. 解释突变异质结和缓变异质结，以及其与同质的突变的 PN 结和缓变的 PN 结的不同。

3. 设 P 型和 N 型半导体中的杂质都是均匀分布的，杂质浓度分别为 N_A 和 N_D，介电常数分别为 ε_1 和 ε_2，势垒区正负空间电荷区的宽度分别为 $d_1 = (x_0 - x_1)$，$d_2 = (x_2 - x_0)$，$x = x_0$ 处为交界面。试从泊松方程出发，推导突变 PN 异质结的接触电势差公式为

$$V_D = \frac{qN_A\left(x_0 - x_1\right)}{2\varepsilon_1} + \frac{qN_D\left(x_2 - x_0\right)}{2\varepsilon_2}$$

证明突变异质结的势垒宽度为

$$X_D = \left[\frac{2\varepsilon_1\varepsilon_2\left(N_A + N_D\right)^2 V_D}{qN_A N_D\left(\varepsilon_1 N_A + \varepsilon_2 N_D\right)}\right]^{1/2}$$

4. 具体举例一种 PN 结或异质结激光器，并结合器件模型描述其工作机理。

5. 描述激光器性能相关影响参数，并简述目前提高其工作性能的方法。

参 考 文 献

[1] 恽正中. 表面与界面物理[M]. 成都: 电子科技大学出版社, 1993.

[2] 江剑平. 半导体激光器[M]. 北京: 电子工业出版社, 2000.

[3] 李言荣. 材料物理学概论[M]. 北京: 清华大学出版社, 2001.

[4] 刘恩科. 半导体物理学[M]. 7 版. 北京: 电子工业出版社, 2011.

[5] 黄均鼐. 半导体器件原理[M]. 上海: 复旦大学出版社, 2011.

[6] NEAMEN D.Semiconductor physics and devices basic principes[M]. 4 版. 赵毅强, 姚素英, 译. 北京: 电子工业出版社, 2013.

[7] 文尚胜. 有机光电子技术[M]. 广州: 华南理工大学出版社, 2014.

[8] 陈治明. 半导体物理学简明教程[M]. 北京: 机械工业出版社, 2015.

[9] 栖原敏明. 半导体激光器基础[M]. 周南生, 译. 北京: 科学出版社, 2002.

[10] SPIEBBERGER S, SCHIEMANGK M, WICHT A, et al. Narrow linewidth DFB lasers emitting near a wavelength of 1064nm[J]. Journal of lightwave technology, 2010, 28(17): 2611-2616.

[11] KIKUCHIK. Characterization of semiconductor-laser phase noise and estimation of bit-error rate performance with low-speed offline digital coherent receivers[J]. Optics express, 2012, 20(5): 5291-5302.

[12] FAUGERON M, TRAN M, PARILLAUD O, et al. High-power tunable dilute mode DFB laser with low RIN and narrow linewidth[J]. IEEE photonics technology letters, 2013, 25(1): 7-10.

[13] SATO K, KOBAYASHI N, NAMIWAKA M, et al. High output power and narrow linewidth silicon photonic hybrid ring-filter external cavity wavelength tunable lasers[C]. European conference on optical communication. Cannes, 2014.

[14] LIU F. Doubly differential star-16-QAM for fast wavelength switching coherent optical packet transceiver[J]. Optics express, 2018, 26(7): 8201-8212.

第 3 章　载流子注入与速率方程

3.1　载流子的物理概念及其注入过程

3.1.1　半导体的能级与能带

原子物理告诉我们，由于带正电的原子核对核外带负电的电子有静电吸引力作用，核外电子只能在原子核附近的轨道上做绕核运动，且电子在空间中的运动范围受限，它的能量呈现不连续的状态，即电子能量只能取彼此分离的一系列可能值——能级。以硅原子为例，它的核外电子分布组态为 $1s^2 2s^2 2p^6 3s^2 3p^2$，此时每一个电子态对应一个能级，如图 3-1 所示。当原子间距 d 较大时，原子中电子的能级彼此分立；原子最外层的价电子由于离原子核距离较远，受到的库仑力比较小，很容易脱离原子核的束缚，当两个硅原子彼此靠近时，电子轨道会互相交叠，核外价电子将同时受两个硅原子核的影响，该电子将不仅可以绕自身原子核运动，而且可以转移到相邻的硅原子周围，称这种运动为电子的共有化运动，此时该电子属于两个原子共有。由于电子受到两个原子核的影响，电子的能量状态也将产生变化，发生能级的分裂。

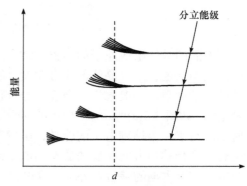

图 3-1　能态的分裂

当原子在空间上按周期性排列形成晶体时，一个原子轨道上的电子必然有可能转移到相邻的原子上，还能通过近邻原子再转移到更远的原子轨道上。此时晶体中的电子实际上可以在整个晶体中从一个原子转移到另一个原子，而不只是某一原子核运动，这就是晶体中的电子共有化运动。在晶体中不仅价电子的轨道会发生交叠，内层的电子轨道也有可能发生交叠，由于两个原子核之间的静电斥力，原子不能无限接近，使内层电子轨道交叠较少。

当 N 个原子排列成晶体时，根据泡利不相容原理，原来属于 N 个原子的价电子能级必然分裂为属于整个晶体的 N 个能级，且其能量有一定差别。由于这些能级彼此很接近，全部分布在一定的能量区域内，将其称为能带。由于内层轨道电子共有化程度较弱，其分裂的能带较窄，如图 3-2 所示。从图中可知，两个能带之间的区域不存在电子能级，将此区域称为禁带。

根据泡利不相容原理(电子能量分布满足费米-狄拉克分布)，在材料中的电子不可能都集中到能量最低的能级上，它们往往按照从低能量到高能量的顺序填充能带，在外界因素如光、热等的影响下，低能量能级的电子吸收能量能够跃迁到更高的能级上，从而改变电子能级填充情况。

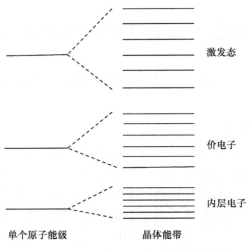

图 3-2　单个原子能级以及对应晶体的能带

不同的晶体组成原子的种类、结合成晶体的方式不同，它们所形成的能带结构也不同。换句话说，不同晶体的能带宽度、能带间距以及电子填充情况不同，使其呈现出不同的电学性质。一般来说，绝缘体的价带被电子被填满，且禁带较宽，激发态能带通常是空的，如图 3-3(a)所示。半导体的能带结构与绝缘体相似，区别是禁带较窄，如图 3-3(b)所示。对于一个填满电子的能带，虽然带内电子在外场作用下是运动的，但是满带内总是有速度相等但方向相反的成对的电子运动，统计平均起来对外呈现总电流为零，因此被电子完全占据的满带对外不呈导电性。在 0K 时，绝缘体和半导体均不导电。此外，由于半导体的禁带较窄，在一定的温度下，部分满带中的电子会吸收环境中的热能激发到导带，此时价带和导带都不再是满带，虽然电导率较低，但仍能呈现一定的导电性。导体的能带与绝缘体和半导体不同，导体的价带没有被电子完全填满，或者其价带与导带部分重叠，在外场的作用下，电子运动不呈对称性，因此展现良好的导电性，如图 3-3(c)所示。在半导体中价带电子吸收外界能量跃迁到较高的能级，同时在价带中留下未填充的空状态。在此情况下，价带的电流及其在外场作用下的变化，可以等价地用一个带正电的粒子来描述，将这个假设的粒子称为空穴，空穴的特征是荷电量与电子相等但符号

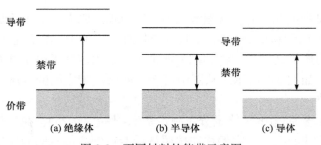

图 3-3　不同材料的能带示意图

相反。半导体导电性的来源为电子和空穴在能带中的定向运动，因此将电子和空穴统称为载流子。

3.1.2　半导体中的能态密度

假定在能带中，能量 $E \sim E + \mathrm{d}E$ 无限小的能量间隔内有 $\mathrm{d}Z$ 个量子态，则状态密度 $g(E)$ 为

$$g(E) = \frac{\mathrm{d}Z}{\mathrm{d}E} \tag{3-1}$$

状态密度 $g(E)$ 就是在能带中能量 E 附近每单位能量间隔内的量子态数，因此只要能求出 $g(E)$，就能知道允许的量子态按能量的分布情况。

在 $\boldsymbol{k}$ 空间中，对于边长为 L 的立方晶体，$V = L^3$ 为立方晶体的体积，由于电子波矢 $\boldsymbol{k}$ 不能随意取值，而是受到一定的限制。$\boldsymbol{k}$ 的允许值为 $2\pi/L$ 的整数倍，不同的波矢 $\boldsymbol{k}$ 代表电子不同的允许状态，因此电子有多少个允许的能量状态，$\boldsymbol{k}$ 空间就有多少个代表点。由于波矢允许值为 $2\pi/L$ 的整数倍，所以代表点在 $\boldsymbol{k}$ 空间中是均匀分布的，电子的一个允许能量状态可以用一个体积为 $8\pi^3/V$ 的立方体表示，也就是说，在 $\boldsymbol{k}$ 空间中，电子允许的能量状态密度为 $V/8\pi^3$。考虑自旋的情况下，$\boldsymbol{k}$ 空间中代表电子能量状态的每个立方体都包含自旋方向相反的两个量子态，所以，在 $\boldsymbol{k}$ 空间中，电子的允许量子态密度为 $2V/8\pi^3$。

计算 $E \sim E + \mathrm{d}E$ 的量子态数，可以在 $\boldsymbol{k}$ 空间中，以 $|\boldsymbol{k}|$ 为半径作一球面，它就是能量为 $E(\boldsymbol{k})$ 的等能面，再以 $|\boldsymbol{k} + \mathrm{d}\boldsymbol{k}|$ 为半径作一球面，它是能量为 $E + \mathrm{d}E$ 的等能面。计算两个球面之间的量子态数即可得到 $E \sim E + \mathrm{d}E$ 的量子态数。两球面之间的体积是 $4\pi k^2 \mathrm{d}k$，而 $\boldsymbol{k}$ 空间中量子态密度为 $2V/8\pi^3$，那么可以得到 $E \sim E + \mathrm{d}E$ 的量子态数为

$$\mathrm{d}Z = \frac{2V}{8\pi^3} \times 4\pi k^2 \mathrm{d}k \tag{3-2}$$

根据导带底附近 $E(k)$ 与 k 的关系为

$$E(k) = E_c + \frac{\hbar^2 k^2}{2m_n^*} \tag{3-3}$$

由式(3-3)可得

$$k = \frac{\left(2m_n^*\right)^{1/2} \left(E - E_c\right)^{1/2}}{\hbar} \tag{3-4}$$

及

$$k\mathrm{d}k = \frac{m_n^* \mathrm{d}E}{\hbar^2} \tag{3-5}$$

将式(3-4)和式(3-5)代入式(3-2)得

$$\mathrm{d}Z = \frac{V}{2\pi^2} \cdot \frac{\left(2m_n^*\right)^{3/2}}{\hbar^3} \left(E - E_c\right)^{1/2} \mathrm{d}E \tag{3-6}$$

由此可得导带底附近状态密度 $g_c(E)$ 为

$$g_c(E) = \frac{\mathrm{d}Z}{\mathrm{d}E} = \frac{V}{2\pi^2} \frac{\left(2m_n^*\right)^{3/2}}{\hbar^3} (E - E_c)^{1/2} \tag{3-7}$$

然而对于锗和硅等材料，以式(3-8)表示其各向异性的椭球等能面：

$$E(k) = E_c + \frac{\hbar^2}{2}\left(\frac{k_1^2 + k_2^2}{m_t} + \frac{k_3^2}{m_1}\right) \tag{3-8}$$

式中，m_t、m_1 分别代表椭球等能面的横轴和纵轴方向的电子有效质量。此时，极值 E_c 不在 $k = 0$ 处，由于晶体的对称性，导带底也不仅只有一个状态，假设导带底的状态有 s 个，则这 s 个对称状态的状态密度为

$$g_c(E) = \frac{V}{2\pi^2} \cdot \frac{\left(2m_n^*\right)^{3/2}}{\hbar^3} (E - E_c)^{1/2} \tag{3-9}$$

此时，m_n^* 为

$$m_n^* = m_{dn} = s^{2/3}\left(m_1 m_t^2\right)^{1/3} \tag{3-10}$$

同理，可以得到价带顶附近的状态密度为

$$g_v(E) = \frac{V}{2\pi^2} \cdot \frac{\left(2m_p^*\right)^{3/2}}{\hbar^3} (E_v - E)^{1/2} \tag{3-11}$$

而在锗、硅等材料中，价带中起作用的能带是极值相重合的两个能带，与此对应的有轻空穴质量$(m_p)_1$ 和重空穴质量$(m_p)_h$。因此，价带顶附近的状态密度应为这两个能带的状态密度之和。二者相加之后，价带顶附近 $g_v(E)$ 仍可用式(3-11)表示，但其中的有效质量 m_p^* 为

$$m_p^* = m_{dp} = \left[\left(m_p\right)_1^{3/2} + \left(m_p\right)_h^{3/2}\right]^{2/3} \tag{3-12}$$

3.1.3　半导体中的杂质与缺陷

在理想的半导体中，电子在严格的周期性势场中运动。但是如果晶体生长过程中有缺陷产生或有杂质引入，都将对晶体的周期性势场产生影响，那么晶体周期性势场被破坏了的对应位置就称为缺陷。实际材料中的缺陷是不可避免的。从缺陷来源来分，其可分成两类。一类是在材料制备过程中无意引进的，称为本征缺陷，如在格点位置上缺少一个原子造成的空位缺陷、格点上原子排列倒置造成的反位缺陷、原子处于格点之间的间隙原子缺陷，在较大空间尺寸范围内还有位错、层错等缺陷。另一类是由于材料纯度不够，杂质原子替代晶体的原子引进的杂质缺陷。无论本征缺陷还是杂质缺陷，它们的主要特征是破坏了晶体原子排列的周期性，引起晶体周期性势场的畸变，其结果是在禁带中引入新的电子态，称为缺陷态或杂质态。一般情况下，人们希望材料结构的本征缺陷尽量少，纯度高，这要通过制备工艺的改进和完善来实现。另外，在充分认识杂质缺陷性质的基础上，引进所需的杂质实现对材料性质的控制，也是器件应用中所常需的。

下面以硅为例，讨论杂质的作用。

首先以硅中掺杂磷为例，如图 3-4(a)所示，磷原子有 5 个价电子，其中 4 个价电子与周围的硅原子形成共价键，还剩余一个电子。同时，磷原子所在处也多余一个正电荷，称这个正电荷为正电中心磷离子(P^+)，即形成一个正电中心 P^+ 和一个多余的价电子，但是这种静电束缚作用比共价键弱得多，少量的能量就可以使其挣脱束缚，成为导带的自由电子，在晶格中自由运动，此时磷原子就成为少了一个价电子的 P^+，这是个不能移动的正电中心。上述电子脱离杂质原子的束缚成为导电电子的过程能称为杂质电离，电离所需要的能量称为施主杂质电离能，用 E_D 表示。能够释放电子而产生导电电子并形成正电中心的杂质称为施主杂质或 N 型杂质，释放电子的过程叫施主电离。

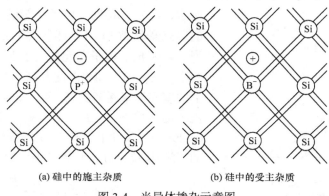

(a) 硅中的施主杂质　　　　　　(b) 硅中的受主杂质

图 3-4　半导体掺杂示意图

另一种替代杂质是受主杂质，如硅晶体中掺硼。如图 3-4(b)所示，一个硼原子占据了硅原子的位置，硼原子有三个价电子，当它和周围的硅原子形成共价键时，还缺少一个电子，必须从别的硅原子中夺取一个价电子，于是在硅晶体的共价键中产生了一个空穴。而硼原子在接收一个价电子之后，成为带负电的硼离子(B^-)，带负电的 B^- 和带正电的空穴之间有静电引力作用，所以这个空穴受到硼离子的束缚，在硼离子附近运动，同样，硼离子对这个空穴的相互作用力很弱，少量的能量就可以使其挣脱束缚，成为在晶体中自由移动的导电空穴。使空穴挣脱受主杂质束缚成为导电空穴所需要的能量，称为受主杂质的电离能，用 E_A 表示。因为Ⅲ族杂质在硅、锗中能够接收电子而产生导电空穴，并形成负电中心，所以称它们是受主杂质或 P 型杂质。

综上所述，Ⅲ、Ⅴ族杂质在硅、锗等晶体中分别形成施主杂质和受主杂质，它们将在禁带中引入能级，受主能级比价带顶高 E_A，施主能级则比导带底低 E_D。当这种杂质处于电离状态时，施主杂质向导带贡献电子，而受主杂质则向价带贡献空穴。实验证明，硅、锗中的Ⅲ、Ⅴ族杂质的电离能都很小，Ge 中磷和硼的电离能分别为 0.012eV、0.010eV，而 Si 中磷和硼的电离能分别为 0.044eV、0.010eV。较低的电离能表明受主能级很接近价带顶，而施主能级很接近导带底。通常将这些杂质能级称为浅能级。

3.1.4　半导体平衡载流子分布

在一定温度下，半导体中的载流子来自两个方面：一是电子从价带直接被激发到导带，并在价带留下空穴的本征激发；二是施主杂质或受主杂质的电离激发。在热平衡状态下，电子按能量大小具有一定的统计分布规律性，根据量子统计理论，服从泡利不相容原理的电子遵循费米统计率。对于一个能量为 E 的量子态，被电子占据的概率 $f(E)$ 为

$$f(E) = \frac{1}{1 + \exp\left(\dfrac{E - E_F}{k_0 T}\right)} \tag{3-13}$$

式中，$f(E)$ 为电子的费米-狄拉克分布函数，它是描述热平衡状态下，电子在允许的量子态上的分布情况的统计分布函数；k_0 为玻尔兹曼常数；T 为热力学温度。费米能级位置与材料的电子结构、温度及导电类型有关。对于一定的材料，它仅是温度的函数。如图 3-5

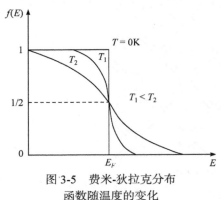

图 3-5　费米-狄拉克分布
函数随温度的变化

所示，当 $T = 0\mathrm{K}$ 时，电子在能量小于 E_F 的能级上的填充概率 $f(E) = 1$。能量大于 E_F 时，$f(E) = 0$。当 $T > 0\mathrm{K}$ 时，电子在能量大于 E_F 的能级上的填充概率 $f(E) > 0$，随着温度升高，电子在高能量能级上的填充概率逐渐提高，而在低能量能级上的填充概率逐渐减小。在 $E - E_F \gg k_0 T$ (室温下，$k_0 T$ 约为 0.026eV) 的条件下，式(3-13)的分母远大于 1，此时的费米-狄拉克分布函数可表示为

$$f(E) = \exp\left(-\frac{E - E_F}{k_0 T}\right) \tag{3-14}$$

式(3-14)即电子的玻尔兹曼分布函数，一般高能量能级上的电子很少，高能量能级上电子填充概率可认为不受泡利不相容原理限制。价带上空穴在能量为 E 的能级上的填充概率应该是能级未被电子填充的概率，可表示为 $1 - f(E)$，此时空穴分布函数为

$$1 - f(E) = \frac{1}{1 + \exp\dfrac{(E_F - E)}{k_0 T}} \tag{3-15}$$

有了导带和价带的态密度分布及电子空穴的分布函数，就可以计算在能带内的载流子浓度。

以电子浓度为例，在能量 $E \sim E + \mathrm{d}E$ 内的电子数 $\mathrm{d}n$ 为在该能量范围内状态密度和分布函数的乘积，为

$$\mathrm{d}n = f(E) g_c(E) \mathrm{d}E \tag{3-16}$$

将式(3-7)和式(3-13)代入式(3-16)得能量 $E \sim E + \mathrm{d}E$ 内单位体积的电子数 $\mathrm{d}n$：

$$\mathrm{d}n = \frac{\mathrm{d}N}{V} = \frac{1}{2\pi^2} \cdot \frac{(2m_n^*)^{3/2}}{\hbar^3} \exp\left(-\frac{E - E_F}{k_0 T}\right) (E - E_c)^{1/2} \mathrm{d}E \tag{3-17}$$

对式(3-17)在 $E_c \sim E_c'$ 进行积分，即可求出热平衡电子浓度 n_0：

$$n_0 = 2\left(\frac{m_n^* k_0 T}{2\pi\hbar^2}\right)^{3/2} \exp\left(-\frac{E_c - E_F}{k_0 T}\right) \tag{3-18}$$

令

$$N_c = 2\left(\frac{m_n^* k_0 T}{2\pi\hbar^2}\right)^{3/2} = 2\frac{\left(2\pi m_n^* k_0 T\right)^{3/2}}{h^3} \tag{3-19}$$

则得到

$$n_0 = N_c \exp\left(-\frac{E_c - E_F}{k_0 T}\right) \tag{3-20}$$

式中，N_c 为导带的有效状态密度，N_c 正比于 $T^{3/2}$，是温度的函数，随温度的增高，N_c 数值增大。

同理，可得空穴的浓度：

$$p_0 = 2\left(\frac{m_p^* k_0 T}{2\pi\hbar^2}\right)^{3/2} \exp\left(\frac{E_v - E_F}{k_0 T}\right) \tag{3-21}$$

令

$$N_v = 2\left(\frac{m_p^* k_0 T}{2\pi\hbar^2}\right)^{3/2} = 2\frac{\left(2\pi m_p^* k_0 T\right)^{3/2}}{h^3} \tag{3-22}$$

可得

$$p_0 = N_v \exp\left(\frac{E_v - E_F}{k_0 T}\right) \tag{3-23}$$

从式(3-20)和式(3-23)可以看出，导带中的电子浓度 n_0 与价带中空穴浓度 p_0 随温度 T 和费米能级 E_F 的不同而变化。其中温度的影响一方面源于 N_c 和 N_v；另一方面源于玻尔兹曼分布函数中的指数随温度迅速变化。另外，费米能级也与温度及半导体中的掺杂情况密切相关。

3.1.5　半导体中载流子的注入

前面讨论了费米-狄拉克分布函数描述的热平衡状态载流子分布，在一定的温度下，载流子浓度是确定的。而在实际的应用中，一些外界条件光和热等会对半导体特性产生影响。在外界条件下，载流子分布将偏离热平衡状态。例如，在恒定光照条件下，电子被激发到导带产生电子与空穴，载流子浓度增加。同时，导带中的新增电子与价带中的空穴发生复合，当这两个过程达到动态平衡时，就形成了一个新的稳定状态，即非平衡状态。处于非平衡状态的半导体，其载流子浓度也不再是 n_0 和 p_0，此时载流子浓度会多出一部分，比平衡状态多出的部分载流子浓度称为非平衡载流子浓度。

例如，在一定温度下，当没有光照时，一块半导体的电子浓度为 n_0，空穴浓度为 p_0，若该半导体为较强 N 型，则 $n_0 \gg p_0$，当用适当波长的光照射该半导体时，只要光子能量大于该半导体的禁带宽度，那么光子就能把价带的电子激发到导带上，产生电子-空穴对，使导带比平衡时多出一部分电子浓度 Δn，而价带比平衡时多出一部分空穴浓度 Δp，

Δn 和 Δp 就是非平衡载流子浓度, 此时将非平衡电子称为非平衡多数载流子, 把空穴称为非平衡少数载流子。在 P 型半导体中则恰好相反。

使用光照在半导体内部产生非平衡载流子的方法, 称为非平衡载流子的光注入。光注入时, 有

$$\Delta n = \Delta p \tag{3-24}$$

若注入的非平衡载流子浓度比平衡时的多数载流子浓度小得多, 对于 N 型半导体, $\Delta n \ll n_0$, $\Delta p \ll n_0$, 满足这个条件的注入称为小注入。

光注入会引起半导体电导率增大, 引起的附加电导率为

$$\Delta \sigma = \Delta n q \mu_n + \Delta p q \mu_p = \Delta p q (\mu_n + \mu_p) \tag{3-25}$$

要破坏半导体的平衡状态, 对它施加的外部作用可以是光能、电能或者其他能量。除了光照, 还可以用其他方式产生非平衡载流子, 最常用的是用电的方式, 称为非平衡载流子的电注入。以光注入为例, 将半导体接入电路中, 在小注入的情况下, 当把光照停止以后, 半导体两端的电压变化 ΔV 在毫秒到微秒的时间尺度就衰减到零, 表明非平衡载流子并不能一直存留。光照停止后, 非平衡载流子会逐渐消失, 也就是原来激发到导带的电子又回到价带。最后, 载流子浓度恢复到平衡时的值, 半导体又回到平衡状态。由此得出结论, 产生非平衡载流子的外部作用撤除后, 半导体的内部作用使它由非平衡状态恢复到平衡状态, 过剩载流子逐渐消失, 这一过程称为非平衡载流子的复合。

然而, 热平衡并不是一种绝对静止的状态, 就半导体中的载流子而言, 在任何时候, 电子和空穴总是不断地产生与复合的, 在热平衡状态下, 产生和复合处于相对平衡, 每秒产生的电子和空穴数目与复合损失的数目相等, 从而保持载流子浓度恒定不变。当用光照射半导体时, 打破了载流子产生和复合的相对平衡, 此时载流子产生率超过了复合率。当光照停止时, 半导体中由于电子和空穴的数目比热平衡时增多了, 它们在热运动中相遇而复合的机会也将增大。这时载流子复合率超过了产生率, 非平衡载流子逐渐消失, 最终回到平衡状态。

3.2　载流子的辐射与非辐射复合过程

由于半导体内部的相互作用, 任何半导体在平衡状态总有一定数目的电子和空穴, 从微观角度讲, 平衡状态指的是由系统内部一定的相互作用, 引起的微观过程之间的平衡。也正是这些微观过程, 促使系统由非平衡状态向平衡状态过渡, 引起非平衡载流子的复合。非平衡载流子的复合分为两种: 直接复合和间接复合。直接复合是指电子在导带和价带之间直接跃迁, 引起电子和空穴的直接复合; 间接复合是指电子和空穴通过禁带中的某些能级(复合中心能级)进行复合。根据复合过程发生位置, 又可以把它们区分为体内复合和表面复合。载流子复合时要释放出多余的能量, 放出能量的方式有三种: ①发射光子, 伴随着复合将有发光现象, 常称为发光复合或辐射复合; ②发射声子, 载流子将多余的能量传递给晶格, 增强晶格振动; ③将能量传递给其他载流子, 增加它们的动能, 称为俄歇复合。根据复合过程发生位置, 又可以把它们区分为体内复合和表面复合。

3.2.1　载流子的辐射复合过程

辐射复合是导带中的电子向下跃迁与价带空穴形成电子-空穴对，复合并发射一个光子，如图 3-6 所示，在直接带隙的半导体材料中，复合过程没有动量的变化，因此辐射复合概率较高。n 和 p 分别代表电子浓度和空穴浓度，单位体积内，每一个电子在单位时间内都有一定的概率与空穴复合，这个概率与电子和空穴的浓度成正比，用复合率 R 表示电子与空穴复合概率，有

$$R = rnp \tag{3-26}$$

式中，比例系数 r 为电子空穴复合概率。热平衡时载流子浓度为 n_0 和 p_0，此时复合率 R_0 为

$$R_0 = rn_0 p_0 \tag{3-27}$$

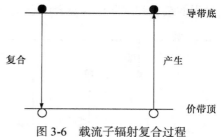

图 3-6　载流子辐射复合过程

热平衡时，复合率等于产生率，即 $R_0 = G_0$。

在外界条件(光、热等)的影响下，产生率 G 增加，非平衡载流子复合也会随之增加，在达到新的平衡状态时，产生率等于复合率。当外界条件撤出时，只有产生率 G_0，此时复合率大于 G_0，非平衡载流子浓度发生衰减，总复合率 U 可表示为

$$U = R - G_0 = r(np - n_i^2) \tag{3-28}$$

把 $n = n_0 + \Delta n$，$p = p_0 + \Delta p$ 以及 $\Delta n = \Delta p$ 代入式(3-28)得

$$U = r(n_0 + p_0)\Delta p + r(\Delta p)^2 \tag{3-29}$$

由此可得非平衡载流子的寿命为

$$\tau = \frac{\Delta p}{U} = \frac{1}{r\left[(n_0 + p_0) + \Delta p\right]} \tag{3-30}$$

由式(3-30)可以看出，r 越大，净复合率越大，τ 值越小。寿命 τ 不仅与平衡载流子浓度 n_0、p_0 有关，还与非平衡载流子浓度有关。

在小注入的条件下，$\Delta p \ll (n_0 + p_0)$，式(3-30)可近似为

$$\tau = \frac{1}{r(n_0 + p_0)} \tag{3-31}$$

对于 N 型半导体，$n_0 \gg p_0$，即

$$\tau \approx \frac{1}{rn_0} \tag{3-32}$$

式(3-32)表明，在小注入的条件下，当温度与掺杂浓度一定时，寿命为一个常数。寿命与多数载流子浓度成反比，即半导体电导率越高，寿命就越短。

当 $\Delta p \gg n_0 + p_0$ 时，载流子寿命近似为

$$\tau \approx \frac{1}{r\Delta p} \tag{3-33}$$

可以看出，寿命随非平衡载流子浓度而改变，因此在复合过程中，寿命不再是常数。

3.2.2　载流子的非辐射复合过程

前面提到过，半导体的杂质和缺陷在禁带中形成一定的能级，它们除了影响半导体电学特性外，对非平衡载流子寿命也有很大的影响。研究表明，半导体中的杂质越多，晶格缺陷越多，载流子寿命就越短，说明杂质和缺陷有促进复合的作用。这些促进复合过程的杂质和缺陷称为复合中心。非平衡载流子通过复合中心复合的过程称为非辐射复合。

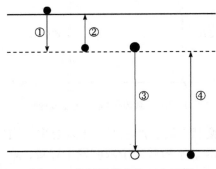

非辐射复合过程如图 3-7 所示，禁带中有复合中心能级时，电子-空穴对的复合分两步进行：第一步，导带电子落入复合中心能级；第二步，电子从复合中心能级落入价带与价带中的空穴复合。此时，复合中心能级恢复到空态，可以参与下一次的复合过程。上述过程是可逆的，对于复合中心能级 E_t 而言，非辐射复合过程可以分为四个彼此独立的微观过程。①俘获电子：复合中心能级 E_t 从导带俘获电子。②发射电子：复合中心能级 E_t 上的电子被激发到导带上。③俘获空穴：电子由复合中心能级

图 3-7　非辐射复合的四个过程

E_t 落入价带与空穴复合，此过程可以看作复合中心能级从价带俘获一个空穴。④发射空穴：价带电子被激发到复合中心能级 E_t 上，可以看作复合中心能级向价带发射一个空穴。

为了计算非平衡载流子通过复合中心复合的复合率，用 n 和 p 表示导带电子与价带空穴的浓度，N_t 表示复合中心浓度，n_t 表示复合中心能级上的电子浓度，则复合中心能级未被占据的电子浓度为 $N_t - n_t$。在俘获电子的过程中，用电子俘获系数表示单位体积、单位时间内被复合中心俘获的电子数。导带电子越多，空的复合中心越多，电子被俘获的概率就越大，即电子俘获系数为 $r_n n(N_t - n_t)$。其中，比例系数 r_n 反映复合中心俘获电子的能力，称为电子俘获系数。

而对于电子发射过程，用电子产生率表示单位体积、单位时间内复合中心能级向导带发射的电子数。显然，只有已经被电子占据的复合中心能级才能发射电子，即电子产生率为 $s_- n_t$。s_- 称为电子激发概率，当温度一定时，它是一个常数。当半导体处于平衡时，电子俘获和电子发射过程相互抵消，即电子产生率等于电子俘获系数：

$$s_- n_{t0} = r_n n_0 (N_t - n_{t0}) \tag{3-34}$$

式中，n_0 和 n_{t0} 分别为平衡时导带电子浓度和复合中心能级 E_t 上的电子浓度。因此电子激发概率为

$$s_- = r_n N_c \exp\left(\frac{E_t - E_c}{k_0 T}\right) \tag{3-35}$$

令

$$n_1 = N_c \exp\left(\frac{E_t - E_c}{k_0 T}\right) \tag{3-36}$$

则有

$$\text{电子产生率} = r_n n_1 n_t \tag{3-37}$$

同理，对于俘获空穴的过程，可得

$$\text{空穴俘获率} = r_p p n_t \tag{3-38}$$

式中，比例系数 r_p 称为空穴俘获系数，反映复合中心俘获空穴的能力。

对于发射空穴的过程，可得

$$\text{空穴发射率} = s_+ (N_t - n_t) \tag{3-39}$$

式中，s_+ 是空穴激发概率。处于平衡时，空穴俘获过程与空穴发射过程相等，即

$$s_+ (N_t - n_t) = r_p p_0 n_{t0} \tag{3-40}$$

代入平衡时的 p_0 和 n_{t0} 值可得

$$s_+ = r_p p_1 \tag{3-41}$$

式中，

$$p_1 = N_v \exp\left(-\frac{(E_t - E_v)}{k_0 T}\right) \tag{3-42}$$

则有

$$\text{空穴产生率} = r_p p_1 (N_t - n_t) \tag{3-43}$$

在平衡状态下，单位体积、单位时间内导带减少的电子数等于价带减少的空穴数，即导带每减少一个电子，价带也减少一个空穴，所以非平衡载流子的复合率为

$$U = \frac{N_t r_n r_p (n_p - n_i^2)}{r_n(n + n_1) + r_p(p + p_1)} \tag{3-44}$$

显然，在热平衡条件下，$np = n_0 p_0 = n_i^2$，所以 $U = 0$。

当半导体注入非平衡载流子后，$np > n_i^2$，$U > 0$。此时 $n = n_0 + \Delta n$，$p = p_0 + \Delta p$，$\Delta n = \Delta p$，可得

$$U = \frac{N_t r_p r_n (n_0 \Delta p + p_0 \Delta p + \Delta p^2)}{r_n(n_0 + n_1 + \Delta p) + r_p(p_0 + p_1 + \Delta p)} \tag{3-45}$$

非平衡载流子寿命为

$$\tau = \frac{\Delta p}{U} = \frac{r_n(n_0 + n_1 + \Delta p) + r_p(p_0 + p_1 + \Delta p)}{N_t r_p r_n (n_0 + p_0 + \Delta p)} \tag{3-46}$$

可以看出，非平衡载流子寿命 τ 与复合中心浓度 N_t 成反比。

在小注入的情况下，$\Delta p \ll (n_0 + p_0)$，所以式(3-46)可以简化为

$$\tau = \frac{r_n(n_0 + n_1) + r_p(p_0 + p_1)}{N_t r_p r_n (n_0 + p_0)} \tag{3-47}$$

可见，在小注入的情况下，寿命值取决于 n_0、p_0、n_1 和 p_1 的值，而与非平衡载流子浓度无关。由于 N_c 和 N_v 数值相似，n_0、p_0、n_1、p_1 的大小主要由 E_c-E_F、E_F-E_v、E_c-E_t 和 E_t-E_v 决定。实际应用中，只需要考虑其中的最大者就可使问题得到简化。

对于 N 型半导体，若复合中心能级 E_t 距离价带更近，相对于禁带中心与 E_t 对称的能级位置为 E_t'，如图 3-8 所示。若 E_F 比 E_t' 更接近 E_c，称为强 N 区，此时 n_0 最大，即 $n_0 \gg p_0$，n_1，p_1，因此式(3-46)可简化为

$$\tau = \tau_p \approx \frac{1}{N_t r_p} \tag{3-48}$$

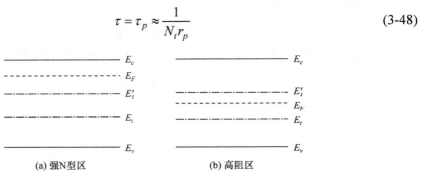

(a) 强N型区   (b) 高阻区

图 3-8   N 型半导体中 E_F 和 E_t 的相对位置

可以看出，在掺杂较重的 N 型半导体中，对寿命起决定作用的是复合中心对少数载流子空穴的俘获系数 r_p，而与电子俘获系数无关，这是由于在重掺杂的 N 型半导体中，E_F 远在 E_t 之上，所以复合中心能级上基本填满了电子，相当于复合中心俘获电子的过程完成了，所以，正是这 N_t 个被电子占据的复合中心对空穴的俘获系数 r_p 决定了寿命的大小。

若 E_F 在 E_i 和 E_t' 之间，称为高阻区，此时，p_1 最大，即 $p_1 \gg n_0$，p_0，n_1，考虑到 $n_0 \gg p_0$，则寿命为

$$\tau \approx \frac{p_1}{N_t r_n} \cdot \frac{1}{n_0} \tag{3-49}$$

可见在高阻区半导体中，寿命与多数载流子成正比，与电导率成反比。

对于 P 型半导体，可利用相似的方法进行讨论。假定 E_t 更接近价带，当 E_F 比 E_t 更接近 E_v 时，即强 P 区，其寿命为

$$\tau = \tau_p \approx \frac{1}{N_t r_n} \tag{3-50}$$

可以看出，寿命主要由复合中心对少数载流子的俘获系数决定，因为复合中心基本被多数载流子填满。

对于高阻区，有

$$\tau \approx \frac{p_1}{N_t r_n} \cdot \frac{1}{p_0} \tag{3-51}$$

这里的强 N 区、强 P 区及高阻区是相对的，与复合中心能级 E_t 的位置有关。

将式(3-47)和式(3-49)代入式(3-43)可得

$$U = \frac{n_p - n_i^2}{\tau_p(n+n_1) + \tau_n(p+p_1)} \tag{3-52}$$

为简单起见，假设 $r_n = r_p = r$，那么 $\tau_p = \tau_n = 1/(N_t r)$，并利用

$$n_1 = n_i \exp\left(\frac{E_t - E_i}{k_0 T}\right) \tag{3-53}$$

$$p_1 = n_i \exp\left(\frac{E_i - E_t}{k_0 T}\right) \tag{3-54}$$

式(3-51)可简化为

$$U = \frac{N_t r(np - n_i^2)}{n + p + 2n_i ch\left(\frac{E_t - E_i}{k_0 T}\right)} \tag{3-55}$$

可以看出，当 E_t 接近 E_i 时，U 趋向极大。因此位于禁带中央附近的复合中心能级为最有效的复合中心。远离禁带中央的复合中心能级，不能起到有效的复合作用。

3.2.3 俄歇复合过程

俄歇复合与带间的辐射复合类似，是带间直接复合的另一种形式，它涉及第三个电子的加入。与带间辐射复合不同的是，虽然它的跃迁和复合是带间跃迁与直接复合，但复合时的能量不是以发射光子的形式释放的，而是传递给了晶体中相邻的载流子，使该载流子从导带或价带的低能量能级跃迁到高能量能级，随后又通过发射声子从高能量能级回到导带底或价带顶。

俄歇复合是三粒子的相互作用，如图 3-9 所示，N 型半导体导带内的电子和价带内的空穴复合时，多余的能量将导带中的另一电子激发到能量更高的能级上，用 R_{ee} 表示这种电子-空穴对的复合率。而 P 型半导体价带内的空穴和导带内的电子复合时，多余的能量将价带中的另一个空穴激发到能量更高的能级上，用 R_{hh} 表示这种电子-空穴对的复合率。R_{ee} 和 R_{hh} 的意义为单位体积、单位时间中复合的电子-空穴对数目：

$$R_{ee} = \gamma_e n^2 p \tag{3-56}$$

$$R_{hh} = \gamma_h n p^2 \tag{3-57}$$

式中，γ_e、γ_h 为俄歇复合系数。

在热平衡时，电子和空穴浓度为 n_0、p_0，复合率为 R_{ee0}、R_{hh0}，有

$$R_{ee} = R_{ee0} \frac{n^2 p}{n_0^2 p_0} \tag{3-58}$$

$$R_{hh} = R_{hh0} \frac{n p^2}{n_0 p_0^2} \tag{3-59}$$

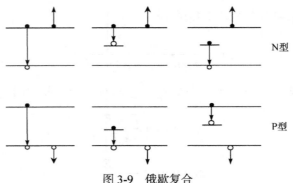

图 3-9　俄歇复合

与俄歇复合相反的过程为碰撞电离，处于高能态的电子碰撞晶格中的原子，将原子的价带电子激发到导带产生电子-空穴对，然后该电子回到导带底。用 G_{ee} 和 G_{hh} 表示电子-空穴对的产生率，即单位体积、单位时间内产生的电子空穴数：

$$G_{ee} = g_e n \tag{3-60}$$

$$G_{hh} = g_h p \tag{3-61}$$

式中，g_e 和 g_h 为产生率。热平衡时，产生率等于复合率，即

$$G_{ee0} = R_{ee0}, \quad G_{hh0} = R_{hh0} \tag{3-62}$$

则有

$$G_{ee} = \gamma_e n n_i^2 \tag{3-63}$$

$$G_{hh} = \gamma_h p n_i^2 \tag{3-64}$$

复合时，上述两种复合过程同时存在，因此，非平衡载流子总复合率 U 为

$$\begin{aligned} U &= (R_{ee} + R_{hh}) - (G_{ee} + G_{hh}) \\ &= (\gamma_e n + \gamma_p h)(np - n_i^2) \end{aligned} \tag{3-65}$$

在热平衡条件下，$np = n_0 p_0 = n_i^2$，故 $U = 0$，而在非平衡条件下，$np > n_i^2$，$U > 0$。将 $n = n_0 + \Delta n$，$p = p + \Delta p$ 以及 $\Delta n = \Delta p$ 代入式(3-65)得

$$U = \left(\frac{R_{ee0} + G_{hh0}}{n_i^2} \right)(n_0 + p_0)\Delta p + \left(\frac{R_{ee0} p_0 + R_{hh0} n_0}{n_i^4} \right)(n_0 + p_0)\Delta p^2 \tag{3-66}$$

在小注入的条件下，$\Delta p \ll (n_0 + p_0)$，式(3-66)可简化为

$$U = \left(\frac{R_{ee0} + R_{hh0}}{n_i^2} \right)(n_0 + p_0)\Delta p \tag{3-67}$$

可见，这时净复合率正比于非平衡载流子浓度。由式(3-67)可得载流子寿命为

$$\tau = \frac{\Delta p}{U} = \frac{n_i^2}{(R_{ee0} + R_{hh0})(n_0 + p_0)} \tag{3-68}$$

一般而言，带间俄歇复合在窄带隙半导体中及高温情况下起重要作用，而与杂质和

缺陷有关的俄歇复合过程，常常是影响半导体发光器件的发光效率的重要原因。

3.2.4　表面复合

在研究非平衡载流子寿命时，除了半导体内部的复合过程外，半导体表面状态在很大程度上也会影响载流子寿命。表面复合即发生在表面的复合过程。半导体表面的杂质和表面特有的缺陷态也能在禁带中引入复合中心能级。

考虑表面复合，实际测得的寿命应为体内复合和表面复合共同影响的结果。假设这两种复合过程单独发生，用 τ_v 表示体内复合寿命，τ_s 表示表面复合寿命，那么总的复合概率就是

$$\frac{1}{\tau} = \frac{1}{\tau_v} + \frac{1}{\tau_s} \tag{3-69}$$

式中，τ 称为有效寿命。

通常用表面复合速度来描述表面复合的快慢，把单位时间内通过单位表面积复合的电子-空穴对数，称为表面复合率。实验发现，表面复合率 U_s 与表面处非平衡载流子浓度 $(\Delta p)_s$ 成正比，即

$$U_s = s(\Delta p)_s \tag{3-70}$$

式中，比例系数 s 表示表面复合的强弱，称为表面复合速度。

若在一块 N 型半导体中，假定表面复合中心存在于表面薄层中，单位表面积的复合中心总数为 N_{st}，薄层中的平均非平衡少数载流子浓度为 $(\Delta p)_s$，则表面复合率为

$$U_s = \sigma_+ v_T N_{st} (\Delta p)_s \tag{3-71}$$

空穴的表面复合速度为

$$s_p = \sigma_+ v_T N_{st} \tag{3-72}$$

根据上面的假设，表面复合可以当作靠近表面非常薄的区域内的体内复合来处理，不同的是，这个区域的复合中心密度较高。而在真实的表面上，表面复合过程更加复杂。

表面复合具有重要的实际意义。任何半导体器件都有它的表面，较高的表面复合速度会使更多载流子在表面复合消失，严重影响器件的性能。因此在大多数器件生产中，总希望获得良好稳定的表面，降低表面复合速度从而改善器件性能。另外，在某些物理测量中，为了消除金属探针注入效应的影响，要设法增大表面复合，以获得准确的测量结果。

3.3　能带收缩与能带填充效应

在单电子近似框架下，半导体光吸收过程可视作价带电子吸收光子能量激发到导带而形成自由的电子和空穴，在吸收谱上表现为陡峭上升的吸收边。然而情况并非如此简单。这是因为讨论电子在完整晶格场中运动时，忽略了电子间的相互排斥力，同时也忽略了空穴之间的排斥力和电子与空穴之间的吸引力。当光生载流子浓度很大时，电子相

互作用加强将引起散射，此时散射占重要地位，而当自由载流子浓度小于一定值时，电子和空穴之间的吸引力能够产生激子与激子效应。人们把激发到高能态的电子与价带中留下的空穴因库仑力作用所形成的这种类似氢原子的束缚态的电子-空穴对称为激子。对于通常的体材料，这种电子-空穴对的束缚能很小，一般只有几 meV，而且激子的作用半径即电子-空穴对的束缚距离很大，因而晶格热振动就可以使之电离，所以对于常规半导体材料在室温下是很难观察到激子效应的。半导体低维量子体系，由于载流子在空间强烈受限，相应地出现了一系列新颖有趣的物理现象，其中许多与激子效应有关，如能带收缩效应与能带填充效应。

3.3.1　能带收缩效应

当半导体的掺杂浓度较高时，半导体的费米能级可以接近导带底或价带顶，甚至会进入到导带或者价带中。例如，在含施主杂质的 N 型半导体中，当温度很低时，大部分施主杂质能级仍然被电子占据，只有少量施主杂质发生电离进入导带，而从价带中依靠本征激发跃迁到导带的电子就更少了，可以忽略不计。此时，导带中的电子全部由施主杂质电离提供。当杂质浓度较高时，费米能级随温度增加而上升到一个极大值，这个极大值会超过导带底而进入到导带中，然后费米能级才开始下降。此外，还要考虑泡利不相容原理的作用。这时就不能再用玻尔兹曼分布函数，而必须用费米-狄拉克分布函数来分析半导体导带中的电子以及价带中的空穴的统计分布问题。这种情况称为载流子的简并化。发生载流子简并化的半导体称为简并半导体。

在简并半导体中，杂质浓度高，杂质原子就靠得比较近，导致杂质原子之间的波函数发生交叠，使孤立的杂质能级扩展为能带，通常称为杂质能带。杂质能带中的电子通过在杂质原子之间的公有化运动参与导电的现象称为杂质带导电。

杂质能级扩展为杂质能带，将使杂质电离能减小，实验与理论表明，当掺杂浓度大于 $3\times10^{18}\mathrm{cm}^{-3}$ 时，载流子冻析效应不再明显，杂质的电离能为零，电离率迅速上升到 1。这是因为杂质能带进入了导带或价带，并与导带或价带相连，形成了新的简并能带，使能带的状态密度发生了改变，简并能带的尾部伸入到禁带中，称为带尾，导致禁带宽度由 E_g 减小到 E_g'，所以重掺杂时，禁带宽度变窄，称为禁带变窄效应。

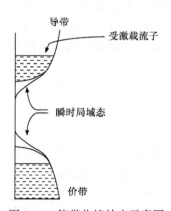

图 3-10　能带收缩效应示意图

除此之外，在外界激发光的持续激发下，电子不断从价带跃迁至导带，使得导带底的能级不断被填充。随着载流子浓度的不断增加，导带底被电子不断占据，电子波函数开始重叠，使得载流子不再是原本独立的状态，而变成一簇相互作用的粒子，这些具有相同自旋的电子彼此排斥，最终导致价带电子向导带的跃迁被屏蔽。同样，位于价带顶的空穴也会出现这种类似情况，并引起价带顶能级的改变。升高的价带顶和降低的导带底共同导致禁带宽度变窄，如图 3-10 所示，称为能带收缩效应。需要注意的是，能带收缩效应具有瞬时性，即禁带宽度会在载流子复合之后恢复。禁带宽度收缩的大小与掺杂无关，而直接由载流子浓度决定。

Wolff 对禁带宽度收缩的数学方程进行了研究，并提出了式(3-73)所示的模型[1]：

$$\Delta E_g = -\left(\frac{e}{2\pi\varepsilon_0\varepsilon_s}\right)\left(\frac{3}{\pi}\right)^{1/3} N^{1/3} \tag{3-73}$$

式中，ε_0 表示真空中的介电常数；ε_s 表示半导体材料的相对介电常数；N 表示价带中的空穴或导带中的自由电子浓度。

根据式(3-73)可知，禁带的收缩宽度与载流子浓度的立方根成正比，也即与平均粒子间距成正比。依据该模型可以得到：①当电子或空穴间的相互距离与玻尔半径接近时，能带收缩效应最显著；②当载流子浓度较小时，电子或空穴间的相对距离较大，可以忽略能带收缩效应的影响。

3.3.2　能带填充效应

半导体导带内受激载流子的弛豫过程主要有热化过程、冷却过程以及复合过程。受激载流子的弛豫动力学研究主要集中在前两个过程，复合过程中，实现费米分布的载流子在导带内的分布会导致探测光的吸收减弱，出现能带填充效应即莫斯-布尔斯坦效应 (Moss-Burstein Effect)[2]，即在一般掺杂的半导体中，费米能级位于导带和价带之间，例如，在 N 型掺杂半导体中，随着掺杂浓度的增加，电子将进入导带内的空能级，这会将费米能级推向更高的能量位置。在简并掺杂的情况下，费米能级位于导带内，价带顶部的电子只能被激发到费米能级(现在位于导带)以上的导带中，因为费米能级以下的所有态都是占据态，电子不能激发进入这些被占领的状态。如图 3-11 所示，当导带底能级被电子填充后，后续电子跃迁并占据导带底的概率会变小。因此，能够观察到半导体的带隙增加。此时，表观的能带间隙 = 实际的带隙 + 能带填充。

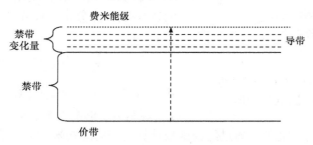

图 3-11　能带填充效应示意图

下面将以 GaAs 为例讨论能带填充对材料吸收的影响[3]。

GaAs 是直接带隙半导体，GaAs 带隙附近的吸收系数表达如下：

$$\alpha_0(E) = \frac{C}{E}\sqrt{E - E_g}, \quad E \geqslant E_g \tag{3-74}$$

$$\alpha_0(E) = 0, \quad E < E_g \tag{3-75}$$

式中，E 为光子能量；C 为常数，其值取决于材料参数。

因Ⅲ-Ⅴ族化合物半导体材料的价带呈简并特性，所以轻、重两种空穴对吸收效应都会产生影响，在式(3-74)、式(3-75)中，用 C' 将 C 替换，其中 $C' = C_{hh} + C_{lh}$ ，C_{hh} 和 C_{lh} 的数学解析表达式如下：

$$C_{hh} = C\left(\frac{\mu_{ehh}^{3/2}}{\mu_{ehh}^{3/2} + \mu_{elh}^{3/2}} \right) \tag{3-76}$$

$$C_{lh} = C\left(\frac{\mu_{elh}^{3/2}}{\mu_{ehh}^{3/2} + \mu_{elh}^{3/2}} \right) \tag{3-77}$$

式中，μ_{ehh} 为电子-重空穴对的折合有效质量；μ_{elh} 为电子-轻空穴对的折合有效质量。

$$\mu_{ehh} = \left(\frac{1}{m_e} + \frac{1}{m_{hh}} \right)^{-1} \tag{3-78}$$

$$\mu_{elh} = \left(\frac{1}{m_e} + \frac{1}{m_{lh}} \right)^{-1} \tag{3-79}$$

式中，m_e、m_{hh}、m_{lh} 分别代表电子、重空穴和轻空穴的有效质量。

如图 3-12 所示，能带填充效应最直观的理解是：当价带被电子完全占据，且导带为空时，导带被电子占据的概率是 1，而价带被占据的概率是 0。假设导带能级为 E_b，其能级被电子占据的概率为 $f_c(E_b)$；价带能级为 E_a，其被电子占据的概率为 $f_v(E_a)$。在考虑能带填充效应之后，吸收系数可写为

$$\alpha(N, P, E) = \alpha_0(E)\left[f_v(E_a) - f_c(E_b) \right] \tag{3-80}$$

式中，α_0 表示导带未被填充时对应的吸收系数；N 和 P 分别表示电子与空穴的浓度。通过电子的费米-狄拉克分布函数可以得到概率函数 f_v 和 f_c：

$$f_c(E_b) = \left[1 + \mathrm{e}^{(E_b - E_{Fc})/(k_0 T)} \right]^{-1} \tag{3-81}$$

式中，T 表示热力学温度；k_0 表示玻尔兹曼常数；E_{Fc} 表示电子的准费米能级。$f_v(E_a)$ 可采用空穴

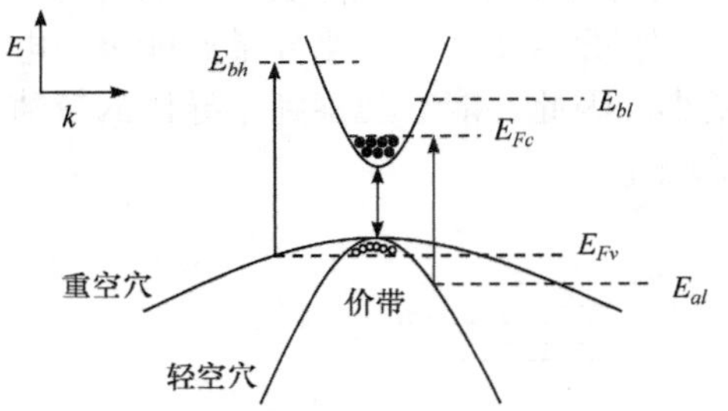

图 3-12　GaAs 材料对应的能带结构以及能带填充效应机理示意图

准费米能级 E_{Fc} 求得。此外，通过经验函数计算电子的准费米能级如下[4]：

$$E_{Fc} \approx k_0 T \left\{ \ln\left(\frac{N}{N_c} \right) + \frac{N}{N_c}\left[64 + 0.05524\frac{N}{N_c}\left(64 + \sqrt{\frac{N}{N_c}} \right) \right]^{-1/4} \right\} \tag{3-82}$$

因为空穴与电子的准费米能级在形式上相似，因此为计算空穴的准费米能级 E_{Fv}，先给出如下的电子费米-狄拉克积分表达式：

$$n_0 = 4\pi\left(\frac{2m_e k_0 T}{h^2} \right)^{3/2} \int_0^\infty \frac{\eta^{1/2}\mathrm{d}\eta}{1 + \exp(\eta - \eta_F)} = 4\pi\left(\frac{2m_e k_0 T}{h^2} \right)^{3/2} F_{1/2}(\eta_F) \tag{3-83}$$

$$\eta_F = \frac{E_{Fc} - E_c}{k_0 T} \tag{3-84}$$

空穴的费米-狄拉克积分及其代换如下：

$$p_0 = 4\pi \left(\frac{2m_{dh}k_0T}{h^2} \right)^{3/2} F_{1/2}\left(\eta_F' \right) \tag{3-85}$$

$$\eta_F' = \frac{E_v - E_{Fv}}{k_0T} = \frac{E_v - E_c - E_{Fv}}{k_0T} \tag{3-86}$$

式中，m_{dh} 是考虑轻空穴和重空穴后的等效空穴质量：

$$m_{dh} = \left(m_{hh}^{3/2} + m_{lh}^{3/2} \right)^{2/3} \tag{3-87}$$

因为 Nilsson 表达式主要针对 η，因此，在式(3-84)和式(3-86)中，假设 $E_c = 0$，也即能量零点与 c 重合，因此

$$E_{Fv} = -E_g - \eta_F' k_0T \tag{3-88}$$

由于电子浓度 n_0 与 η 的函数关系式(3-83)与空穴浓度 p_0 与 η_F' 函数关系式(3-85)具有相似性，因此假定由 Nilsson 给出的 η 的表达形式对 η_F' 同样适用，用 P/N_v 对应地替换 N/N_c。

在式(3-82)中，导带的有效能态密度用 N_c 表示：

$$N_c = 4\pi \left(\frac{2m_e k_0T}{h^2} \right)^{3/2} \tag{3-89}$$

因此 N_v 的定义可由式(3-90)给出：

$$N_v = 4\pi \left(\frac{2m_{dh}k_0T}{h^2} \right)^{3/2} \tag{3-90}$$

从另一个层面而言，式(3-80)中给出的 E_a 和 E_b 与光子能量是一一对应的关系。但因 GaAs 的价带为简并状态，在某一给定光子能量时，E_a 和 E_b 均有两个确定的分立值，其函数关系分别为

$$E_{ah,al} = \left(E_g - E \right)\left(\frac{m_e}{m_e + m_{hh,lh}} \right) - E_g \tag{3-91}$$

$$E_{bh,bl} = \left(E - E_g \right)\left(\frac{m_{hh,lh}}{m_e + m_{hh,lh}} \right) \tag{3-92}$$

式中，下标 h 代表重空穴；l 代表轻空穴。

由以上分析可知，受能带填充效应的影响，吸收系数可通过式(3-80)减去式(3-74)求得：

$$\Delta\alpha\left(N,P,E \right) = \alpha\left(N,P,E \right) - \alpha_0\left(E \right)$$
$$= \frac{C_{hh}}{E}\sqrt{E - E_g}\left[f_v(E_{ah}) - f_c(E_{bh}) - 1 \right] + \frac{C_{lh}}{E}\sqrt{E - E_g}\left[f_v(E_{al}) - f_c(E_{bl}) - 1 \right] \tag{3-93}$$

3.4　LED 载流子速率方程与发光效率

　　人类的生活离不开光，最早人们对光的利用只限于太阳光、月光等自然光源照明，这些极大地限制了人类的日常生活和活动。后来，在人类学会了使用火之后，利用火在黑夜和昏暗的环境照明为人类生活提供了极大的便利，但火具有可控性差、不能长时间稳定保存等使用条件的限制，依然不能够达到人类的基本生活要求。直到 19 世纪末，电灯问世了，从此人类进入了光明时代。电灯因其可以实现长时间的高亮度照明，且具有可控性和可移动性，逐渐地普及到人类的日常生活中。由于电灯对资源的浪费非常严重，对环境也会产生一定的污染，因此人类继续致力于照明光源的研究。后来，随着白炽灯、荧光灯和节能灯的相继问世，人们对资源的利用率逐渐提升，尤其是节能灯，大大降低了能源的损耗，然而，废旧节能灯对环境的危害也不容忽视。随着科技的进步，LED 应运而生，并迅速普及到人类的日常生产和生活当中。LED 器件的核心结构是 P 型半导体材料和 N 型半导体材料组成的 PN 结，当在 PN 结上施加一定的电压时，PN 结中的电子和空穴将会复合并辐射出一定波长的光子。LED 具有很多其他照明光源所不具备的优势，如尺寸小、功耗低、亮度高、响应速度快、使用寿命长、环保、可靠性高等，可以实现照明、通信和显示等诸多功能。

3.4.1　LED 发光原理

　　氮化物材料以其禁带宽度大、直接带隙发光、发光波段覆盖整个可见光范围、电子迁移率高、击穿场强大和热导率较高等优异特性，被认为是继第一代半导体材料 Si、Ga 和第二代半导体材料 GaAs、InP 之后最为重要的第三代半导体材料之一，在激光显示、固态照明、射频微波、电力电子等领域有着广泛的市场需求与广阔的应用前景。下面将以 GaN 基 LED 为例介绍 LED 的结构以及原理。

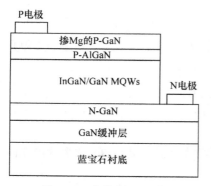

图 3-13　商业化 GaN 基 LED 芯片的基本结构图

　　商业化 GaN 基 LED 芯片的基本结构如图 3-13 所示。采用金属有机化学气相沉积首先在蓝宝石衬底上生长无掺杂的 GaN 作为缓冲层，然后生长掺杂 Si 的 GaN 作为 N-GaN 层，其次生长多个周期的 InGaN/GaN 多量子阱(MQWs)作为有源发光层，再生长 P-AlGaN 作为电子阻挡层，接着生长掺杂 Mg 的 GaN 作为 P-GaN 层，最后分别在 N-GaN 层和 P-GaN 层制作 N 电极和 P 电极，电极的材料多采用 Ni/Au 合金。

　　GaN 基 LED 内部的主要结构为 P 型 GaN 和 N 型 GaN 组成的 PN 结，施加正向偏置电压(P 电极接正极，N 电极接负极)后，由能量守恒定律可知，P-GaN 中空穴和 N-GaN 中电子的电势将升高，当电子和空穴的电势升高到一定程度时，N-GaN 中的电子将会穿过耗尽层进入 P-GaN 中，而 P-GaN 中的空穴将会穿过耗尽层进入 N-GaN 中，此时，PN 结中的少数载流子和多数载流子将会进行复合从而辐射出光子,这就是 GaN 基 LED 的发光原理。辐射出光子的波长由 InGaN/GaN 的禁带宽度 E_g 决定,GaN 的禁带宽度为 3.4eV,InN 的禁带宽度为 0.77eV,调整 InGaN/GaN 中 In 的浓度可以实现紫外到绿光的辐射。

在 GaN 基 LED 的 PN 结中,P-GaN 和 N-GaN 之间的载流子浓度存在差异,这将会引起电子和空穴的自由扩散运动,即电子从 N-GaN 层向 P-GaN 层移动,空穴从 P-GaN 层向 N-GaN 层移动。当空穴离开 P-GaN 层时,P-GaN 层将会出现带负电荷的电离受主,且该电离受主不能移动,导致 P-GaN 层出现一个负电荷区域。将 PN 结附近的电离施主或受主所带的电荷定义为空间电荷,将它们形成的区域定义为空间电荷区。空间电荷区的存在会产生一个从 N-GaN 层到 P-GaN 层的电场,而 PN 结中的电子和空穴会在该电场下做漂移运动,且其运动方向与自由扩散的运动方向相反,因此阻碍了电子和空穴的自由扩散运动。

当 PN 结两端未加偏置电压时,随着电子和空穴的自由扩散运动与漂移运动的进行,某一时刻,它们的速度相等,达到热平衡状态。达到热平衡状态时,电子和空穴的扩散运动与漂移运动产生的电流大小相等,方向相反,相互抵消,即总静电场为零。热平衡状态下的 PN 结能带图如图 3-14 所示。根据费米能级理论可知,N-GaN 层的费米能级比 P-GaN 层的费米能级高,当电子从 N-GaN 层扩散进入 P-GaN 层,空穴从 P-GaN 层扩散到 N-GaN 层时,N-GaN 层的费米能级开始下降,而 P-GaN 层的费米能级开始上升,直到两者重合,即达到热平衡状态。

当在 PN 结上施加正向偏置电压时,PN 结两面的 P-GaN 层和 N-GaN 层的部分电子与空穴会在外加电场的作用下注入 PN 结中,使得 N-GaN 层的费米能级开始上升,P-GaN 层的费米能级开始下降,直到两者的差值等于外电场和内电场的差值,此时,比平衡状态高的非平衡载流子发生辐射复合,辐射出光子。正向偏置电压下的 PN 结能带图如图 3-15 所示。

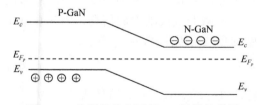

图 3-14　热平衡状态下的 PN 结的能带图

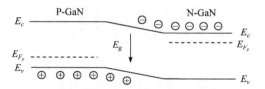

图 3-15　正向偏置电压下的 PN 结能带图

当在 PN 结上施加反向偏置电压时,外加电场会将 PN 结里面的载流子驱赶到 PN 结两面的 P-GaN 层和 N-GaN 层,导致 N-GaN 层的费米能级开始下降,P-GaN 层的费米能级开始上升,直到两者的差值等于外电场和内电场的差值,此时,PN 结产生的结电流非常小,因此不能辐射出光子。反向偏置电压下的 PN 结能带图如图 3-16 所示。

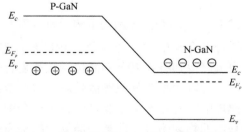

图 3-16　反向偏置电压下的 PN 结能带图

3.4.2　LED 载流子速率方程

在 3.2 节已经简要介绍了辐射复合、非辐射复合(Shockley-Read-Hall，SRH)与俄歇复合，在研究这些复合过程时，需要根据每种复合过程的不同物理机制来分开分析。而各类复合过程对载流子复合的整体影响，可以统一为载流子的速率方程。不同复合过程的影响程度在速率方程中以复合系数的形式来表示，速率方程的一般形式如下：

$$-\frac{\mathrm{d}n}{\mathrm{d}t} = -G + An + Bn^2 + Cn^3 \tag{3-94}$$

式中，n 表示非平衡载流子浓度；G 表示非平衡载流子的产生率；A、B 和 C 系数分别表示间接、直接复合和俄歇复合系数。通常使用的表征载流子复合速率的实验手段是时间分辨光致发光实验，该实验中可以得到载流子复合的寿命。当使用常规的脉冲激光器作为激励源时，过剩载流子的浓度在激光激励下短时间内达到很高的水平，也就是产生率 G 在短时间内极大，产生非平衡的载流子分布，此式(3-94)中需要有非平衡载流子随时间变化的微分项。当使用连续激光作为激励源时，在激光持续的照射下，半导体内部会持续产生非平衡载流子，产生率 G 随时间维持稳定，非平衡载流子浓度 n 随时间不变，此时有产生率等于复合率，式(3-94)中微分项 $-\dfrac{\mathrm{d}n}{\mathrm{d}t}$ 为零，由此可得稳态速率方程：

$$G = An + Bn^2 + Cn^3 \tag{3-95}$$

连续激光激励下的光致发光过程满足稳态速率方程，此外，满足稳态条件的还有电注入下连续工作的发光器件。因此稳态速率方程更贴近实际器件的工作情况，研究稳态下载流子的复合过程，可以帮助我们更加准确地运用载流子的复合理论，研究影响器件性能的因素。

在连续激光关闭的瞬间，产生率 G 变为零，而非平衡载流子仍然在以稳态下相同的速率复合，这时如果采集光致发光的强度随时间变化的数据，会得到强度随时间衰减的曲线，也就是时间分辨光致发光强度的衰减曲线，衰减曲线反映寿命信息，因为衰减是从稳态开始的，正好代表了稳态复合寿命。强度的衰减可以用式(3-96)描述：

$$I_{\mathrm{PL,decay}} \propto \mathrm{e}^{-t/\tau} \tag{3-96}$$

式中，τ 表示过剩载流子的有效寿命，是各类复合过程的等效之和，具体表达式为

$$\frac{1}{\tau} = \frac{1}{\tau_{\mathrm{rad}}} + \frac{1}{\tau_{\mathrm{rn}}} = \frac{1}{\tau_{\mathrm{rad}}} + \frac{1}{\tau_{\mathrm{SRH}}} + \frac{1}{\tau_{\mathrm{Auger}}} \tag{3-97}$$

式中，τ_{rad} 和 τ_{rn} 分别表示辐射复合寿命与非辐射复合寿命；τ_{SRH} 和 τ_{Auger} 分别表示 SRH 复合寿命与俄歇复合寿命，SRH 复合与俄歇复合是主要的非辐射复合过程。从式(3-97)中可以得知有效复合寿命包括几类复合过程。由寿命具有这种倒数和的形式可以推知，某一类寿命相较其他寿命越短，这类寿命就会对最后的有效寿命影响越大，或者可以这样理解，有效寿命主要是由各类寿命中，相对而言最短的寿命决定的，这一性质也符合基本的物理图景，即某一类复合的寿命越短，那么这类复合的速率也就越大，就可以在相同的单位时间内，使更多的载流子以这种复合过程复合，最后整体反映出来的结果，

就是大部分的载流子都以较快速率的复合过程复合了。下面对各类复合过程进行简要的分析，首先对于 SRH 复合过程，常用的与载流子浓度相关的 SRH 复合寿命可以表示为

$$\tau_{\text{SRH}} = \tau_p + \tau_n \frac{n}{n + n_0} \tag{3-98}$$

式中，τ_p 和 τ_n 分别为假设非辐射复合中心能级全部被电子或空穴占据时，空穴与电子的 SRH 复合寿命；n_0 为 N 型材料的本征载流子浓度。ABC 模型中的 A 系数可以表示为 SRH 复合寿命的倒数（$A = 1/\tau_{\text{SRH}}$）。从式(3-98)中可以看出，SRH 复合寿命与过剩载流子浓度 n 相关。在较低的非平衡载流子浓度下（$n \ll n_0$），SRH 复合寿命接近空穴 SRH 复合寿命 τ_p，当非平衡载流子浓度逐渐增加时，SRH 复合寿命逐渐从 τ_p 增加到 $\tau_p + \tau_n$。

在分析辐射复合过程时，也应该考虑本征载流子的影响，此时的辐射复合寿命可以表示为

$$\tau_{\text{rad}} = \frac{1}{B(n + n_0)} \tag{3-99}$$

由式(3-99)可见非平衡载流子浓度项 n 出现在分母，当载流子浓度增加时，辐射复合寿命减短，因为辐射复合过程是电子与空穴复合的过程，所以作为非平衡载流子的电子和空穴浓度越高，两者复合的概率就越大。此外，在式(3-99)中，由于本征载流子的存在，在低载流子浓度下的辐射复合可视为注入的过剩空穴与背景电子的复合，此时的寿命接近 $1/Bn_0$，而与载流子浓度无关。对于俄歇复合寿命，因为俄歇复合过程涉及三粒子的动力学过程，所以俄歇复合寿命与非平衡载流子的浓度的平方项相关，为

$$\tau_{\text{Auger}} = \frac{1}{Cn^2} \tag{3-100}$$

由于俄歇寿命与非平衡载流子的浓度的平方项相关，可以预见的是俄歇复合的寿命，相较之前的辐射复合，随载流子浓度增加而缩短的速度将会更快，也就是说在极高载流子浓度下，俄歇复合将占主导地位。然而因为 C 系数较小，在低的非平衡载流子条件下，俄歇复合可以忽略。

在得到了各类主要的复合过程的寿命后，可以用辐射效率 η_r 来表征辐射复合占总复合的比例，其关系为

$$\eta_r = \frac{\tau_{\text{eff}}}{\tau_{\text{rad}}} = \frac{B(n + n_0)}{A + B(n + n_0) + Cn^2} \tag{3-101}$$

除有效复合寿命外，另一项反映复合过程信息的重要物理量就是光致发光积分强度。同样在稳态下，光致发光积分强度可以表示为

$$I_{\text{PL}} \propto Bn(n + n_0) \tag{3-102}$$

式中，I_{PL} 为光致发光积分强度，从式(3-102)中可以看出 I_{PL} 与载流子浓度 n 的平方项相关，实际 n 的大小并不能直接得出，而是需要求解稳态下的速率方程(式(3-95))。实际计算方法如下：当式(3-95)中的所有参数(空穴 SRH 复合寿命 τ_p、电子 SRH 复合寿命 τ_n、

辐射复合系数 B、俄歇复合系数 C、本征载流子浓度 n_0)都确定时，根据式(3-95)可以计算得到不同激发功率下的载流子浓度 n，进而根据式(3-102)可以计算得到光致发光积分强度。计算过程中，使用式(3-103)计算稳态激励下载流子的产生率：

$$G = \frac{\alpha P_{\mathrm{inj}}}{hv} \tag{3-103}$$

式中，α 为材料对激光的吸收率；P_{inj} 为入射功率密度；hv 为激励源的光子能量。

3.4.3　LED 发光效率

影响 LED 发光效率的最主要的三个因素分别是：内量子效率(Internal Quantum Efficiency，IQE)，即单位时间内有源层发射的光子数/单位时间内注入有源层的电子数；光析出率(Light Extraction Efficiency，LEE)，即单位时间内出射到空间的光子数/单位时间内从有源层内出射的光子数；外量子效率(External Quantum Efficiency，EQE))，即单位时间内出射到空间的光子数/单位时间内注入有源层的电子数。LED 的输出光功率除以输入电功率即为其发光效率 η_{EQ}，且 η_{EQ} 与电压注入效率 η_V 和外量子效率 η_{EQE} 的关系如式(3-104)所示：

$$\eta_{\mathrm{EQ}} = \eta_V \times \eta_{\mathrm{EQE}} \tag{3-104}$$

式中，η_{EQE} 为每秒辐射到自由空间的光子数与每秒 LED 中的电子-空穴对复合数之比，其表达式如式(3-105)所示：

$$\eta_{\mathrm{EQE}} = \frac{P_{每秒辐射到自由空间的光子数}}{P_{每秒LED中的电子-空穴对复合数}} = \frac{P/(hv)}{I/e} \tag{3-105}$$

式中，P 代表 LED 的输出光功率；$h = 6.626 \times 10^{-34}$Js 代表普朗克常量；$v$ 代表辐射光子的频率；e 代表元电荷。

LED 的 η_{EQE} 与其内量子效率 η_{IQE} 和光析出率 η_{LEE} 的关系如式(3-106)所示：

$$\eta_{\mathrm{EQE}} = \eta_{\mathrm{IQE}} \times \eta_{\mathrm{LEE}} \tag{3-106}$$

对于理想 LED 来说，其注入电子的数量等于辐射出光子的数量，即发生辐射复合，其 η_{IQE} 如式(3-107)所示：

$$\eta_{\mathrm{IQE}} = \frac{P_{每秒活性区产生的光子数}}{P_{每秒LED中电子-空穴对复合数}} = \frac{P_{\mathrm{int}}/(hv)}{I/e} \tag{3-107}$$

式中，P_{int} 代表活性区产生的光功率。

LED 的 η_{LEE} 的表达式如式(3-108)所示：

$$\eta_{\mathrm{LEE}} = \frac{P_{每秒辐射到自由空间的光子数}}{P_{每秒活性区产生的光子数}} = \frac{P/(hv)}{P_{\mathrm{int}}/(hv)} \tag{3-108}$$

LED 的 η_v 的表达式如式(3-109)所示：

$$\eta_v = hv/(eV) \tag{3-109}$$

式中，V 为 LED 的 PN 结两端的正向偏置电压。

联立式(3-104)、式(3-105)和式(3-109)可得式(3-110)：

$$\eta_{EQ} = \frac{P/(h\nu)}{I/e} \times \frac{h\nu}{eV} = \frac{P}{IV} \tag{3-110}$$

联立式(3-108)和式(3-110)可得式(3-111)：

$$\eta_{EQ} = \frac{P_{int} \times \eta_{EQE}}{IV} \tag{3-111}$$

由式(3-107)和式(3-111)可知，当 LED 工作在恒定电压和恒定电流下时，其 η_{EQ} 与 η_{IEQ} 和 η_{EQE} 成正比。

目前，提高 LED 的 LEE 的方法主要有表面粗化技术、高反射率反射镜制备技术、GaN 和衬底界面图形化技术、光子晶体技术和倒装芯片技术等。

1. 表面粗化技术

由于光线在 GaN 和空气界面的全反射角非常小，严重限制了 LEE 的提升。对于传统 GaN 基 LED 来说，其平整的出光面使得大部分光线在 GaN 和空气的交界面被反射回 LED 内部，只有很少一部分光线穿过交界面辐射到空气中。表面粗化技术就是将平整的出光面变得粗糙，不仅能增大器件的出光面积，还能改变光线的入射角，使得原本反射回 GaN 内部的光线在 GaN 内部经过再次反射或者多次反射，最后成功地辐射到空气中，提高了器件的发光效率[5]。目前，主要采用湿法刻蚀或干法刻蚀对 GaN 的出光面进行粗化处理[6]。图 3-17(a)表示光线经过平整表面时的传播情况，图 3-17(b)表示光线经过粗化表面时的传播情况。从图中可以看出，在平整表面下，反射回 GaN 内部的光线只能向两侧传播，不能满足辐射出去的条件，而在粗化表面下，反射回 GaN 内部的光线总能够在经过某一次反射后辐射到空气中。

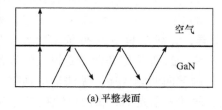 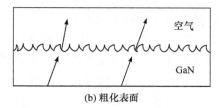

(a) 平整表面　　　　　　　　　　　　　　(b) 粗化表面

图 3-17　光在平整表面和粗化表面的传播情况

2. 高反射率反射镜制备技术

分布式布拉格反射膜(Distributed Bragg Reflector，DBR)就是采用高折射率和低折射率材料交替叠加制成的高反射率多层膜复合结构[7]，结构原理图如图 3-18 所示，其折射率分布为高-低-高-···-低-高-低，叠加的层数不同，其反射率也不一样。

对于具有 S 层膜的 DBR 结构，假设其高折射率介质和低折射率介质的折射率分别是 n_H 和 n_L，且介质的厚度相同，都为 $\lambda_0/4$，该结构的反射率表达式如式(3-112)所示：

$$R = \left[\frac{1 - (n_H / n_L)^{2S} (n_H^2 / n_S)}{1 + (n_H / n_L)^{2S} (n_H^2 / n_S)} \right] \tag{3-112}$$

由式(3-112)可知，DBR 的反射率由 n_H/n_L 和 S 共同决定，在理论上能够非常接近 1，但在现实中，当 S 饱和后，继续增加介质层数会降低 R 值。对于正装 LED 芯片，在蓝宝石衬底和 N-GaN 外延层之间引入 DBR 结构可以使更多垂直入射与很小角度入射到蓝宝石衬底的光线重新反射回 N-GaN 内部，经过 P-GaN 和空气界面辐射出去，降低了光线在衬底上的损耗以及产生的热量，提高 LED 的使用寿命和 LEE[8]。但是，DBR 结构也存在着不足，即只能提高小角度或者垂直入射到衬底上的光线的反射率，对于较大入射角度的光线，依然不能通过 DBR 结构辐射到空气中，因此，对 LED 发光效率的提升作用很有限。引入 DBR 时的 LED 结构如图 3-19 所示。

图 3-18　DBR 结构原理图　　　　　图 3-19　引入 DBR 时的 LED 结构图

3. GaN 和衬底界面图形化技术

由于蓝宝石衬底的晶格常数与 N-GaN 外延层存在差异，会造成高达 14%的晶格失配和 25.5%的热失配，导致 N-GaN 外延层出现高达 $10^8 \sim 10^{10} \mathrm{cm}^{-3}$ 的高缺陷密度。高缺陷密度不仅会使载流子的传输率下降，降低 LED 注入效率，同时缺陷极易吸收缺陷处产生的光子，降低载流子的辐射复合率，从而降低 LED 的 LEE。另外，N-GaN 和蓝宝石衬底的折射率分别为 2.5 和 1.77，折射率存在较大的差异，光线在 N-GaN 外延层和蓝宝石衬底的全反射角很小，不利于光的提取。正常情况下 N-GaN 外延层和蓝宝石衬底的接触面是平整的，入射角大于全反射角的光线将会在芯片内部向两侧传播，无法辐射到空气中，其传播原理图如图 3-20(a)。为了改善这种问题，通常采用光刻和腐蚀刻蚀技术将 N-GaN 外延层和蓝宝石衬底界面图形化，不仅能够破坏全反射，使更多的光线辐射出去，同时能够提高外延材料的质量，降低缺陷密度，减少缺陷对光子的吸收[9]。光线在图形化 N-GaN 外延层和蓝宝石衬底界面的传播情况如图 3-20(b)所示。由于 InGaN/GaN MQWs 的折射率为 2.51，与 N-GaN 的折射率非常接近，因此在绘制图 3-20 时，可将它们的折射率统一设置为 2.5。

4. 光子晶体技术

作为一种新型材料，光子晶体不仅具有在空间上呈周期性变化的折射率，还具有光

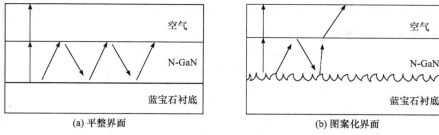

图 3-20 光线在不同 N-GaN 外延层和蓝宝石衬底界面的传播情况

子带隙，能够在带隙范围内限制电磁波的传播[10]。其光子带隙能够很好地调制特定波长的光子。光子晶体能够很好地控制光线的传播，限制满足其波长匹配的光子在其内部的传播路径，该限制作用能够在一定程度上提高 LED 的 LEE[11]。光子晶体提高 LEE 的方式主要有两方面：一方面，光子晶体的周期性形貌可以改变光线的传输路径，使得更多的光线辐射出去；另一方面，光子晶体的光子带隙能够将原本限制在 LED 芯片内部的光线提取出来，提高 LED 的发光效率。由于光子晶体对技术的要求非常高，加工制作难度大，且具有叠加效应，因而在很大程度上限制了其在 LED 器件上的应用。2018 年，Liu 等提出了一种使用 SiO$_2$ 光子晶体来提高 LED 的 LEE 的方法，设计的结构如图 3-21 所示，采用 FDTD 算法对设计的结构进行数值模拟计算，结果表明，与传统的平面 LED 相比，SiO$_2$ 光子晶体 LED 的 LEE 提高了 37%以上[12]。

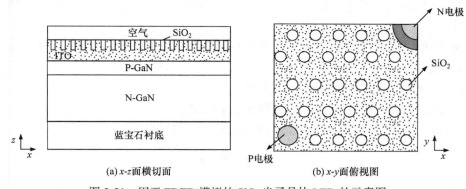

图 3-21 用于 FDTD 模拟的 SiO$_2$ 光子晶体 LED 的示意图

5. 倒装芯片技术

LED 芯片大体上分为水平和垂直两种结构，而水平结构又包含了正装芯片和倒装芯片两种结构。垂直结构制作过程比较烦琐，市场性价比不高。水平结构的正 LED 芯片虽然容易实现大规模生产制作，但其芯片的出光面积较小，且电极会对光线产生一定的反射和吸收，在一定程度上降低了 LED 的发光效率。另外，反射回 LED 内部的光线会使 LED 内部产生更多的热量，容易造成热量堆积，减少 LED 的使用寿命。相反，倒装 LED 芯片不仅可以避免电极对光线的吸收和反射，提高 LED 的 LEE，同时，高热导率的散热基座可以提高芯片的散热性能，进而提升 LED 的注入电流密度上限[13]。此外，蓝宝石衬底的折射率(1.77)小于 ITO 的折射率(2.0)，因此，光线在蓝宝石衬底和空气交界面的全反射临界角大于在 ITO 和空气交界面的全反射临界角，进一步提高 LED 的 LEE。图 3-22 为 GaN 基 LED 倒装芯片结构。

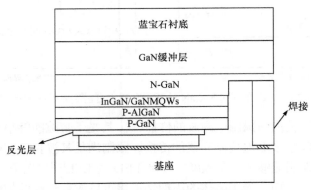

图 3-22　GaN 基 LED 倒装芯片结构

课 后 习 题

1. 实际半导体与理想半导体的区别是什么？

2. 能量在 $E = E_c$ 到 $E = E_c + 100\left(\pi^2 \hbar^2 / 2m_n^* L^2\right)$ 之间单位体积中的量子态数是多少？

3. 一个 N 型锗样品中，过剩空穴浓度为 $10^{13}\mathrm{cm}^{-3}$，空穴的寿命为 $100\mu s$。计算空穴的复合率。

4. 用强光照射 N 型半导体，假定光被均匀吸收，产生过剩载流子，产生率为 g_p，空穴寿命为 τ。

(1) 写出光照下过剩载流子满足的方程。

(2) 求出光照达到稳定状态时的过剩载流子浓度。

5. LED 三要素是什么？如何提高 LED 的发光效率？

参 考 文 献

[1] WOLFF P A. Theory of the band structure of very degenerate semiconductors[J]. Physical review journals, 1962, 126(2): 405-412.

[2] YOGAMALAR N R, BOSE A C. Burstein-Moss shift and room temperature near-band-edge luminescence in lithium-doped zinc oxide[J]. Applied physics A, 2011, 103(1): 33-42.

[3] BENNETT B R, SOREF R A, DEL ALAMO J A. Carrier-induced change in refractive index of InP, GaAs and InGaAsP[J]. IEEE journal of quantum electronics, 1990, 26(1): 113-122.

[4] NILSSON N G. Empirical approximations for the Fermi energy in a semiconductor with parabolic bands[J]. Applied physics letters, 1978, 33(7): 653-654.

[5] LIU D, LI H J L, YU B, et al. Efficient performance enhancement of GaN-based vertical light-emitting diodes coated with N-doped graphene quantum dots[J]. Optical materials, 2019, 89(1): 468-472.

[6] HE J, ZHONG Y, ZHOU Y, et al. Recovery of p-GaN surface damage induced by dry etching for the formation of p-type Ohmic contact[J]. Applied Physics Express, 2019, 12(5): 055507.

[7] ALAYDIN B O, TUZEMEN E S, ALTUN D, et al. Comprehensive structural and optical characterization of AlAs/GaAs distributed Bragg reflector[J]. International journal of modern physics B, 2019, 33(8): 1950054.

[8] CAI W, YUAN J, NI S, et al. GaN-on-Si resonant-cavity light-emitting diode incorporating top and bottom dielectric distributed Bragg reflectors[J]. Applied physics express, 2019, 12(3): 032004.

[9] SUNG Y, PARK J, CHOI E-S, et al. Improved light extraction efficiency of light-emitting diode grown on nanoscale-silicon-dioxide-patterned sapphire substrate[J]. Science of advanced materials, 2020, 12(1): 647-651.

[10] RAMANUJAM N R, JOSEPH WILSON K J, MAHALAKSHMI P, et al. Analysis of photonic band gap in photonic crystal with epsilon negative and double negative materials[J]. Optik, 2019, 183(1): 203-210.

[11] SHIM Y S, HWANG J H, PARK C H, et al. An extremely low-index photonic crystal layer for enhanced light extraction from organic light-emitting diodes[J]. Nanoscale, 2016, 8(7): 4113-4120.

[12] LIU M, LI K, KONG F-M, et al. Enhancement of the light-extraction efficiency of light-emitting diodes with SiO_2 photonic crystals[J]. Optik, 2018, 161(1): 27-37.

[13] 秦典成, 陈爱兵, 肖永龙. 嵌埋陶瓷散热基板对白光 LED 性能的影响[J]. 发光学报, 2019, 40(1): 97-105.

第 4 章　半导体激光器

半导体激光器是一种以半导体材料作为工作物质的激光器。1962 年，第一代 GaAs 同质结半导体激光器得以实现，尽管只能在液氮温度下工作，但其中的基本理论与实践至今仍是有意义的。1970 年，贝尔实验室的研究工作者实现了可在室温下连续工作的双异质结构的半导体激光器。自此，半导体激光器得到飞速发展，广泛使用于光纤通信、光盘、激光打印机、激光扫描器、激光指示器(激光笔)，是目前生产量最大的激光器。半导体激光器的工作原理是通过一定的激励方式，在半导体物质的导带与价带间实现非平衡载流子的粒子数反转，进而实现粒子数反转状态下大量电子与空穴的复合，产生受激发射作用。半导体激光器的激励方式主要有三种，即电注入式、光泵式和高能电子束激励式。电注入式半导体激光器，一般是由砷化镓(GaAs)、硫化镉(CdS)、磷化铟(InP)、硫化锌(ZnS)等材料制成的半导体面结型二极管。光泵式半导体激光器，一般用 N 型或 P 型半导体单晶(如 GaAs、InAs、InSb 等)作为工作物质，以其他激光器发出的激光作光泵激励。高能电子束激励式半导体激光器，一般也用 N 型或者 P 型半导体单晶(如 PbS、CdS、ZnO 等)作为工作物质，通过由外部注入高能电子束进行激励。半导体激光器有许多优点：①作为一种直接的电子-光子转换器，它的转换效率很高。理论上的内量子效率可接近 100%，实际上由于存在某些非辐射复合损失，其内量子效率要低一些，但仍可以达到 70%以上。②半导体激光器所覆盖的波段范围很广。通过选用不同的半导体激光器有源材料或改变多元化合物半导体各组元的组分，可以获得范围很广的激射波长以满足不同的需要。③半导体激光器的使用寿命很长。目前用于光纤通信的半导体激光器，其工作寿命可达数十万乃至百万小时。④半导体激光器具有直接调制的能力。⑤半导体激光器的体积小、重量轻、价格便宜。本章主要从半导体激光器的速率方程推导、FP 激光器阈值条件与纵模特性、半导体激光器阈值与效率、半导体激光器的温度特性以及半导体激光器的增益特性几个方面进行介绍。

4.1　半导体激光器的速率方程推导

半导体激光器的速率方程对于研究半导体激光器的动力学特性起着重要的作用，是分析半导体激光器物理理论的重要工具，对于半导体激光器的激射阈值相变、模式的竞争、谱系结构等静态行为的研究起着重要作用。本节将从激光振荡增益、场速率方程、线宽增强因子、激光速率方程几个方面进行介绍。

4.1.1　激光振荡增益

为了推导半导体激光器的速率方程，首先考虑激光条件下的增益。光在腔内往返后

的增益 G 如下：

$$G = r_1 r_2 \exp\left[2ikl + (g-a)l\right] \tag{4-1}$$

式中，r_1、r_2 分别表示前后面的反射率；g 表示激光介质内的增益；a 表示吸收以及散射所造成的损耗之和；波数 k 与激光介质的折射率有关，是光频率 ν（或角频率 $\omega = 2\pi\nu$）和载流子浓度 n 的函数。波数可通过这些参数的阈值展开为

$$k = \eta\frac{\omega}{c} = \frac{\omega_{\text{th}}}{c}\left\{\eta_0 + \frac{\partial\eta}{\partial n}(n - n_{\text{th}}) + \frac{\eta_e}{\omega_{\text{th}}}(\omega - \omega_{\text{th}})\right\} \tag{4-2}$$

这里利用 $\eta_e = \eta + \nu\dfrac{\partial\eta}{\partial\nu}$，$\eta = \eta_0 + \dfrac{\partial\eta}{\partial\nu}(\nu - \nu_{\text{th}}) + \dfrac{\partial\eta}{\partial n}(n - n_{\text{th}})$，$\nu - \nu_{\text{th}} = -\dfrac{\nu_{\text{th}}}{\eta_e}\cdot\dfrac{\partial\eta}{\partial n}(n - n_{\text{th}})$ 三个公式进一步进行推导，可以得到

$$G = G_1 G_2 \tag{4-3}$$

$$G_1 = r_1 r_2 \exp\left[(g-a)l + i\phi_0\right] \tag{4-4}$$

$$G_2 = \exp\left\{i\frac{2\omega_{\text{th}}l}{c}\left[\eta_0 + \frac{\eta_e}{\omega_{\text{th}}}(\omega - \omega_{\text{th}})\right]\right\} \tag{4-5}$$

上述 ϕ_0 则由式(4-6)给出：

$$\phi_0 = \frac{2\omega_{\text{th}}l}{c}\cdot\frac{\partial\eta}{\partial n}(n - n_{\text{th}}) = -\tau_{\text{in}}(\omega - \omega_{\text{th}}) \tag{4-6}$$

在式(4-5)中，用了激光振荡的条件，即相位 $2\omega_{\text{th}}\eta_0 l/c$ 必须等于 2π 的整数倍。将 $-i\omega$ 替换为算子 $\mathrm{d}/\mathrm{d}t$ 的等价项，式(4-6)可变换为

$$G_2 = \exp\left[i\tau_{\text{in}}(\omega - \omega_{\text{th}})\right] = \exp(-i\omega_{\text{th}}\tau_{\text{in}})\exp\left(-\tau_{\text{in}}\frac{\mathrm{d}}{\mathrm{d}t}\right) \tag{4-7}$$

4.1.2　场速率方程

为了实现激光振荡，在激光谐振腔内往返后的场必须与前一个场完全重合。假设式(4-3)、式(4-4)、式(4-7)的增益是一类算子，可以得到如下方程：

$$E_f(t) = GE_f(t) \tag{4-8}$$

利用式(4-7)，在腔内往返后的场记为

$$E_f(t) = G_1 \exp(-i\omega_{\text{th}}\tau_{\text{in}})\exp\left(-\tau_{\text{in}}\frac{\mathrm{d}}{\mathrm{d}t}\right)E_f(t) \tag{4-9}$$

将激光场 $E_f(t)$ 分成两种，一种是随着角频率 ω_{th} 变化的，另一种是随角频率缓慢变化的 $\hat{E}_f(t)$，接下来场可以写成

$$E_f(t) = \hat{E}_f(t)\exp(-i\omega_{\text{th}}t) \tag{4-10}$$

根据这个表达式，加上算子 $\exp(-\tau_{\text{in}}\mathrm{d}/\mathrm{d}t)$ 与时滞效应 τ_{in} 等价，得到

$$\hat{E}_f(t)\exp(-i\omega_{\mathrm{th}}t) = G_1\exp(-i\omega_{\mathrm{th}}\tau_{\mathrm{in}})\times\hat{E}_f(t)(\tau-\tau_{\mathrm{in}})\exp\left[-i\omega_{\mathrm{th}}(\tau-\tau_{\mathrm{in}})\right] \tag{4-11}$$

所以可以把 $\hat{E}_f(t)$ 写成

$$\hat{E}_f(t) = G_1\hat{E}_f(t-\tau_{\mathrm{in}}) \tag{4-12}$$

式(4-12)表明，经过 τ_{in} 的 SVEA 近似后，电场 $\hat{E}_f(t)$ 的形式与增益 G_1 相同。

为简单起见，下面使用 $E_f(t)$ 作为 $\hat{E}_f(t)$ 的字段符号。在周期时间 τ_{in} 足够小的情况下，可以将总电场在周期时间 τ_{in} 附近展开：

$$E(t-\tau_{\mathrm{in}}) = E(t) - \tau_{\mathrm{in}}\frac{\mathrm{d}E(t)}{\mathrm{d}t} \tag{4-13}$$

然后，得到该场的微分形式如下：

$$\frac{\mathrm{d}E(t)}{\mathrm{d}t} = \frac{1}{\tau_{\mathrm{in}}}\left(1 - \frac{1}{G_1}\right)E(t) \tag{4-14}$$

由于激光振荡的增益 G_1 非常接近于 1，将式(4-4)的增益近似为

$$\frac{1}{G_1} = \exp\left[-\ln(r_1 r_2) - (g-a)l - i\varphi_0\right] \approx 1 + \ln\frac{1}{r_1 r_2} - gl + al - i\varphi_0 \tag{4-15}$$

将式(4-15)代入式(4-14)，利用式(4-6)的关系，最终得到场的速率方程为

$$\frac{\mathrm{d}E(t)}{\mathrm{d}t} = \left[-i(\omega_0-\omega_{\mathrm{th}}) + \frac{1}{2}\left(gv_g - \frac{1}{\tau_{\mathrm{ph}}}\right)\right]E(t) \tag{4-16}$$

式中，$v_g = c/\eta_e$ 是光在真空中的群速度，并且假定激光在角频率 $\omega = \omega_0$ 的条件下工作；τ_{ph} 是描述光在腔内的吸收和散射所损失的光子寿命，并且可以写作

$$\frac{1}{\tau_{\mathrm{ph}}} = v_g\left[a + \frac{1}{l}\ln\left(\frac{1}{r_1 r_2}\right)\right] \tag{4-17}$$

其中，激光谐振腔内的群光速符合 $c/\eta_e = v_g = 2l/\tau_{\mathrm{in}}$ 关系式。

4.1.3 线宽增强因子

可以用与定义激光阈值相同的方法定义激光振荡下的磁化率。考虑由激光振荡引起的额外的复磁化率 $\chi_l = \chi_l' + i\chi_l''$ 并把它加到下面的阈值中，$\chi_0 = \chi_0' + \chi_0''$。复磁化率是激光频率的函数，因此总磁化率 $\chi(\omega)$ 可以写为

$$\chi(\omega) = \chi_0(\omega) + \chi_l(\omega) = \chi_0'(\omega) + \chi_l'(\omega) + i\{\chi_0''(\omega) + \chi_l''(\omega)\} \tag{4-18}$$

在接下来的内容中，将只在必要时详细地写出磁化率作为激光频率的函数，其他时候，复介电常数的等效量为

$$\varepsilon = \varepsilon_b + \chi_l' + i(\chi_0'' + \chi_l'') \tag{4-19}$$

$\sqrt{\varepsilon_b} = \eta_b$ 是低于激光阈值时候的折射率。

假设光沿着激光谐振腔的 z 方向传播，该方向的空间场为

$$E(z) = |E(z)| \exp(ikz) \tag{4-20}$$

传播常数可以写作

$$k = \eta_c k_0 = \eta k_0 + i \frac{a_{\mathrm{abs}}}{2} \tag{4-21}$$

式中，k_0 为在真空中的传播常数；η_c 为复折射率；a_{abs} 为介质中的强度吸收系数。

由于 $a_{\mathrm{abs}} \ll \eta k_0$ 关系式的存在，反射指数 η 和吸收系数 a_{abs} 由式(4-22)和式(4-23)给出：

$$\eta = \sqrt{\varepsilon_b + \chi_l'} \approx \eta_b + \frac{\chi_l'}{2\eta_b} \tag{4-22}$$

$$a_{\mathrm{abs}} = \frac{k_0}{\eta}(\chi_0'' + \chi_l'') = \frac{k_0}{\eta_b}(\chi_0'' + \chi_l'') \tag{4-23}$$

激光振荡条件下的反射指数 η 等于 $n\partial\eta/\partial n$，所以 χ_l' 可以表示为 $\chi_l' = 2\eta_b n\partial\eta/\partial n$。同时利用增益启动激光振荡，$g = a_{\mathrm{abs}}$ (这实际是透明条件下激光振荡的增益)，吸收的增量为 $-n\partial g/\partial n$。然后，χ_l'' 可以表示为 $\chi_l'' = -(\eta_b n/k_0)(\partial g/\partial n)$。由激光振荡引起的复磁化率的增量如下：

$$\chi_l = 2\eta_b n \left(\frac{\partial\eta}{\partial n} - \frac{i}{2k_0} \cdot \frac{\partial g}{\partial n} \right) \tag{4-24}$$

激光振荡时的宏观复折射率为

$$\eta_e = \eta - i\eta' \tag{4-25}$$

式中，η' 是反射指数的虚部，它与增益 g 的关系为

$$\eta' = -\frac{1}{2k_0} g \tag{4-26}$$

然后，通过式(4-26)与 $\nu - \nu_{\mathrm{th}} = -\dfrac{\nu_{\mathrm{th}}}{\eta_e} \cdot \dfrac{\partial\eta}{\partial n}(n - n_{\mathrm{th}})$ 结合，可以得到

$$\omega_0 - \omega_{\mathrm{th}} = -\frac{\omega_{\mathrm{th}}}{\eta_e} \cdot \frac{\partial\eta}{\partial n}(n - n_{\mathrm{th}}) = \frac{1}{2}\alpha v_g \frac{\partial g}{\partial n}(n - n_{\mathrm{th}}) \tag{4-27}$$

式中，α 是半导体激光器中的一个重要参数，称为线宽增强因子或 α 参数，对激光振荡起着至关重要的作用。由式(4-27)和式(4-24)不难得出 α 的定义式为

$$\alpha = \frac{\mathrm{Re}[\chi_l]}{\mathrm{Im}[\chi_l]} = -2 \frac{\omega}{c} \cdot \frac{\dfrac{\partial\eta}{\partial n}}{\dfrac{\partial g}{\partial n}} \tag{4-28}$$

其中，χ_l 为式(4-18)中定义的复电极化率。对于普通激光器，如气体激光器，线宽增强因子的值几乎等于零，而对于半导体激光器，线宽增强因子的值是非零的，通常半导体激光器的值为 3～7[1, 2]。

4.1.4 激光速率方程

在接近激光阈值时，增益 g 与载流子浓度的线性化关系为

$$g = g_{\text{th}} + \frac{\partial g}{\partial n}(n - n_{\text{th}})\tag{4-29}$$

式中，是 g_{th} 介质在阈值处的增益，并且它与透明度载流子浓度 n_0 的关系为

$$g_{\text{th}} = \frac{\partial g}{\partial n}(n_{\text{th}} - n_0)\tag{4-30}$$

在此条件下，增益与损失相平衡，$g_0 = a$，其中 g_0 为透明条件下的增益。对于激光振荡，增益必须超过这个数值。然而，激光振荡所需的实际增益要略大于这个值，因为光子从激光刻面会发生消散。而在远高于阈值条件下激光振荡时，则必须考虑增益饱和的影响[3, 4]。在这种情况下，使用增益饱和系数 ε_S 来得到相应关系：

$$g = \frac{g_{\text{th}}}{1 + \varepsilon_S |E|^2}\tag{4-31}$$

当饱和效应非常小时(通常情况下，饱和强度通常在远高于激光阈值时达到)，可以将增益近似为

$$g \approx g_{\text{th}}\left(1 - \varepsilon_S |E|^2\right)\tag{4-32}$$

这一表达在理论处理中经常使用。

在下面的讨论中，使用线性增益来建立方程，假设激光工作条件距离激光阈值不远。如果不是这样，考虑式(4-31)的增益饱和系数。场方程是随时间变化载流子浓度的函数，利用式(4-17)和式(4-29)，可改写为

$$\frac{\mathrm{d}E(t)}{\mathrm{d}t} = \frac{1}{2}(1 - i\alpha)G_n\left[n(t) - n_{\text{th}}\right]E(t) + E_{\text{sp}}(t)\tag{4-33}$$

式中，定义线性增益 $G_n = v_g \partial g / \partial n$。必须考虑激光振荡中自发辐射的影响。$E_{\text{sp}}(t)$ 是自发辐射随机场对应的随机函数。参数的整体平均值 EE_{sp} 有这样的关系式：$2\operatorname{Re}\left[\left\langle E(t)E_{\text{sp}}(t)\right\rangle\right] = R_{\text{sp}}$。在光子数方程中，通常用 R_{sp} 来表示自发辐射效应[5]：

$$R_{\text{sp}}(t) = \beta_{\text{sp}}\xi_{\text{sp}}\frac{n(t)}{\tau_s}\tag{4-34}$$

式中，β_{sp} 为自发辐射系数；ξ_{sp} 为自发辐射的内量子效率；τ_s 为腔内载流子寿命。

用复场的符号 $E(t) = A(t)\exp\left[-i\phi(t)\right]$，振幅 $A(t)$ 和场方程的相 $\phi(t)$ 由下面的式子给出：

$$\frac{\mathrm{d}A(t)}{\mathrm{d}t} = \frac{1}{2}G_n\left[n(t) - n_{\text{th}}\right]A(t)\tag{4-35}$$

$$\frac{\mathrm{d}\phi(t)}{\mathrm{d}t} = \frac{1}{2}\alpha G_n\left[n(t) - n_{\text{th}}\right]\tag{4-36}$$

从半导体激光器中两能级原子的物理模型出发，给出普通激光器中载流子浓度 n 的微分方程：

$$\frac{\mathrm{d}n(t)}{\mathrm{d}t} = \frac{J}{ed} - \frac{n(t)}{\tau_s} - G_n\big[n(t)-n_0\big]A^2(t) \tag{4-37}$$

式中，J 是注入电流密度；d 是活性层的厚度。方程等号右边的第一项 $\dfrac{J}{ed}$ 是电流的注入，第二项 $\dfrac{n(t)}{\tau_s}$ 是自发辐射引起的载流子复合。严格意义上的载流子复合包含载流子衰变的各种过程，如辐射复合、非辐射复合以及俄歇复合等[6]。它们可能是载流子浓度的函数，然而，已经把载流子寿命作为一个近似的常数系数。第三项 $G_n\big[n(t)-n_0\big]A^2(t)$ 是激光发射诱导的载流子复合。在阈值和透明条件下，光子寿命与载流子浓度有如下关系：

$$v_g \frac{\partial g}{\partial n}(n_{\text{th}}-n_0) = \frac{1}{\tau_{\text{ph}}} \tag{4-38}$$

载流子浓度方程一般应考虑朗之万噪声，但由于载流子的响应比光子慢，朗之万噪声对激光动力学的影响通常较小。因此，这个术语有时被忽略。

激光谐振腔内的光子数由腔内光能 U 决定并有如下关系式：

$$S = \frac{U}{\hbar\omega} = \frac{\varepsilon_0\overline{\eta}\eta_e}{2\hbar\omega}\int_{\text{cavity}}\mathrm{d}^3r\big|E_{\text{real}}(r)\big|^2 \tag{4-39}$$

式中，$\overline{\eta}$ 是模型的折射率；r 为三维坐标；E_{real} 为腔内的真实光场。假设激光谐振腔内光场在固定时间的坐标上是恒定的，光子数 S 与真实光场 E_{real} 的关系近似为

$$S = \big|E\big|^2 = \frac{\varepsilon_0\overline{\eta}\eta_e}{2\hbar\omega}\big|E_{\text{real}}\big|^2 V \tag{4-40}$$

式中，V 是活性层的体积；场振幅 A 是由 $A=\sqrt{S}=\sqrt{\varepsilon_0\overline{\eta}\eta_e V/2\hbar\omega}\,\big|E_{\text{real}}\big|$ 得到的。利用内部光子数，激光谐振腔外的输出功率为

$$S_{\text{ext}} = \frac{\xi_{\text{ext}}}{\xi_{\text{int}}}\cdot\frac{1}{\tau_{\text{ph}}}S \tag{4-41}$$

式中，$\xi_{\text{ext}}/\xi_{\text{int}}$ 为外量子效率和内量子效率的比值。通常情况下，半导体激光器是通过制造不同的面反射率来获得最大的激光功率的。假设反射面强度 R_1 和 R_2 不同，则从反射面发射的光子数 $s_{R_1}^{\text{out}}$ 随反射面强度 R_1 变化而变化的计算如下：

$$s_{R_1}^{\text{out}} = \frac{(1-R_1)\sqrt{R_2}}{\big(\sqrt{R_1}+\sqrt{R_2}\big)\big(1-\sqrt{R_1R_2}\big)}S_{\text{ext}} \tag{4-42}$$

如果两个面具有相同的反射率，即 $R_1=R_2$，从切面发射的光子数是 $s_{R_1}^{\text{out}}=s_{R_2}^{\text{out}}=S_{\text{ext}}/2$ 为了便于动力学的渐近研究，对速率方程中的变量和参数进行了归一化处理。利

用归一化场与载流子浓度 $\tilde{E} = \sqrt{\dfrac{1}{2}\tau_s G_n}E$ 和 $\tilde{n} = \dfrac{\tau_{\mathrm{ph}}}{2}G_n(n - n_{\mathrm{th}})$ 以及归一化时间 $\tilde{\tau} = \dfrac{t}{\tau_{\mathrm{ph}}}$，可以得到无量纲的场方程为

$$\frac{\mathrm{d}\tilde{E}}{\mathrm{d}\tilde{t}} = (1 - i\alpha)\tilde{n}\tilde{E} \tag{4-43}$$

对于载流子浓度方程，用一个新的时间常数 $T = \dfrac{\tau_s}{\tau_{\mathrm{ph}}}$ 和一个泵浦参数 $P = \dfrac{\tau_s \tau_{\mathrm{ph}} G_n}{2ed}$ $(J - J_{\mathrm{th}})$，式(4-43)可以写为

$$T\frac{\mathrm{d}\tilde{n}}{\mathrm{d}\tilde{t}} = P - \tilde{n} - (2\tilde{n} + 1)\left|\tilde{E}\right|^2 \tag{4-44}$$

当载流子浓度满足 $n_{\mathrm{th}} \gg n_0$ 时，泵浦参数近似为

$$P = \frac{\tau_{\mathrm{ph}}G_n n_{\mathrm{th}}}{2} \cdot \frac{J - J_{\mathrm{th}}}{J_{\mathrm{th}}} = \frac{1 + \tau_{\mathrm{ph}}G_n n_{\mathrm{th}}}{2} \cdot \frac{J - J_{\mathrm{th}}}{J_{\mathrm{th}}} \approx \frac{J - J_{\mathrm{th}}}{2J_{\mathrm{th}}} \tag{4-45}$$

式(4-44)和式(4-45)的符号有时用于研究激光操作的动力学以及激光工作稳定性和不稳定性条件的理论分析。

4.2　FP 激光器阈值条件与纵模特性

FP 激光器是一种非常经典的激光器，对于 FP 激光器的研究有助于理解激光器工作过程。本节将从 FP 激光器的结构及工作原理、FP 激光器的阈值条件、FP 激光器的纵模特征几个方面进行介绍。

4.2.1　FP 激光器结构及工作原理

FP(法布里-珀罗，Fabry-Perot)激光器是一种以 FP 腔为谐振腔的半导体激光器件[7]。其结构如图 4-1 所示，其核心部分是以有源层为中心，两侧有包覆层的双异质结三层平板波导结构，下方为衬底和电极，上方为包覆层和电极。若以 GaAs 系列激光器为例，通常以 N 型 GaAs 晶体作为衬底，外延生长 AlGaAs 下包覆层、(Al)GaAs 有源层(P 或 N 型)、AlGaAs 上包覆层(P 型)和 GaAs 接触层(P+型)。通常的双异质结(DH)激光器中，有源层的厚度是 0.1～0.2μm，且有源层生长后需通过腐蚀加工来获得 2～5μm 宽的沟道形波导。另外，为了能够使注入电流集中在沟道区域，还要通过做绝缘膜和刻出图形的方式来获得沟状结构。将衬底研磨减薄到 100μm 左右，在衬底背面与接触层上部分别堆积 AuGe/Au、Cr/Au 等电极膜，再经过热处理形成电极。为了实现产生相干光的振荡器，半导体激光器也必须在光放大器上加反馈。将半导体晶体做成的 DH 结构与衬底一起劈开，形成一对与有源层垂直的端面。这个半导体与空气的边界对于波导模的光波成为反射面，这两个平行的反射面就构成了 FP 谐振腔。在 FP 谐振腔中，一条平行于谐振腔轴线的光线，经平行平面反射镜反射后的传播方向仍平行于轴线，始终不会逸出腔

外。通常用衬底材料的(110)晶面作为解离面以此形成 FP 谐振腔，并在腔面上蒸镀抗反射或增透薄膜以改善腔面光学性能。使电流通过半导体激光器的 PN 结，在有源区注入载流子，用这种方法进行激励，就能够使光放大。由载流子注入而得到足够的放大增益的状态下，因为晶面镜的反馈，光在谐振器内往返之间反复地放大，光子能量得到积蓄，就发生了激光振荡。

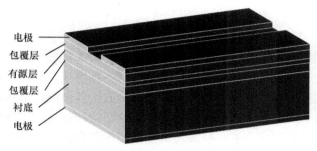

电极
包覆层
有源层
包覆层
衬底
电极

图 4-1　FP 激光器结构示意图

4.2.2　FP 激光器阈值条件

谐振腔的纵向尺寸 L 要大于激光波长，因而能够在腔内形成许多模式，这种模式叫作纵向模式。这些模式在整个腔长 L 往返一次都会产生 2π 的相移，因而其波长就稍微不同。因此，该腔的两个反射镜之间的波节数 q 为

$$q\lambda / 2n = L \tag{4-46}$$

式中，n 是波长 λ 的折射率。

进入某一模式下的受激发射速率要正比于该模式的辐射强度，光腔是为所选定的模式提供光放大所必需的一种重要反馈机构。当光子在两个平行且部分反射的镜面之间来回反射时，与光增益系数最高的模式相联系的部分辐射被留下，并在每次往返中被进一步放大。而当增益大到超过光损耗时，激光就产生了。两个镜面反射率为 R_1 和 R_2，腔长为 L 的谐振腔产生激光的条件如下：对应光子能量为 E 的增益系数为 $g(E)$。假设在光路中的材料的吸收系数为 $\bar{a}(E)$，并且假定它是非谐振性的(如带内电子跃迁)，即光吸收所产生的载流子对有源区的反转分布并没有贡献。当然，在有源区中的带间跃迁属于受激向下跃迁的逆过程，因此并没有包括在 $\bar{a}(E)$ 中。若增益系数未达到饱和，其辐射强度就随反射镜之间的距离 z 呈指数级增强，即

$$I_E(z) = I_E(0)\exp\left[(g(E) - \bar{a}(E))z\right] \tag{4-47}$$

产生激光的阈值条件是光波在腔中往返一次 $(z = 2L)$ 而没有衰减，即光放大与光损耗相当。由于入射辐射有一部分在每次入射到镜面上时被反射，因此，在完成一次往返时的光强为

$$I_E(2L) = I_R(0)R_1R_2\exp\left[2L(g(E) - \bar{a}(E))\right] \tag{4-48}$$

达到激射阈值时，$I_E(2L) = I_R(0)$，因此有

$$R_1 R_2 \exp\left[2L\left(g(E) - \bar{a}(E)\right)\right] = 1 \tag{4-49}$$

所以有

$$g(E) - \bar{a}(E) = (2L)^{-1} \ln\left[(R_1 R_2)^{-1}\right]$$

达到阈值时，有

$$g(E) = (2L)^{-1} \ln\left[(R_1 R_2)^{-1}\right] + \bar{a}(E) \tag{4-50}$$

满足式(4-50)的模式先达到阈值，并且原则上以后馈进器件的能量都将全部变成该模式的光子。因此，自发辐射强度在达到阈值后就不再增强。事实上，由于种种限制，存在单个模式的强度增长以及使馈入器件的功率分散给各个模式机构的现象，很难制成单纵模工作的二极管激光器。接下来，将继续讨论增益和阈值电流密度之间的关系。为简单起见，假设受激辐射完全被一种波导机构限制在复合区内，同时注入的载流子也完全被限制在该复合区内，那么，结合线性方程 $g = \beta_s(J_{nom} - J_1)$ 和式(4-50)可以推导出 J_{nom} 与 g 的关系：

$$\beta_s(J_{nom} - J_1) = L^{-1} \ln R^{-1} + \bar{a} \tag{4-51}$$

式中，$R = R_1 = R_2$。这样就有

$$J_{nom} = \beta_s^{-1}\left(L^{-1} \ln R^{-1} + \bar{a}\right) + J_1 \tag{4-52}$$

达到阈值时，假设电子-空穴对的复合中 η_i 是辐射性的，则根据 J_{nom} 的定义有

$$J_{nom} = \eta_i J_{th} / d_3 \tag{4-53}$$

所以有

$$J_{th} = (d_3 / \eta_i)\left[\beta_s^{-1}\left(L^{-1} \ln R^{-1} + \bar{a}\right) + J_1\right] \tag{4-54}$$

在光强低于阈值时，大部分自发辐射在器件无源区域内部被吸收，但高于阈值时，受激辐射的方向性确保其本身是垂直或近乎垂直地入射到镜面上的。因此，自发辐射的比例由镜面模式的反射率和该模式的吸收系数决定。

在光强超过阈值时，每对电子-空穴对辐射复合所发射出来的光子数就是微分量子效率 η_{ext}。假设在阈值时的增益系数为 g_{th}，而且在阈值以上时其仍固定在 g_{th} 值，而吸收系数为 $\bar{a}$，如式(4-50)所示，则发射出来的辐射所占的比数为

$$\eta_{ext} / \eta_i = (g_{th} - \bar{a}) / g_{th} \tag{4-55}$$

利用式(4-50)可将式(4-55)变为

$$\eta_{ext} / \eta_i = \left(L^{-1} \ln R^{-1}\right) / \left(\bar{a} + L^{-1} \ln R^{-1}\right) \tag{4-56}$$

η_{ext} 的值可由发射功率 P_θ 和电流关系曲线的线性斜率确定，即

$$\eta_{ext} = P_\theta / \left[(I - I_{th})(E_g / e)\right] \tag{4-57}$$

式中，$hv \cong E_g$ (单位为 eV)；P_θ 是功率(单位为 W)；I_{th} 是阈值电流。随着 I_{th} 以上的电

流逐渐升高，由于结的热效应而使斜率降低。

4.2.3 FP 激光器纵模特征

对半导体激光器来说，其禁带宽度 E_g（单位为 eV）决定着光发射波长：

$$\lambda = \frac{1240}{E_g}(\text{nm}) \tag{4-58}$$

同时，这一波长也必须满足谐振腔内的形成驻波条件式(4-46)，谐振条件决定着激光激射波长的精细结构或纵模谱。由于不同振荡波长间不存在损耗差别，而它们的增益相差又小，故除了由式(4-58)所决定的波长能在腔内振荡外，还有一些满足式(4-46)的波长也可能在有源介质的增益带宽内获得足够的增益而起振。因而有可能存在一系列振荡波长，且每一波长能构成一个振荡模式，称为腔模或纵模，并由它构成一个纵模谱。这些纵模之间的间隔 $\Delta\lambda$ 和相应的频率间隔为

$$\Delta\lambda = \frac{\lambda^2}{2\overline{n}_g L} \tag{4-59}$$

$$\Delta\nu = \frac{c}{2\overline{n}_g L} \tag{4-60}$$

式中，λ 为激射波长；c 为光速；$\overline{n}_g$ 为有源材料的群折射率。

一般半导体激光器的纵模间隔为 0.5~1nm，而激光介质的增益谱宽为数十纳米，因此可能出现多纵模振荡。然而在传输速率高的光纤通信系统中，要求半导体激光器是单纵模的。一方面，避免了由光功率在各个纵模之间随机分配所产生的模分配噪声；另一方面，纵模的减少也是得到很窄的光谱线宽所必需的，而窄的线宽有利于减少在高数据传输速率光纤通信系统中光纤色散的影响。

注入半导体激光器的电流所引起的一系列和光子密度以及载流子浓度相关的过程(如自发辐射、受激辐射、内部损耗、光功率输出等)的速率方程如下：

$$\frac{\mathrm{d}N}{\mathrm{d}t} = \frac{J}{ed} - \frac{N}{\tau_s} - \frac{c}{\overline{n}}\sum_q g_q S_q \tag{4-61}$$

$$\frac{\mathrm{d}S}{\mathrm{d}t} = \frac{\Gamma\gamma N}{\tau_s} + \frac{c}{\overline{n}}(\Gamma g_q - a_c)S_q \tag{4-62}$$

式中，N 为载流子注入浓度；J 为电流密度；g_q 为 q 阶模增益；S_q 为 q 阶模的光子密度；S 为光子密度；a_c 为腔损耗；$c/\overline{n}$ 为介质中的光速；τ_s 为载流子的自发辐射寿命；γ 为自发辐射因子；Γ 为波导模式在有源区的光限制因子。

4.3 半导体激光器阈值与效率

半导体激光器的阈值和效率是表征半导体性能的重要参数，本节将首先介绍半导体

激光器的阈值特性，包含相应的公式推导以及阈值电流的测试方法；然后介绍半导体激光器效率的几种不同表示方法以及其对应的意义和特点。

4.3.1　半导体激光器阈值特性

阈值是激光器的特定属性，除少数激光器(如具有超辐射性的氮分子激光器和微腔激光器(VCSEL))无明显阈值外，其他大部分激光器都有一定的阈值特性。阈值代表着激光器的增益与损耗(包括内部损耗和输出损耗)的平衡点，即超过阈值后激光器才开始出现净增益。通常半导体激光器阈值用电流密度或电流来表示。前者常用于不同结构性能的比较，后者是一个直接可测量的参数。半导体激光器的阈值，主要受以下几个方面的影响：器件结构、材料、温度、测量方法。

在从同质结到双异质结、双异质结中侧向增益波导到侧向折射率波导、块状有源层到超薄层到量子阱材料结构的发展过程中，都伴随着阈值电流密度或阈值电流的大幅度减少。器件的任何改进都围绕着如何加强对载流子和光子的限制。这一点仍是今后发展量子线和量子箱半导体激光器的基本出发点。

有源区材料则必须是直接带隙跃迁材料。然而，材料组分的变化会带来直接带隙与间接带隙跃迁的比率发生变化。因此，变更材料组分来改变激射波长只能在一定的范围内奏效。同时，想要得到低阈值，还必须配有相容的材料生长工艺。虽然 GaN、ZnSe 都是直接带隙材料，因为缺乏高质量晶体生长工艺，因此蓝光激光器经历相当长时间的探索后才实现室温下连续工作。

半导体对温度是很灵敏的，温度的变化引起半导体激光器阈值的明显变化。温度升高，半导体激光器的阈值电流密度或阈值电流升高，增大的幅度由激光器的材料体系和器件结构决定。由于影响半导体温度特性的因素很多，不存在一个统一的公式可以概括所有影响半导体激光器阈值电流密度 J_{th} 与温度 T 关系的因素。但通过实验证实，下列关系是成立的：

$$J_{th}(T) = J_{th}(T_t)\exp\left(\frac{T - T_t}{T_0}\right) \tag{4-63}$$

式中，T_t 为室温；$J_{th}(T)$ 和 $J_{th}(T_t)$ 分别为在某一温度 T 和室温 T_t 下所测得的阈值电流密度。对于阈值电流，式(4-63)也同样成立。在脉冲测量 T_0 时(只要脉冲宽度为 1μs，占空比在 1%以下，所测数据就可认为与热沉特性无关)，只要绘制出 $\log I_{th}$ 与 T 的关系曲线即可得出 T_0。它是表征半导体激光器温度稳定性的重要参数，称为特征温度，受激光器的材料和器件结构的影响。由式(4-63)可看出，若能使 $T_0 \to \infty$，则半导体激光器的阈值电流不随温度变化，当然这是在理想情况下，而如何提高 T_0 对于半导体激光器来说是一个重要的研究课题。阈值电流对温度的依赖关系主要来自下列因素：①与温度相关的载流子统计分布影响激光器的增益系数；②由载流子的俄歇复合、载流子与异质结界面态和半导体材料表面态的复合以及自由载流子吸收等所引起的内部损耗和温度的关系；③由载流子随能量统计分布和异质结有限的势垒引起的热载流子漏泄。通过优化材料生长工艺和调节器件结构可以减少界面态、表面态的影响，而此时俄歇复合和热载流子漏泄则成为主要的影响因素。

半导体激光器有源层材料的禁带宽度(相应的激射波长)对俄歇复合速率有着决定性的影响，因而长波长(如光纤通信的 1300nm、1550nm 窗口)半导体激光器较短波长半导体激光器表现出更加严重的俄歇复合。

热载流子漏泄受限制载流子的异质结势垒高度的影响，主要由导带和价带的不连续 ΔE_c 和 ΔE_v 决定。受限于晶格匹配要求，即使在允许晶格失配率较大的应变超晶格中，ΔE_c 和 ΔE_v 也限制于一定的数值范围内，构成异质结材料的电子亲和势决定了其值的大小以及 ΔE_c 和 ΔE_v 与异质结构两边带隙差 ΔE_g。对于 III-V 族化合物半导体所构成的异质结，两边材料的组分相差较大，电子亲和势也有较大差别，有相对较大的 ΔE_c 和 ΔE_v。

阈值电流是评价半导体激光器性能的一个主要参数，因此使用正确的方法，精确地测量阈值电流是十分重要的。下面介绍四种常用测量阈值电流 I_{th} 的方法。

(1) 直线拟合法。如图 4-2(a)所示，将半导体激光器功率-电流(P-I)曲线在阈值以上的直线部分延长，与电流坐标轴的交点对应的电流即定为 I_{th}。这种方法简单且常用，但不精确，只适用于对 I 的粗略估计。该方法的最大缺点是对于低斜率效率和较大的自发辐射的半导体激光器，会得出低阈值电流的错误结论。

(2) 双段直线拟合法。如图 4-2(b)所示，将阈值前后两段直线分别延长并相交，其交点所对应的电流即为 I_{th}。该方法也较简单，同时相比于直线拟合法，较好地考虑了自发辐射对阈值的影响。当然，这对一般只有电流表和光功率计的用户来说可能是最好的方法，但对于那些阈值很低或阈值前的区域有非线性的情况，这种方法的精确性仍然是有限的。

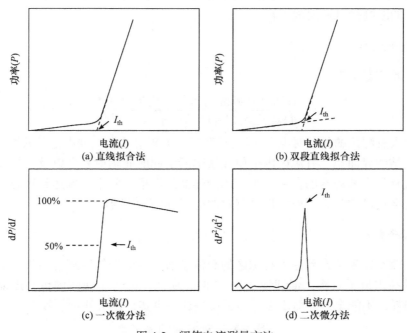

图 4-2　阈值电流测量方法

(3) 一次微分法。该方法通过计算机与微分电路对半导体激光器的 *P-I* 曲线做一阶导数处理。取阈值以上从最小值至最大值这段线段的平分点所对应的电流为 I_{th}，如图 4-2(c)所示。该方法能较精确地测量阈值，但是当噪声严重时，其测得的阈值不稳定。

(4) 二次微分法。因为在阈值附近，*P-I* 曲线有大的曲率，该方法通过计算机和微分处理电路搜索出最大曲率的点所对应的电流为阈值，如图 4-2(d)所示。该方法的优点是能精确地跟踪阈值附近 *P-I* 曲线的弯曲部分，且不受 *P-I* 曲线形状的影响，能精确地确定 I_{th}，其缺点是因易受噪声的影响，测量的重复性变差。

4.3.2　半导体激光器效率

半导体激光器是一种高效率的电子-光子转换器件。描述在半导体激光器中电能转换为光能的效率的定义有许多种。在此，给出常用的功率效率、内量子效率、外量子效率、外微分量子效率的定义。

1. 功率效率

功率效率是表征加于激光器上的电能(或电功率)转换为输出的激光能量(或光功率)的效率。功率效率定义为

$$\eta_p = \frac{激光器辐射光功率}{激光器消耗电功率} = \frac{P_{ex}}{IV + I^2 r_s} = \frac{P_{ex}}{(IE_g / e) + I^2 r_s} \tag{4-64}$$

式中，P_{ex} 为激光器所发射的光功率；I 为工作电流；V 为激光器的正向电压降；r_s 为串联电阻(包括半导体材料的体电阻和电极接触电阻等)。提高功率效率的关键在于尽可能产生良好的欧姆接触从而减少 r_s。

2. 内量子效率

内量子效率定义为

$$\eta_i = \frac{激光器有源区内每秒产生的光子数}{每秒注入有源区的电子-空穴对数} \tag{4-65}$$

如果注入有源区的每一对电子-空穴对都能产生辐射复合，则内量子效率为 100%。但由于异质结的界面态、有源区内杂质和缺陷所引起的非辐射复合以及在长波长激光器中严重的俄歇复合等因素的存在，半导体激光器的内量子效率很难达到理想的程度，但通常来讲也会超过 70%，因而它仍是有效的电子-光子转换器。

3. 外量子效率

内量子效率仅仅考虑到注入有源区的载流子所产生的非辐射复合损失。通过改进晶体质量，提高内量子效率。但即使在 $\eta_i = 1$ 时，所产生的光子在腔内也会因散射、衍射和吸收等损耗，不能全部发射出去。为了反映这一事实，定义外量子效率为

$$\eta_{ex} = \frac{激光器每秒发射的光子数}{每秒注入有源区的电子-空穴对数} \tag{4-66}$$

并且有

$$\eta_{\text{ex}} = \frac{P_{\text{ex}} / h\nu}{I / e} \tag{4-67}$$

因为 $h\nu \approx E_g \approx eV_f$，还可以将式(4-67)写成

$$\eta_{\text{ex}} = \frac{P_{\text{ex}}}{IV_f} \tag{4-68}$$

因为在电流 $I < I_{\text{th}}$ 时，P_{ex} 很小，而 $I > I_{\text{th}}$ 时，P_{ex} 直线上升，所以 η_{ex} 是 I 的非线性函数，同时，式(4-66)并未能有效反映出注入有源区的载流子由于非辐射复合而产生的损失，这对评价激光器的效率仍是不充分的，因此再定义一个外微分量子效率。

4. 外微分量子效率

外微分量子效率定义为输出光子数随注入的电子数增加的比率，考虑到 $h\nu \approx E_g \approx eV_b$，有

$$\eta_D = \frac{\mathrm{d}P / h\nu}{\mathrm{d}I / e} \approx \frac{\mathrm{d}P}{\mathrm{d}I} \cdot \frac{e}{E_g} \approx \frac{\mathrm{d}P}{\mathrm{d}I} \cdot \frac{1}{E_g} \tag{4-69}$$

由于在激光器阈值以上的 P-I 曲线几乎是直线，同时 I_{th} 对应的输出功率 P_{th} 很小，可忽略不计，不涉及光子数与电子数，通过一些可测量(激光器输出功率 P_{ex} 和注入电流 I)来表示斜率效率 $\eta_s = \mathrm{d}P / \mathrm{d}I$

$$\eta_s = \frac{P_{\text{ex}}}{(I - I_{\text{th}})V_b} \tag{4-70}$$

在实际测量过程中，η_s 由式(4-71)得出：

$$\eta_s = \frac{P_2 - P_1}{I_2 - I_1} \tag{4-71}$$

式中，P_1 和 P_2 分别为阈值以上额定光功率的 10%和 90%；I_1 和 I_2 分别对应于 P_1 和 P_2 的电流。为避免热沉的影响，上述测量应在低占空比的脉冲电流下进行。外微分量子效率用百分比表示，而斜率效率用 W/A 或 mW/mA 表示。

外微分量子效率与内量子效率是密切相关的，且有

$$\eta_D = \eta_i \left[1 + (\alpha L) / \ln \frac{1}{R} \right]^{-1} \tag{4-72}$$

式中，α 为内部耗损。

4.4　半导体激光器的温度特性

尽管半导体激光器是非常高效的电子-光子转换器件，但受到各种非辐射复合损耗、自由载流子吸收等损耗机制的影响，通常其外微分量子效率只能达到 20%~30%，

这意味着会有相当一部分注入的电功率将以热量的形式损失，同时引起激光器温度升高。温度的升高会导致激光器阈值电流增加、发射波长红移，造成模式的不稳定性，增加内部缺陷，严重地影响器件寿命，给实际应用带来巨大的困难，若不能将所产生的热量移除，甚至会使激光器失效。例如，对于波长 780nm、输出功率 3mW 的 GaAlAs 激光器，波长随温度增加的红移量为 0.26nm/℃，阈值电流以 0.3mA/℃ 上升。实验表明，温度每增加 25℃，器件寿命减少一半，即使工作电流为数十毫安，也承受了 10A/cm² 左右的电流密度和相当大的热耗散功率密度。因此提高半导体激光器的功率效率和减少热耗散功率，始终为半导体激光器的制造所追寻的目标。半导体激光器需在允许的工作温度下使用，否则，寿命将缩短，甚至激光器毁坏。

半导体激光器的热状态受其工作方式影响，通常有三种：①在直流驱动下连续工作；②直流偏置下在阈值附近的小信号调制；③在脉冲状态下工作。通常将具有高占空比的脉冲工作方式称为准连续(QCW)。

首先讨论的是脉冲工作方式的半导体激光器，将连续工作看成脉冲工作方式的一个特例(占空比为 1)。激光器所产生的热耗散功率为

$$P_T = \left(IV + I^2 r_s - P_P\right)\tau f \tag{4-73}$$

式中，I 和 V 分别为加于半导体激光器上的脉冲峰值工作电流和相应的电压；r_s 为串联电阻；P_P 为输出的脉冲峰值功率；τf 为占空比，τ 为脉冲宽度，f 为脉冲重复频率。脉冲峰值功率 P_P 与占空比 τf 之积为平均光功率，热耗散功率在激光器中产生的温升为

$$\Delta T = r_T P_T \tag{4-74}$$

式中，r_T 为激光器的热阻，其单位为 K/W 或 ℃/W；r_T 是一个重要的参数，r_T 越小，产生的温升也越小。

当以占空比较小的脉冲工作时，激光器处在发热与散热的交替过程中，不会造成大量的热积累或剧烈升温。然而当激光器工作在连续和准连续状态下时，则会在激光器内造成热的积累过程，这对激光器的运行是一种非常严峻的考验。所产生升温与结区面积 S 有关，相当于加大了热阻。此时结区的温度为

$$T = T_s + \Delta T = T_s + \left(VJ + R_s J^2\right)R_T \tag{4-75}$$

式中，J 为激光器的工作电流密度；$R_s = r_s S$；$R_T = r_T S$。半导体激光器的热阻还受到所使用的热沉、芯片与热沉接触的状况等的影响。芯片的衬底接触热沉，由于衬底本身较厚且导热率较低，因而会有较大热阻。

为了使半导体激光器稳定工作，必须及时地将其芯片所产生的热量通散出去，以维持有源区处在合适的工作温度。对于阈值电流很小(<10mA)，斜率效率高而输出功率又小(<10mW)的低功率半导体激光器(如光纤通信中所使用的激光器)，通过热沉和管壳与周围环境之间的热交换即可保持激光器的稳定工作状态。通常来讲，为保证激光器的稳定性以及较长的工作寿命，应该使用半导体致冷器，通过控制其致冷电流来稳定激光器的工作温度和输出功率。它能以 0.001℃ 的精度对半导体激光器从室温进行加热或冷

却，动态范围达 60℃。

半导体致冷器利用佩尔捷(Peltier)于 1834 年所观察到的现象，将电流以不同方向通过双金属片所构成的结时，能对与其相接触的物体致冷或加热。现在的半导体致冷器是由两块重掺不同类型杂质的半导体(通常是铋化合物)在电学上串联、热学上并联所构成的热电偶(TEC)，其冷端吸收热量并将热量转移到热端。实际使用的半导体致冷器是很多这样的热电偶相串联构成的热电堆(或模块)。从热负载抽运热量的速度取决于模块所含 TEC 的数量、通过电流的大小、模块的平均温度以及其两端的温差。从热端所散出的总功率 Q_H 可表示为

$$Q_H = Q_c + I_{TEC}V = Q_c + I_{TEC}^2 R = Q_c\left(1 + \frac{1}{E}\right) \tag{4-76}$$

式中，Q_c 为从致冷器冷端抽运的热功率；I_{TEC} 和 V 分别为加于致冷器上的电流和所有串联的 TEC 压降(即致冷器模块两端压降)；R 为总电阻；E 为致冷器的性能系数，如下：

$$E = \frac{抽运热功率}{输入电功率} = \frac{Q_c}{I_{TEC}V} \tag{4-77}$$

对致冷器的选择需要考虑热负载的热容量(等于物体质量与比热之积)。大热容量有利于热稳定性，但这也带来温度变化快速的难控性。对于通常光纤通信用的 1300nm 带尾的半导体激光器，所采取的是内致冷方式(即致冷器置于管壳内的底部)，可以用 1W 的致冷功率在 2～3s 内将芯片温度从室温降至 0℃。然而若将整个管壳的温度也降至 0℃，则需用 50W 的致冷功率经过 40s 才能实现。半导体激光器本身就是一个很重的热负载，例如，一个在室温下连续输出功率为 3mW 的半导体激光器，有可能产生 90mW 的热功率；输出功率为 100mW 的激光器则有可能产生 700mW 的热功率。

为了能及时将致冷器所抽运的热功率散发出去，大功率半导体激光器还应配有与致冷器有良好热接触的散热器。通常采用槽形铝，一个 4cm×4cm×4cm 的铝散热器能在 10min 内散发 10W 的热功率，而其本身只产生 5℃ 的温升。对于数十瓦的大功率半导体激光器，还需对散热器采取强制风冷或流体冷却。然而，光纤通信等所用的小功率(<10mW)半导体激光器，即使按军用标准，在宽温(-55～+155℃)环境下仍应能稳定工作。若要使用无致冷激光器，则要求激光器的阈值电流很小(<10mA)。

4.5　半导体激光器的增益特性

半导体材料作为半导体二极管激光器的工作物质，其能带结构由价带、禁带和导带组成，导带和价带则由不连续的能级构成。图 4-3 表示的是热平衡状态下直接带隙半导体的能带结构及电子占据能级的状况。对于直接带隙半导体，其导带底(导带中能量的最低点)与价带顶(价带中能量的最高点)正好相对，即它们相对于同一个波矢 k。

当电子被限制在一个有限的区域时，其状态是量子化的，即与电子状态波函数相对应的波矢不能任意取值，且其任意相邻状态的波矢之差 Δk 是一定的。这样的电子在导带和价带的能级上可用图 4-3 中的两条抛物线上的圆点来表示。实心圆点表示该能级为

电子所占据，空心圆点则表示没有被电子占据的能级。

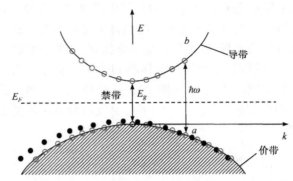

图 4-3 热平衡状态下直接带隙半导体的能带结构及电子占据能级的状况

对于同一波矢 k ，价带中相应的电子态的能量 E_a （E_a 从价带顶算起）与导带中相应的电子态的能量 E_b （E_b 从导带底算起）分别为

$$E_a = \frac{\hbar^2 k^2}{2m_v} \tag{4-78}$$

$$E_b = \frac{\hbar^2 k^2}{2m_c} \tag{4-79}$$

式中， m_v 为价带中电子(或空穴)的有效质量； m_c 为导带中电子的有效质量。因此对于同一个波矢 k ，电子可能在价带中占据能级 E_a ，也可能在导带中占据能级 E_b 。

在热平衡状态下，电子处于能量为 E 的状态的概率 $f(E)$ 可由费米-狄拉克分布函数给出：

$$f(E) = \frac{1}{\mathrm{e}^{(E-E_F)/k_b T} + 1} \tag{4-80}$$

式中， T 是温度； k_b 是玻尔兹曼常量； E_F 是费米能级能量，它处在导带和价带之间。当费米能级 E_F 离导带底和价带顶都足够远时，在热平衡状态下，由式(4-79)可知，导带几乎是空的，电子基本上都处于价带。这时，若有一频率为 ω_0 的光子入射到此半导体介质中，并且其能量满足式(4-81)，那么，价带中的电子便会吸收此光子而跃迁到导带中，占据导带中的一个能级并在价带中留下一个空穴，这一情形见图 4-3。

$$h\omega_0 = E_b + E_a + E_g = \frac{\hbar^2 k^2}{2}\left(\frac{1}{m_c} + \frac{1}{m_v}\right) + E_g = E_g + \frac{\hbar^2 k^2}{2m^*} \tag{4-81}$$

式中， E_g 为禁带宽度； $1/m^* = 1/m_c + 1/m_v$ ，其中 m^* 为电子的约化质量。

同样，当电子处于导带中某一能级(其能量 E_b 由式(4-79)给出)并且价带中相应能级有一个空穴(与 E_b 表达式中 k 相应的空穴的能级 E_a 由式(4-78)给出)的时候，有一频率 ω_0 满足式(4-81)的光子入射到半导体介质中，处于导带中能级 E_b 上的电子便会在光子的作用下，跃迁到价带中空穴占据的能级 E_a 上而发出一个与原入射光子状态相同的受激跃迁光子。在半导体二极管激光器中，电子和空穴都可以称为载流子，它们的数目是相等的。电子填充空穴的过程称为电子和空穴的复合。半导体二极管激光器就是利用半导体材料里导带中的电子和价带中的空穴的复合来产生受激辐射而运作的。

为使半导体介质具有增益特性，即能对光辐射起放大作用，要求对于某一波矢 k，作为激光上能级的导带中的电子数要大于作为激光下能级的价带中的电子数。在热平衡状态下，电子基本上处于价带中，半导体介质对光辐射只有吸收而没有放大作用。但在有电流注入二极管激光器的 PN 结时，热平衡状态被破坏，电流激励可使半导体介质具有增益。

在热平衡状态被破坏的情况下，式(4-80)不再适用，这时需要引入导带准费米能级 E_{F_c} 和价带准费米能级 E_{F_v}，如图 4-4 所示。电子处于导带中能量为 E 的状态的概率 $f_e(E)$ 为

$$f_e(E)=\frac{1}{\exp^{(E-E_{F_c})/k_bT}+1} \tag{4-82}$$

电子处于价带中能量为 E 的状态的概率为

$$f_v(E)=\frac{1}{\exp^{(E-E_{F_v})/k_bT}+1} \tag{4-83}$$

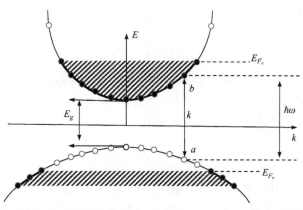

图 4-4　非热平衡状态下直接带隙半导体的能带结构及电子、空穴占据能级的状况

利用式(4-82)和式(4-83)可以求得半导体介质的反转集居数密度 Δn，跃迁中心频率为 ω_0 的介质与频率为 ω 的光场相互作用时，其电极化率的虚部近似为

$$\chi''(\omega)=\frac{\mathscr{R}^2\Delta n}{\varepsilon_0\hbar}\cdot\frac{-\gamma}{\gamma^2+(\omega-\omega_0)^2} \tag{4-84}$$

式中，γ 为横向弛豫常数；$\mathscr{R}$ 是与导带价带间的跃迁相对应的电偶极矩矩阵元。根据介质的增益系数 g 与介质的电极化率的虚部 χ'' 之间的关系，在折射率为 η 的介质中，增益系数应为

$$g=\frac{-\omega_0}{c\eta}\chi'' \tag{4-85}$$

由此可知，为求半导体介质的增益系数 g ，可先求反转集居数密度。下面就从式(4-82)和式(4-83)开始来展开这一推导。

在 k 空间中，每个电子态的体积是 $8\pi^3/V$ （ V 是半导体介质的体积）。设单位波矢间隔内电子态数为 ρ_k ，则波矢在 $k \to k + \mathrm{d}k$ 范围内的电子态数为

$$\rho(k)\mathrm{d}k = 2 \times \frac{4\pi k^2 \mathrm{d}k}{\dfrac{8\pi^3}{V}} = \frac{k^2 V}{\pi^2}\mathrm{d}k \tag{4-86}$$

因为对于每个波矢 k ，电子有两个自旋态，所以式(4-86)中 $\dfrac{4\pi k^2 \mathrm{d}k}{\dfrac{8\pi^3}{V}}$ 乘了因子 2。

对于某一波矢 k ，价带中能级 E_a 被填充的概率为 $f_v(E_a)$ ，在 $k \to k + \mathrm{d}k$ 波矢范围内，价带中被占据的态密度为 $(\rho(k)\mathrm{d}k/V)f_v(E_a)$ 。这样在 $k \to k + \mathrm{d}k$ 波矢范围内，价带中未被电子占据的态密度为

$$\frac{\rho(k)\mathrm{d}k}{V}\Big[1 - f_v(E_a)\Big]$$

对于同一波矢 k ，导带中能级 E_b 被电子占据的概率为 $f_c(E_b)$ ，所以在 $k \to k + \mathrm{d}k$ 波矢范围内，导带中被电子占据而价带中未被电子占据的态密度为

$$\frac{\rho(k)\mathrm{d}k}{V} f_c(E_b)\Big[1 - f_v(E_a)\Big] \tag{4-87}$$

由此可见，如果这些电子从导带跃迁到价带，则这些跃迁的初态是导带中的占据态，而终态则是价带中的空态。经过同样的分析可得在 $k \to k + \mathrm{d}k$ 波矢范围内，价带中被电子占据而导带中未被电子占据的态密度为

$$\frac{\rho(k)\mathrm{d}k}{V} f_v(E_a)\Big[1 - f_c(E_b)\Big] \tag{4-88}$$

如果这些电子发生从价带到导带的跃迁，则这些跃迁的初态是价带中的占据态，而跃迁的终态是导带中的空态。这些跃迁的中心频率 ω_0 应满足式(4-81)。利用式(4-88)和式(4-89)可得在 $k \to k + \mathrm{d}k$ 波矢范围内的反转集居数密度为

$$\begin{aligned}\mathrm{d}(n_2 - n_1) &= \frac{\rho(k)}{V}\mathrm{d}k\Big\{ f_c(E_b)\big[1 - f_v(E_a)\big] - f_v(E_a)\big[1 - f_c(E_b)\big]\Big\}\\ &= \frac{\rho(k)}{V}\Big[f_c(E_b) - f_v(E_a)\Big]\mathrm{d}k\end{aligned} \tag{4-89}$$

由式(4-84)可知，它们对介质的电极化率的虚部的贡献为

$$\mathrm{d}\chi''(\omega) = \frac{\mathscr{R}^2}{\varepsilon_0 \hbar} \cdot \frac{-\gamma}{\gamma^2 + (\omega - \omega_0)^2}\mathrm{d}(n_2 - n_1)$$

对上式进行积分，并利用式(4-90)得

$$\chi''(\omega) = \frac{-\mathcal{R}^2}{\varepsilon_0 \hbar} \int_0^{+\infty} \frac{\rho(k)}{V} \left[f_c(E_b) - f_v(E_a) \right] \frac{\gamma \mathrm{d}k}{\gamma^2 + (\omega - \omega_0)^2} \tag{4-90}$$

利用式(4-81)可将式(4-78)和式(4-79)表示为

$$E_a = \frac{m^*}{m_v} \left(\hbar\omega_0 - E_g \right)$$

$$E_b = \frac{m^*}{m_c} \left(\hbar\omega_0 - E_g \right)$$

将这两式代入式(4-92)可得

$$\chi''(\omega) = \frac{\mathcal{R}^2}{\varepsilon_0 \hbar} \int_0^{\infty} \frac{\rho(k)}{V} \left[f_c(\omega_0) - f_v(\omega_0) \right] \frac{-\gamma}{\gamma^2 + (\omega - \omega_0)^2} \mathrm{d}k \tag{4-91}$$

引入变量 ω_c，使得

$$E_b = \hbar\omega_c \tag{4-92}$$

这样式(4-81)可写为

$$\hbar\omega_0 = E_g + \frac{m_c}{m^*} \hbar\omega_c \tag{4-93}$$

利用式(4-86)和式(4-79)由式(4-92)可得

$$\frac{1}{V} \rho(k)\mathrm{d}k = \rho(\omega_c)\mathrm{d}\omega_c \tag{4-94}$$

式中，

$$\rho(\omega_c) = \frac{1}{2\pi^2} \left(\frac{2m_c}{\hbar} \right)^{\frac{3}{2}} \omega_c^{\frac{1}{2}} \tag{4-95}$$

再利用(4-93)，得

$$\frac{1}{V} \rho(k)\mathrm{d}k = \rho(\omega_0)\mathrm{d}\omega_0 \tag{4-96}$$

式中，

$$\rho(\omega_0) = \frac{1}{2\pi^2} \left(\frac{2m^*}{\hbar} \right)^{\frac{3}{2}} \left(\omega_0 - \frac{E_g}{\hbar} \right)^{\frac{1}{2}}$$

将上式代入式(4-91)便得到

$$\chi''(\omega) = \frac{\mathcal{R}^2}{\varepsilon_0 \hbar} \int_{\frac{E_g}{\hbar}}^{\infty} \rho(\omega_0) \left[f_c(\omega_0) - f_v(\omega_0) \right] \frac{\gamma}{\gamma^2 + (\omega - \omega_0)^2} \partial\omega_0 \tag{4-97}$$

利用式(4-85)便可求得半导体工作物质的增益系数为

$$g(\omega) = \frac{-\omega_0}{c\eta} \chi'' = \frac{\omega_0 \mathcal{R}^2}{c\eta\varepsilon_0 \hbar} \int_{\frac{E_g}{\hbar}}^{\infty} \rho(\omega_0) \left[f_c(\omega_0) - f_v(\omega_0) \right] \frac{\gamma}{\gamma^2 + (\omega - \omega_0)^2} \partial\omega_0 \tag{4-98}$$

由于函数 $\gamma\left[\gamma^2+(\omega-\omega_0)^2\right]^{-1}$ 只在 ω_0 附近的一个很小范围内有显著值，此范围与 ω_0 的变化范围 $\left[\dfrac{E_g}{\hbar},\infty\right]$ 相比很小，因此 $(\lambda/\pi)\left[\gamma^2+(\omega-\omega_0)^2\right]^{-1}$ 可近似为

$$g(\omega)=\frac{\omega_0\mathscr{R}^2}{c\eta\varepsilon_0\hbar}\pi\rho(\omega)\left[f_c(\omega)-f_v(\omega)\right] \tag{4-99}$$

由此可知，为使半导体介质具有增益，即 $g(\omega)>0$，须有

$$f_c(\omega)-f_v(\omega)>0 \tag{4-100}$$

利用式(4-82)和式(4-83)，式(4-100)可表示为

$$E_{Fc}-E_{Fv}>E_b-E_a \tag{4-101}$$

导带中能量最低的能级在导带底，价带中能量最高的能级在价带顶。在导带底和价带顶，E_b-E_a 具有最小值 E_g，这就是禁带宽度。为使介质具有增益，须有

$$E_{Fc}-E_{Fv}>E_g \tag{4-102}$$

所以要使半导体介质具有增益作用，必须破坏其热平衡状态，使得非热平衡状态下的导带的准费米能级与价带的准费米能级之间的距离大于半导体介质的禁带宽度，也就是说，要使导带的准费米能级 E_{Fc} 和价带的准费米能级 E_{Fv} 分别进入导带和价带。

课 后 习 题

1. 半导体激光器的速率方程是如何得到的？研究半导体激光器速率方程有什么意义？

2. FP 激光器的基本结构和工作原理是怎样的？除了 FP 激光器，还有哪些类型的激光器？它们有什么特点？

3. 半导体激光器的阈值电流有什么意义？是如何测量的？不同的测量方法有什么优劣？

4. 半导体激光器的效率有几种表示方法？为什么会分出不同的表示方法？这些方法各自有什么意义？

5. 半导体激光器有什么样的温度特性？如何保证半导体激光器稳定的工作状态？

参 考 文 献

[1] COOK D D, NASH F R. Nash.Gain-induced guiding and astigmatic output beam of GaAs lasers[J]. Journal of applied physics, 1975, 46(4): 1660-1672.

[2] OSINSKI M, BUUS J. Linewidth broadening factor in semiconductor-lasers-anoverview[J]. IEEE journal of quantum electronics, 1987, 31(1): 9-29.

[3] LANG R. Lateral transverse-mode instability and its stabilization in stripe geometry injection-lasers[J]. IEEE journal of quantum electronics, 1979, 15(8): 718-726.

[4] HENRY C H. Theory of the linewidth of semiconductor-lasers[J]. IEEE journal of quantum electronics,

1982, 18(2): 259-264.

[5] PETERMANN K. Laser diode modulation and noise[M]. Dordrecht: Kluwer Academic Publishers, 1988.

[6] AGRAWAL G P, DUTTA N K. Recombination Mechanisms in Semiconductors[M]. Berlin: Springer, 1993.

[7] ZHOU N, LIU J, WANG J. Reconfigurable and tunable twisted light laser[J].Scientific reports, 2018(8): 11394.

第5章 动态单模与高速调制

动态单模(Dynamic Single-Mode, DSM)是指激光器在一定的工作条件下(如工作温度、输出功率以及调制速率等),能保持固定的单模输出,或在高速调制下能保持高度的边模抑制比,这种器件通常称为动态单模激光器[1]。随着光通信的发展,对作为光源的半导体激光器的要求越来越高,除了要求其具有较好的光谱特性(单模、窄线宽、频率稳定和精确控制以及宽的调谐范围等)、阈值特性、温度特性,长寿命,大功率等以外,随着光纤传输速率的提高,还提出了半导体激光器高速调制的要求[2]。总之,动态单模要求激光器在高速调制下为单频输出,而高速调制要求半导体激光器的调制频率达到几十GHz。

光通信中,需要将电信号加载(或调制)到光信号中,再通过光纤进行传输。所应用到的光源主要包括发光二极管与激光器(Laser Diode, LD),这两种光源都具备体积小、与光纤的耦合效率高和可以进行直接调制的优点。调制类型可分为直接调制与间接调制。其中,直接调制是对光源的电源调制,即直接把信息转变为电流信号注入光源(发光二极管或激光器)实现对发射光的调制。这种调制最好是线性的,以方便将电信号加载到光信号中。

5.1 发光二极管直接调制

发光二极管(LED)属于自发辐射发光,输出非相干光。其一般由Ⅲ族半导体(如 Al、Ga、In)和V族半导体(如 P、As、Ga)的化合物制作而成,属于直接带隙半导体。其光谱线宽比半导体激光器宽得多,方向性较差,不利于高速率信号传输,因而常用于短距离传输。LED 响应速度较慢,调制速率为几 MHz 至几百 MHz。其优点在于光发射机驱动电路比较简单,易于制作和成本低,因而广泛应用于中低速、短距离传输系统。LED 工作在线性区时非常适合对线性要求很高的模拟传输,适合模拟调制。但是一个不容忽视的问题是 LED 的输出特性也会出现非线性。LED 非线性的不利影响之一就是输出波形中的谐波失真。谐波失真的大小与偏置电流的选择有关。LED 模拟调制与数字调制如图 5-1所示。模拟调制是将模拟信号叠加在直流偏置的工作点上对光源进行调制。数字调制则是利用输出光功率的有("1"码)、无("0"码)状态来传递信息。

可见光 LED 在光通信应用中的举例如下。

(1) 白光 LED 除了做固态照明光源外,还在无线通信领域开拓出了一条新的方向,并逐渐发展成为无线光通信光源的首选器件[3]。2000 年,Tanaka 等提出利用 LED 照明灯作为通信基站进行信息无线传输的室内通信系统。2003 年,日本可见光通信协会(VLCC)完成可见光通信系统规范(VLCC-STD-001)和低速通信可见光 ID 应用规范(VLCC-STD-

003)的制定。2014 年，Cossu 等发表了当时可见光通信离线处理的最高峰值速率的代表性文章[4]。同一年，Li 等发表了可见光通信在线实时处理的当时最高速率的代表性文章[5]。

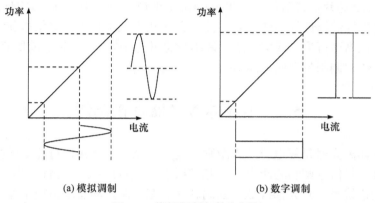

图 5-1　模拟调制与数字调制

尽管钙钛矿 LED 技术尚不成熟，但是在白光 LED 通信上也得到了应用，取得了初步的结果。2016 年，Bark 等将 CsPbBr3 钙钛矿与红色荧光粉混合并在蓝光激发下形成的白光器件作为光源，首次实现了无机钙钛矿白光 LED 在可见光通信中的应用。但是，他们制备的白光器件需要利用 450nm 激光进行激发，在一定程度上阻碍其商业化的发展。2021 年，臧志刚等利用表面配体改性和包覆策略提高了 CsPbBr3 纳米晶的发光性能，并将基于改性后纳米晶的白光 LED 应用于可见光通信中，图 5-2 所示为典型的 LED 直接调制实现可见光通信测试系统示意图[3]。

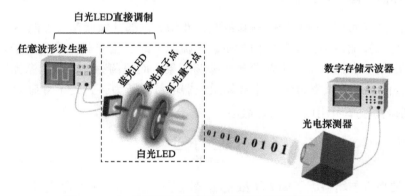

图 5-2　LED 直接调制实现可见光通信测试系统示意图

(2) 可见光通信被认为是下一阶段移动无线通信"最后一公里"接入网技术的有力竞争者，将有巨大发展前景并在 5G+或 6G 网络中得到广泛使用。可见光通信有诸多优势，如照明与通信相结合、抗电磁干扰、无频谱许可限制、在限定空间内保密性好等。但现阶段，基于商用白光 LED 的可见光通信系统受限于带宽低等问题，还无法满足 5G+或者6G 网络中对高速数据通信的需求。来自清华大学和清华-伯克利深圳学院的研究团队在双清华 EMBA 的支持下，开展了从材料外延到芯片工艺再到演示系统的合作研究，通过有源区结构创新，基于传统极性面外延获得了高调制带宽蓝光 LED，并验证了其在高速可见光通信系统上的应用。基于该外延片，他们制作了直径 75μm、发光波长 480nm 的 GaN 基蓝光 LED 芯片。其调制带宽在 500A/cm^2 的电流密度下达到 1.3GHz，这一结果是目前已报道的极性面器件的最佳结果，且与非/半极性面器件的最好结果相当。在 3m 的通信距离下，该高速可见光通信系统的调制带宽可达 1GHz，达到目前所有单 LED 光源可见光通信系统中调制带宽的最高值[6]。

5.2 半导体激光器直接调制

由于半导体激光器是靠电流注入激励、电子与光子间直接进行能量转换的器件，因此它具有直接进行信号调制的能力。而且高速调制对器件的动态特性提出了严格的要求，例如，窄的光谱线宽，且光谱线宽不因调制而展宽；保持动态单纵模工作对输出电信号不产生调制畸变；激光器发光与输入电脉冲之间的延迟时间要小；不产生自持脉冲等。因此，半导体激光器的动态特性是非常重要的，也是很复杂的。例如，当激光器加上阶跃电流脉冲作为激励电流时，其光学响应在达到稳态之前有一个非常长的弛豫过程。它表现为光子对注入载流子的响应延迟、慢衰减、自持振荡等特性。这些都对高速调制特性产生不利影响。产生上述现象的原因是在有源区内电子浓度积累并达到阈值的同时，又有载流子和辐射场相互谐振作用。载流子浓度的波动和光子密度的起伏，这两个子系统的行为可以借助于速率方程来描述。

5.2.1 半导体激光器的瞬态特性

半导体激光器的高速调制特性与其瞬态特性相关，即弛豫振荡。如图 5-3 所示，当给半导体激光器施加一个大于其阈值的阶跃电流脉冲时，由于载流子和光子之间的相互作用，其输出功率在达到稳态之前要产生振荡现象，而振荡频率决定了激光器的最高可调制速率[7]。假设振荡频率为 f_0，半导体激光器增益因子为 A，光子寿命为 τ_p，光子浓度为 S_0，则振荡频率可用以下公式描述：

$$f_0 = \frac{1}{2\pi} \sqrt{\frac{AS_0}{\tau_p}} \tag{5-1}$$

即振荡频率的平方与增益因子和光子浓度(稳态)成正比，与光子寿命成反比。

结合图 5-3 所示，弛豫振荡过程中载流子和光子之间相互作用的描述如下。

(1) $t = 0$ 时，在半导体激光器上施加一个大于阈值的阶跃电流脉冲，但注入有源区的载流子浓度要经过一个延迟时间才能上升至阈值 N_{th}。载流子浓度达到注入速率与复合速率所决定的平衡时，光强达到稳定值，这段时间称作开启时间，用 t_a 表示。

(2) 但是由于这段时间受激复合的迅速增加，载流子消耗很大，因而出现载流子浓度的下降，当下降到阈值浓度时，光强达到最大值。

(3) 载流子浓度下降到阈值浓度以后，由于腔内的损耗大于增益，光强也开始下降。

当光强下降到稳态后，载流子浓度又开始回升。

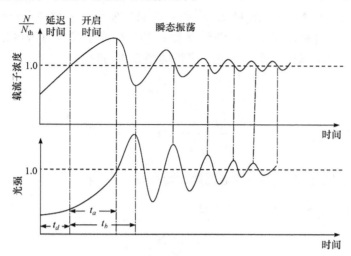

图 5-3 载流子浓度和光强随时间的变化

5.2.2 半导体激光器的动态分析

激光器中所允许的光场模式分为横电(Transverse Electric，TE)和横磁(Transverse Magnetic，TM)两组，而每一组模式对应着电(或磁)场在垂直于、平行于半导体激光器结界面方向(横向、侧向)和传播方向(纵向)的稳定驻波形势，分别称为横模、侧模和纵模，并分别用模指数 m 、 s 和 q 来表示这三种模式数。在大容量、单模光纤通信系统中，要求激光器线宽很窄且在高速调制下仍能单纵模工作。稳定的单纵模工作有利于减少模分配噪声。光信息存储应用则要求基横模工作。

为了分析各纵模的功率，先做如下假设：①忽略载流子的侧向扩散；②在理想的光腔中具有均匀的粒子数反转，因此电子和光子密度只是时间的函数；③内量子效率为 1，即每注入一对电子-空穴对都产生一个光子。进而，可写出每个模建立时需要注入的电子密度和每个模所含光子的速率方程：

$$\frac{\mathrm{d}N}{\mathrm{d}t} = \frac{J}{ed} - \frac{N}{\tau_s} - \left(\frac{c}{\overline{n}}\right)\sum_q g_q S_q \tag{5-2}$$

$$\frac{\mathrm{d}S_q}{\mathrm{d}t} = \frac{\Gamma\gamma N}{\tau_s} + \left(\frac{c}{\overline{n}}\right)\left[\Gamma g_q - \alpha_c\right]S_q \tag{5-3}$$

式中， N 为注入电子浓度； J 为注入电流密度； g_q 为第 q 阶模增益； S_q 为 q 阶模的光子密度； α_c 为腔损耗； $\frac{c}{\overline{n}}$ 为介质中光速； τ_s 为自发辐射复合寿命； Γ 为光场限制因子； γ 为自发辐射因子，定义为进入每一腔模的自发辐射速率与纵自发辐射速率的比，可表示为

$$\gamma = \frac{\lambda^4 K}{8\pi^2 \overline{n}^2 \overline{n}_g \Delta\lambda \cdot V} \tag{5-4}$$

其中，$\bar{n}_g$ 为群折射率；$V = \mathrm{d}WL$ 为有源区面积；$\Delta\lambda$ 为自发辐射光谱宽度；K 为像散因子。为简单起见，再做进一步的假设：①每一个自发发生光子均进入腔模，即自发辐射因子 $\gamma = 1$；②增益是载流子浓度的线性函数；③忽略光子渗入有源区之外的损耗，即 $\varGamma = 1$；④激光器以单纵模工作。至此，可将速率方程简写为

$$\frac{\mathrm{d}N}{\mathrm{d}t} = \frac{J}{ed} - \frac{N}{\tau_s} - GS \tag{5-5}$$

$$\frac{\mathrm{d}S}{\mathrm{d}t} = \frac{N}{\tau_s} + GS - \frac{S}{\tau_p} \tag{5-6}$$

式中，G 为受激发射速率，若不考虑色散，则有 $G = \left(\dfrac{c}{n}\right)g$。

当 $J < J_{\mathrm{th}}$ 时，$S_0 \approx 0$，可得到稳态解：

$$J = \frac{edN_0}{\tau_s} \tag{5-7}$$

当 $J = J_{\mathrm{th}}$ 时，$N_0 \approx N_{\mathrm{th}}$，有

$$J_{\mathrm{th}} = \frac{edN_{\mathrm{th}}}{\tau_s} \tag{5-8}$$

当 $J > J_{\mathrm{th}}$ 时，光的增益饱使得 $g_0 = g_{\mathrm{th}} = \dfrac{1}{\tau_p}\left(\dfrac{\bar{n}}{c}\right)$，有

$$J - J_{\mathrm{th}} = \frac{edS_0}{\tau_p} = \frac{ed\Delta N_0}{\tau_s'} \tag{5-9}$$

5.2.3　半导体激光器的模式稳定性问题

影响横模谱的因素很多，主要包括自发辐射因子、注入电流、腔长等，下面进行详细介绍。

1. 自发辐射因子对横模谱的影响

如图 5-4 所示，由于半导体的能带结构，自发辐射因子 γ 较大，一般为 10^{-4}，远大于气体或固体激光器（约 10^{-9}），这也导致半导体激光器的光谱线宽比一般气体和固体激光器宽得多。尽管在阈值以上，对于不同的自发辐射因子，P-I 曲线一般都呈线性变化，但其模谱却随 γ 的变化很大。对于 $\gamma = 10^{-5}$，几乎所有的激光功率集中于一个模内，即呈单纵模工作；而对于 $\gamma = 10^{-4}$，只能是 80%的功率在一个模上，而其余的由旁模所分配；当 $\gamma = 10^{-3}$ 时，激光功率由为数众多的纵模所分配。

2. 注入电流对横模谱的影响

对 980nm 氧化限制型垂直腔面发射激光器横模进行测试和研究，发现随着注入电流的增加,载流子分布从有源区中心向边缘移动,模式从低阶基模向高阶模转变[8]。图 5-5(a)

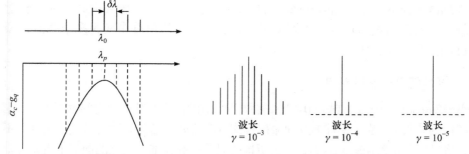

(a) 半导体激光器中F-B腔模与增益曲线的关系　　　(b) 腔长250μm输出功率2mW激光器模谱

图 5-4　自发辐射因子对横模谱的影响

所示为注入电流为 1mA 时的横模光场分布，此时光斑没有分裂，为 LP_{01} 基模出射。随着注入电流增大到 2mA 时，光斑分裂成两个区域，如图 5-5(b)所示。进一步增大电流，光斑分裂情况进一步加剧，如图 5-5(c)所示。总之，随着电流的不断增加，更高阶的模式将会产生，横模的光场分布将变得复杂。图 5-5(d)~(g)所示为远场测试结果，注入电流分

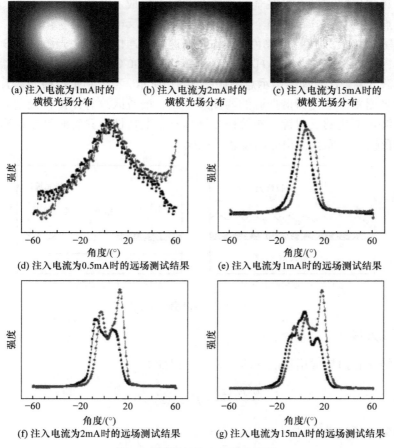

(a) 注入电流为1mA时的　　(b) 注入电流为2mA时的　　(c) 注入电流为15mA时的
　　横模光场分布　　　　　　横模光场分布　　　　　　横模光场分布

(d) 注入电流为0.5mA时的远场测试结果　　(e) 注入电流为1mA时的远场测试结果

(f) 注入电流为2mA时的远场测试结果　　(g) 注入电流为15mA时的远场测试结果

图 5-5　模谱与注入电流的关系

别为 0.5mA、1mA、2mA 和 15mA。可以发现当注入电流为 1mA 及以上时，辐射光束为受激辐射，且随着电流增大，光场明显分裂，由单一峰值分布变为多个峰值，预示着激光器已经不是单模工作。

3. 腔长对横模谱的影响

纵模间隔随着腔长的变短而增大；在增益峰值的模式和其他模之间的增益差是较大的。在足够短的腔长下，除主模外的其他振荡模式可能已处在增益介质的增益谱之外而不能获得增益，将只留下主模振荡。当然，这里所指的只是在腔长唯一变化的前提下得到的。其他某些特殊结构的激光器(如 DFB 激光器)，即使在较长的腔长下，也能实现单纵模工作。

5.3 DFB 和 DBR 激光器

为得到动态单纵模工作的激光器，最有效的方法是将布拉格光栅引入到半导体内部，依靠光栅选频原理来实现纵模选择。DFB(Distributed Feedback Laser)，即分布式反馈激光器，是将分布式反馈光栅直接在全腔长的有源层上形成。其原理结构示意图如图 5-6(a) 所示。其特点在于光栅分布在整个谐振腔中，光波在反馈的同时获得增益，因此具有比法布里-珀罗激光器更加优异的单色性。作为高速光纤通信首选激光源，DFB 具有很好的动态单纵模，光谱线宽已达 100kHZ，特征温度可达 100℃以上。DBR 激光器即分布式布拉格反射膜激光器。其原理结构示意图如图 5-6(b)所示。考虑到布拉格光栅具有反射性好的特点，将光栅置于激光器谐振腔的两侧或一侧，增益区没有光栅，光栅只是相当于一个反射率随波长变化的反射镜。布拉格光栅具有色散特性，只有满足布拉格条件的光子做选择性的反馈，因而获得很好的动态单纵模。

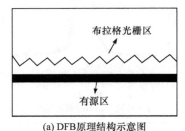

(a) DFB原理结构示意图　　　　　　(b) DBR激光器原理结构示意图

图 5-6　激光器结构示意图

5.3.1　耦合波方程

对于可能具有损耗或增益的介质，波动方程如下：

$$\frac{\partial^2 E_x(z)}{\partial z^2} - \dot{\beta}^2 E_x(z) = 0 \tag{5-10}$$

式中，$\dot{\beta}$ 为复传播函数，且有

$$-\dot{\beta}^2 = (\overline{n}^2 - \overline{k}^2 - 2\mathrm{j}\overline{n}\overline{k})(2\pi / \lambda_0)^2 \tag{5-11}$$

其中，$\bar{n}$ 和 $\bar{k}$ 分别为材料的折射率和消光系数，设光波导中的折射率变化为

$$\bar{n}(z) = \bar{n} + \bar{n}_a \cos Kz \tag{5-12}$$

这里，$\bar{n}_a$ 为折射率扰动的幅度，显然有 $\bar{n}_a \ll \bar{n}$，$K = 2\pi / \Lambda$，Λ 为折射率变化的周期。由周期光栅所衍射的光，其波长 λ_b 必须满足布拉格条件：

$$m\lambda_b = 2\bar{n}\Lambda \tag{5-13}$$

式中，$m = 1, 2, 3, \cdots$，是光栅的阶数。例如，$m = 1, 2$ 分别代表一阶、二阶光栅。布拉格常数 β_b 满足

$$\beta_b = \frac{\pi}{\Lambda} = \frac{\pi}{\lambda_b / 2\bar{n}} \tag{5-14}$$

因而有

$$K = \frac{4\pi\bar{n}}{\lambda_b} = 2\beta_b \tag{5-15}$$

设光波在周期波导中的场吸收系数为 a_f，它与功率吸收系数 a 的关系 $a = 2a_f$，因此，相应的消光系数为

$$\bar{k}_f = \frac{a_f \lambda_0}{2\pi} \tag{5-16}$$

因为平面光波在增益介质中以复传播函数 $\beta = 2\pi\bar{n} / \lambda_0$ 传播，所以有

$$\beta \gg a_f \tag{5-17}$$

考虑到 $\bar{n}_a \ll \bar{n}$ 和 $\beta \gg a_f$，有

$$-\dot{\beta}^2 = \beta^2 - 2\mathrm{j}\beta a_f + (4\pi / \lambda_0)\beta\bar{n}_a \cos(Kz) \tag{5-18}$$

因而得到

$$\frac{\partial^2 E_x(z)}{\partial z^2} + (\beta^2 - 2\mathrm{j}\beta a_f)E_x(z) = -(4\pi / \lambda_0)\beta\bar{n}_a \cos(2\beta_b z)E_x(z) \tag{5-19}$$

5.3.2　$\lambda/4$ 相移的折射率耦合 DFB

如图 5-7 所示，为了实现可靠的动态单纵模振荡，有效的方法是在均匀波纹光栅的 DFB 区中形成一个 $\lambda/4$ 相移，这时就能以最强的反馈、最低的阈值增益在布拉格波长 λ_b 下实现单纵模工作，同时由于主模和次模的阈值增益差很大，可能得到次模抑制比大于 30dB 的稳定的单纵模。

为了说明在 DFB 区内引入 $\lambda/4$ 相移得到单纵模的原理，将 DFB 区分成左和右两端。为简单起见，设两端的材料折射率相同，DFB 区两端面有相同的反射率，使 $\hat{\rho}_r = \hat{\rho}_l$。两端各自在区中心附近产生一个 $\lambda/4$ 相移 $\Omega = \pi/2$，因而总的相移为 $2\Omega = \pi$。左区和右区的折射率分别为

$$\bar{n}_1(z) = \bar{n}_0 + \Delta\bar{n}_m \cos\frac{2\pi m}{\Lambda}\left(z + \frac{\Omega}{2\pi m}\Lambda\right) \tag{5-20}$$

$$\overline{n}_2(z) = \overline{n}_0 + \Delta\overline{n}_m \cos\frac{2\pi m}{\Lambda}\left(z - \frac{\Omega}{2\pi m}\Lambda\right) \tag{5-21}$$

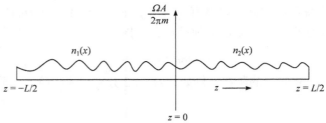

图 5-7　$\lambda/4$ 相移 DFB 波纹光栅示意图

式中，$\overline{n}_0$ 为平均折射率；$\Delta\overline{n}_m$ 为折射率变化的振幅；Ω 为相移。为了进一步说明 $\lambda/4$ 相移的作用，首先将 1 级正弦光栅 DFB 区分成上述的左、右端。左段内的正、反向行波分别用 F_1、B_1 表示；右段内的正、反向行波分别用 F_r、B_r 表示。各段内正、反向行波相互作用的结果在其内形成稳定的驻波，在布拉格波长 $\lambda_b = 2\overline{n}_{\text{eff}}\Lambda$ 下，各驻波波节均位于正向波传播方向上等效折射率增加最快之处。左端和右端的驻波在 DFB 区中心不能平滑相接，因此不能在布拉格波长上发生谐振。但是，若在 DFB 区中心引入相移 π，则导致两段的驻波在 DFB 区中心平滑相接。因而出现以波长为 λ_b 振荡的单纵模。

5.3.3　增益耦合 DFB

除了上述折射率耦合的 DFB 半导体激光器外，利用负折射率虚部所形成的增益耦合 DFB 也体现出独特的优越性。在与有源层毗邻所生长的吸收层上刻蚀处周期调制的光栅，使盖层周期性损耗耦合到有源层，使有源层的增益(或损耗)产生周期性变化，即

$$g(z) = g + g_a \cos\frac{2\pi}{\lambda}z \tag{5-22}$$

式中，g 为未受扰动的材料增益系数；g_a 为增益调制(扰动)的振幅。然而，在增益耦合的同时，有源层内仍存在折射率的调制。因此正向和反向行波之间的耦合系数仍需要考虑增益与折射率的共同影响，即

$$k_c = \frac{\pi\overline{n}_a}{\lambda} + i\frac{g_a}{2} \tag{5-23}$$

这意味着与前面讨论的折射率调制相比，增益调制的耦合系数有一个 $\exp(i\pi/2)$ 因子的差别，因而无须对光栅进行相移处理就能获得单纵模。同时增益耦合 DFB 受端面反射率的影响也小。所不足的是在增益调制的同时，折射率也发生相应的周期变化，很难得到纯增益调制 DFB 特性。

5.3.4　DBR 激光器

垂直腔表面发射激光器(VCSEL)存在垂直于表面的激光输出，即光子谐振方向垂直于半导体外延层，且光学谐振腔由外延生长的分布式布拉格反射膜(DBR)构成。因为两个

DBR 的反射率相差较少，DBR 谐振腔长 L 可近似认为是两个对称的空间层厚 L_s 和有源层厚 L_a 之和，即 $L = 2L_s + L_a$，则驻波条件为

$$2\overline{n}_{\text{eff}} L = m\lambda_0 \tag{5-24}$$

式中，$\overline{n}_{\text{eff}}$ 为腔内半导体材料的有效折射率；m 为整数；λ_0 为谐振波长。在 VCSEL 中，DBR 是实现高性能激光输出的关键，也是加工制造的难点所在。由全反射原理可知，反射单元必须含有高/低两种不同折射率的材料，而 VCSEL 的 DBR 又必须在半导体衬底上通过晶格匹配的外延生长来实现。这就限制了不可能外延两种折射率差很大的材料来实现所需要的高反射率，取而代之的是能满足晶格匹配、折射率差适当、周期性地交替生长、厚度为 $\lambda / (4\overline{n})$ 的两种不同半导体材料的"反射堆"。早期的 DBR 不但起到反射镜腔的作用，还承担注入电流的通道作用。为得到良好的注入电流通道，这些半导体材料需要掺杂，以减少串联电阻；另外，光在各层内行进时，还会有小的光吸收损耗。为得到高反射率，这种反射周期是一个大的数目。在 DBR 本身又是电流通道的情况下，电流产生的焦耳热将影响 DBR 的反射特性和可靠性，因此构成 DBR 的材料还应有良好的热导特性。驻波场在向 DBR 深处行进的过程中，其振幅依周期指数衰减。进一步的 VCSEL 中，DBR 只起到激光器反射腔镜的作用，注入电流通过侧面电极引入有源区，从而减小 VCSEL 的阈值电流、工作电流和相应的压降或功耗。

5.3.5　工作特性

光子在 DBR 中遭受周期性反射，因此一般都用正向行波和反向行波相互耦合的耦合波理论，即光子在这种周期性结构中所遭受的反射是这些正向与反向行波相互作用或耦合所产生的叠加综合效果，这是对周期性波导共同的分析方法。

在此直接列出一组沿传播方向 z（在 VCSEL 中，光束传播方向为垂直于外延生长层的方向）的正向行波 $A(z)\exp[i(wt - \beta_b z)]$ 和反向行波 $B(z)\exp[i(wt + \beta_b z)]$，其中 β_b 为满足布拉格反射条件的基模传播常数：

$$\beta_b = l\frac{\pi}{\Lambda}, \quad l = 1, 2, 3, \cdots \tag{5-25}$$

式中，l 为光栅级次，常取 $l = 1$。在分布式反馈光栅中每一点的光场是正向和反向传播的两个行波之和，而且每一行波在 z 方向的变化都有与它相向传播的另一行波以一定比率（称为耦合系数）耦合其中，其一阶线性耦合波方程为

$$\frac{\mathrm{d}A}{\mathrm{d}z} = kB\exp(-i\Delta\beta z) \tag{5-26}$$

$$\frac{\mathrm{d}B}{\mathrm{d}z} = kA\exp(i\Delta\beta z) \tag{5-27}$$

设两相向传播的行波有相同的耦合系数 $k \approx \dfrac{2\Delta\overline{n}}{\lambda}$，则有

$$\Delta\beta(w) = 2\left[\frac{\pi}{\Lambda} - \beta(w)\right] \tag{5-28}$$

式中，$\beta(w)$ 是光波的传播常数，$\beta(w) \approx w\sqrt{\mu\varepsilon_0} \cdot \overline{n}$，其中 $\overline{n} = (\overline{n}_1^2 + \overline{n}_2^2)/2$。取边界条件 $A(L_{\mathrm{DBR}}) = 0$（L_{DBR} 为 DBR 长度）的情况下，耦合波方程组的解为

$$A(z)\exp(\mathrm{j}\beta z) = B(0)\frac{\mathrm{j}k\exp(i\beta_0 z)}{-\Delta\beta\sinh(SL_{\mathrm{DBR}}) + \mathrm{j}S\cosh(SL_{\mathrm{DBR}})} \cdot \sinh[S(z - L_{\mathrm{DBR}})] \quad (5\text{-}29)$$

式中，$S = [k^2 - (\Delta\beta)^2]^{1/2}$，取相位匹配条件 $\Delta\beta(w) = 0$，则有 $S = k$，计算得到振幅反射系数：

$$r(w) = \frac{A(0)}{B(0)} = \tanh(kL_{\mathrm{DBR}}) \quad (5\text{-}30)$$

若 DBR 由 N 个周期组成，而每个周期含有两个折射率不同、厚度为 $\lambda/(4\overline{n})$ 的半导体材料，则 DBR 的长度 $L_{\mathrm{DBR}} = N\lambda/(2\overline{n})$，因而 $kL_{\mathrm{DBR}} = N\Delta\overline{n}/\overline{n}$，DBR 振幅反射率表示为

$$R(w) = |r(w)|^2 = \tanh^2\left(N\frac{\Delta\overline{n}}{\overline{n}}\right) \quad (5\text{-}31)$$

式(5.31)的物理意义在于，为使 VCSEL 的 DBR 的谐振腔有高的反射率，在保证晶格匹配外延生长的条件下，组成布拉格周期的高/低折射率半导体材料的折射率差 $\Delta\overline{n}$ 尽可能大，以便以尽量少的周期数 N 得到同样高的反射率 $R(w)$。作为一个例子，设激射波长 $\lambda = 875$ nm，其 DBR 由 15 对的 $\mathrm{Al}_{0.2}\mathrm{Ga}_{0.8}\mathrm{As}/\mathrm{AlAs}$ 组成，$\Delta\overline{n} = 0.55$，平均折射率 $\overline{n} = 3.3$，则可计算得到 $R(w) = 0.973$。

5.4　半导体激光器的强度噪声和线宽

5.4.1　肖洛-汤斯线宽

只有量子噪声的单品激光器的线宽，称为肖洛-汤斯(Schawlow-Townes)线宽。第一台激光器在实验上实现之前，Schawlow 和 Townes 已经在理论上计算了激光器线宽的基本的制因素，这就是著名的 Schawlow-Townes 方程：

$$\Delta\nu_{\mathrm{laser}} = \frac{4\pi h\nu(\Delta\nu_c)^2}{P_{\mathrm{out}}} \quad (5\text{-}32)$$

式中，$h\nu$ 为光子能量；$\Delta\nu_c$ 为谐振腔半高半宽；P_{out} 为输出功率。后来 Melvin Lax 指出激光器工作的实际线宽是计算值的 1/2。因此，引入因子 1/2，并将线宽用半高全宽替代，修正之后的(Schawlow-Townes)方程为

$$\Delta\nu_{\mathrm{laser}} = \frac{\pi h\nu(\Delta\nu_c)^2}{P_{\mathrm{out}}} \quad (5\text{-}33)$$

需要注意的是，式(5.33)中的 $\Delta\nu_{\mathrm{laser}}$ 与 $\Delta\nu_c$ 均代表半高全宽。另一个更常见的形式为

$$\Delta\nu_{\mathrm{laser}} = \frac{h\nu\theta I_{\mathrm{tot}}T_{\mathrm{oc}}}{4\pi T_{\mathrm{rt}}^2 P_{\mathrm{out}}} \quad (5\text{-}34)$$

式中，T_{oc} 是输出耦合器的透射率；I_{tot} 是谐振腔总的损耗；T_{rt} 是谐振腔往返时间；θ 是考虑了三能级增益介质中自发辐射会增大的自发辐射因子。对应相位噪声的双边功率谱密度为

$$S_{\varphi}(f) = \frac{hv\theta I_{tot}T_{oc}}{8\pi^2 T_{rt}^2 P_{out}} f^{-2} \tag{5-35}$$

白频率噪声为

$$S_{v}(f) = \frac{hv\theta I_{tot}T_{oc}}{8\pi^2 T_{rt}^2 P_{out}} \tag{5-36}$$

通常认为 Schawlow-Townes 线宽对应的相位噪声是由自发辐射进入激光器模式引起的。尽管这种解释很直观，但不是完全正确的。因为激光器增益和激光器谐振腔的线性损耗对腔内光场的量子噪声的影响是相同的。也就是说，即使将激光增益区换成无噪声的放大过程，相位噪声也只会减小到 Schawlow-Townes 值的一半。精心设计制作的固体激光器可以达到几 kHz 的窄线宽，但是仍然高于 Schawlow-Townes 极限，因为技术上的附加噪声使其很难达到该极限。根据以上的方程可知，半导体激光器的线宽通常也很大，原因如下。

(1) 存在自发辐射因子。

(2) 存在很强的振幅相位耦合效应，可以定量地由线宽增强因子 α 来表示，会将线宽提高至少一个数量级。

(3) 存在瞬时频率的功率谱密度的 $1/f$ 形式的附加噪声。这与半导体中的带电载流子的涨落有关。

(4) 外腔二极管激光器中，存在机械振动引起的附加噪声。

5.4.2　频率噪声

激光器的频率噪声通常可以用线宽或者功率谱密度(PSD)来表征。对于不同类型的激光器，由于其谐振腔结构、增益物质性质、工作模式等诸多特性均不相同，所表现出来的激光频率噪声的分布特征也会存在差异。激光器的频率噪声 PSD 模型如图 5-8 所示[9]。

其中，f_c 为转折频率，$S_v(f)$ 单位为 Hz。小于转折频率 f_c 处用 K/f 表示 $1/f$ 噪声，K 的单位为 Hz^2。大于转折频率 f_c 处，则用常数 S_0 表示白噪声大小，单位为 Hz。转折频率 f_c 的位置与两种噪声的相对大小相关，取决于具体的激光器类型和结构。图 5-8 中零点代表激光器输出的中心频率。单频激光器的单边频率噪声谱 $S_v(f)$ 可表示为

$$S_v(f) = S_0 + K/f \tag{5-37}$$

当激光器的频率噪声中仅存在白噪声时，

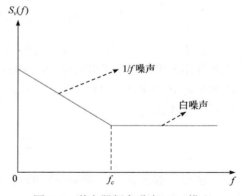

图 5-8　激光器频率噪声 PSD 模型

输出谱线的线型为洛伦兹线型，线宽 Δf_L 与功率密度谱中白噪声 S_0 的关系为

$$\Delta f_L = \pi S_0 = \pi \Delta \nu_{\mathrm{RMS}}^2 \tag{5-38}$$

式中，$\Delta \nu_{\mathrm{RMS}}$ 为功率密度谱中白噪声的有效幅度，单位为 $\mathrm{Hz/Hz^{1/2}}$。而当激光器中仅存在 $1/f$ 噪声时，输出谱线为高斯线型，则线宽 Δf_G 可以表示为

$$\Delta f_G = 2\sqrt{\ln 2 \left\{ 2K[1 + \ln(T_{\mathrm{obs}}\sqrt{2K})] \right\}} \tag{5-39}$$

式中，T_{obs} 为观测时间。实际上，激光器中同时存在白噪声和 $1/f$ 噪声，所以输出谱线是白噪声和 $1/f$ 噪声综合作用的结果。

5.4.3　Langevin 噪声源

高速调制半导体激光器的光子数噪声不能用在恒定电流条件下的功率谱描述，调制半导体激光器存在着非稳态、带有随时间变化的光子数噪声的方差[10]。含 Langevin 噪声相的速率方程可表达为

$$\frac{\mathrm{d}n}{\mathrm{d}t} = \frac{j}{ed} - \frac{n}{\tau_n} - a(n - N_0)S + F_n(t) \tag{5-40}$$

$$\frac{\mathrm{d}S}{\mathrm{d}t} = \Gamma\alpha(n - N_0)S - \frac{S}{\tau_{\mathrm{ph}}} + \Gamma k \frac{n}{\tau_n} + F_s(t) \tag{5-41}$$

式中，$F_n(t)$ 和 $F_s(t)$ 分别为电子密度和光子数的 Langevin 噪声相。

5.4.4　RIN 和谱密度函数

RIN(Relative Intensity Noise)是相对强度噪声(光功率涨落)，指的是归一化平均功率的功率噪声。激光的功率可表示为

$$P(t) = \overline{P} + \delta P(t) \tag{5-42}$$

式中，$\overline{P}$ 为平均功率；$\delta P(t)$ 为功率涨落。相对强度噪声 $I = \delta P(t)/\overline{P}$。因此，相对强度噪声可以由功率谱密度(PSD)统计描述为

$$S_I(f) = \frac{2}{\overline{P}^2} \int_{-\infty}^{+\infty} \langle \delta P(t)\delta P(t+\tau) \rangle \exp(i2\pi f\tau)\mathrm{d}\tau \tag{5-43}$$

它依赖于噪声频率 f，可以通过归一化功率涨落自相干函数的傅里叶变换进行计算，或者利用光电二极管和电子光谱分析仪进行测量。(式(5-43)中的因子 2 来自工程理论要求的单边 PSD)RIN PSD 的单位为 $\mathrm{Hz^{-1}}$。PSD 还可以在噪声频率区间 $[f_1, f_2]$ 上积分来得到相对强度噪声的均方根为

$$\left.\frac{\delta P}{\overline{P}}\right|_{\mathrm{rms}} = \sqrt{\int_{f_1}^{f_2} S_I(f)\mathrm{d}f} \tag{5-44}$$

这在目前很常用。需要注意的是，将相对强度噪声表示为百分比并不合适，因为这样不能给出其均方根值的意义。

5.5　半导体激光器的啁啾

在半导体激光器中，载流子和光场之间有很强的耦合作用，在进行强度调制的同时会造成频率或相位的调制。有源区内载流子浓度的变化会引起光增益的变化，从而使有效折射率变化，导致谱线的动态展宽。也就是说激光器在受到直接调制时，在每个调制周期中激光器的模式频率会产生周期性移动，即频率啁啾。简而言之，啁啾是信号频率随时间变化，即调制产生的频率变化导致信号频谱展宽，两者关系可以是线性或非线性，并可用啁啾系数(线宽展宽因子)来描述。

啁啾产生的原因是：介质的折射率会由于动态电信号调制产生动态变化，从而引起介质中光信号的相位也产生动态变化，这种相位的变化直接体现为光信号频率的动态变化。由于 DFB 半导体激光器的啁啾特性，会导致输出的光强相位也被进行额外调制，即啁啾效应：

$$\Delta v(t) \cong \frac{a}{2P(t)}\Delta P(t) \tag{5-45}$$

式中，$P(t)$ 为激光的光功率；a 为线宽增强因子。由于 a 是 DFB 半导体激光器自身的特性，其大小反映了啁啾效应的强弱，因此也称为啁啾系数。这种相位上的额外调制使得激光信号频率发生展宽，经过长距离光纤传输时，由于光纤内的色散效应，不同频率的光信号到达接收处的时间有不同的延迟，导致接收端眼图劣化，使得误码率提升。在低速短距光纤传输通信中，啁啾效应的影响较小，但是随着传输速率的不断提高，即便在短距离的光纤通信中，啁啾效应也不能忽略[11]。

课 后 习 题

1. 区分半导体激光器中横模、侧模、纵模的概念。其对器件应用产生何种影响？
2. 从理论上分析，如何使半导体激光器得到单纵模？
3. 半导体激光器在高速条之下出现调制畸变的原因是什么？有哪些方法可以消除？
4. 列举 DFB 增益耦合与折射率耦合的区别。
5. 简述半导体激光器噪声的种类与各自产生的原因。
6. 列举三种以上消除啁啾噪声的方案。

参 考 文 献

[1] 解金山. 动态单模半导体激光器[J]. 光通信技术, 1989, (1): 50-63.

[2] 邱昆, 梅克俊. 半导体激光器高速及超高速调制机理研究[J]. 电子科技大学学报, 1992, (21): 53-57.

[3] 赵双易, 莫琼花, 汪百前, 等. 无机钙钛矿白光 LED 及可见光通信研究进展[J]. 红外与激光工程, 2022, 51(1): 20210772.

[4] COSSU G, WAJAHAT A, CORSINI R, et al. 5.6 Gbit/s downlink and 1.5 Gbit/s uplink optical wireless transmission at indoor distances (⩾1.5m)[J]. European conference on optical communication (ECOC).

Cannes, 2014.

[5] LI H, CHEN X, GUO J, et al. A 550 Mbit/s real-time visible light communication system based on phosphorescent white light LED for practical high-speed low-complexity application[J]. Optics express, 2014, 22(22): 27203-27213.

[6] TIAN Z, LI Q, WANG X, et al. Phosphor-free microLEDs with ultrafast and broadband features for visible light communications[J]. Photonics research, 2021, 9(4): 452-459.

[7] 黄德修, 黄黎蓉, 洪伟. 半导体光电子学[M]. 北京: 电子工业出版社, 2018.

[8] 杨浩, 郭霞, 关宝璐, 等, 注入电流对垂直腔面发射激光器横模特性的影响[J]. 物理学报, 2007, 57(5): 2959-2964.

[9] 刘霜, 李汉钊, 刘路, 等. 激光器频率噪声功率谱密度测试技术及在谐振式光纤陀螺中的应用[J]. 光学学报, 2021, 41(13): 67-72.

[10] 刘廷禹. 半导体激光器开启瞬态噪声的模拟计算[J]. 上海理工大学学报, 2000, 22(1): 49-52.

[11] 刘琳霞, 徐利, 王晴岚. DFB 半导体激光器啁啾系数的测量[J]. 河南师范大学学报: 自然科学版, 2018, 46(6): 34-38.

第6章 半导体光电探测器

光电探测器是获取光信息的重要手段，已经广泛应用于航天、航空、国防、科技和工农业生产等各个领域中。首先，光电探测器是图像传感器件中的关键元件，对可见光进行响应的光电探测器主要用作摄像头，红外光电探测器则主要用于对温度差异的区域进行成像，在安防、医疗、电力、建筑、汽车业等多个领域都有应用。同时，光电探测器也是光通信系统中的重要组成部分，信息时代的蓬勃发展对光电探测器在成本及响应速度上提出越来越高的要求。具有弱光检测能力(如单光子探测)的光电探测器在天文学、光谱学、激光测距、导弹制导等领域具有重要应用价值。此外，光电探测器还可与人工智能结合，使机器人具有类人的五官和大脑功能，可感知各种现象，完成各类动作，作为感受器的光电探测器可以说是整个系统中最为关键的部分。近年来，由于大量新材料的出现，以及新原理成功应用到了光电探测器的研制中，光电探测器在性能上得到了迅猛发展。本章将重点叙述光电探测器的基本结构和原理，并对其不同种类的应用进行介绍，为读者在了解光电探测器的基础知识方面提供参考。

6.1 基本结构与原理

光电探测器是一类将接收的光辐射信号转换为电信号的器件，按照工作原理和结构可以将常用的光电探测器进行分类[1]，如图 6-1 所示。

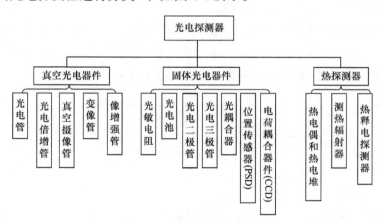

图 6-1 光电探测器的分类

其中，按照器件的光响应机制不同，可将光电探测器整体分为两大类：光热探测器和光子探测器。光热探测器是将光敏材料吸收的光辐射能量转变为晶格的热运动能量，从而引起光敏材料的温度上升，使得材料的电学性质或其他物理性质改变的一种光电探测器。光子探测器是基于半导体的光电效应制备的一种光电探测器。光电效应分为内光电效应和外光电效应，其中内光电效应又可以分为光电导效应和光生伏特(简称光伏)效应，外光电效应一般指光电发射，是由光电效应或光致电离引起的光电子发射。

1. 光电导效应

光照变化引起半导体材料电导变化的现象称为光电导效应。当光照射到半导体材料时，材料吸收光子的能量，使非传导态电子变为传导态电子(自由与非自由)，引起载流子浓度增大，因而导致材料电导率增大。

半导体无光照时为暗态，此时材料具有暗电导；有光照时为亮态，此时具有亮电导。如果给半导体材料外加电压，通过的电流有暗电流与亮电流之分。亮电导与暗电导之差称为光电导，亮电流与暗电流之差称为光电流，如图 6-2 所示。

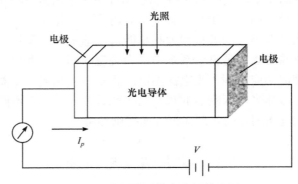

图 6-2　本征半导体光电导效应图

光电导体从受到光照开始到获得稳定的光电流需要经历一定时间，光照停止后，光电流也是逐渐消失的，这称为弛豫过程。

当光电导体受矩形脉冲光照时，常用上升时间常数 τ_x 和下降时间常数 τ_f 来描述弛豫过程的长短。τ_x 表示光生载流子浓度从零增长到稳定值的 63% 时所需的时间，τ_f 表示从停光前稳定值衰减到 37% 时所需的时间，如图 6-3(a)所示。

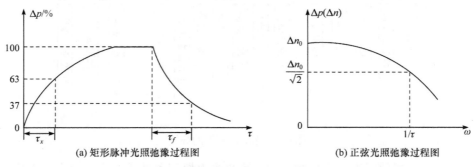

(a) 矩形脉冲光照弛豫过程图　　　　　　(b) 正弦光照弛豫过程图

图 6-3　光电导体受脉冲光照弛豫过程图

当输入光功率按正弦规律变化时,光生载流子浓度(对应于输出光电流)与光功率频率变化的关系符合低通特性，说明光电导的弛豫特性限制了器件对调制频率高的光功率的响应，如图 6-3(b)所示。

$$\Delta n = \frac{\Delta n_0}{\sqrt{1 + (\omega \tau)^2}} \tag{6-1}$$

式中，Δn_0 为中频时非平衡载流子浓度；ω 为圆频率，$\omega = 2\pi f$；τ 为非平衡载流子寿命，这里称为时间常数。

可见，Δn 随 ω 增加而减小，当 $\omega = 1/\tau$ 时，$\Delta n = \Delta n_0 / \sqrt{2}$，称此时 $f = \frac{1}{2}\pi\tau$ 为上限截止频率或带宽。

光电增益与带宽之积为常数，表明材料的光电灵敏度与带宽是矛盾的：材料光电灵敏度越高，则带宽越窄；材料带宽越宽，则光电灵敏度越低。此结论对于光电效应现象有普遍性[2]。

2. PN 结光伏效应

光生伏特效应是一种内光电效应，当光子激发时能产生一个光生电动势，当两端短接时能得到短路电流。这种效应基于两种材料相接触形成的内建电势，光子激发的光生载流子被内建电场扫向势垒两边，从而形成了光生电动势。

1) PN 结的形成

制作 PN 结的材料，可以是同一种半导体(同质结)，也可以是两种不同的半导体或金属与半导体的结合(异质结)。"结合"指单晶体内部根据杂质的种类和含量的不同而形成的接触区域，严格来说是指其中的过渡区。一块单晶中存在紧密相邻的 P 型和 N 型结构，在一种导电类型(P 型或 N 型)半导体上用合金、扩散、外延生长等方法得到另一种导电类型的薄层就形成了 PN 结，如图 6-4 所示。

考虑两块半导体单晶，一块是 N 型，另一块是 P 型。在 N 型中，电子很多而空穴很少；在 P 型中，空穴很多而电子很少。但是，在 N 型中的电离施主与少量空穴的正电荷严格平衡电子电荷；而 P 型中的电离受主与少量电子的负电荷严格平衡空穴电荷。因此，单独的 N 型和 P 型半导体是电中性的。当这两块半导体结合形成 PN 结时，它们之间存在的载流子浓度梯度，导致了空穴从 P 型到 N 型，电子从 N 型到 P 型的扩散运动。对于 P 型，空穴离开后，留下了不可动的带负电荷的电离受主，这些电离受主没有正电荷与之保持电中性。因此，在 PN 结附近 P 型一侧出现了一个负电荷区。同理，在 PN 结附近 N 型一侧出现了由电离施主构成的一个正电荷区，通常就把在 PN 结附近的这些电离施主和电离受主所带电荷称为空间电荷，它们存在的区域称为空间电荷区。空间电荷区中的这些电荷产生了从 N 型指向 P 型，即从正电荷指向负电荷的电场，称为内建电场，如图 6-5 所示。在内建电场的作用下，载流子做漂移运动。显然，电子和空穴的漂移运动方向与它们各自的扩散运动方向相反。因此，内建电场起着阻碍电子和空穴继续扩散的作用。在无外加电压的情况下，载流子的扩散和漂移最终将达到动态平衡。

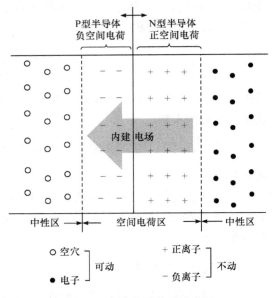

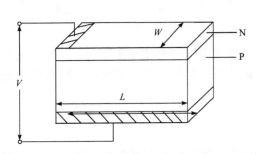

图 6-4　半导体 PN 结的原理结构　　　　图 6-5　内建电场的形成过程

2) PN 结光电效应

PN 结受光照产生光生载流子，使 PN 结两端产生光生电动势。P 型产生的光生空穴和 N 型产生的光生电子属多子，会被势垒阻挡在结的两侧。只有 P 型的光生电子和 N 型的光生空穴，以及结区的电子-空穴对(少子)扩散到结电场附近时能在内建电场的作用下漂移过结区，即为光电流。PN 结光伏器件的结构如图 6-6 所示，在基片的表面形成一层薄反型层 P 层，P 层上做一小的欧姆电极，整个 N 型底面为欧姆电极。

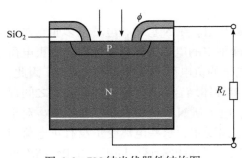

图 6-6　PN 结光伏器件结构图

光照下 PN 结电流方程：

$$I = LWJ = I_0 \left[\exp\left(\frac{qV}{kT} \right) - 1 \right] - I_p \qquad (6\text{-}2)$$

式中，$I_0 = LWJ_0$，为反向饱和电流；LW 为材料的截面积，V 为施加在 PN 结上的电压。

若入射光的辐射通量为 ϕ，光电流为

$$I_p = q \frac{\eta \phi}{\hbar \nu} \qquad (6\text{-}3)$$

短路电流($R_L = 0$)情况下，$V = 0$，则有

$$I_{SC} = -I_p \qquad (6\text{-}4)$$

开路电压($R_L \to \infty$)情况下，$I = 0$，则有

$$V_{OC} = \frac{kT}{q} \ln(I_p / I_0 + 1) \qquad (6\text{-}5)$$

3. 外光电效应

金属或半导体受光照时，如果入射光子的能量 $h\nu$ 足够大，它和物质中的电子相互作用，使电子从材料表面逸出的现象，称为外光电效应。它是真空光电子器件光电阴极的物理基础。外光电效应有两个基本定律。

1) 光电发射第一定律——斯托列托夫定律

当照射到光阴极上的入射光频率或频谱成分不变时，饱和光电流(即单位时间内发射的光电子数目)与入射光强度成正比，即

$$I_k = S_k F_0 \tag{6-6}$$

式中，I_k 为光电流；S_k 为光强；F_0 为该阴极对入射光线的灵敏度。

2) 光电发射第二定律——爱因斯坦定律

光电子的最大动能与入射光的频率成正比，而与入射光强度无关，即

$$\frac{1}{2} m_e v_{\max}^2 = h\nu - W \tag{6-7}$$

式中，m_e 为光电子的质量；$v_{\max}$ 为出射光电子的最大速度；h 为普朗克常量；W 为发射体材料的逸出功。

如图 6-7 所示，光电发射大致可分为三个过程。

(1) 光射入物体后，物体中的电子吸收光子能量，从基态跃迁到能量高于真空能级的激发态。

(2) 受激电子从受激地点出发，在向界面运动的过程中不可避免要同其他电子或晶格发生碰撞，而失去一部分能量。

(3) 到达表面的电子，如果仍有足够的能量克服界面势垒对电子的束缚(即逸出功)，则可从表面逸出。

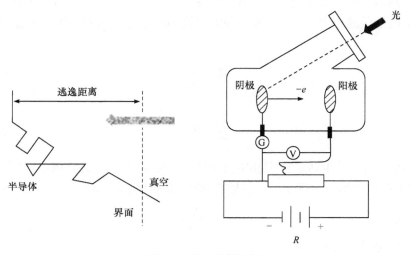

图 6-7　光电发射过程

可见，好的光电发射材料应该：

(1) 对光的吸收系数大，以便体内有较多的电子受到激发。

(2) 受激电子最好发生在表面附近，这样其向表面运动的过程中损失的能量少。

(3) 材料的逸出功要小，使到达真空界面的电子能够比较容易地逸出。

(4) 作为光电阴极，其材料还要具有一定的电导率，以便能够通过外光源来补充因光电发射而失去的电子。

6.1.1 探测器的响应度和带宽

探测器的主要特性参数包括量子效率、响应度(灵敏度)、光谱响应度、带宽(响应时间)、工作条件等，其中响应度和带宽是探测器最核心的特性参数。

1. 量子效率

光电探测器的量子效率分为外量子效率和内量子效率。内量子效率是指产生的电子-空穴对数同入射到器件上并且被吸收的光子数之比，通常约为 1；外量子效率是指每入射一个光子所释放的平均电子数。假设入射到光电探测器的光功率为 P，产生的光电流为 I_p，那么光电探测器的量子效率为

$$\eta = \frac{I_p h\nu}{Pq} \tag{6-8}$$

对于没有内部增益的理想的光电探测器而言，$\eta = 1$，也就是说一个光子能产生一个光电子，但对于实际的光电探测器而言，$\eta < 1$。很明显，光电探测器的量子效率越大越好。对于有内部增益的光电探测器，如光电倍增管和雪崩光电二极管，其量子效率可以大于 1。

2. 响应度

光电探测器的响应度主要表征其探测灵敏度，它说明在确定的入射光信号下，探测器输出有用电信号的能力，定义为光电探测器输出的信号电压 U_s 或信号电流 I_s 与入射辐射通量 ϕ_e 之比：

$$R_V = \frac{V_s}{\phi_e} \tag{6-9}$$

或

$$R_I = \frac{I_s}{\phi_e} \tag{6-10}$$

R_V 和 R_I 分别称为电压响应度和电流响应度。辐射通量 ϕ_e 又称辐射功率，单位为瓦(W)或焦/秒(J/s)，为单位时间发射、传输或接收的辐射能量，即

$$\phi_e = \frac{\mathrm{d}Q_e}{\mathrm{d}t} \tag{6-11}$$

响应度也可以由量子效率来计算：

$$R = \eta \frac{q}{hf} \approx \eta \frac{\lambda}{1.23985(\mu m \times W/A)} \tag{6-12}$$

式中，η 是给定波长下探测器的量子效率(光子到电子的转换效率)；q 是电子电荷；f 是光信号的频率；$\hbar$ 是普朗克常量。该表达式也以 λ(光信号的波长)表示，单位为安培/瓦(A/W)。

测量热探测响应度的光源一般采用 500K 的模拟黑体,测量光电探测器的响应度一般采用 2856K 的 A 光源。若使用波长为 λ 的单色辐射源，则为单色响应度，用 $R(\lambda)$ 表示。

3. 光谱响应度

探测器在波长为 λ 的单色光照射下，输出电压 $U_s(\lambda)$ 或电流 $I_s(\lambda)$ 与入射的单色辐射通量 $\phi_e(\lambda)$ 之比称为光谱响应度，即

$$R_U(\lambda) = \frac{U_s(\lambda)}{\phi_e(\lambda)} \qquad (6\text{-}13)$$

或

$$R_I(\lambda) = \frac{I_s(\lambda)}{\phi_e(\lambda)} \qquad (6\text{-}14)$$

$R_U(\lambda)$ 或 $R_I(\lambda)$ 随波长 λ 变化的关系称为探测器的光谱响应曲线。若将光谱响应函数的最大值归一化，得到的响应函数称为相对光谱响应曲线。一般将响应率最大值所对应的波长称为峰值波长(λ_m)，而把响应率下降到响应值一半所对应的波长称为截止波长(λ_c)，它表示探测器使用的波长范围。

4. 带宽(响应时间)

探测器的带宽(响应时间)是描述光电探测器的入射辐射响应快慢的参数,即当入射光辐射到探测器或遮断后，光电探测器输出上升到稳定值或下降到照射前的值所需的时间，常用时间常数 τ 表示。如图 6-8 所示，对于方形脉冲，把从上升到稳定值的 63% 所需时间称为上升时间，而把从稳定值下降到稳定值的 37% 所需时间称为下降时间。时间常数 τ 为

$$\tau = \frac{1}{2\pi f_c} \qquad (6\text{-}15)$$

式中，f_c 为幅频特性下降到最大值的 70.7%(3dB)时的调制频率，称为截止响应频率，也称为探测器的上限频率。

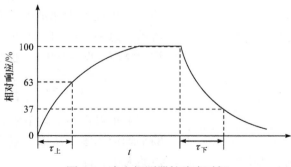

图 6-8 光电探测器的响应时间

5. 工作条件

光电探测器的性能参数与其工作条件密切相关，所以，在给出性能参数时，要注明相关的工作条件。

1) 辐射源的光谱分布

光电探测器的响应是入射辐射波长的函数，仅对一定的波长范围内的辐射有信号输出。光谱响应的信号依赖于入射光波长的关系，决定了探测器探测特定目标的有效程度。因此在给出探测器性能时，一般都应给出测定性能时所用的辐射源的光谱分布。例如，单色光给出波长，黑体给出黑体温度等。

2) 工作温度

许多探测器的性能与工作温度有密切关系，所以必须明确工作温度，如室温(295K)、干冰温度(195K)、液氮温度(77K)、液氦温度(4.2K)和液氢温度(20.4K)。

3) 光敏面尺寸

探测器的信号和噪声都和探测单位面积有关。大部分探测器的噪声与光敏面面积的平方根成比例，一般参考面积为 $1cm^2$。

4) 电路的通带宽度

由于噪声限制了探测器的极限性能，噪声电压或电流均正比于带宽的平方根，而且有些噪声还是频率的函数，所以应用探测器时，必须明确通带宽度和工作频率。

5) 偏置情况

大多数探测器都需要某种形式的偏置才能正常工作，信号和噪声都与偏置有关，因此要说明偏置情况。

另外，对于受背景光子噪声限制的探测器，应注明光学视场和背景温度；对于非密封型的薄膜探测器，应注明湿度等。

6.1.2 探测器的噪声

光电探测器输出信号的真实性和稳定性是其工作性能的重要指标。分析光电探测器输出信号大小及噪声大小对判断器件的工作性能具有重要的意义。探测器的噪声可以分为内部噪声和外部噪声两大类。对于外部噪声，可以采用适当的屏蔽、滤波、电路元件合理配置等方式进行减小或消除[3]。

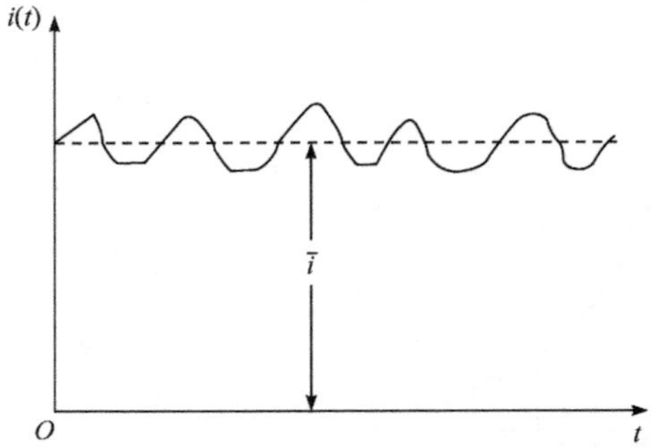

内部噪声是系统内部的物理过程所固有的，不可能人为地消除的随机起伏。如图 6-9 所示，这种随机的、瞬间的、不能预知的起伏称为噪声。图 6-9 中的直流信号值为

$$I = \bar{i} = \frac{1}{T}\int_0^T i(t)\mathrm{d}t \tag{6-16}$$

由于噪声在平均值附近随机起伏，长时间的平均值为零，所以一般用均方噪声来表示噪声的大小，即

图 6-9　信号的随机起伏

$$\overline{i_n^2} = \overline{\Delta i(t)^2} = \frac{1}{T}\int_0^T [i(t) - \overline{i(t)}]^2\,\mathrm{d}t \qquad (6\text{-}17)$$

噪声电流的均方值 $\overline{i_n^2}$ 代表了单位电阻上所产生的功率，也可以用噪声电压来表示，它们都是实际可测值。当光电探测器中存在多个独立、互不相关的噪声源时，就可以将它们的噪声功率直接相加，即

$$\overline{i_n^2} = \overline{i_{n1}^2} + \overline{i_{n2}^2} + \cdots + \overline{i_{nk}^2} \qquad (6\text{-}18)$$

把噪声这个随机时间函数进行频谱分析，就得到噪声功率随频率变化的关系，即噪声的功率谱 $S(f)$。$S(f)$ 数值是频率为 f 的噪声在 $1\,\Omega$ 电阻上所产生的功率，即

$$S(f) = \overline{i_n^2}(f) \qquad (6\text{-}19)$$

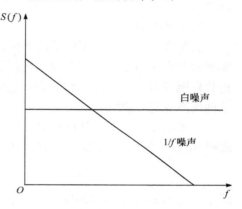

图 6-10　白噪声和 $1/f$ 噪声

如图 6-10 所示，根据功率谱与频率的关系，常见的典型噪声有两种：一种的功率谱与频率无关，称为白噪声；另一种的功率谱与 $1/f$ 成正比，称为 $1/f$ 噪声。

1. 噪声的分类

一般光电测量系统的噪声可以分为三类，如图 6-11 所示。

(1) 光子噪声，包括信号辐射产生的噪声和背景辐射产生的噪声。

(2) 探测器噪声，包括热噪声、散粒噪声、产生-复合噪声、$1/f$ 噪声和温度噪声。

(3) 信号放大及处理电路噪声。

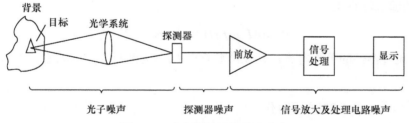

图 6-11　光电测量系统噪声分类

下面主要介绍光电探测器中的几种噪声。

1) 热噪声

导体和半导体中的载流子在一定温度下都做无规则的热运动，因而频繁地与原子发生碰撞。它们在两次碰撞之间的自由运动过程中表现出电流，但是它们的自由程长短是不一定的，碰撞后的方向也是任意的。在没有施加电压时，从导体中某一截面看，往左和往右两个方向上都有一定数量的载流子。但是，每一瞬间从两个方向穿过某截面的载流子数目是有差别的，相对于长时间平均值有上下起伏。这种载流子热运动引起的电流

起伏或电压起伏称为热噪声。热噪声均方电流 $\overline{i_n^2}$ 和均方电压 $\overline{U_n^2}$ 由式(6-20)决定。

$$\overline{i_n^2} = \frac{4kT\Delta f}{R}$$

$$\overline{U_n^2} = 4kT\Delta fR \tag{6-20}$$

式中，k 为玻尔兹曼常量；T 为热力学温度，单位为 K；R 为器件电阻值；Δf 为所取的通带宽度(频率范围)。

载流子运动取决于温度，所以热噪声功率与温度有关。在温度一定时，热噪声只与电阻和通带有关，故热噪声属于白噪声。在常温下，式(6-20)适用于 10^{12}Hz 频率以下的范围。

2) 散粒噪声

散粒噪声是一种由于电子或光生载流子的粒子性而引起的噪声。例如，光电子发射探测器在光照射下，即使平均的光辐射强度保持不变，光阴极每一时间发出的光电子数也总是围绕着一个统计平均值随机起伏，这种无规则的起伏导致输出电流中含有噪声，这种噪声称为散粒噪声。

在光电管中光电子从材料表面发出的随机性、入射到光电探测器表面的光电子数的随机起伏、PN 结中载流子过结数目的随机性都产生散粒噪声，其大小为

$$\overline{I_n^2} = 2eI\Delta f \tag{6-21}$$

式中，I 为探测器的平均电流。

散粒噪声与频率无关，也是一种白噪声。

3) 产生-复合噪声

光电子器件因光激发或热激发产生载流子的随机性及载流子寿命的随机性所引起的电流起伏称为产生-复合噪声。这种噪声不仅与载流子产生的随机性有关，还与载流子的存在时间的随机性有关。

$$\overline{i_n^2} = (4I^2\tau\Delta f)/[N_0(1+\varpi^2\tau^2)] \tag{6-22}$$

式中，I 为流过器件的平均电流；τ 为载流子寿命；f 为测量噪声的频率；N_0 为总的自由载流子数。

取 $\frac{N_0 e}{T_r} = I$，式(6-22)亦可写作

$$\overline{i_n^2} = \frac{4eI\Delta f}{1+4\pi^2 f^2\tau^2}\frac{\tau}{T_r} \tag{6-23}$$

4) $1/f$ 噪声(低频噪声、表面噪声、闪烁噪声、电流噪声等)

几乎所有的探测器都有 $1/f$ 噪声，主要表现在大约 1kHz 以下的低频区域，且与调制频率成反比，所以称为低频噪声。

$$\overline{i_n^2} = c\frac{\overline{i^\alpha}}{f^\beta}\Delta f \tag{6-24}$$

式中，α 接近 2；β 为 0.8～1.5；c 是比例系数。α、β、c 均需由实验测得。由于光敏层内微粒的不均匀性和不必要的微粒杂质存在，当电流流过时，在元件微粒间发生微小火花放电而引起火花微电爆脉冲，从而产生这种噪声。当 f 达到 300Hz 以上时，$1/f$ 噪声大大减弱[4]。如图 6-12 所示，在较高频率下，$1/f$ 噪声可忽略不计。

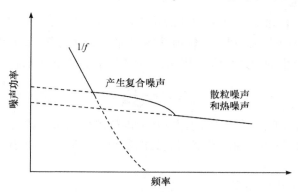

图 6-12　光电探测器噪声的功率谱示意图

5) 温度噪声

因器件温度起伏而引起的噪声称为温度噪声，它对热敏器件在探测弱辐射信号时的影响很大。它只存在于吸收光辐射能后，能引起材料温度升高的热探测器。

$$\overline{i_n^2} = \frac{4K_B T^2 \Delta f}{G_t[1+(2\pi f \tau_t)^2]} \qquad (6-25)$$

式中，G_t 为器件热导；$\tau_t = \dfrac{C_t}{G_t}$，为热时间常数；$C_t$ 为器件热容；T 为环境温度。

$$\overline{V_n^2} = R_V^2 16 A_0 \sigma K_B T^5 \Delta f / \alpha \qquad (6-26)$$

式中，R_V 为电压响应率；A_0 为器件接收面积；σ 为斯特藩-玻尔兹曼常量；α 为吸收率。

系统的内部噪声主要是光电探测器和检测电路等的器件固有噪声，这种噪声是基本物理过程所决定的，是不能人为消除的。光电信号的处理过程中，核心问题之一就是有关噪声干扰的分析以及如何从噪声中提取微弱的有用信号。由于内部噪声是随机起伏的，覆盖在很宽的频谱范围内，它们和有用信号同时存在、相互混淆，这显然会影响到信号检测的准确性，限制了检测系统分辨率的提高。因此，在光电检测电路设计中，要进行综合噪声估算，以确保可靠检测所必需的信噪比。

2. 光电探测器的噪声参数

由于噪声的存在，当信号很小时，将被噪声淹没，无法将其测量出来。

1) 信噪比

信噪比(S/N)指在负载电阻上产生的信号功率与噪声功率之比：

$$\frac{S}{N} = \frac{P_S}{P_N} = \frac{I_S^2 R_L}{I_n^2 R_L} = \frac{I_S^2}{I_N^2} \qquad (6-27)$$

在工程应用中，常采用分贝(dB)来描述信噪比(SIR)，其定义如下：

$$\frac{S}{N}(\text{dB}) = 10\lg\frac{I_s^2}{I_n^2} = 20\lg\frac{I_s}{I_n} \tag{6-28}$$

2) 等效噪声功率

如果投射到探测器敏感元件上的辐射功率所产生的输出电压(或电流)正好等于探测器本身的噪声电压(或电流)，则这个辐射功率就称为等效噪声功率(NEP)。其含义为，此辐射功率对探测器产生的效果与噪声相同，通常用符号 NEP 表示：

$$\text{NEP} = \frac{\phi_e}{S/N} \tag{6-29}$$

等效噪声功率是信噪比为 1 时的探测器所能探测到的最小辐射功率，所以又称为最小可探测功率。NEP 越小，探测器能探测到的最小辐射通量就越小，器件的灵敏度也就越高。

3) 探测率与归一化探测率

为了描述探测器的探测能力，定义 NEP 的倒数为探测率(D)：

$$D = \frac{1}{\text{NEP}} = \frac{S/N}{\phi_s}(\text{W}^{-1}) \tag{6-30}$$

对于光电探测器，D 越大，其探测到最小光信号的能力就越强。

光电探测器的 NEP 的大小受到探测器面积 A_d 以及测量系统的带宽 Δf 的影响。为了比较不同类型的光电探测器，需要去除 A_d 以及 Δf 的影响，因此定义归一化探测率(D^*)为

$$D^* = \frac{\sqrt{A_d \Delta f}}{\text{NEP}}(\text{cm} \cdot \text{Hz}^{\frac{1}{2}} \cdot \text{W}^{-1}) \tag{6-31}$$

它是单位通频带、单位光敏面面积情况下的探测率。

4) 暗电流

暗电流(I_d)指在无输入信号和背景辐射时流过器件的电流(加偏置电源时)，一般测其直流值(或平均值)。

3. 光电探测器的噪声等效处理

光电检测电路具有不同类型的元器件，在对系统做噪声评估时，工程上常将各种器件的噪声等效为相同形式的均方值(或有效值)电流源的形式，这样便于与其他电路器件以统一的方式建立起等效噪声电路。

1) 等效噪声带宽

电路带宽通常是指其电压(或电流)输出的频率特性下降到最大值的某个百分比时所对应的频带宽度。例如，低频放大器的 3dB 带宽，是指电信号频率特性下降到最大信号的 70.7%时对应的从零频到该频率间的频带宽度。

如图 6-13 所示，光电检测系统的等效噪声带宽定义为最大增益矩形带宽，可表示为

$$\Delta f = \frac{1}{A_m}\int_0^\infty A(f)\mathrm{d}f \tag{6-32}$$

从而求得通频带内的噪声。

2) 等效噪声电路

图 6-14 所示为简单电路的等效噪声电路, 热噪声电流源 I_T 和电阻 R 并联。其噪声电流的均方值为

$$\overline{i_n^2} = \frac{4kT\Delta f}{R} \tag{6-33}$$

式中, k、T 及 Δf 与式(6-20)相同, 对于由两个电阻 R_1 和 R_2 串联或并联而成的电路, 其 R 为两个电阻的串联之和或者并联之和。在更为复杂的情况下, 应该先求出所有电阻之和, 再画出简化电路, 然后根据式(6-33)确定等效噪声电流源[5]。

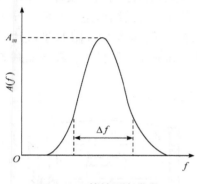

图 6-13　等效噪声带宽

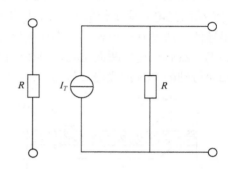

图 6-14　简单电路的等效噪声电路

在电阻和电容 C 并联的情况下, 电容 C 的频率特性使合成阻抗随频率的增加而减少, 合成阻抗可表示为

$$R(f) = \frac{R}{1 + (2\pi fRC)^2} \tag{6-34}$$

因此, 并联 RC 电路的噪声电压有效值为

$$\overline{U_n^2} = 4kT \int_0^\infty \frac{R}{1 + (2\pi fRC)^2} \mathrm{d}f \tag{6-35}$$

令 $\tan\beta = 2\pi fRC$, 则式(6-35)变为

$$\overline{U_n^2} = \frac{2kT}{\pi C} \int_0^{2\pi} \mathrm{d}\beta \tag{6-36}$$

对式(6-36)求积分, 并在分子、分母上同时乘 $4R$, 则式(6-36)变为

$$\overline{U_n^2} = \frac{4kTR}{4RC} \tag{6-37}$$

式中, $1/(4RC)$ 就是电路的等效噪声带宽 Δf, 即

$$\Delta f = \frac{1}{4RC} \tag{6-38}$$

式(6-38)表明, 并联 RC 电路对噪声的影响相当于使电阻热噪声的频谱分布由白噪声

变窄为等效噪声带宽Δf，它的物理意义可以由图 6-14 看出。频谱变窄后的噪声非均匀分布曲线所包围的面积等于实际带宽，$4kTR$ 为恒定幅值的矩形区域的面积。也就是说，用均匀等幅的等效带宽代替了实际噪声频谱的不均匀分布。这样，可以得到阻容电路热噪声的一般表达式为

$$\overline{U_n^2} = 4kTR\Delta f \tag{6-39}$$

6.2　快速光电二极管

快速光电二极管又称 PIN 型光电二极管，在原理上和普通光电二极管一样，都是基于 PN 结的光电效应工作的[6]。二者所不同的是在结构上，它的结构是在 P 型半导体和 N 型半导体之间夹着一层较厚的本征半导体，如图 6-15 所示。它是用高阻 N 型硅片作为本征层(I)，然后在它的两面抛光，再在两面分别做 N 型和 P 型杂质扩散，在两面制成欧姆接触而得到的 PIN 型光电二极管。

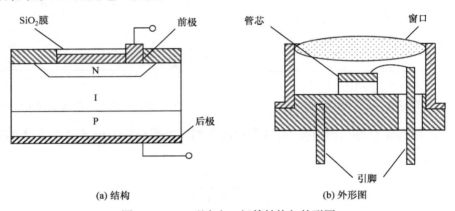

(a) 结构　　　　　　　　　　　　(b) 外形图

图 6-15　PIN 型光电二极管结构与外形图

PIN 型光电二极管有较厚的本征层，因此 PN 结的内建电场就基本上全集中于本征层中，使 PN 结的结间距离拉大，结电容变小。由于其工作在反偏，随着反偏电压的增大，结电容变得更小，从而提升 PIN 型光电二极管的频率响应。目前 PIN 型光电二极管的结电容一般为零点几到几皮法，响应时间 $\tau_r = 1 \sim 3\text{ns}$。

由于其本征层较厚，又工作在反偏，结区耗尽层厚度增加，不仅提高了量子效率，而且提高了长波灵敏度，此外，由于本征层较厚，在反偏下工作可承受较高的反向偏压，使线性输出范围变宽。因此，PIN 型光电二极管具有响应速度快、灵敏度高、长波响应率大的特点。

6.3　雪崩光电二极管

在半导体光电探测器中，入射光子激发出的光生载流子在外加偏压下进入外电路后，

形成可测量的光电流。即使在最大响应度下，PIN 型光电二极管吸收一个光子最多也只能产生一对电子-空穴对，不产生增益的效果。为了获得更大的响应度，可以采用雪崩光电二极管(APD)。APD 对光电流的放大作用基于电离碰撞效应，在一定的条件下，被加速的电子和空穴获得足够的能量，能够与晶格碰撞产生一对新的电子-空穴对，这种过程是一种连锁反应，从而由光吸收产生的一对电子-空穴对可以产生大量的电子-空穴对而形成较大的二次光电流。因此 APD 具有较高的响应度和内部增益，这种内部增益提高了器件的信噪比。APD 主要应用于长距离或接收光功率受到其他限制而较小的光纤通信系统，在通信领域极具应用潜力。

6.3.1　雪崩光电二极管的基本结构和原理

雪崩光电二极管也称为 APD 型光电探测器，是借助电场产生载流子倍增效应(即雪崩倍增效应)的一种高速光电二极管。

雪崩倍增效应是指，当在光电二极管上加一相当高的反向偏压(100～200V)时，在结区产生一个很强的电场。结区产生的光生载流子在强电场的作用下加速将获得很大的能量，在与原子发生碰撞时可使原子电离，新产生的电子-空穴对在向电极运动的过程中又获得足够大的能量，再次与原子碰撞，产生新的电子-空穴对。这一过程不断重复，使 PN结内电流急剧增大，这种现象称为雪崩倍增效应[7]。雪崩光电二极管通过利用这种效应而具有光电流的放大作用，图 6-16 为 APD 型光电探测器的典型结构及其电场分布图。

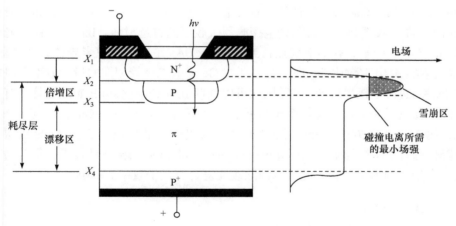

图 6-16　APD 型光电探测器典型结构及电场分布

雪崩光电二极管工作过程中常伴有一定程度的噪声，并且受温度的影响很大。同时，由于材料本身(特别是表面部分)具有一定的缺陷，PN 结的各区域电场分布不均匀，局部的高电场区首先发生击穿，结果使得漏电流变大，增强了噪声。为了实现均匀倍增，衬底材料的掺杂浓度要均匀，缺陷要少，同时在结构上采用保护环。保护环的作用是增加高阻区宽度，减小表面漏电流，避免边缘过早击穿。这种 APD 型光电探测器有时也称为保护环雪崩光电二极管(GAPD)。

一般雪崩光电二极管有以下特征：

(1) 灵敏度很高，电流增益可达 $10^2 \sim 10^3$。

(2) 响应速度快，响应时间只有 0.5ns，响应频率可达 100GHz。

(3) 等效噪声功率很小，约为 10^{-15}W。

(4) 反向偏压高，可达 200V，接近于反向击穿电压。

雪崩光电二极管广泛应用于光纤通信、弱信号探测、激光测距等领域。

6.3.2 雪崩光电二极管制备材料的选择

1. Si

Si 材料技术是一种成熟技术，广泛应用于微电子领域，但并不适合制备目前光通信领域普遍接受的 $1.31 \sim 1.55$mm 波长范围的器件。

2. Ge

虽然 Ge APD 型光电探测器的光谱响应符合光纤传输低损耗、低色散的要求，但在制备工艺中存在很大的困难。而且，Ge 的电子和空穴的离化率比率接近 1，因此很难制备出高性能的 APD 型光电探测器。

3. $In_{0.53}Ga_{0.47}As/InP$

选择 $In_{0.53}Ga_{0.47}As$ 作为 APD 型光电探测器的光吸收层，InP 作为倍增层，是一种比较有效的方法。$In_{0.53}Ga_{0.47}As$ 材料的吸收峰值为 1.65mm，在 1.31mm、1.55mm 波长有约为 10^4cm^{-1} 的高吸收系数，是目前光电探测器吸收层的首选材料。$In_{0.53}Ga_{0.47}As$ 光电二极管比起 Ge 光电二极管，有如下优点：①$In_{0.53}Ga_{0.47}As$ 是直接带隙半导体，吸收系数高；②$In_{0.53}Ga_{0.47}As$ 介电常数比 Ge 小，要得到与 Ge 光电二极管相同的量子效率和电容，可以减少 $In_{0.53}Ga_{0.47}As$ 耗尽层的厚度，因此可以预期 $In_{0.53}Ga_{0.47}As/InP$ 光二极管具有高的效应和响应；③电子和空穴的离化率比率不是 1，噪声较小；④$In_{0.53}Ga_{0.47}As$ 与 InP 晶格完全匹配，用 MOCVD 方法在 InP 衬底上可以生长出高质量的 $In_{0.53}Ga_{0.47}As$ 外延层，可以显著地降低通过 PN 结的暗电流；⑤$In_{0.53}Ga_{0.47}As/InP$ 异质结构外延技术，很容易在吸收区生长较高带隙的窗口层，由此可以消除表面复合对量子效率的影响。

4. InGaAsP/InP

选择 InGaAsP 作为光吸收层，InP 作为倍增层，可以制备响应波长在 $1 \sim 1.4$mm，高量子效率、低暗电流、高雪崩增益的 APD 型光电探测器。通过选择不同的合金组分，实现对于特定波长的最佳性能。

5. InGaAs/InAlAs

$In_{0.52}Al_{0.48}As$ 材料带隙宽(1.47eV)，在 1.55mm 以上波长范围不吸收，有证据显示，薄 $In_{0.52}Al_{0.48}As$ 外延层在纯电子注入的条件下，作为倍增层材料，可以获得比 InP 更好的增益特性。

6. InGaAs/InGaAs(P)/InAlAs 和 InGaAs/In(Al)GaAs/InAlAs

材料的碰撞离化率是影响 APD 性能的重要因素。研究表明，可以通过引入 InGaAs/
InGaAs(P)/InAlAs 和 InGaAs/In(Al)GaAs/InAlAs 超晶格结构提高倍增层的碰撞离化率。应
用超晶格结构这一能带工程可以人为控制导带和价带间的非对称性带边不连续性，并保
证导带不连续性远远大于价带不连续性（$\Delta E_c \gg \Delta E_v$）。与 InGaAs 体材料相比，
InGaAs/InAlAs 量子阱电子离化率明显增加，电子和空穴获得了额外的能量，由于
$\Delta E_c \gg \Delta E_v$，可以预期电子所获得的能量使电子离化率的增加量远远大于空穴能量对空
穴离化率的贡献，电子离化率与空穴离化率的比率(k)增加。因此，应用超晶格结构可以
获得大的增益-带宽积(GBW)和低噪声性能。然而，这种可以使 k 增加的 InGaAs/InAlAs
量子阱结构 APD 很难应用在光接收机上。这是因为影响最大响应度的倍增因子受限于暗
电流，而不是倍增噪声。在此结构中，暗电流主要是由窄带隙的 InGaAs 阱层的隧道效应
引起的，因此，引入宽带隙的四元合金，如 InGaAsP 或 InAlGaAs，代替 InGaAs 作为量
子阱结构的阱层可以抑制暗电流。

以 InAlGaAs 和 InAlGaAs/InAlAs 为倍增层的 APD 离化率 k 随电场的变化而变化。
在相同的电场下，超晶格结构可以大大提高 k，表明超晶格结构的器件具有更大的信噪比。
研究表明，InAlGaAs/InAlAs 量子阱结构的平均能隙为 1.32eV，InAlGaAs 和 InAlAs 的带
隙值分别为 1.13eV 和 1.47eV，量子阱结构的能隙值介于 InAlGaAs 和 InAlAs 的能隙值之
间。量子阱结构的空穴离化率近似等于 InAlGaAs 和 InAlAs 空穴离化率的平均值，因此
InAlGaAs/InAlAs 结构的空穴离化率可以用带隙差来进行很好的解释。然而对于电子离化
率来说，量子阱结构比 InAlGaAs 和 InAlAs 的值都大。这种差异表明电子碰撞离化率的
增加是由大的导带差(ΔE_c)引起的。

6.3.3　雪崩光电二极管的芯片结构

合理的芯片结构是高性能器件的基本保证。APD 结构设计主要考虑 RC 时间常数、
在异质结界面的空穴俘获速率、载流子通过耗尽区的渡越时间等因素。

1. 基本结构

最简单的 APD 结构是在 PIN 型光电二极管的基础上，对 P 型和 N 型都进行重掺杂，
在邻近 P 型或 N 型引进 N 型或 P 型倍增区，以产生二次电子-空穴对，从而实现对一次
光电流的放大作用。对于 InP 系列材料来说，由于空穴碰撞电离系数大于电子碰撞电离
系数，通常将 N 型掺杂的增益区置于 P 型的位置。在理想情况下，只有空穴注入到增益
区，所以称这种结构为空穴注入型结构。由于 InP 有宽带隙特性(InP 为 1.35eV，InGaAs
为 0.75eV)，通常以 InP 为增益区材料，InGaAs 为吸收区材料。

2. 分别吸收、渐变、增益(SAGM)结构与分别吸收、渐变、电荷和增益(SAGCM)结构

目前商品化的 APD 器件大都采用 InP/InGaAs 材料，InGaAs 作为吸收层，InP 由于

在较高电场下($>5 \times 10^5$V/cm)下不被击穿而作为增益区材料。考虑到 InP 和 InGaAs 的带隙差别较大,价带上大约 0.4eV 的能级差就能使在 InGaAs 吸收层中产生的空穴因到达 InP 倍增层之前在异质结边缘受到阻碍而速度大大降低,从而使得响应时间长、带宽窄。这个问题可以在两种材料之间加 InGaAsP 过渡层而得到解决。为了进一步调节吸收层和增益层的电场分布,还可在器件设计中引入电荷层,这种改进可以大大提高器件速率和响应度。

3. 谐振腔增强型(RCE) SAGCM 结构

在以上传统探测器的优化设计中,必须面对这样一个事实:吸收层的厚度会同时影响器件速率和量子效率。薄的吸收层厚度可以减少载流子渡越时间,因此可以获得大的带宽;然而,为了得到更高的量子效率,需要吸收层具有足够的厚度。为解决这个问题,可以采用谐振腔(RCE)结构,即在器件的底部和顶部设计 DBR 反射镜。这种 DBR 反射镜在结构上包括低折射率和高折射率的两种材料,二者交替生长,各层厚度满足在半导体中入射光波长的 1/4。在满足速率要求的前提下,这种谐振腔结构的探测器的吸收层可以做得很薄。

由于 GaAs/AlAs 谐振腔工艺十分成熟,目前这种结构的器件以使用 GaAs/AlGaAs 材料为主,增益-带宽积在 300GHz 以上。InP/InGaAs 谐振腔由于 InP 和 InGaAs 两种材料的折射率差较小,工艺更为复杂,因此直接以 InP 为基材料的谐振腔增强型探测器实用化较少。在应用 GaAs/AlAs 的成熟工艺的基础上利用键合技术,也可以制备以 InP 为基材料的谐振腔增强型探测器。

近年来又出现了 InAlGaAs/InAlAs 或者 InGaAs(P)/InAlAs 材料的 DBR,由于波长范围合适,受到了研究者和开发人员的广泛关注。DBR 器件使用 MBE(分子束外延)生长,包括半绝缘的 InP 衬底、DBR 反射镜、未掺杂的 InAlAs 倍增层、P 型掺杂的 InAlAs 电荷层。电荷层的作用是确保 60 nm 厚的 InAlAs 吸收层的电场不高于 105V/cm,保证器件高速率特性。最后生长的是未掺杂的 InAlAs 空间层和 P$^+$-InAlAs 顶层,其厚度进行了优化设计以确保器件在特定波长下具有最高的响应度。用这种结构制备的器件可以获得小于 10 nA 的低暗电流,在单位增益的条件下,可以获得 70% 的峰值量子效率。噪声测量表明该器件具有非常低的噪声特性($k = 0.18$),这个值比以 InP 为基材料的 APD 高很多,显示了 InAlAs 系列材料在低噪声器件方面的巨大潜力。

4. 边耦合的波导结构

另一种解决吸收层厚度对器件速率和量子效率不同影响的矛盾的方案是引入边耦合波导结构(WG-APD)。这种结构从侧面进光,因为吸收层很长,容易获得高量子效率,同时,吸收层可以做得很薄,降低载流子的渡越时间。因此,这种结构改变了带宽和效率对吸收层厚度的不同依赖关系,有望实现高速率、高量子效率的 APD。WG-APD 在工艺上较 RCE APD 简单,省去了 DBR 反射镜的复杂制备工艺,因此,在实用化领域更具有可行性,适用于共平面光连接。

InGaAs/InAlAs SAGCM WG-APD 器件用 MOCVD 方法,在 S-掺杂的(100)InP 衬底

上先生长 100nm N 型 InP 过渡层，再生长一层 N 型 InAlAs 层。150nm 的倍增层采用掺杂的 InAlAs 材料。电荷层用 Zn 进行掺杂，掺杂浓度为 $2.1 \times 10^{17} \text{cm}^{-3}$，厚度为 180nm。其作用是调整电场在吸收层和倍增层的分配，吸收层上下两侧各生长 100 nm 的 InAlGaAs 波导层。这种结构的器件可以实现 320GHz 的增益-带宽积和极低的噪声特性($k = 0.15$)，充分表现了其在高速率和长距离光通信领域的潜在应用。

WG-APD 的主要问题是薄的吸收层厚度降低了光耦合效率，而且，由于切片工艺和在进光面抗反膜的影响，这种结构的器件可行性变差。这些问题可以通过结构改进而逐步解决。

6.4　极弱光信号探测

光子计数系统是一种利用光电倍增管检测单个光子能量，通过光电子计数的方法测量极弱光脉冲信号的装置。

高质量光电倍增管的特点是有较高的增益、较宽的通频带(响应速度)、低噪声和高量子效率，当可见光的辐射功率低于 10^{-12}W，即光子速率限制在 10^9s^{-1} 以下时，光电倍增管的光电阴极发射出的光电子就不再是连续的，因此，在倍增管的输出端会产生有光电子形式的离散信号脉冲。可借助电子计数的方法检测到入射光子数，实现极弱光强或通量的测量。为了改善动态响应和降低器件噪声，光电倍增管的供电电路和检测电路应该合理设计，并需装备有制冷作用的特种外罩。

根据对外部扰动的补偿方式不同，光子计数系统可分为三种类型：基本型、辐射源补偿型和背景补偿型。

6.4.1　基本型光子计数系统

图 6-17 给出了基本型光子计数系统示意图。入射到光电倍增管阴极上的光子引起输出信号脉冲，经放大器输送到一个脉冲幅度鉴别器上。由放大器输出的信号除有用光子脉冲之外，还包括器件噪声和多光子脉冲。后者是由时间上不能分辨的连续光子集合而成的大幅度脉冲。脉冲幅度鉴别器的作用是从中分离出单光子脉冲，再用计数器计数光子脉冲数，计算出在一定时间间隔内的计数值，以数字和模拟形式输出[8]。比例计用于给出正比于计数脉冲速率的连续模拟输出。

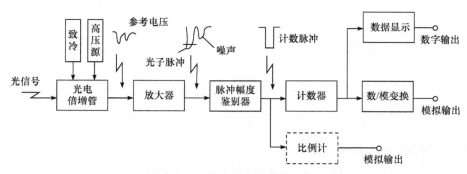

图 6-17　基本型光子计数系统

脉冲幅度鉴别器的工作可由具体计算进一步说明。由光电阴极发射的每个电子被倍增系统放大，设平均增益为 10^6，则每个电子产生的平均输出电荷为

$$q = 10^6 eQ \tag{6-40}$$

这些电荷是在 $t_0 = 10\text{ns}$ 的渡越时间内聚焦在阳极上的，因而，产生的阳极电流脉冲峰值 I_p 可由矩形脉冲的峰值近似表示，并有

$$I_p = \frac{q}{t_0} = \frac{10^6 \times 1.6 \times 10^{-19}}{10 \times 10^{-9}} \mu A = 16 \mu A \tag{6-41}$$

检测电路转换电流脉冲为电压脉冲。设阳极负载电阻 $R_a = 50\Omega$，分布电容 $C = 20\text{pF}$，则 $\tau = 1\text{ns} \ll t_0$。因此，输出脉冲电压波形不会畸变，其峰值为

$$U_p = I_p R_a = 16 \times 10^{-6} \times 50\text{mV} = 0.8\text{mV} \tag{6-42}$$

这是一个光子引起的平均脉冲峰值的期望值。

实际上，除了单光子激励产生的信号脉冲外，光电倍增管(PMT)还输出热发射、倍增极电子热发射和多光子发射以及宇宙线和荧光发射引起的噪声脉冲，如图 6-18 所示。其中，多光子脉冲幅值最大，其他脉冲的幅值相对要小些。因此为了鉴别出各种不同性质的脉冲，可采用脉冲峰值。简单的单电平鉴别器具有一个阈值电平 V_{s1}，调制阈值位置可以除掉各种非光子脉冲而只对光子信号形成计数脉冲。对于多光子脉冲，可以采用有两个阈值电平的双电平鉴别器(又称为窗鉴别器)，它仅仅使落在两电平间的多光子脉冲产生输出信号，而对高于第一阈值 V_{s1} 的热噪声和低于第二阈值 V_{s2} 的多光子脉冲没有反应。脉冲幅值的鉴别作用抑制了大部分的噪声脉冲，减少了光电倍增管由于增益随时间和温度漂移而造成的有害影响。

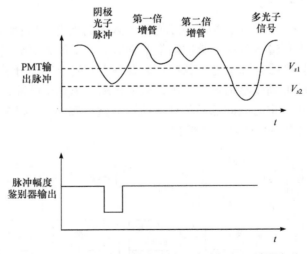

图 6-18　光电倍增管的输出脉冲和脉冲幅度鉴别器波形

光子脉冲由计数器累加计数。图 6-19 给出简单计数器的原理示意图，它由计数器 A 和定时器 B 组成。手动或自动启动脉冲，使计数器 A 开始累加从脉冲幅度鉴别器来的信号

脉冲，计数器 C 同时开始计由时钟脉冲源来的计时脉冲。这是一个可预置的减法计数器。事先由预置开关置入计数值 N。设时钟脉冲频率为 R_C，而计时器的预置的计数时间为

$$t = N / R_C \tag{6-43}$$

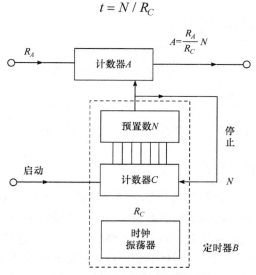

图 6-19 光子计数系统的计数器

于是在预置的测量时间 t 内，计数器 A 的累加计数值可计算为

$$A = R_A t = \frac{R_A}{R_C} N \tag{6-44}$$

式中，R_A 为平均光脉冲计数率。

式(6-44)给出了待测光子数的实测值。

6.4.2 辐射源补偿型光子计数系统

为了消除辐射源的起伏影响，采用如图 6-20 所示的双通道系统，在测量通道中放置被测样品，光子计数率 R_A 随样品透过率和照明辐射源的波动而改变。参考通道中用同样的放大鉴别器测量辐射源的光强，输出计数率 R_C 只由光源起伏决定。若在计数器中用输出计数率 R_C 去除光子计数率 R_A，将得到源补偿信号 R_A/R_C，为此采用如图 6-21 所示的辐射源补偿用的光子计数器。它与图 6-20 所示的系统相似，只是用参考通道的源补偿信号作为外部时钟输入，当源强度增减时，R_A 和随 R_C 同步增减，这样，在计数器 A 的输出计数值中有

$$A = R_A t = R_A \cdot \frac{N}{R_C} = \frac{R_A}{R_C} \tag{6-45}$$

源补偿信号 R_A/R_C 仅由被测样品透过率决定，而与源强度起伏无关。可见，比例技术提供了一个简单而有效的源补偿方案。

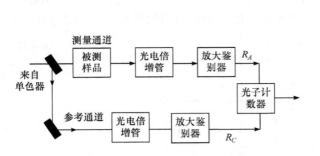

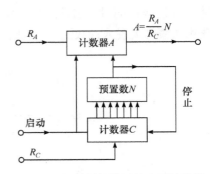

图 6-20　辐射源补偿的光子计数系统　　　　　图 6-21　辐射源补偿用的光子计数器

6.4.3　背景补偿型光子计数系统

在光子计数系统中，在光电倍增管受杂散光或温度的影响从而引起背景计数率比较大的情况下，应该把背景计数率从每次测量中去除。为此采用了如图 6-22 所示的背景补偿型光子计数系统，这是一种斩光器或同步计数方式。斩光器用来通断光束，产生交替的"信号+背景"和"背景"的光子计数器，同时为光子计数器 A、B 提供选通信号。当斩光器叶片挡住输入光线时，放大鉴别器输出的是背景噪声，这些噪声脉冲在定时电路的作用下由计数器 B 收集。当斩光器叶片允许入射光通向倍增管时，鉴别器的输出包含了信号脉冲和背景噪声$(S+N)$，它们被计数器 A 收集。这样在一定的测量时间内，经过多次斩光后，计算电路给出了两个输出量，具体如下。

信号脉冲为

$$A - B = (S + N) - N = S \tag{6-46}$$

总脉冲为

$$A + B = (S + N) + N \tag{6-47}$$

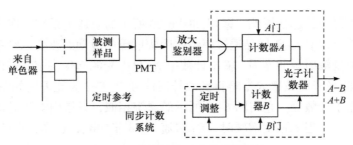

图 6-22　背景补偿型光子计数系统

对于光电倍增管，随机噪声满足泊松分布，其标准差为

$$\sigma = \sqrt{A + B} \tag{6-48}$$

于是信噪比即为

$$\mathrm{SIR} = \frac{信号}{\sqrt{总计数}} = \frac{A - B}{\sqrt{A + B}} \tag{6-49}$$

根据式(6-46)和式(6-49)可以计算出检测的光子数和测量系统的信噪比。例如，$t=10\mathrm{s}$内若分别测得 $A=10^6$ 和 $B=4.4\times10^5$，则被测光子数为

$$S = A - B = 5.6\times10^6 \tag{6-50}$$

标准偏差为

$$\sigma = \sqrt{A+B} = \sqrt{1.44\times10^6} = 1.2\times10^3 \tag{6-51}$$

信噪比为

$$\mathrm{SIR} = S/\sigma = 5.6\times10^5/(1.2\times10^3) \approx 467 \tag{6-52}$$

图 6-23 给出了有斩光器的光子计数系统工作波形图。在一个测量时间内，包括 M 个斩光周期 $2t_p$。为了防止斩光器叶片边缘散光的影响，使选通脉冲的半周期 $t_s < t_p$，并满足：

$$t_p = t_s + 2t_D \tag{6-53}$$

式中，t_D 为空程时间，为 t_p 的 2%～3%。

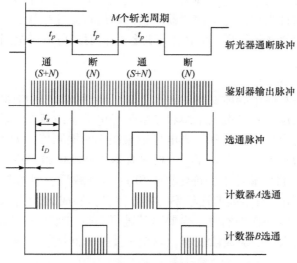

图 6-23　有斩光器的光子计数系统工作波形图

根据前述说明，光子计数的基本过程如下。

(1) 用光电倍增管检测弱光的光子流，形成包括噪声信号在内的输出光脉冲。

(2) 利用脉冲幅度鉴别器鉴别噪声脉冲和多光子脉冲，只允许单光子脉冲通过。

(3) 利用光子脉冲计数器检测光子数，根据测量目的，折算出被测参量。

(4) 为消除辐射源或背景噪声的影响，可采用双通道测量方法。

光子计数方法的特点如下。

(1) 只适用于极弱光的测量，光子的速率限制在大约 $10^9\mathrm{s}^{-1}$，相当于 1nW 的功率，不能测量包含许多光子的短脉冲强度。

(2) 不论是连续的、脉冲的光信用都可以使用，能取得良好的信噪比。

(3) 为了得到最佳性能，必须选择光电倍增管和装备带制冷器的外罩。

(4) 不用数/模转换即可提供数字输出。

6.5　微波光子探测器

光子探测器利用某些半导体材料在红外辐射的照射下，产生光电效应，使材料的电学性质发生变化。通过测量电学性质的变化，可以确定红外辐射的强弱。利用光电效应制成的红外探测器统称为光子探测器。光子探测器的主要特点是灵敏度高、响应速度快、响应频率高。但其一般需要在低温下工作，探测波段较窄[9]。

光子探测器按照工作原理，一般可分为外光电探测器(PE)和内光电探测器两种。内光电探测器又分为光电导探测器(PC)、光生伏特探测器(PU)和光磁电探测器(PEM)三种。

6.5.1　外光电探测器

当光辐射照在某些材料的表面上时，若入射光的光子能量足够大，就能使材料的电子逸出表面，向外发射电子，这种现象称为外光电效应或光电子发射效应。光电管、光电倍增管等都属于这种类型的光子探测器。它的响应速度比较快，一般只需要几纳秒；但电子逸出需要较大的光子能量，只适用于近红外辐射或可见光范围内。

6.5.2　光电导探测器

当红外辐射照在某些半导体材料的表面上时，半导体材料中有些电子和空穴在光子能量的作用下可以从原来不导电的束缚状态变为导电的自由状态，使半导体的电导率增加，这种现象称为光电导现象。利用光电导现象制成的探测器称为光电导探测器，光敏电阻就属于光电导探测器。光电导探测器材料有本征型硫化铅(PbS)、碲镉汞(HgCdTe)、掺杂型锗(Ge)硅(Si)、自由载流子型锑化铟(InSb)。自由载流子型光电导探测器是 20 世纪 60 年代提出的，它是用具有很高的迁移率的半导体材料制成的，用于探测波长大于 $300\mu m$ 的红外辐射。使用光电导探测器时，需要对其进行制冷和加上一定的偏压，否则会使其响应率降低，噪声增大，响应波段变窄，以至于使探测器性能衰减。

6.5.3　光生伏特探测器

当红外辐射照射在某些半导体材料构成的 PN 结上时，在 PN 结内建电场的作用下，P 区的自由电子移向 N 区，N 区的空穴向 P 区移动。如果 PN 结是开路的，则在 PN 结两端产生一个附加电势，它称为光生电动势。利用光伏效应制成的探测器称为光生伏特探测器或结型红外探测器。

结型红外探测器又分为如下几种。

(1) 同质结 InSb、PbTe。

(2) 异质结 $GaAs/Ga_{1-x}Al_xAs$。

(3) 肖特基结 Pt/Si。

(4) 雪崩管 Si、Ge。

(5) 量子阱 GaAs/GaAlAs。

6.5.4　光磁电探测器

当红外线照射在某些半导体材料表面上时，在材料的表面产生电子-空穴对，并向内部扩散，在扩散中受到强磁场作用，电子与空穴各偏向一边，因而产生了开路电压，这种现象称为光磁电效应。利用光磁电效应制成的红外探测器，称为光磁电探测器，图 6-24 为其原理图。

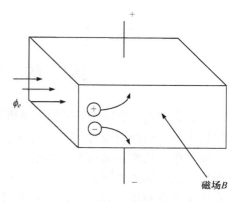

图 6-24　光磁电探测器原理图

光磁电探测器响应波段在 $7\mu m$ 左右，时间常数小，响应速度快，不用加偏压，内阻极低，噪声小，性能稳定，但其灵敏度低，低噪声放大器制作困难，因而影响了其使用。

课 后 习 题

1. 说明光电检测系统的组成部分。列举一个典型的光电检测系统，并说明其工作原理。
2. 光电发射的基本定律是什么？它与光电导效应和光伏效应相比，本质区别是什么？
3. 光电探测器的主要特性参数有哪些？设计光电测量系统选择器件，应考虑哪些因素？
4. 试论述光电探测器噪声源的性质和特征。
5. 什么叫光子计数技术？光子计数中采用的光子计数器有什么特点？计数的方法有哪些？说明光子计数器的带宽与测量精度的关系。

参 考 文 献

[1] 杨小丽. 光电子技术基础[M]. 北京: 北京邮电大学出版社, 2005.
[2] 范志刚. 光电测试技术[M]. 北京: 电子工业出版社, 2004.
[3] 安毓英, 曾晓东. 光电探测原理[M]. 西安: 西安电子科技大学出版社, 2004.
[4] KASAP S O. Optoelectronics and photonics: principles and practices[M]. 北京: 电子工业出版社, 2003.
[5] YARIV A. Introduction to optical electronics[M]. 李宗琦, 译. 北京: 科学出版社, 1983.
[6] 郝晓剑, 李仰军. 光电探测技术与应用[M]. 北京: 国防工业出版社, 2009.
[7] 刘恩科, 罗晋生. 半导体物理学[M]. 北京: 国防工业出版社, 2007.
[8] 刘俊, 张斌珍. 微弱信号检测技术[M]. 北京: 电子工业出版社, 2005.
[9] 张志伟, 曾光宇, 李仰军. 光电检测技术[M]. 北京: 清华大学出版社, 2018.

第 7 章　太阳能光热与光伏

在太阳能、潮汐能、风能、地热能等多种可再生能源之中，太阳能因为其分布广泛、储量丰富、洁净安全等优点，受到了广泛的关注和大量的研究，其在社会生产生活中的实际应用也已经日渐成熟和普遍。目前太阳能利用方式主要有两种：一种是将太阳能转换为热能，即光热转换；另一种是将太阳能直接转换为电能，即光伏发电。光伏发电和光热发电各有优劣势，有各自的应用领域。光伏发电主要应用于分布式发电，而光热发电则较多用作集中式发电。光热发电和光伏发电都有各自发展前景，二者没有直接冲突。在太阳能发电发展比较好的地方应该既有光热发电系统，又有光伏发电系统，因此从长期来看两者是互补关系。本章将针对这两种太阳能利用方式详细展开讨论。

7.1　太阳能光热吸收薄膜

7.1.1　太阳能光热吸收薄膜的发展历程

太阳能光热利用的历史十分悠久，从古罗马时代阿基米德巧用聚光镜点燃敌船到2014 年世界最大的塔式太阳能光热电站 Ivanpah 开始投运，太阳能光热利用几乎一直伴随着社会文明的发展。然而，人类真正开始高效利用太阳能热效应的历史并不久远，直到 1956 年，以色列物理学家 Tabor 等[1]才首次提出只有具备选择性吸收特性的材料能高效利用太阳能光热效应，即高效的光热转换材料不仅要考虑太阳光波段的高效吸收，还要考虑材料在红外热辐射波段的热损失。光热吸收薄膜概念的提出意义重大，尤其是在高温光热领域，因此一经提出便得到了研究人员的推崇，人们开始逐渐尝试将传统吸收薄膜与低辐射的薄膜进行复合来获得选择性吸收特性，并采用太阳光吸收率及红外辐射率这两个评判标准来衡量一种太阳能光热吸收薄膜的性能。当时，由于制备技术的限制，人们发现的最为简易的吸收装置的制备方法就是在金属基板上电镀一层黑铬或黑镍薄膜，膜层物质提供较高的太阳光吸收率，而金属基板则保证了较低的红外辐射率。采用该方法制备的太阳能集热器具有良好的选择性吸收特性，该方法一度成为 20 世纪五六十年代选择性吸收材料的主流制备方法。

到了 20 世纪六七十年代，人们渐渐发现采用电化学沉积法制备的光热吸收薄膜的耐高温性较差，且制备流程会造成一定的环境污染，电化学沉积法的各种弊端都开始逐渐显现出来。与此同时，物理气相沉积法的兴起为光热吸收薄膜的制备提供了新的契机，20 世纪 70 年代时，人们发现采用热蒸镀、脉冲激光沉积、磁控溅射沉积、离子电镀等真空物理气相沉积法制备的吸收薄膜具有良好的耐候性(材料如涂料、建筑用塑料、橡胶制品等，应用于室外经受气候的考验，如光照、冷热、风雨、细菌等造成的综合破坏，其耐受能力叫耐候性),膜层设计更为简便,能够实现大面积镀膜且适用于中高温太阳能光热领域,渐渐成为商业化生产吸收薄膜的主流制备手段。80 年代初,美国与以色列联合组建的 LUZ 太阳能热发电国际有限公司便采用磁控溅射法制备出 Mo-Al$_2$O$_3$ 纳米金属陶瓷太阳能光热吸收薄膜,其在 350℃时,吸收率为 0.96,辐射率为 0.16,成功应用于美国南加利福尼亚州于 80 年代建立的全球首批太阳能光热电站中,开启了中高温太阳能光热利用领域的新时代。

我国关于太阳能光热吸收薄膜的研究起步较晚,改革开放以后我国才开始引进国外先进的镀膜技术。尽管如此,我国在太阳能光热吸收薄膜领域同样取得了令人瞩目的成就。清华大学殷志强等在 20 世纪 80 年代发明出一种 Al-N 渐变选择性吸收薄膜,采用磁控溅射法制备,吸收率为 0.93,辐射率为 0.06(100℃),该发明使溅射系统结构简化,溅射效率提高,新涂层放气量少,制备过程中真空烘烤温度可降至 400~450℃;缩短了生产周期,降低了能耗,目前仍是最为成熟的选择性吸收膜系之一[2]。北京市太阳能研究所于 90 年代在此基础之上发明出 AlN$_x$O$_y$ 和 TiN 光热吸收薄膜,它们都具有优异的吸收性能及低辐射性能,同样采用磁控溅射法。

到了 20 世纪末期,全球能源危机的爆发又一次促进了光热吸收薄膜的蓬勃发展,关于太阳能选择性吸收薄膜的制备、设计、优化等方面的研究层出不穷,掀起全球性的研发浪潮,而一些能源需求日益增长的发展中国家,如中国、印度、南非等在该方面的研究投入更加显得迫切与重要。

7.1.2　太阳能光热吸收薄膜的工作原理

实现太阳能光热转换的核心材料为太阳能光热吸收薄膜,它是一种能将太阳光高效转换为热能的材料,具有选择性吸收特性。太阳能的主要形式为太阳辐射,其 99%以上的能量集中在 0.3~2.5μm 的可见-近红外光波段,薄膜材料需要具有较高的吸收性能来获取能量;而在 2.5~25μm 处,材料自身的热辐射损失十分严重,材料需要具备良好的低辐射性能来阻止能量的流失。

理想的太阳能光热吸收材料应当在太阳辐射波段具有完全的吸收能力,吸收率 α 定义为[3]

$$\alpha = \frac{\int_0^\infty \int_0^{2\pi} \int_0^{\frac{\pi}{2}} \varepsilon_\lambda' (\lambda,\phi,\theta) I_{\text{sun}} (\lambda,\phi,\theta) \cos\theta \sin\theta \mathrm{d}\lambda \mathrm{d}\phi \mathrm{d}\theta}{\int_0^\infty \int_0^{2\pi} \int_0^{\frac{\pi}{2}} I_{\text{sun}} (\lambda,\phi,\theta) \cos\theta \sin\theta \mathrm{d}\lambda \mathrm{d}\phi \mathrm{d}\theta} \tag{7-1}$$

式中,λ 为入射波长;ϕ 为入射光方位角;θ 为入射光极角;ε_λ' 为工作温度下的定向辐射率;I_{sun} 为入射光定向辐射强度。式(7-1)中分子表示材料吸收的能量,分母表示入射的总能量。

另外,所有的温度在 0K 以上的物体都会向外辐射能量。用辐射率 ε 描述光热吸收材料的辐射能力,定义为[3]

$$\varepsilon = \frac{\int_0^\infty \int_0^{2\pi} \int_0^{\frac{\pi}{2}} \varepsilon_\lambda'(\lambda,\phi,\theta) I_b(\lambda,\phi,\theta,T) \cos\theta \sin\theta \mathrm{d}\lambda \mathrm{d}\phi \mathrm{d}\theta}{\int_0^\infty \int_0^{2\pi} \int_0^{\frac{\pi}{2}} I_b(\lambda,\phi,\theta,T) \cos\theta \sin\theta \mathrm{d}\lambda \mathrm{d}\phi \mathrm{d}\theta} \tag{7-2}$$

式中，I_b 为黑体辐射强度。若要提高选择性吸收材料的工作效率，需要提高 α，降低 ε(两者取值范围都为 0~1)。太阳辐射光谱与黑体辐射光谱的波长分布存在差异。根据普朗克黑体辐射公式，有

$$I_v(v,T) = \frac{2hv^3}{c^2} \cdot \frac{1}{e^{\frac{hv}{kT}} - 1} \tag{7-3}$$

式中，v 为频率。热辐射的峰值波长与物体的温度成反比(Wein 定理)。太阳表面温度高达5500℃，而对于太阳能光热应用，工作温度都远低于此温度，因此两者的辐射光谱在波长分布上存在显著差异。理想的太阳能选择性吸收材料要求在 0.3~2.5μm 有高辐射率 ε_λ'，在 2.5~25μm 有低辐射率 ε_λ' 来阻止能量的流失。根据基尔霍夫热辐射定律，在热平衡条件下，物体对热辐射的吸收率恒等于同温度下的发射率(发射率一般指比辐射率)，也就是要求材料截止吸收波长在 2.5μm 左右的近红外区。目前，在所有已知材料中，还没有某种单一材料具有令人满意的选择性吸收特性，通常需要将两种具有不同选择性吸收特性的材料组合使用才能获得较为理想的选择性吸收特性。由于金属材料具有较低的红外发射率，可作为基底材料来提供低辐射性能，接着在金属表面上涂上一层选择性吸收薄膜即可制备出具有选择性吸收特性的太阳能集热器。

在实际研究中，太阳能光热吸收薄膜的热效率 η 定义为薄膜吸收的能量与受到的阳光辐射能量之比，即

$$\eta = \frac{I_{\mathrm{out}}}{I_{\mathrm{sun}}} = \frac{I_{\mathrm{abs}} - I_{\mathrm{rad}}}{I_{\mathrm{sun}}} \tag{7-4}$$

式中，I_{abs} 为薄膜吸收的能量；I_{rad} 为热辐射。为简化运算，这里忽略薄膜表面的热对流造成的能量损失。根据斯特藩-玻尔兹曼定律，黑体表面的单位面积在单位时间内辐射的总能量 j 为

$$j = \varepsilon(\lambda)\sigma T^4 \tag{7-5}$$

式中，σ 为斯特藩常量；T 为温度；ε 为黑体辐射量，与波长相关。将光热吸收薄膜表面近似为黑体，因此热辐射 I_{rad} 为

$$I_{\mathrm{rad}} = \varepsilon\sigma(T_{\mathrm{ssa}}^4 - T_{\mathrm{amb}}^4) \tag{7-6}$$

式中，T_{ssa} 为光热吸收薄膜的表面温度；T_{amb} 为环境温度。薄膜表面的辐射强度 I_{sun} 为

$$I_{\mathrm{sun}} = CI \tag{7-7}$$

式中，I 是太阳光辐射强度，与装置所在地域相关，一般根据 AM1.5 标准取 1000W/m²，C 是太阳光聚焦倍数，代表光热转换装置中的聚焦系统对阳光的聚焦能力。因此可将式(7-4)变化成

$$\eta = \alpha - \frac{\varepsilon\sigma(T_{ssa}^4 - T_{amb}^4)}{CI} = \alpha - \frac{\varepsilon}{k(C,T)} \tag{7-8}$$

式中，k 为只与太阳光聚焦倍数和系统工作温度相关的参量，代表器件的工作条件。k 的大小影响热辐射率对系统效率的贡献。

7.1.3 太阳能光热吸收薄膜的分类

根据吸收太阳光的原理和薄膜结构的不同，可以把光热吸收薄膜分为本征吸收膜(体吸收型膜)、光干涉膜、多层渐变膜、电介质-金属复合材料膜(金属-陶瓷膜)和光学陷阱膜[4]。

1. 本征吸收膜

本征吸收膜又称为体吸收型膜，或半导体型吸收膜，是指膜本身具有选择性吸收特性，此种类型的材料包括半导体材料和一些过渡族金属以及它们的氮化物、硼化物、碳化物。半导体的本征吸收是指价带电子吸收光子能量后，从价带跃迁到导带所形成的吸收过程。$hv_0 \leqslant E_g$（h 是普朗克常量，v_0 是光的频率，E_g 是禁带宽度)即表示光子的能量不得小于半导体的禁带宽度，这是产生本征吸收所要具备的条件。波长 $\lambda > \lambda_c$ 的红外光因为能量低不被吸收而透过膜层，利用金属基体的高反射特性，形成了半导体膜的选择性吸收作用。一些过渡族金属以及它们的氮化物、硼化物、碳化物，其吸收机理类似于半导体，故成为制备本征吸收膜的主要材料。

2. 光干涉膜

光干涉膜利用光的干涉效应实现对太阳可见-近红外光谱的强吸收，由非吸收的介质膜与吸收的复合膜和金属基底或底层薄膜组合而成。通过严格控制每层膜的折射率和厚度，使其对可见光谱区产生破坏性的干涉效应，降低对太阳光波长中心部分的反射率，在可见光谱区产生一个宽的吸收峰[4]。随着层数的增加，吸收率有增加的趋势，但是发射率也可能增加，而且需要严格控制各层厚度和折射率。1972 年 Seraphin 设计了一种四层结构的电介质-金属干涉叠堆膜。这种结构巧妙地应用了薄膜干涉现象，这类吸收表面具有相当好的稳定性，即使在高温下，其发射率都很低。干涉-增强选择性吸收叠堆膜又称为电介质层-吸收层-电介质层叠堆膜，简称 D-A-D 膜堆。这种结构中，最底层是反射层，半透明金属上、下都是没有吸收(消光系数 $k=0$)的纯电介质层。设计时应保证电介质层光学膜厚在中心波长(如 500nm)处实现相消干涉，以降低表面反射，增加吸收。

3. 多层渐变膜

多层渐变膜由表面减反层、渐变金属-介质复合材料吸收层及金属红外反射层组成，而复合材料吸收层又由多层金属-介质复合材料亚层组成。这种膜邻近红外反射层的亚层折射率和消光系数最大，而单个亚层的金属含量从外到内逐渐增大，各亚层的折射率和消光系数从外到内也逐渐增大，利用其对入射光线逐层吸收，以达到较高的太阳光谱吸收率兼顾尽可能低的发射率的理想效果。但随温度的升高，其热辐射率急剧增大，一般只适用于中低温领域，常用的梯度渐变不锈钢-碳铜、Al-N/Al、铝阳极氧化着色膜等都是这种结构。

4. 电介质-金属复合材料膜

金属-陶瓷膜即属于电介质-金属复合材料膜，其指的是在具有高红外反射率的金属基底上沉积一种将金属粒子掺入氧化物或者氮化物等电介质的膜。这种膜利用的是金属的带间跃迁及小颗粒的共振作用，对太阳光谱有很强的吸收作用，但在红外光区是透明的。金属粒子嵌在电介质基体的体积百分数称作金属填充因子，在复合材料中，金属粒子"悬浮"在基体中，结构和特性较为稳定。性能渐变的复合材料可构成渐变选择性吸收。由于制备方便，成分容易控制，因此其在太阳能选择性吸收薄膜中的应用最为广泛。

5. 光学陷阱膜

光学陷阱膜采用物理或者化学方法使表面粗糙化，表面形成许多类似圆柱形空洞、蜂窝结构、"V"形沟或者树枝状的微观上不平整但宏观上平整的显微表面，使得表面不连续性的尺寸与可见光峰值对应，从而对可见光形成陷阱作用。这种结构对短波辐射和长波辐射具有不同的效应，对于短波而言是粗糙的，可以将入射光束在微孔中经历多次反射而充分吸收；对于长波而言它却类似于镜面结构，使反射率很高。

7.1.4　太阳能光热吸收薄膜的制备

太阳能选择性吸收薄膜对制备工艺的要求并不苛刻，包括电化学沉积法、磁控溅射法、真空蒸发沉积法、脉冲激光沉积法、化学气相沉积法、物理研磨法、溶胶-凝胶法、电镀法。

1. 电化学沉积法

利用电化学沉积法制备太阳能光热吸收薄膜时通常将一整块金属基板(铝、钢、铜等)浸在化学电解液中，金属为负极，通过电化学氧化还原反应在金属基板上镀一层金属化合物薄膜。第一代商业化应用的太阳能光热吸收薄膜便是用电化学沉积法制备的，其产品曾广泛应用于平板太阳能热水器中。电化学沉积法的优点是成本低、生产效率高，但电化学沉积法制备的薄膜的化学稳定性及热稳定性较差，并且该制备方法中的化学电解液会对环境造成极大的污染。

2. 磁控溅射法

磁控溅射法是物理气相沉积法的一种，镀膜时在接近真空的环境中通过电离惰性气体来轰击靶材，使得溅射出的中性靶原子或分子沉积至基板表面形成薄膜材料。利用磁控溅射法制备太阳能光热吸收薄膜的工艺十分成熟，重复性高，靶材利用率高，薄膜结构可控性高，薄膜结合力好，该方法是一种十分理想的太阳能光热吸收薄膜制备方法。磁控溅射法自身也存在一些缺点，如成本太高、产品能耗较高等，但在目前的产业环境下，由于磁控溅射法具有不可替代的工艺优势，在未来相当长的一段时间内它仍会是商业化制备太阳能光热吸收薄膜的首选。

3. 真空蒸发沉积法

真空蒸发沉积法也称为蒸镀法，是在高温低压环境下使材料蒸发，让靶原子或分子从表面逸出，形成蒸气流，沉积至基板表面形成薄膜的方法。该方法比磁控溅射法操作更为简单，成膜速度更快，效率更高，且能够精确控制每层薄膜的厚度。因此该方法更适用于制备具有多层薄膜结构的太阳能光热吸收薄膜。然而，真空蒸发沉积法在工艺重复性、待蒸发原料加热稳定性等方面一直存在一些问题，使其商业化大规模应用受到了一定限制。

4. 脉冲激光沉积法

脉冲激光沉积(PLD)法与蒸镀法类似，是通过脉冲激光的瞬时高温将靶材气化，使其原子与分子从表面逸出，沉积至基板表面并形成薄膜的一种真空镀膜方法。它的制备工艺较为简单，薄膜厚度可精确调控，已广泛应用于制备光学薄膜、高温超导薄膜及磁光薄膜等一系列薄膜材料上。尽管如此，脉冲激光沉积法在大面积制备光热吸收薄膜方面的均匀性欠佳，其薄膜质量不及磁控溅射法及真空蒸发沉积法，因此关于利用脉冲激光沉积法制备光热吸收薄膜的研究也并不多见。

5. 化学气相沉积法

化学气相沉积法是将一种或多种化合物气化后吹入反应室，经过一定的化学气相反应将所需的材料沉积在基板上制备薄膜的方法。化学气相沉积过程由于气源和计量比可控，用于制备复杂结构的薄膜时，如具有防扩散层、渐层结构和防反射层的薄膜，可以做到不间断一次性制备。同时，该方法的沉积速率较快，无须苛刻的真空条件，适用于较大面积的高效率镀膜。然而，由于化学气相反应过程较为复杂，其膜层材料成分往往是一些非化学计量比的材料，稳定性及可重复性均较差。

6. 物理研磨法

物理研磨法是通过机械摩擦的方法在金属表面形成具有吸收特性的微结构，通常研磨板中可加入石墨等材料，使其在金属表面形成一些金属化合物或通过高能摩擦的二次结晶作用形成一些具有吸收特性的物相。该方法制备工艺简单，对设备的要求低，但是面临的最大的难题就是制备出的薄膜的稳定性和均匀性较差，可重复性有待提高。

7. 溶胶-凝胶法

溶胶-凝胶法是一种湿化学的方法，通过选取合适的前驱体材料和溶剂，将两者均匀混合，并加入催化剂、溶胶改性剂等辅助试剂，在适当的温度和湿度条件下，于液相中发生水解缩聚反应形成稳定的溶胶，再将溶胶涂敷在基板表面，并进行退火处理，最终便可得到薄膜材料。溶胶-凝胶法是一种较为成熟的材料制备方法，它不需要复杂的真空设备，具有低成本、工艺简单、环境友好等特点。

8. 电镀法

利用电镀法制备光热吸收薄膜是利用电化学氧化还原反应，在电解液中的金属基板上镀金属、金属氧化物等薄膜。电镀法适用于管状、弧形等非平板状基板，技术成熟。缺点是薄膜化学稳定性和热稳定性差，通常只适用于低温太阳能利用，并且电解液中的物质对环境有污染，不利于环保。

7.2　太阳能真空集热管

光热转换是指通过反射、吸收或其他方式把太阳能集中起来，转换成足够高的温度的过程，以有效地满足不同负载的要求。太阳能光热转换的优势之一便是适用性强，从60℃的太阳能热水器到高达1000℃的蝶式太阳能发电系统，太阳能光热的应用十分广泛。集热装置是太阳能光热转换的重要部件。根据是否配备太阳能聚光系统，可将太阳能光热的应用分为非聚光式和聚光式两种。平板集热器是一种不聚光的集热器，它吸收太阳辐射的面积等同于采集太阳辐射的面积，光热转换效率较低，一般用于低温状态下的光热转换。现今民用的太阳能热水器主要采用这种太阳能利用方式。为了提高太阳能光热转换的集热温度，聚光式集热器应运而生，它通过光的反射或多次反射，可以将较大辐射面积的太阳光聚集在比较小的吸热面上，这样散热损失小，吸热效率高，可以达到较高的温度，是提高太阳能光热利用效率的很好的途径。

真空集热管是太阳能集热器最重要的组成部件之一。一个真空管太阳能集热器可以包含多根管状的集热装置，通过上下部水管连接起来。真空管太阳能集热器可以消除盖板和集热板之间的对流热损失，进一步减少热损，因此可以达到比平板型太阳能集热器更高的温度，利用太阳能选择性吸收涂层集热时的温度可达到200℃。

真空集热管以传热工质的传热和流动进行分类，又可分成两大类：一类是全玻璃式真空集热管，传热工质就是被加热的介质空气或者水，在玻璃管内直接流动和换热；另一类是热管式真空集热管，传热工质在置于真空玻璃管内的金属吸热体中流动和换热，传热工质一般是防冻液(适用于北方高寒地区)或软化水(适用于水质较硬地区)，将热量吸收后通过金属吸热体传给被加热介质空气或者水。

全玻璃式真空管太阳能集热器由同轴的两根同心圆玻璃管熔封在一起构成，整个结构就像一个拉长的暖水瓶胆，一端为开口端，另一端密封为半球形圆头，两管内部抽成真空，内玻璃管外表面镀有太阳能选择性吸收涂层。内玻璃管外表面吸收的太阳能转换成热能，被玻璃管内的传热工质吸收进行集热，玻璃管内抽真空有效降低了热损。把全玻璃式真空集热管改进成金属吸热体真空管太阳能集热器，即使用金属材料作为吸热体，使得太阳能可以在更多场合得以利用，是现在真空管太阳能集热器的一个重要发展方向。热管式真空管太阳能集热器为其代表。两种真空集热管示意图如图7-1、图7-2所示。

热管式真空集热管包括两相闭式热虹吸管(重力热管)和单层的玻璃套管。其中，热管蒸发段外套单层玻璃套管，玻璃套管与热管蒸发段之间的环形空间抽成真空状态，以增大环形空间的热阻；热管蒸发段的外表面覆盖吸收率高、发射率低的选择性吸收涂层，以降低向外界的辐射热损失；热管冷凝管伸入夹套内，向传热流体放热[5]。

热管式真空集热管的工作原理[5]为：照射到槽式聚光器上被反射的太阳光线，透过玻璃套管，聚焦到金属管的热管蒸发段，被选择性吸收涂层吸收；被吸收的热量从金属

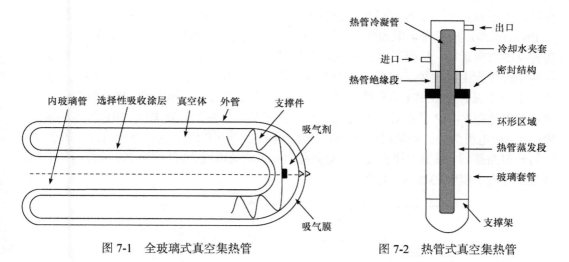

图 7-1　全玻璃式真空集热管　　　　　　　　图 7-2　热管式真空集热管

管外壁面通过导热方式传递给内壁面；金属管内壁面通过核态沸腾方式传递热量给管内传热工质，工质(液态)受热汽化为饱和蒸汽流向热管冷凝管；饱和蒸汽流在冷凝管通过膜状凝结方式释放热量给金属管内壁面后凝结成液膜，依靠重力回流到蒸发段；冷凝管金属内壁面吸收的热量通过导热方式传递给外壁面，最后在金属管外壁面，热量通过对流换热方式被传热流体带走。

　　为了使真空集热管最大限度地吸收和利用太阳能，集热管必须具备下五个条件：①吸热管的直径要大于焦斑的宽度；②对阳光的吸收率高；③在高温下发射率低；④吸热管管壁导热性能好；⑤具有良好的保温性能。

7.3　太阳能电池基本原理

　　由于光的照射，在半导体材料中产生电子-空穴对，这些电子-空穴对在内建电场的作用下做漂移运动，例如，PN 结中，电子漂移向 N 区，而空穴则移向 P 区，半导体内部产生的电动势就是光生电压；若将 PN 结短接或者连接外部负载，就会有光生电流的输出。这种由内建电场引起的光电效应，称为光生伏特效应，这是太阳能电池的基本工作原理。

7.3.1　光生伏特效应

　　设能量大于半导体材料禁带宽度的光垂直入射到 PN 结面，若结较浅，光子将进入 PN 结区，甚至深入到半导体内部。光子将在离表面一定深度的 $1/\alpha$ 的范围之内被半导体材料吸收，α 为吸收系数，若 $1/\alpha$ 大于 PN 结的厚度，则入射光在结区及结区附近激发出电子-空穴对。在光激发下，多数载流子浓度的改变可忽略不计，而少数载流子的变化很大，因此应主要分析光生少数载流子的运动。

　　PN 结势垒区内存在 N 型指向 P 区的内建电场，产生在结区附近扩散长度范围内的光生少数载流子在该电场的作用下分离，各自向相反的方向运动。在电场的作用下，P

型的电子漂移到 N 区，N 区的空穴漂移到 P 区，造成 P 端电势升高，N 端电势降低，因此 PN 结两端形成了光生电动势，这就是 PN 结的光生伏特效应。由于光生载流子各自向着相反的方向运动，从而形成自 N 区向 P 区的光生电流，如图 7-3 所示。由于光照在 PN 结两端产生光生电动势，相当于在 PN 结两端加正向电压 V，使势垒降低为 $qV_D - qV$，产生正向电流 I_F。在 PN 结开路情况下，光生电流和正向电流相等时，PN 结两端建立起稳定的电势差 V_{OC} (P 区相对于 N 区是正的)，这就是光电流的开路电压。如果外电路短路，PN 结正向电流为 0，外电路的电流即为短路电流，理想情况下也就是光电流。若将 PN 结与外电路接通，只要不停止光照，就会有源源不断的电流通过电路，PN 结相当于电源。这就是光电二极管的基本原理[6]。

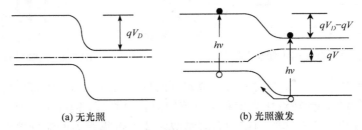

图 7-3　PN 结能带图

7.3.2　太阳能电池的电流-电压特性

太阳能电池工作时共有三股电流：光生电流 I_L、在光生电压 V 作用下的 PN 结正向电流 I_F 以及流经外电路的电流 I。I_L 和 I_F 都流经 PN 结内部，但是方向相反。

根据 PN 结的整流方程，在正向偏压的作用下，通过结的正向电流为

$$I_F = I_S\left[\exp\left(\frac{qV}{k_0T}\right) - 1\right] \tag{7-9}$$

式中，V 是光生电压；I_S 是反向饱和电流。

设用一定强度的光照射太阳能电池，在光吸收的作用下，光强度随着光透入的深度按指数下降，因而光生载流子产生率也随光照深入而减小，即产生率 Q 是 x 的函数，用 $\overline{Q}$ 表示在结的扩散长度 $L_p + L_n$ 内非平衡载流子的平均产生率，并设扩散长度 L_p 内的空穴和 L_n 内的电子都能扩散到 PN 结面而进入另一边。这样，光生电流为

$$I_L = qQA(L_p + L_n) \tag{7-10}$$

式中，A 是 PN 结面积；q 为电子电量；光生电流 I_L 从 N 型流向 P 型，与 I_F 方向相反。

若太阳能电池与负载电阻接成通路，通过负载的电流为

$$I = I_L - I_F = I_L - I_S\left[\exp\left(\frac{qV}{k_0T}\right) - 1\right] \tag{7-11}$$

这就是太阳能电池的伏安特性，其曲线如图 7-4 所示。图中虚线和实线分别为无光照和有光照时太阳能电池的伏安特性曲线(I-V 曲线)。

根据式(7-11)可得

$$V = \frac{k_0 T}{q} \ln\left(\frac{I_L - I}{I_S} + 1\right) \qquad (7\text{-}12)$$

在 PN 结开路的情况下，两端的电压即为开路电压 V_{OC}。这时，流经 R 的电流 $I = 0$，即 $I_L = I_F$，将 $I = 0$ 代入式(7-12)，得开路电压为

$$V_{OC} = \frac{k_0 T}{q} \ln\left(\frac{I_L}{I_S} + 1\right) \qquad (7\text{-}13)$$

若将 PN 结短路($V = 0$)，$I_F = 0$，这时所得的电流为短路电流 I_{SC}。根据式(7-11)可得，光生电流等于短路电流，即

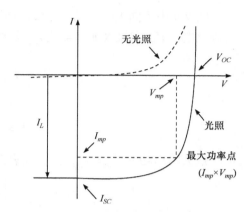

图 7-4 太阳能电池无光照与有光照时的伏安特性曲线

$$I_{SC} = I_L \qquad (7\text{-}14)$$

V_{OC} 和 I_{SC} 是光电池的两个重要参数，其数值可由图 7-4 在 V 和 I 轴上的截距求得。

根据式(7-10)和式(7-13)，可得知短路电流 I_{SC} 和开路电压 V_{OC} 随光照强度的变化规律。这两个参数都随光照强度的增强而增大；然而，I_{SC} 随光照强度线性地上升，V_{OC} 则呈对数式增大，如图 7-5 所示。值得注意的是，V_{OC} 并不随光照强度无限地增大。当光生电压 V_{OC} 增大到 PN 结势垒消失时，得到最大的光生电压 V_{max}，V_{max} 与 PN 结的势垒高度 V_D，与材料本身的掺杂程度有关。在实际情况中，V_{max} 与禁带宽度相当[7]。

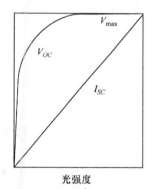

图 7-5 V_{OC} 和 I_{SC} 随光强度的变化

7.3.3 太阳能电池的性能表征

为了进一步理解太阳能电池工作的特点及提出太阳能电池的性能表征，将太阳能电池的电流-电压特性曲线用一个等效电路来表示，如图 7-6 所示。图中电路由三个并联的元器件组成，即一个理想的恒流源 I_{SC} 及理想因子分别为 1 和 2 的两个二极管 D1 和 D2。恒流源 I_{SC} 的电流与两个二极管的电流方向是相反的，相当于二极管处于正向偏置。这里暂不考虑实际的太阳能电池中总会存在的串联电阻和并联电阻的影响[8]。总电流可以等于

$$I(V) = I_{SC} - I_{D1} - I_{D2} \qquad (7\text{-}15)$$

对于一定的短路电流，V_{OC} 随反向饱和电流 I_S 的增加呈对数式减小。根据式(7-11)、式(7-12)和式(7-14)可得，电池的输出功率为

$$P = IV = I_{SC}V - I_S V\left[\exp\left(\frac{qV}{k_0 T}\right) - 1\right] \qquad (7\text{-}16)$$

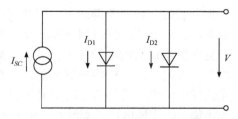

图 7-6 简化的太阳能电池等效电路

图 7-4 中不同工作点的功率(IV)相当于矩形的面积。求式(7-16)的极值，可以得出最大输出电压 V_{mp} 和最大输出电流 I_{mp} 分别为

$$V_{mp} = V_{OC} - \frac{k_0 T}{q} \ln\left(\frac{qV_m}{k_0 T} + 1\right) \tag{7-17}$$

$$I_{mp} \cong I_{SC}\left(1 - \frac{k_0 T}{qV_m}\right) \tag{7-18}$$

最大输出功率 $P_{mp} = V_{mp}I_{mp}$，代表图 7-4 中 I-V 曲线内面积最大的矩形：

$$P_{mp} = V_{mp}I_{mp} \cong I_{SC}\left[V_{OC} - \frac{k_0 T}{q} \ln\left(\frac{qV_m}{k_0 T} + 1\right) - \frac{k_0 T}{q}\right] \tag{7-19}$$

填充因子定义为 $I_{mp}V_{mp}$ 与 $I_{SC}V_{OC}$ 两个矩形的面积比：

$$FF = \frac{I_{mp}V_{mp}}{I_{SC}V_{OC}} \tag{7-20}$$

理想情况下，FF 为 1。有经验表示，FF 与 V_{OC} 有直接的关系[9]：

$$FF = \frac{V_{OC} - \frac{k_0 T}{q} \ln\left(\frac{qV_{OC}}{k_0 T} + 0.72\right)}{V_{OC} + k_0 T / q} \tag{7-21}$$

太阳能电池的光电转换效率 η 应是电池最大输出功率 P_{mp} 与入射功率 P_{in} 之比

$$\eta = \frac{P_{mp}}{P_{in}} = \frac{I_{mp}V_{mp}}{P_{in}} = \frac{FF I_{SC}V_{OC}}{P_{in}} \tag{7-22}$$

常用 I_{SC}、V_{OC}、FF、η 四个参数来描述太阳能电池的性能。由此可见，电池效率由 I_{SC}、V_{OC}、FF 共同决定，三个参数可独立计算，但也相互影响，I_{SC} 和 V_{OC} 受带隙的影响较大，通常会出现相反的变化趋势，V_{OC} 和 FF 又同时受到缺陷复合的影响。因此，通过调控带隙、抑制复合、增强吸收和减小势垒等方式来相互协调各个参数，获得更高的转换效率。

7.4 太阳能电池的分类与特色

众所周知，朝出暮归的太阳，维系着全部生命体在地球的生存和人类持续的发展，人类发展的一切能源都源自太阳及其产生的巨大能量，这是人类存在于这世界上的最基本要素。从 19 世纪六七十年代开始，随着社会的进步和经济的发展，全球对于能源消费一直保持着很高的增长速率，可供人类使用的化石燃料储量越来越少，非再生资源日趋短缺，因此可再生能源发展迅速，正在逐步取代传统的化石燃料能源，利用太阳能进行光伏发电的电池就是其中的主要代表。因太阳能具备取之不尽、用之不竭、安全、清洁、无污染、应用地区广泛等特点，世界各国都对太阳能的开发利用给予了大量投入。目前，太阳能电池已广泛运用到日常生活，如路灯照明、光伏建筑、计算机、飞行器、汽车、

热水器等，发展潜力巨大，它在能源的运用中将扮演极其重要的角色。

太阳能电池已经经过了数十年的发展，各种类型的电池层出不穷，吸收层主要以固态半导体材料为主，按照 PN 结类型可以分为同质结电池、异质结电池、肖特基结电池及 PIN 型电池；同时也出现了一些新型电池，如染料敏化太阳能电池、钙钛矿太阳能电池、平面异质结薄膜太阳能电池及叠层太阳能电池。根据太阳能电池所用材料不同，迄今为止其发展历程可分为第一代太阳能电池、第二代太阳能电池和第三代太阳能电池。

第一代太阳能电池以硅基太阳能电池为主，主要为单晶硅和多晶硅的单结太阳能电池。目前硅基太阳能电池是研究最深入和商业化最成功的一类光伏器件，Si 材料的含量丰富且半导体特性容易通过掺杂调控，单晶硅太阳能电池的最高转换效率已经达到 26.7%。但由于 Si 为间接带隙半导体，吸收系数不高，需要较厚的 Si 衬底保证光吸收，晶体硅太阳能电池的材料成本和制造成本都比较高。基于单晶硅太阳能电池存在的以上问题，研究者通过改进制备工艺制得多晶硅太阳能电池，降低了制备成本，但效率较低。

第二代太阳能电池以薄膜太阳能电池为主体，主要包括砷化镓(GaAs)、铜铟镓硒(CIGS)和碲化镉(CdTe)等薄膜太阳能电池。该类薄膜太阳能电池效率高、稳定性好、防辐射性强，因此广泛用于航天领域。但这类电池所用材料的部分组成元素地球储量丰度小或具有毒性，限制了其在能用领域的大规模推广使用。

第三代太阳能电池以新型太阳能电池为主，主要有有机太阳能电池(OPV)、染料敏化太阳能电池(DSSC)和钙钛矿太阳能电池(PSC)等，它们具有质量轻、制备工艺简单、造价低等优点。近 20 年内，各种新型材料的薄膜太阳能电池都得到了迅速的发展，有望替代硅或者与硅基太阳能电池形成叠层电池而广泛应用。

7.4.1 硅基太阳能电池

晶体硅基太阳能电池起源于硅在点接触整流器中应用的研究，金属接点和各种晶体接触的整流特性在 1874 年就为人所知了。随着热电子管的普及，除了在超高频领域，晶体整流器已经被取代。晶体生长的技术逐步进步，推动了单晶硅制造技术的产生，同时，高温扩散掺杂工艺也被开发出来。第一个现代意义上的单晶硅太阳能电池，是贝尔实验室 Chapin 等 1954 年开发制备出的效率为 4.5% 的单晶硅太阳能电池。不久后，他们又用硼扩散替代了锂扩散的成结技术，将效率提高到了 6%。这种电池的出现开创了光伏发电的新纪元。后来发现用掺硼的 P 型衬底制备的太阳能电池在空间中更抗辐射，这是因为其少数载流子电子具有更小的俘获截面。

硅基太阳能电池的发展大致经历了三个时期。

1958 年，硅基太阳能电池首先在美国的"先锋号"卫星上成功使用，空间太阳能电池开始了发展。在随后的十多年，硅基太阳能电池在空间中的应用不断扩大，工艺不断地改进，电池的设计逐步定型。在使用栅线电极、SiO 减反层以及改进工艺后，太阳能电池在 AM0 条件下的最高转换效率接近 13%，平均转换效率为 10%～11%，在地面测试条件下会相对提高 10%～20%。这是硅基太阳能电池发展的第一个时期，形成了小型的产业规模，可以满足空间飞行器上使用太阳能电池的需求。

20 世纪 70 年代初，是硅基太阳能电池发展的第二个时期，在这个时期，背表面场、细栅金属化、浅结扩散和表面织构化开始引入到电池的制造工艺中，太阳能电池转换效率有了较大提高，先后出现了各种不同结构的新型电池，如背表面电场(BSF)电池、紫光电池、表面织构化电池、异质结太阳能电池、金属-绝缘体-半导体(MIS)电池、金属-绝缘体-NP 结(MINP)电池、聚光电池等。至 80 年代初，硅基太阳能电池的最大进展是将丝网印刷用于太阳能电池电极的制备，避免了原来的真空蒸发沉积法制备电极，极大地降低了大规模生产的成本。

20 世纪 80 年代初，硅基太阳能电池进入了快速发展的第三个时期。这个时期的主要特征是把表面钝化技术、降低接触复合效应、后处理提高载流子寿命、改进陷光效应引入到电池的制造工艺中。表面钝化技术的提高和太阳能电池结构的创新促使高效率晶体硅太阳能电池飞速发展。表面钝化，对于裸露于太阳光照下的单晶硅太阳能电池，其重要性是不言而喻的。采用热氧化工艺，可以很方便地得到所需的表面钝化效果。热氧化工艺作为硅器件相关工艺中的重要组成部分，在当今微电子学领域内的地位举足轻重。所有后来的高效硅基太阳能电池都采用了热氧化生长的氧化硅作为表面钝化层，从而取得了开路电压和短波响应方面增益的最大化。颇具代表性的高效率晶体硅太阳能电池有钝化发射区太阳能电池(PESC)、钝化发射区和背表面电池(PERC)、钝化发射区和背面局部扩散电池(PERL)、埋栅电池、背面点接触电池(PCC)、深结局部背场太阳能电池(LBSF)、c-Si/μc-Si 异质 PP$^+$结高效电池、隧穿氧化层钝化接触太阳能电池(TOPCon)、HIT 太阳能电池等。近年来，无掺杂金属氧化物选择性接触成为新的研究热点，为低温条件下晶体硅太阳能电池的发展提供了新的发展方向。

晶体硅太阳能电池主要是指单晶硅和多晶硅太阳能电池，规模化生产中，单晶硅太阳能电池具有转换效率最高、技术最为成熟、可靠性高等优点。要制备高效率晶体硅太阳能电池，必须满足以下条件：①保证有高质量的基底，基底中载流子寿命要在毫秒范围内；②高质量的表面钝化，尽量减少表面少子复合；③在电池表面设计高效的陷光结构，降低电池表面反射率；④设计合适的发射极，最大限度地收集光子并转换成电子-空穴对；设计合适的金属半导体接触方式，尽量减小电池的串联电阻。

7.4.2　薄膜太阳能电池

光子、电子、声子都是能量的载体。太阳能电池是一种光电能量转换器件，主要研究光子与电子之间的相互作用，这种作用一般发生在太阳能电池材料表面数微米的范围内，这为制造薄膜太阳能电池提供了物理基础。硅基薄膜太阳能电池和化合物太阳能电池是薄膜太阳能电池的两大类。

与晶体硅太阳能电池相比，薄膜太阳能电池消耗的材料少，只需几十纳米到几十微米的厚度，便可以实现光电转换，且生产成本低。薄膜太阳能电池还可应用在柔性衬底(如 PI)上，而传统的硅基太阳能电池容量虽大，但需要加工成坚硬的板块状电池板，因此用途受到了许多限制。而柔性衬底电池具有重量轻、不易破碎、可折叠、易大面积生产、运输方便等优点，柔性衬底电池甚至可粘贴在物体表面，如汽车玻璃、衣服、建筑物等。

1. 硅基薄膜太阳能电池

薄膜太阳能电池具有工艺简单、重量轻、耗能少和成本低等优点，相对于单晶硅太阳能电池，薄膜太阳能电池在价格上，具有与传统电力竞争的潜力。硅基薄膜太阳能电池包括非晶硅、多晶硅、微晶硅薄膜太阳能电池。

1) 非晶硅薄膜太阳能电池

非晶硅为直接带隙半导体，其光吸收范围较广泛，所需光吸收层厚度较小，因此非晶硅薄膜太阳能电池可以做得很薄，一般光吸收薄膜总厚度大约为 1μm。非晶硅薄膜太阳能电池因其光吸收系数大、生产成本低、弱光效应好、适于规模化生产等优点，已得到光伏产业市场的青睐。

同晶体硅太阳能电池相比，非晶硅薄膜太阳能电池具有以下优点：①光吸收系数较高，禁带宽度比单晶硅大，1.5～2.0eV，因此，开路电压高；②设备简单、制造成本低，非晶硅薄膜厚度不到单晶硅薄膜厚度的百分之一，仅有数千埃，成本大大降低；③衬底多样，非晶硅没有晶体硅所需的周期性原子排列，无须考虑材料与衬底间的晶格失配问题，故几乎可淀积在任何衬底上，如不锈钢、玻璃等。

其作为低成本太阳能电池，未来的发展重点是开发新的结构，解决光致衰减问题，提高效率的同时，解决稳定性问题，如果解决了该问题，则非晶硅薄膜太阳能电池在民用及独立电源系统中将被大量使用。

2) 多晶硅薄膜太阳能电池

多晶硅薄膜太阳能电池享有传统块状晶体硅光伏材料转换效率较高、材质毒性低、原料来源范围广的长处和新型薄膜光伏材料节约晶硅资源、降低制造成本的优势。传统块状晶硅光伏材料一般由厚度为 350～450μm 的高纯多晶硅或单晶硅片制得，这种硅片是经提拉或浇铸工艺而从硅锭上锯割而成的，因此在生产环节中，实际浪费的硅材料较多。为了节约用料，科学家和一线工作者经过实验总结出在低成本的衬底材料上生长晶硅薄膜来作为太阳能电池活性层的解决方案。

多晶硅薄膜太阳能电池综合了晶体硅太阳能电池和非晶硅薄膜太阳能电池的特点，成本低、设备简单、可大规模制备，目前的主要研究方向为在廉价衬底上，高速、高质量地生长多晶硅薄膜，因此需要解决两个问题，一是如何降低薄膜制备温度，二是如何实现薄膜电学性能的高可控性和高重复性。

3) 微晶硅薄膜太阳能电池

为了降低晶体硅太阳能电池的生产成本，人们先后研制出了多晶硅薄膜太阳能电池、非晶硅薄膜太阳能电池。但是随着研究的逐渐深入，人们发现多晶硅薄膜的晶粒尺寸要达到100μm 以上时才能展现出良好的光电转换性能，而且大晶粒、转化效率高的高纯多晶硅薄膜的生产工艺比较复杂；此外，非晶硅薄膜太阳能电池的转化效率较低，且存在光致衰退效应。基于以上问题，人们开始对微晶硅薄膜太阳能电池进行相关研究。微晶硅薄膜太阳能电池的制备工艺与非晶硅薄膜太阳能电池兼容，且光谱响应更宽，基本无光致衰退效应。

2. 化合物太阳能电池

1) GaAs 太阳能电池

周期表中的Ⅲ族和Ⅴ族元素形成的化合物简称Ⅲ-Ⅴ族化合物,Ⅲ-Ⅴ族化合物是继锗
(Ge)和硅(Si)材料以后发展起来的半导体材料,其中最主要的是砷化镓(GaAs)及其相关化
合物,称为 GaAs 基系Ⅲ-Ⅴ族化合物。GaAs 的晶格结构与硅相似,属于闪锌矿晶体结构,
与硅不同的是,Ga 原子和 As 原子交替地占位于沿体对角线位移 1/4(111)的各个面心立方
的格点上。

GaAs 材料有很多的优点:①具有直接带隙的能带结构,其带隙宽度 E_g = 1.42eV,光
电转换效率高,单结的理论效率为 27%,而多结的理论效率超过了 50%;②光吸收系数
大,可制成超薄型太阳能电池;③温度系数较小,具有较好的耐高温性,对热不敏感;
④抗辐射性能优越;⑤可用于多结叠层太阳能电池。因此 GaAs 材料特别适合制备高效
率的空间用太阳能电池,为神舟十号提供电能的太阳帆板采用的就是我国自主研发生产
的 GaAs 太阳能电池,其转化效率为 27.5%。但是 GaAs 太阳能电池材料价格昂贵、制备
技术复杂、能耗大、周期长,导致电池的成本远高于晶体硅太阳能电池,因而除了空间
应用之外,GaAs 太阳能电池的地面应用很少。GaAs 太阳能电池主要向叠层发展,而叠
层电池的设计关键是调节各子电池材料带隙匹配,并调节各子电池厚度,使各子电池之
间的电流匹配,尽可能吸收和转换太阳光谱的不同子域,从而提高电池的转换效率。叠
层电池设计中采用聚光太阳能电池技术成为开发的新热点。由于叠层电池具有高转换效
率、强抗辐射性等优点,随着叠层电池效率的迅速提高以及聚光太阳能电池技术的发展
和设备的不断改进,聚光Ⅲ-Ⅴ族化合物太阳能电池系统的成本已大大降低,地面应用
也将逐渐增多。

目前 GaAs 太阳能电池的制备方法主要有晶体生长法、直接拉制法、气相生长法、
液相外延法等。砷化镓薄膜太阳能电池实现高效转化的三个突破点为:①外延生长出高
质量的砷化镓;②在外延层转移过程中增加腐蚀应力,提升腐蚀交换速率,加快衬底腐
蚀剥离的速度;③薄膜太阳能电池的外延有源层与柔性衬底的热匹配度高,在热冲击下
也可保持较好的可靠性。

2) CdTe 太阳能电池

2005 年 *Science* 首次报道了溶液处理的碲化镉(CdTe)太阳能电池,由于其具有低成本、
低材料消耗和简单制造技术等优点,得到迅速发展。在过去的十多年里,许多研究人员
一直致力于设计和制备高质量的 CdTe 纳米晶薄膜、合理科学的光伏结构,以提高 CdTe
太阳能电池的性能。随着纳米晶溶液合成、处理和器件结构的技术发展,CdTe 太阳能电
池的效率从最初的不到 3%大幅提高到 22.1%左右。

CdTe 是一种黑色的高密度的固体化合物,属于Ⅱ-Ⅳ族化合物,是直接带隙半导体材
料,禁带宽度为 1.45eV。CdTe 主要有纤锌矿和闪锌矿两种晶体结构,在常温下稳定相是
面心立方(FCC)闪锌矿结构,其晶格常数为 6.481Å。CdTe 是离子键化合物,结合能大于
5eV,因此 CdTe 的物理性能极其稳定,在常温下的蒸气压几乎为零,熔点高达 1098℃[10]。
比起晶体硅太阳能电池,CdTe 太阳能电池有以下几点优势:①CdTe 有着远高于晶硅的

光吸收系数,几微米厚度的 CdTe 即可与几百微米的晶体硅太阳能电池厚度媲美,实现对太阳光的高吸收,极大地节省了材料资源,以 CdTe 为光活性层的太阳能电池理论最高效率是 28%;②从制备工艺角度来看,制备 CdTe 太阳能电池更简单,近空间升华法与气相输运沉积法使得 CdTe 能大面积沉积,沉积速率高,技术成熟、稳定、简单,在很大程度上降低了成本;③在相同温度情况下,CdTe 太阳能电池的温度系数更低,性能更加稳定;④上衬底的结构防止了电极的挡光损失,且可制成柔性的 CdTe 太阳能电池,应用前景广泛。

均匀高质量的 CdTe 薄膜可以通过多种工艺制备,如近空间升华(CSS)法、气相输运沉积(VTD)法、物理气相沉积(PVD)法、化学气相沉积(CVD)法、化学浴沉积(CBD)法、磁控溅射法、真空蒸发沉积法、溶液法工艺等。CdTe 薄膜太阳能电池通常以 CdS/CdTe 为异质结,其典型结构为光照→玻璃衬底/TCO(ITO)/透明电极(SnO$_2$)/窗口层(CdS)/吸收层(CdTe)/金属背电极(图 7-7)。

然而 CdTe 太阳能电池存在以下问题:①环境问题,CdTe 和 CdS 中都存在有毒的 Cd^{2+}。在实际工艺制备 CdTe 薄膜时,会有镉泄漏问题,危害人体健康和生态环境。②碲(Te)是稀有元素,成本较高,天然运藏量有限。

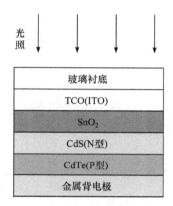

图 7-7 CdTe 薄膜太阳能电池的结构

3) CIGS 太阳能电池

铜铟硒太阳能电池是指以多晶 CuInSe$_2$(CIS)半导体薄膜为吸收层的太阳能电池,部分铟被金属镓取代,又称为铜铟镓硒(CIGS)太阳能电池。CIGS 具有黄铜矿的晶体结构,属于 I-III-VI 族四元化合物半导体材料,由 II-VI 族化合物衍化而来,每个 Cu 或 In/Ga 原子与周围四个 Se 原子共价键相连。CIS 带隙为 1.04eV,CIGS 随镓含量增多,导带上升,带隙增加,CGS 为 1.65eV。CIGS 富铜为 P 型,富铟为 N 型,CIGS 太阳能电池光吸收系数较大,禁带宽度可以在 1.04~1.67eV 范围内连续调节,理论转换效率是 25%~30%,且薄膜只需 1~2μm 厚就可吸收 99%以上的太阳光,从而大大降低了成本。CIGS 太阳能电池的抗辐射能力强,用作空间电源有很强的竞争力。此外,CIGS 太阳能电池的稳定性好,基本不衰减,弱光特性也很好,因此具有良好的发展前景。目前,小面积 CIGS 太阳能电池经美国国家可再生能源实验室(NREL)认证,效率达到了 23.4%,在国际上已投入商业化生产,还需解决解决多层界面匹配问题。

CIGS 太阳能电池目前最常用的制备方法为多元共蒸发法、溅射硒化法以及电沉积法,其结构包括金属栅电极 Ni-Al/窗口层 Al-ZnO/异质结 N 型层 i-ZnO/缓冲层或过渡层 CdS/光吸收层 CIGS/背电极 Mo/玻璃衬底等。图 7-8 所示是 CIGS 太阳能电池的能带结构示意图,由于 ZnO 和 Al-ZnO 层带隙较宽(3.2eV),大部分光子都可透过这两层,CdS 层带隙稍窄(2.4eV),但由于很薄(50nm),对入射光的吸收较少,所以大部分入射光都能到达 CIGS 吸收层被吸收。N 型 CdS 和 P 型 CIGS 在形成异质结时,费米能级趋于重合,导致能带弯曲,并且二者电子亲和势不同,造成界面处能带不连续,出现尖峰和凹口。如图 7-8 所示,ΔE_c 和 ΔE_v 分别为导带底和价带顶的能带失调,能带失调对于载流子输运会产生一定影响。当光照时，在 CIGS 层内产生电子-空穴对，由于扩散作用，电子-空穴对在空间电荷区被 P-CIGS/N-CdS 异质结的内建电场分开，从而在外电路产生电流。CIGS 太阳能电池的开路电压 V_{OC} 由内建电势差决定，即图中 CIGS 和 Al-ZnO 的导带底能量差值。光吸收层 CIGS 的带隙越宽，内建电势差越大，开路电压 V_{OC} 越大，但同时短路电流 I_{SC} 会减小。CIGS 器件结构设计需考虑如下几个因素：晶格匹配、能带匹配、优化膜层界面、优化晶粒尺寸，降低缺陷态密度[11]。

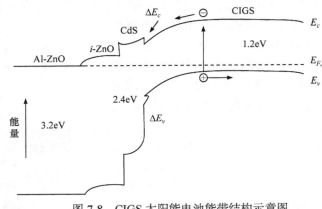

图 7-8　CIGS 太阳能电池能带结构示意图

　　目前，CIGS 太阳能电池需要进一步解决的问题有：①提高光电转换效率，需进一步优化 CIGS 吸收层的能带结构以提高电池的开路电压，并提高电荷的提取效率；②降低电池成本，电池所用的 In 和 Ga 都属于稀有金属，储量有限，需将 CIGS 薄膜做到更薄，同时，In 和 Ga 资源的回收利用也将极大地缓解资源不足的情况，人们也正在探索用相邻的ⅡB 和ⅣA 族元素的组合来取代ⅢA 族元素，形成以铜锌锡硫(CZTS)为代表的锌黄锡矿结构材料，为将来从 CIGS 向 CZTS 过渡做准备；③无毒无污染工艺开发，目前一般用化学水浴法制备 CdS 薄膜材料，但 Cd 属于重金属，生产过程中需要额外的重金属处理系统来处理废液以达到环保要求，人们现正探索用 ZnS、ZnSe、ZnO 等环保材料来替代 CdS 的方案；④制作工艺复杂，投资成本高，需要通过进一步优化工艺，使电池量产技术更加成熟。

7.4.3　新型太阳能电池

1. 有机太阳能电池

1) 发展历史

Kearns 和 Calvin 于 1958 年制备了第一个有机光电转化器件,该器件在两个功函数不同的电极之间加工一层单一的有机半导体材料镁酞菁(MgPc)分子，科学家成功地观测到了 200mV 的开路电压；然而，当时的能量转换率非常低[12]。理论上，有机半导体膜与两个不同功函数的电极接触时，会形成不同的肖特基势垒。因此，该结构的电池通常称为肖特基型有机太阳能电池。虽然接下来的二十多年里，科学家尝试使用不同的有机半导体材料，然而所得到的有机太阳能电池效率都太低，因此并没有引起广泛的关注。

1986 年，柯达公司的邓青云博士创造性地加工了具有双层结构的有机太阳能电池，该太阳能电池采用苝四羧基的一种衍生物(PV)作为受体，铜酞菁(CuPc)作为给体，组成的双层膜作为吸光活性层，得到了大于 1%的太阳能转换效率[13]。这一成功的思路为有机太阳能电池开拓了新的研究方向，从此以后，有机太阳能电池逐渐成为学术界的研究热点。

1992 年，Sariciftci 等发现，在有机半导体材料与富勒烯的界面上，激子可以以很高的速率实现电荷分离，而且分离之后的电荷不容易在界面上复合。因此，他们在 1993 年首次将富勒烯作为受体材料应用于有机太阳能电池的研究中，取得了较好的能量转换效率。从此，富勒烯材料成为主要的受体材料。

1994 年，Heeger 等首次采用了本体异质结结构(Bulk Heterojunction Structure)制备太阳能电池，他们成功地将富勒烯的衍生物(PCBM)与聚苯乙炔(MEH-PPV)混合溶液旋涂成膜，得到了具有三维互穿结构的活性层，并得到 2.9%的能量转换率。从此，本体异质结成为有机太阳能电池的研究主流，几乎所有的高效率有机太阳能电池都采用了本体异质结结构。近年来，随着各种高性能给体半导体材料的开发，有机太阳能电池效率逐步提高，已经逐渐接近了商业化的应用标准。因此，近年来对有机太阳能电池的大面积加工技术以及其稳定性也逐渐成为新的研究重点，整个学术界与产业界正在开展紧密合作，大力推进有机太阳能电池技术的产业化。

2) 关键材料

有机太阳能电池的主要优点之一就是柔性可折叠，然而，目前传统的 ITO 电极与柔性基底黏合性较差，同时，基底在高温退火时容易发生形变，ITO 容易从基底上剥落，导致表面方阻增加，从而影响太阳能电池器件的性能。因此，开发具有柔性可折叠性能的透明电极一直是研究热点。目前潜在的可应用于柔性透明电极的材料主要包括导电高分子、石墨烯、碳纳米管、银纳米线和金属网格等。PEDOT:PSS 是应用于柔性有机太阳能电池的导电高分子的主要代表，许多科学家都开展了以 PEDOT:PSS 为电极的柔性有机太阳能电池的探索。石墨烯是近年来发展起来的一种新型二维材料，由于其具有高导电性，因此，许多科学家也开展了石墨烯电极的研究，并取得了重要的研究进展，基于石墨烯电极的有机太阳能电池效率也超过了 10%。碳纳米管是一种具有较长研究历史的碳材料，金属性的碳纳米管是性能优异的电极材料，因此广泛应用于有机太阳能电池的研究。银纳米线和金属网格也是最近兴起的新型导电材料，并且已经开始走向产业化。

活性层材料用于吸收太阳光，因此是有机太阳能电池的核心。活性层材料主要由给体材料和受体材料构成。给体光伏材料追求的目标是在可见光区具有宽光谱和强吸收、高空穴迁移率、高纯度、高溶解度和好的成膜性。给体材料主要分为有机小分子和高分子材料。有机小分子材料具有结构确定和易纯化等优点，有利于提高电池的稳定性，但同时通常具有溶解度较低和成膜性较差等缺点，所以加工时多采用高能耗的蒸镀方法。高分子材料具有溶解度好和易成膜性等优点，因此易于采用湿法进行加工。然而高分子结构不单一，同时比较难以纯化，因此高分子材料一直存在稳定性较差等缺点。

有机太阳能电池中的受体材料主要是可溶性 C_{60} 衍生物富勒烯(PCBM)与非富勒烯材料。富勒烯类材料具有电子迁移率高、多电子接收能力强和激子解离速度快等优点，因此一直占据了受体材料的主导位置。PCBM 是第一种广泛应用于有机太阳能电池受体的富勒烯材料，具有溶解性好等优点，然而 PCBM 的 LUMO 能级较低(-4.0eV)，不太适合许多高 LUMO 能级的给体材料，如 P3HT。虽然富勒烯材料的优点很多，但同时也存在不少缺点，包括可见光区吸收弱、生产成本高、能级调节范围窄等。因此，非富勒烯材料近年来逐渐成为研究的热点。相比富勒烯材料而言，非富勒烯材料具有种类丰富、能带易调、可见光区吸收强、加工成本低等优点，近年来的相关研究发展迅速。非富勒烯材料主要分为聚合物非富勒烯材料和小分子非富勒烯材料，两种材料目前的发展很快，能量转换效率不断提高。聚合物非富勒烯材料根据结构可以划分为 D-A 型(给体-受体型)材料和 A-A 型(受体-受体型)材料。小分子富勒烯材料目前主要分为苝二酰亚胺类和稠环类小分子材料。

界面材料是有机太阳能电池中不可缺少的，分为空穴传输层和电子传输层，分别对空穴和电子进行传输。空穴传输层通常要求阳极形成良好的欧姆接触，降低串联电阻，提高短路电流；同时，能够选择性地收集空穴并有效阻隔电子，避免载流子的复合。空穴传输层主要有两类材料，一类是以 PEDOT：PSS 为代表的导电高分子，另一类是 P 型金属氧化物(MoO_3、WO_3、V_2O_5、NiO 等)。PEDOT：PSS 的导电性高，但是具有较强的酸性，对太阳能电池具有一定的腐蚀性。P 型金属氧化物耐有机溶剂，有利于器件加工，能够通过加热沉积到各种材料的(亲水或者疏水)表面，具有较大的光学带隙，透明性好。

电子传输层主要有三类材料。第一类材料是 N 型金属氧化物，如 ZnO 和 TiO_2 等。该类材料具有以下优点：首先，其能级能够有效提取电子并隔绝空穴；其次，金属氧化物具有较宽的带隙(>3.0eV)，有利于可见光的穿透；再次，其具有较高的电导性和较低的串联电阻；最后，该类材料无毒，可溶液加工，且具有光催化性和缺氧性，是很好的水氧隔离层。第二类材料是金属化合物，如 LiF 和 Cs_2CO_3 等。然而，LiF 由于本身的绝缘性，通常只能蒸镀 1～2nm 厚度，因此并不能很好地隔绝水氧。基于 C_{60}：LiF 的多层复合层现已广泛应用于电子传输层，并显著提高了太阳能电池的效率和稳定性。第三类材料是 N 型有机半导体材料。该类材料具有结构丰富和性能易调等优点，近年来成为研究的前沿热点。

3) 有机太阳能电池的工作原理

有机太阳能电池的工作原理如图 7-9 所示，太阳光透过 ITO 照射到活性层上，激发材料内部吸收光子产生激子(电子-空穴对)，电子受激发从最高占有分子轨道(Highest Occupied Molecular Orbitals，HOMO)能级跃迁到最低未占有分子轨道(Lowest Unoccupied Molecular Orbitals，LUMO)能级，而在最高占有分子轨道能级形成空穴；该电子-空穴对仍然相互束缚，因此激子是出现部分极化的中性粒子。激子在给体(受体)中扩散，部分激子在湮灭前到达给体与受体的界面，在电池内建电场(其大小正比于正负电极的功函数之差，反比与器件活性层的厚度)的作用下克服电子-空穴对之间

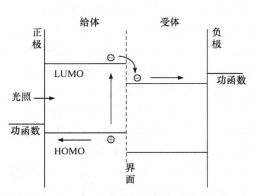

图 7-9　有机太阳能电池的工作原理

的束缚力而实现激子的解离，形成正负电荷。被分离的电子沿着受体形成的通道传输到

负极，而空穴则沿着给体形成的通道传输到正极，电子和空穴分别被相应的电极收集后形成光电流与光电压。因此，有机太阳能电池的工作过程中包括以下 5 个最主要的步骤。

(1) 活性层吸收入射光子并产生激子。

(2) 激子扩散到给体与受体界面。

(3) 激子在给体与受体界面分离成正负电荷，产生给体 HOMO 能级上的空穴和受体 LUMO 能级上的电子。

(4) 光生空穴和电子分别迁移至正负电极。

(5) 正负电极收集空穴和电子。

因此，有机太阳能电池器件的能量转换效率(Power Conversion Efficiency，PCE)受到就是这五个步骤的影响。

由于有机半导体材料具有较小的介电常数和分子间弱相互作用，入射光子激发形成的电子和空穴是以具有较强束缚能的激子的形式存在的，电子和空穴的距离小于 1nm，其结合能在 0.4eV 左右。由于激子受激子寿命及传输距离的影响而具有高度的可逆性，它们可通过发光、弛豫等方式重新回到基态，不产生光伏效应，并且共轭聚合物中激子扩散长度一般认为小于 10nm，因此本体异质结活性层中的聚合物聚集尺度必须小于 20nm。此外，给体的 LUMO 和 HOMO 能级必须高于受体的 LUMO 和 HOMO 能级，否则界面上发生的将不是电荷分离，而是激子的能量转移。给体和受体的 LUMO 和 HOMO 能级之差也必须大于 0.4eV，否则在界面上的电荷分离效率也会受到影响。

2. 染料敏化太阳能电池

1) 发展历史

1837 年，Vogel 发现用染料处理过的卤化银 AgX(X = Cl、Br 和 I)颗粒的光谱响应从 460nm 拓展到红光甚至红外光范围，这一研究奠定了"全色"胶片的基础，这是有机染料敏化半导体的最早报道。1839 年，法国科学家 Becqurel 就发现，把两个相同的涂敷卤化银颗粒的金属电极浸泡在稀酸溶液中，当光照一个电极时会产生光电流。这种光电化学活性可能来源于电极上的半导体薄层。这种现象后来称为光生伏特效应。1887 年，Moser 在奥地利报道了赤藓红染料敏化卤化银电极上可观察到光电响应现象，并将染料敏化的概念引入到光电效应中。这项研究是在摄影科学与工程的背景下进行的，在该领域中卤化银的染料敏化发挥了重要作用。1949 年，Putzeiko 和 Terenine 将罗丹明 B、曙红、赤藓红、花菁等有机染料吸附于压紧的 ZnO 粉末上，观测到光电流响应，从此染料敏化半导体成为光电化学领域的研究热点，但人们对染料敏化半导体本质的认识仍不清楚。

1968 年，Gerischer 等采用玫瑰红、罗丹明 B 以及荧光素敏化单晶 ZnO 电极，发现敏化电极光电流谱和染料吸收光谱在外形上基本一致。此后科学家根据光诱导下有机染料与半导体之间的电荷转移反应，提出染料敏化半导体在一定的条件下产生电流的机理，成为光电化学电池的重要基础。

20 世纪 70 年代初，Fujishima 和 Honda 成功地利用 TiO_2 进行光解水制氢，将光能转换为化学能储存起来[14]。该实验让人们认识到 TiO_2 在光电化学电池领域是比较重要的半导体材料，成为光电化学发展史上的一个里程碑。但是由于单晶 TiO_2 半导体材料在成本、强度、制氢效率上的限制，这种方法在接下来的一段时间并没有得到很大的发展。

20 世纪 70~90 年代，有机染料敏化宽禁带半导体的研究一直非常活跃，Memming 等大量研究了有机染料与半导体薄膜间的光敏化作用。这些染料主要有玫瑰红、卟啉、香豆素和方酸等，半导体薄膜主要有 ZnO、SnO_2、TiO_2、CdS、WO_3、Fe_2O_3、Nb_2O_5 和 Ta_2O_5 等。Fujihara 等报道罗丹明 B 上的羧基能与半导体表面的羟基脱水形成酯键。Goodenough 等把这个化学反应扩展到联吡啶钌配合物上，希望能够有效地进行水的光氧化，虽然氧化产率很低，但他们的工作阐明了含有羧基的联吡啶钌配合物与金属氧化物之间的有效结合方式。回顾 1985 年之前的半导体敏化研究，在这方面研究的一些主要半导体是 TiO_2、SnO_2、ZnO 和 SiC。这些早期体系主要集中在平面单晶半导体电极上，主要缺点之一是电极的表面积小，其主要由单晶材料组成，在某些情况下，由多晶材料组成，这限制了染料的吸收。因此，这些体系只能吸收一小部分入射光，导致光电流非常小，远未达到实用水平。因此，当时人们普遍认为基于染料敏化的光电化学电池不适合太阳能转换和存储。相反，瑞士洛桑联邦理工学院(EPFL)的 Grätzel 研究组在 1985 年开始的持续研究工作中探索了多孔电极的染料敏化。这些大表面积材料能够吸收大量染料，与一些自然光合作用系统非常相似。

1991 年，Grätzel 教授等在该研究领域中取得了突破性进展，他们将大表面积的纳米多孔 TiO_2 电极代替传统的平板电极引入到染料敏化太阳能电池(Dye Sensitized Solar Cell，DSSC)的研究中，以羧酸联吡啶钌染料敏化的 TiO_2 膜为光阳极，铂(Pt)为对电极，I^-/I_3^- 氧化还原电对为电解质，构建了第一个具有 7.1%光电转换效率的 DSSC[15]。

自从 1991 年以来，染料敏化太阳能电池发展迅速，在几十年内就具备了商业应用的潜力。虽然基本的光电化学原理保持不变，但这种发展是由其结构中的不同部分不断演变驱动的，最重要的是染料光敏化剂和氧化还原电对。这条道路最初是由钌基染料铺就的，在过去十年中，这些染料已被有机供体-π-受体系统所取代，同时还有一系列金属配合物作为有效的氧化还原电对替代最初使用的碘化物氧化还原介质。今天，最先进的基于液体电解质的染料敏化太阳能电池器件达到接近 14%的光电转换效率，认证效率为 13%。这也刺激催生了固态替代品的发展，以钙钛矿太阳能电池的形式创造了一个新的研究领域，2020 年的光电转换效率达到 25.5%。

2) 关键材料

染料敏化太阳能电池主要由以下几部分组成：①透明导电电极，由经过透明导电氧化物层(TCO)处理的玻璃板制成；②由介孔氧化物层(通常为 TiO_2 半导体)组成并沉积在透明导电玻璃基板上的光阳极；③染料光敏化剂；④含有氧化还原对的电解质；⑤由铂或其他材料制成的对电极，可以用导电玻璃基板涂覆。其结构如图 7-10 所示。

导电电极材料分为光阳极材料和光阴极材料。透明导电玻璃(Transparent Conducting Oxides，TCO)常用作光阳极材料(如 TiO_2)和对电极(如铂)的基底。透明导电玻璃基底便宜、易获取，且在电磁的可见光和近红外区域具有高光学活性。一般要求导电电极材料的电阻越小越好，光阳极和光阴极的基底中至少要有一种是透明的，透光率一般要在 85%以上。透明导电玻璃基底的作用是收集和传输从光阳极传输过来的电子，并将其通过外回路传输到光阴极，提供给电解质中的电子受体。

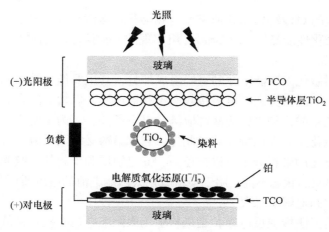

图 7-10 染料敏化太阳能电池结构示意图

对于老一代太阳能电池，光阳极是由大型半导体材料(如 CdS、Si 或 GaAs)制成的。这些光阳极的缺点是它们在光照下会发生光腐蚀，在电化学上不稳定。适用于光阳极半导体层的材料主要有 ZnO、SnO_2、TiO_2、WO_3、Fe_2O_3、Nb_2O_5 和 Ta_2O_5，这些材料具有较宽的带隙(> 3eV)，由它们制备的染料敏化太阳能电池可以抵抗光腐蚀，性能稳定。半导体氧化物沉积在透明导电玻璃基底上，其作用是吸附染料光敏化剂，并将激发态染料注入的电子传输到导电基底。应用于染料敏化太阳能电池的光阳极材料主要是 TiO_2，它具有高催化活性，易于制备，而且成本较低、无毒，在光照时具有化学稳定性。各种染料的最低未占分子轨道(LUMO)能量略高于 TiO_2 的导带(CB)边缘，能够注入电子，从而将光子转化为激发电子并产生电流。

制备半导体薄膜的方法主要有化学气相沉积、粉末烧结、水热反应、RF 射频溅射、等离子体喷涂、丝网印刷和胶体涂膜等。目前，制备介孔 TiO_2 薄膜的主要方法是溶胶-凝胶法。制备染料敏化太阳能电池的纳米半导体薄膜一般应具有以下显著特征：①大的比表面积，使其能够有效地吸附单分子层染料，更好地利用太阳光；②纳米颗粒和导电基底以及纳米半导体颗粒之间应该有很好的电学接触，使载流子在其中能有效地传输，保证大面积薄膜的导电性；③电解质中的氧化还原电对能够渗透到纳米半导体薄膜内部，使氧化态染料能有效地再生。

光敏化剂是染料分子，它们在染料敏化太阳能电池中发挥着最关键的作用，其性能的优劣直接决定电池的光利用效率和光电转换效率。用于染料敏化太阳能电池的高效光敏化剂应满足以下要求：①具有较宽的光谱响应范围，在太阳光谱的可见光和近红外波段具有强吸收，有高的摩尔吸收系数；②通过锚定基团(如羧基或羟基)与半导体深度结合，从而以高的量子效率将电子从染料有效注入半导体的导带中；③电子从染料转移到半导体的速度应该比染料的衰变快；④最低未占分子轨道(LUMO)能级需要大于半导体的 CB 能级，允许向半导体注入电荷，而最高占据分子轨道(HOMO)的能级必须小于氧化还原电对的 CB 能级，能实现氧化染料的再生；⑤具有高的稳定性，能经历 10^8 次以上氧化-还原的循环，寿命相当于在太阳光下运行 20 年或更久。染料的基本作用是将吸收的光转化为电能，卟啉和Ⅷ族的 Os 及 Ru 等多吡啶配合物能很好地满足以上要求，后者尤其以多吡啶钌配合物的光敏化性能最好。由 Grätzel 组实现的 Ru-多吡啶配合物 N3/N719 表现出优异的光电化学性能。

电解质是染料敏化太阳能电池的重要组成部分，其主要作用是在光阳极上将处于氧化态的染料还原，同时自身在对电极接收电子并被还原，以构成闭合循环回路。染料敏化太阳能电池中使用的每种电解质液都应满足以下条件：①为了防止染料降解，电解质应在热、化学和电化学方面保持稳定，此外，它和染料必须无反应；②空穴载流子可以进入电解质中，氧化的染料分子可以被还原；③电解质和染料的吸收光谱不得与可见光谱重叠。根据电解质的状态不同，用于染料敏化太阳能电池的电解质可分为液态电解质、固态电解质、准固态电解质三大类。

对电极又称为光阴极或反电极，是染料敏化太阳能电池中极具挑战性的组成部分之一。它必须满足以下要求：①高催化活性；②化学惰性；③低电荷传输电阻；④氧化态电解质还原时的高交换电流密度。

对电极由 TCO、铂、银或碳等材料组成，沉积在玻璃顶部，其主要作用是收集从光阳极经外回路传输过来的电子并将电子传递给电解质中的电子受体使其还原再生形成闭合回来。常用的对电极材料是铂和碳。铂具有高导电性和更好的催化活性，另外，厚铂层还能反射从光阳极方向照射过来的太阳光，提高太阳光的利用效率。使用铂作为 DSSC 对电极的缺点是铂价格高，不利于商业化。石墨易于制备且价格低廉，是铂的一种替代品。然而，与基于铂的 DSSC 相比，基于石墨的 DSSC 效率较低。目前可以采用多种方法来获得铂对电极，如电子束蒸发、DC 磁控溅射以及氯铂酸高温热解等方法。

3) 染料敏化太阳能电池的工作原理

为了使 DSSC 半导体结构工作，必须执行以下步骤：光吸收、电荷分离和电荷收集。染料敏化太阳能电池的工作原理如图 7-11 所示。太阳光通过透明的 TCO 顶部触点进入电池，该触点撞击半导体 TiO$_2$ 薄膜上的染料。光子以充足的能量到达染料被吸收，染料分子从基态被激发，被激发的染料分子被氧化，并且电子被注入 TiO$_2$ 的导带中。然后电子穿过多孔的 TiO$_2$ 薄膜到达 TCO，再通过外部电路从阳极到达阴极形成闭合循环回路并产生电流。电解质溶液中的 I$_3^-$ 在对电极上得到电子被还原成 I$^-$，而电子注入后的氧化态染料又被 I$^-$ 还原成基态，I$^-$ 自身被氧化成 I$_3^-$，从而完成整个循环。下面详细描绘电池内发生的所有过程。

(1) 光子激发。光转换开始于染料中太阳光的照射和吸收。在这一步中，光子被捕获，产生具有足够能量的激发电子，这些电子从基态(D)的 HOMO 能级跃迁到激发态(D*)的 LUMO 能级。

$$D + h\nu \longrightarrow D^* \tag{7-23}$$

(2) 电子注入。激发态染料分子将激发电子(D*)注入 TiO$_2$ 的 CB 中。

$$D^* \longrightarrow D^+ + e^-(CB) \tag{7-24}$$

(3) 染料再生。一旦染料失去电子，它就会保持氧化状态(D$^+$)，电解质氧化还原对

(I^-/I_3^-) 中的 I^- 还原氧化态染料，使染料返回其基态(D)，从而继续产生激发的电子。

$$3I^- + 2D^+ \longrightarrow 2D + I_3^- \tag{7-25}$$

(4) 电解质再生。电解质氧化还原对还需要通过失去电子(氧化)来恢复其基态(还原)，I_3^- 离子扩散到对电极上得到电子变成 I^- 离子。

$$I_3^- + 2e^- \longrightarrow 3I^- \tag{7-26}$$

(5) 导带电子与氧化态染料的复合。

$$D^+ + e^-(CB) \longrightarrow D \tag{7-27}$$

(6) 导带电子与 I_3^- 离子的复合。

$$I_3^- + 2e^-(CB) \longrightarrow 3I^- \tag{7-28}$$

在第(5)步和第(6)步的情况下，这些代表在 TiO_2 的 CB 处与激发电子的复合反应，可以分别再生氧化态染料和电解质氧化还原对。因此，重要的是选择有利于提高结构之间再生速率的材料，避免复合反应，提高器件的性能。

(7) 在透明导电玻璃中注入电子。电子从 TiO_2 的 CB 传输至导电玻璃导电面，然后流入外部电路，将太阳能转换为电能。

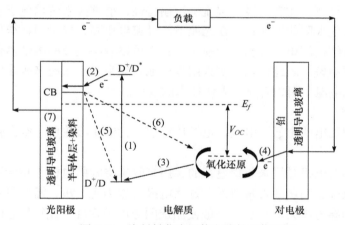

图 7-11　染料敏化太阳能电池的工作原理

3. 钙钛矿太阳能电池

1) 发展历史

近年来，基于纳米技术的新一代太阳能电池得到了大力发展。其中，染料敏化太阳能电池由于原料成本低、制作工艺简单、对环境友好、光电转换效率较高等优点而受到了广泛关注，但其光电转换效率在提高到 12%时遭遇瓶颈，此后发展较为缓慢。为了寻找更好的光吸收染料，Miyasaka 等于 2006 年和 2008 年报道了他们用钙钛矿材料 $CH_3NH_3PbI_3$ 和 $CH_3NH_3PbBr_3$ 作为染料的敏化太阳能电池，其中以固态聚吡咯炭黑复合材料作为空穴传输层得到的染料敏化太阳能电池在一个大气质量太阳光照下的能量转换效率为 0.4%，用液态 I^-/I_3^- 电解质作为空穴传输材料的电池能量转换效率为 2%。2009 年，Miyasaka 课题组以介孔 TiO_2 为光阳极，以 $CH_3NH_3PbX_3(X=I，Br)$ 作为吸光材料，获得了转换效率为 3.81%(X=I)和 3.13%(X=Br)的钙钛矿敏化太阳能电池，迈出了钙钛矿太阳能电池发展的第一步。2011 年，Park 课题组通过表面处理 TiO_2 和优化钙钛矿制备工艺，使液态电解质中 $CH_3NH_3PbI_3$ 敏化的太阳能电池的能量转换效率达到 6.54%[16]。但是液态电解质的钙钛矿敏化太阳能电池存在一个致命的缺陷，即液态电解质会溶解或者分解钙钛矿材料，电池在几分钟内失效，稳定性很差。解决办法之一就是采用固态电解质作空穴传输层。Snaith、Murakami、Miyasaka 以及 Park 课题组和 Grätzel 课题组合作开发制备了 2,2',7,7'-tetrakis(N,N-p-dimethoxy-phenylamino)-9,9'-spirobifluorene(spiro-OMeTAD)，用它作为空穴传输层，钙钛矿 $CH_3NH_3Pb(I_xCl_{3-x})$ 和 $CH_3NH_3PbI_3$ 敏化的太阳能电池在一个大气质量太阳光照下的能量转换效率分别达到了 8%和 10%。之后的十年是钙钛矿太阳能电池迅猛发展的黄金时期，在各国科研工作者的不断探索和研究下，电池的效率突飞猛进。截止到 2022 年，经美国国家可再生能源实验室(NREL)认证的钙钛矿太阳能电池 PCE 的能量转换效率达到 25.7%。

钙钛矿太阳能电池与其他的太阳能电池比较而言，拥有很多一系列的优点：①它使用的材料，性能非常优良，光子的吸收、光生载流子的激发、电子和空穴的运输、分离等过程都能够同时且十分高效地完成；②因为吸收系数较高，具有极强的光吸收能力；③带隙调节范围较宽；④有双极性载流子运输特性，能够高效传输电子和空穴，载流子寿命远远长于其他太阳能电池；⑤在光照下，开路电压高，能量损耗很低，转换效率的提升空间大；⑥结构简单，有利于规模生产；⑦可以制备高效的柔性器件；⑧可在低成本的温和条件下制备。因此，钙钛矿太阳能电池近年来受到了越来越多的关注，作为一类新兴的太阳能电池，引领着先进光伏技术的发展。

2) 关键材料

钙钛矿太阳能电池由透明电极、电子传输层、钙钛矿吸收层、空穴传输层、对电极五部分构成。

透明电极和对电极是用来收集电荷的，用来收集空穴的电极，功函数一般较高，用来收集电子的电极，功函数常常较低。透明电极又称为光电极，需要具备高透过率、低反射率、良好的导电能力等特点，一般使用透明导电玻璃(TCO)作为光电极，有 FTO(F 掺杂的氧化锡)和 ITO(氧化铟锡)两种。但是近几年随着研究的深入，石墨烯、银纳米线等也渐渐作为光电极材料应用在钙钛矿太阳能电池中。对电极，又可以叫作金属电极，主要有 Al、Ca、Ag、Au 等；在活性层和电极之间夹杂 MgO 或 LiF 等材料的金属电极；Al/Ca 双层金属的层状金属电极；采用 Mg/Al 的电极复合材料的金属电极；银纳米线电极、碳电极、碳纳米管等新型电极。

电子传输层(Electron Transport Layer，ETL)，一般位于钙钛矿吸收层和阴极之间，其主要作用：一方面是可以把钙钛矿吸收层与电极间的能量差减小，改善了对电极的界面，从而让载流子的运输更加畅通；另一方面是提高光生电子的抽取效率，有效传输电子，并阻止了空穴向阴极方向的移动，降低电子和空穴在界面处复合的概率。理想的电子传输层材料应该具有电子迁移率高、带隙宽、导带能级合适、稳定性良好、透光率高、成本低和可规模化生产等特点。常用的电子传输层材料有二氧化钛(TiO_2)、氧化锌(ZnO)等金属氧化物和富勒烯及其衍生物。TiO_2 是钙钛矿太阳能电池中最常用到的 ETL 的材料，可通过溶液旋涂法、喷雾热解法、原子层沉积等方法制得。但是在制备 TiO_2 致密薄膜的时候，需要在 500℃ 以上的高温下煅烧得到钙钛矿晶型的 TiO_2，提高电子运输能力，但是这与制备柔性基底的目标相冲突，于是研究者也开始研究低温制备 TiO_2 的方法。ZnO 可通过电沉积、溶胶-凝胶法、化学浴沉积等方法制得，但是 ZnO 的化学性质不稳定，容易和其他物质发生化学反应，降低钙钛矿太阳能电池的稳定性。富勒烯及其衍生物是常用的有机半导体材料，如 C_{60}、ICBA、PCBM 和 $Bis-C_{60}$ 等，一般用蒸镀法和溶液法成膜，多应用于 PIN 型钙钛矿太阳能电池中。

与 ETL 刚好相反，空穴传输层(Hole Transport Layer，HTL)的作用是与钙钛矿吸收层形成良好的欧姆接触，从钙钛矿吸收层中提取出空穴，有效地传输空穴，并将电子有效地阻挡，减少空穴与电子在界面的复合。尽管无空穴传输层的钙钛矿太阳能电池也能获得一定的效率，但是为了更高的器件效率和稳定性，仍需选择合适的空穴传输层材料来传输电子，阻挡空穴。理想的空穴传输层材料应满足以下几点：①与钙钛矿的能级匹配；②具有高空穴迁移率；③稳定性好；④可以用进行溶液旋涂成膜。钙钛矿太阳能电池的空穴传输层的材料可以分为两大类：有机材料和无机材料。有机空穴传输层材料中，spiro-OMeTAD、PDPPDBTE、P3HT、PTAA 常用于 NIP 型的钙钛矿太阳能电池中，spiro-OMeTAD 是目前应用最广泛的小分子空穴传输层材料，应用在钙钛矿太阳能电池中可以取得很高的能量转换效率，但 spiro-OMeTAD 价格昂贵，制造方法烦琐，而且对纯度的要求较高，因此很多科研工作者在寻求可以替代的空穴传输层材料，或者研究无空穴传输层的钙钛矿太阳能电池。PEDOT:PSS、PT、PPN、PPP 常应用于 PIN 型的钙钛矿太阳能电池中，PEDOT:PSS 的导电性高，透光性好且易于成膜，可以实现低温制备。

3) 钙钛矿太阳能电池的工作原理

1839 年，研究人员发现了钙钛矿，随着研究的不断深入，1926 年得到了钙钛矿的晶体结构。钙钛矿的结构是 ABX_3 结构，A、B、X 分别代表有机阳离子、金属离子和卤素基团，在钙钛矿结构中，B 位于立方晶胞体心处，卤素 X 位于立方体面心，而有机阳离子 A 则位于立方体顶点位置。A 通常是一种大的金属阳离子，包括 Ca、Ba、Pb、K 以及 La～Lu 的镧族金属等 20 多种元素，通过合适的有机物取代这些金属阳离子，可以形成有机-无机杂化钙钛矿材料；B 为是可以配位形成八面体的 M 阳离子，包括 Pb、Fe、Sn、Nb 等；X 是能够和 A 形成配位八面体的卤素阴离子，包括 Cl、Br 和 I 等。在太阳能电池的应用中，钙钛矿主要作为吸光材料，其中 A^+ 为以 $MA^+(CH_3NH_3^+)$、$FA^+(HC(NH_2)_2^+)$ 为主的有机铵阳离子，B^{2+} 为以 Pb^{2+} 为主的金属阳离子，如甲胺铅碘($CH_3NH_3PbI_3$)。由于这些结构特点，有机-无机杂化钙钛矿化合物的晶体结构稳定，具有独特的电磁性能，同时具有良好的异构化、吸光性、电催化等活性，成为一种受到广泛关注的新型功能材料。在理想的立方对称结构中，阳离子 B 位于 6 个对等配位上的阴离子构成的八面体的中心(BX_6)，阳离子 A 位于 12 个对等配位上的阴离子构成的多面体中心，其晶体结构如图 7-12 所示。

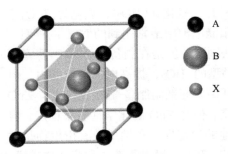

图 7-12　钙钛矿的晶体结构

在实际晶体中,离子置换等原因可能使得晶体结构扭曲,对称性下降,甚至转变成非钙钛矿结构。通常可以用容忍因子来推测某种离子被取代后晶体是否仍具有钙钛矿结构。容忍因子可以用公式 $t = (R_A + R_X)/\sqrt{2}(R_B + R_X)$ 来计算。这是一个半经验公式,它可以大致说明钙钛矿结构的稳定性:①一般而言,在 t 接近 1 的时候,化合物具有等轴晶系 $Pm3m$ 结构。②如果 t 偏离 1 较大,则会形成其他结构。例如,常温常压下,$SrTiO_3$ 的容忍因子 $t = 1.009$,其空间群为 $Pm3m$;对于 $CaTiO_3$,其 $t = 0.973$,空间群为 $Pbnm$。③研究表明,结构稳定的钙钛矿化合物的容忍因子一般为 $0.78 \sim 1.05$。④值得说明的是,理想的立方结构只在 t 接近 1 的情况下出现,多数情况下呈现的是不同的畸变形式。

钙钛矿太阳能电池本质上是一种固态染料敏化太阳能电池。它具有类似于非晶硅薄膜太阳能电池的 PIN 结构。钙钛矿太阳能电池一般由五部分组成:FTO/ITO 导电玻璃、致密电子传输层、钙钛矿吸光层、有机空穴传输层和金属背电极。钙钛矿材料作为光吸收层(I 本征层)夹在电子传输层 ETL(N 型)和空穴传输层 HTL(P 型)之间。借助紫外光电子能谱(UPS)和紫外-可见光吸收谱测量得知钙钛矿 $CH_3NH_3PbI_3$ 的禁带宽度为 1.5eV。当能量大于其禁带宽度的入射光照射钙钛矿材料时,激发出电子-空穴对,电子-空穴对在钙钛矿中传输,到达 ETL/钙钛矿和钙钛矿/HTL 间的界面时发生电子空穴分离,电子进入电子传输层,空穴进入空穴传输层,最后到达各自的电极(电子到达 FTO 或 ITO 阳极,空穴到达金或银阴极)。钙钛矿太阳能电池的工作原理见图 7-13。

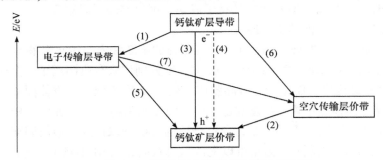

图 7-13　钙钛矿太阳能电池的工作原理

PSCs 的详细步骤可以分为以下五部分。

一是钙钛矿吸收层吸收光产生激子;二是激子分离,钙钛矿吸收层的价带能级低于 HTL,空穴被 HTL 收集;三是空穴运输至正极;四是钙钛矿吸收层的导带能级高于 ETL,电子被 ETL 收集;五是电子运输至负极。图 7-13 中的(1)和(6)代表载流子的分离过程,(2)、(3)、(4)、(5)、(7)代表载流子的复合过程。PSCs 中,大部分载流子会分离进入传输层,但是部分载流子会复合,载流子复合存在于钙钛矿吸收层中、钙钛矿吸收层和传输层的界面处、ETL 和 HTL 的界面处,载流子的复合会严重影响 PSCs 的器件效率,在研究 PSCs 的过程中,如何降低载流子的复合率也是一个不容忽视的问题。

课 后 习 题

1. 简述太阳能光热技术和光伏技术的异同点。
2. 什么是太阳能光热吸收薄膜？可以分为几类？
3. 简述太阳能电池的工作原理。
4. 为了使太阳能电池的输出功率更大，如何调节输出电阻的大小？
5. 钙钛矿太阳能电池与其他的太阳能电池相比具备哪些优点？

参 考 文 献

[1] TABOR H.Selective radiation: Ⅰ. wavelength discrimination, Ⅱ. wavefront discrimination[J]. Bulletin of the research council of israel, 1956, 5A(2): 119-134.

[2] 殷志强. 溅射太阳能选择性吸收涂层: 中国, CN85100142[P]. 1986-07-23.

[3] CAO F, MCENANEY K, CHEN G.A review of cermet-based spectrally selective solar absorbers[J]. Energy and environmental science, 2014, 7(5): 1615-1627.

[4] 史月艳, 那鸿悦. 太阳光谱选择性吸收膜系设计、制备及测评[M]. 北京: 清华大学出版社, 2009.

[5] 张维蔚, 王甲斌, 田瑞, 等. 热管式真空管太阳能聚光集热系统传热特性分析[J]. 农业工程学报, 2018, 34(3): 202-209.

[6] 刘恩科. 半导体物理学[M]. 7 版. 北京: 电子工业出版社, 2011.

[7] 熊绍珍, 朱美芳. 太阳能电池基础与应用[M]. 北京: 科学出版社, 2009.

[8] GREEN M.Solar cells: operating principles, technology, and system applications[M]. Englewood Cliffs:Prentice Hall, 1982.

[9] 薛超, 姜明序, 高鹏, 等. 柔性砷化镓太阳能电池[J]. 电源技术, 2015, 39(7): 1554-1557.

[10] 杨德仁. 太阳能电池材料[M]. 北京: 化学工业出版社, 2006.

[11] KEARNS D, CALVIN M. Photovoltaic effect and photoconductivity in laminated organic systems[J]. Journal of chemical physics, 1958, 29(4): 950-951.

[12] TANG C W. Two-layer organic photovoltaic cell[J]. Applied physics letters, 1986, 48(2): 183-185.

[13] FUJISHIMA A, HONDA K. Electrochemical photolysis of water at a semiconductor electrode[J]. Nature, 1972, 238(5358): 37-38.

[14] OREGAN B, GRATZEL M. A low-cost, high-efficiency solar-cell based on dye-sensitized colloidal TiO_2 films[J]. Nature, 1991, 353(6346): 737-740.

[15] KOJIMA A, TESHIMA K, SHIPAI Y, et al. Organo metal halide perovskite as visible-light sensitizers for photovoltaic cells[J]. Journal of the American chemical society, 2009, 131(17): 6050-6051.

[16] IM J H, LEEC R, LEE J W, et al. 6.5% efficient perovskite quantum-dot-sensitized solar cells[J]. Nanoscale, 2011, 3(10): 4088-4093.

第8章 光子集成

8.1 光子集成的意义与瓶颈问题

自 20 世纪 50 年代集成电路问世以来，电子行业逐渐解决了分立元件成本、可靠性、体积与功耗的问题。半导体产业按照摩尔定律飞速发展，逐渐成为国民经济的支柱产业之一。与此相类似地，在单个半导体芯片上集成大量电子和光学元件的光电子集成电路 (Optoelectronic Integrated Circuit，OEIC) 以及光子集成电路 (Photonic Integrated Circuit，PIC)，在性能提升、功能集成、成本降低等方面相对于分立光电子器件而言都有许多潜在的优势。OEIC 的研究始于 20 世纪 70 年代末，40 年来，光电子器件的性能和集成度取得了一定的进展，主要体现在发射器和接收器性能的提升以及集成功能的完善方面；但总体来说，光电子集成在集成度上和集成电路 (IC) 还有着几个数量级的差距，如何有效地将种类繁多的功能器件集成到单一芯片上，仍然是一个极其艰难、亟待探索的课题。

8.1.1 光子集成的出现

1. 集成电路的启示

1947 年 12 月 23 日，美国贝尔实验室的巴丁、布莱顿和肖克莱等研究出了世界上第一个晶体三极管，并用其实现了对电流信号的放大，这是微电子技术发展中的第一个里程碑。1952 年，英国皇家雷达研究所的达默在美国工程师协会第二次会议上指出：随着晶体管的出现和对半导体的全面研究，现在似乎可以想象，未来电子设备是一种没有连接线的固体组件，其中就隐含着日后集成电路的概念[1]。1959 年，美国飞兆公司的约翰·霍尔尼发明了扩散、掩模、光刻的平面工艺，在硅衬底上制作双极型晶体管和 PN 结隔离，诺伊斯则将器件和导线集成在同一个硅芯片上，其标志着集成电路的诞生。平面工艺实现了不同器件的功能及器件之间的连接，最终造就了集成电路的规模化。随着工艺的不断更新迭代，Fin-FET (加强栅极对沟道电流控制以减少漏电流)、SOI(Silicon on Insulator，采用绝缘衬底以减少漏电流从而降低功耗) 等技术的出现仍在延续戈登·摩尔当年的预言。晶体管特征尺寸缩小到原来的 $1/K^2$，则性能提高到原来的 K 倍，功耗减小到原来的 $1/K$，这一规律构建了当今半导体产业的基石。

与集成电路的想法类似，如果能在单个芯片上集成电子和光学元器件，相对于分立元件而言，在性能、集成度、功耗、成本、可靠性上都将具有一定的潜在优势。

2. 光子与电子性质的共性和互补性

光子集成和集成电路分别实现了对光信号与电信号的信息传播和信号处理，而从作为信号媒介的微观粒子来看，光子与电子的性质具有明显的共性和互补性。光子与电子一些特征的比较如表 8-1 所示，从共性上看，光子与电子都具有波粒二象性，分别服从费米-狄拉克统计分布和玻色-爱因斯坦统计分布，电子具有两个相反的自旋方向，而光子有两个正交的偏振方向；从互补性上看，电子的传播速度小于光速，而光子在真空中的传播速度为光速，电子不具有时间可逆性而光子具备，电子具有高度的空间局域性而光子不具备。

表 8-1　电子与光子一些特征的比较

特征	电子	光子
静止质量	m_0	0
运动质量	m_c	hv/c^2
电荷	$-e$	0
波粒二象性	是	是
传播速度	小于光速 c	在真空中为光速 c
时间特性	具有时间不可逆性	具有时间可逆性
空间特性	具有高度空间定域性	不具有高度空间定域性
服从的统计分布	费米-狄拉克统计分布	玻色-爱因斯坦统计分布
粒子特性	费米子	玻色子
取向特性	两个自旋方向	两个偏振方向

从电子和光子性质的共性上来看，在单个芯片上集成电子器件以提升性能与可靠性、降低功耗已取得成功，容易联想到将光学元器件组成光子集成电路在性能、功耗、成本与可靠性上都具有一定的潜在优势。而从电子和光子性质的互补性上来看，光子具有电子所不具备的一些特性，在传输、通信与存储领域有自身的优势，例如，光子的静止质量为零，在真空中以光速运动，响应时间不受电路中时间常数的限制，因而可以用于超高速、宽带通信；光子具有时间可逆性，不具有高度空间局域性，产生的向前和向后的共轭波可以抵消传输过程中的畸变和失真，因此传输信息容量大；光子不带电荷，因此不会和外界电磁波产生相互作用，传输具有高抗干扰性、高可靠性；光存储则具有储存量大、速度快、密度高、误码率低的优点。光子与电子可以通过光发射器和光电探测器实现相互转换，将不同光学和电子学元器件集成，能够将光子在传输与存储和电子在信号处理上的性能优势结合起来，例如，在光纤通信系统中可在电时分复用(ETDM)的基础上优势互补地采用多种光的复用(如光波分复用、光时分复用、光偏振复用)来提高传输容量[1]。

8.1.2　光子集成的分类、意义与应用

1. 光子集成的分类

按照输入输出信号及实现基本功能的不同，光子集成主要可分为光电转换、光信号

处理、电信号处理三个类别，如图 8-1 所示。第一类光子集成主要是指将光电转换器件(如 LED 以及光电探测器等)与实现信号处理的电路集成；在这样的光子集成回路中，输入信号与输出信号具有不同的形式(一个为光信号，另一个为电信号)。由于需要集成具有合适工作波长的光电子器件和电子器件，所采用的半导体衬底材料需要同时满足两者的需求。

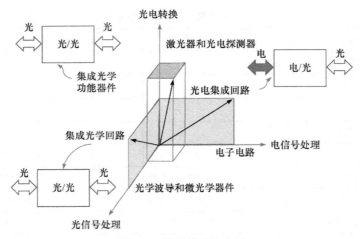

图 8-1　光子集成的分类

第二类光子集成的功能是光信号处理，将光电子器件和波导、微光学器件集成在一起。这一类的光子集成回路主要包括较早期的在绝缘衬底上实现的波导回路(集成光学，Integrated Optics)以及近期在半导体衬底上集成的激光器和光电探测器(光子集成回路，PICs)。

第三类光子集成则利用电子系统和光子系统之间的相互作用来实现光开关、光存储等功能，典型的这类光子集成器件包括具有透射、发射光学双稳态的自电光效应器件(Self-Electro-optic Effect Devices，SEEDs)和垂直表面发射电光器件(Vertical-to-Surface Transmission Electro-Photonic Devices，VSTEP Devices)。这类器件可以大面积二维集成，在未来大量并行性光学数据的处理和计算中可能扮演最为关键的角色。

2. 光子集成的意义

光子集成的意义主要体现在性能、功能性和可制造性三个方面，如图 8-2 所示。相对于传统的分立元件制作的器件，光子集成回路减少了引线键合所带来的寄生阻抗；同时在同一衬底上制作的光学器件具有高效的光学耦合，这避免了分立元件的精确对准问题。因此光子集成回路在提升处理速度、减小噪声和提高效率上都具有非常重要的意义，可以极大地提高先进光学系统中的收发机的性能，在超高速和相干光学通信系统、高通量光互联系统、超大规模集成电路(VLSI)和处理器中有着不可替代的应用。

3. 光子集成的应用

光子集成是国家信息产业的基础技术之一，在网络通信、医疗健康、存储、显示、国防等多个领域都发挥着重要的作用(图 8-3)，是现代信息基础设施(整机、系统和网络)以及各种新型应用的核心，直接关系到一个国家的综合国力和国际竞争力。光子集成技术以其低功耗、高速率、高可靠性、小体积的优势，成为突破目前信息网络所面临的传输速率与带宽、体积与能耗、智能化与可重构等方面瓶颈的关键，在网络通信、物联网、高性能计算、生物/农业领域都有着广泛的应用，如图 8-3 所示。

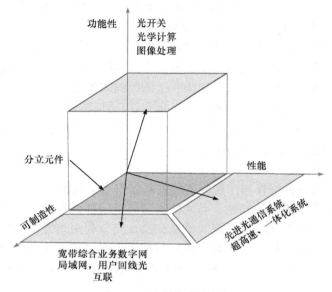

图 8-2　光子集成的意义

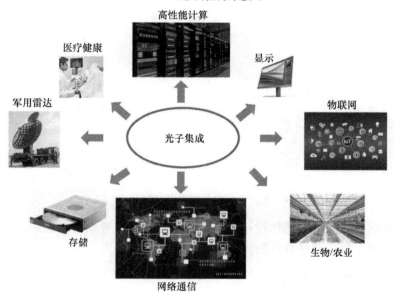

图 8-3　光子集成的主要应用领域

作为整个信息网络核心的光纤通信网络，其骨干网传输容量几乎每十年增加 1000 倍，这是基于电子器件的电时分复用(ETDM)和光波分复用(WDM)(也可理解为不同波长的光同时在同一光纤内传输)以及光时分复用(OTDM)和光偏振复用(PDM)共同作用的结果。长期以来,信息网络在关键节点上的信息交换一直是基于微电子学的光-电-光交换模式或者由电子路由器来完成的。然而,随着信息网络传输容量的不断增加,网络节点的交换容量日益落后于按摩尔定律增长的传输容量。为了获得更大的交换容量,电子路由器的功耗、体积等都达到了难以容忍的程度,例如,2007 年美国思科公司提供的 CRS-1 超大电子路由器,交换容量为 92.16Tbit/s,但其功耗达到了 1MW,体积为 104m³,重量达到了 58t。如果能采用全光网络代替目前光电转换的工作方式,将大大提高交换的速率,而这必须要通过光子集成或光电子集成来完成[1]。同时,随着云计算、军事应用、气象和灾害预测方面对于高性能计算机的需求不断扩大,对巨型计算机内部的信息交换速率的要求也日益提高。高性能计算机可设想为一个浓缩的大型通信网络,其包括微处理器内部(片内)的通信(通信距离约 1cm)、板上芯片间通信(通信距离为数厘米)以及板间通信(通信距离 1~5m、机柜(系统)之间通信(5~300m)。高性能计算机包含的 CPU 数量可达百万量级,还有大容量(32 × 32 或 64 × 64 端口数)的交换矩阵,以寻求无阻塞的信息交换和高的计算速度。

　　理论上光、电传输的损耗与传输距离的关系如图 8-4 所示,在传输距离超过 200μm 时,使用光传输可获得更低的损耗。与光纤通信网络同理,利用光互联实现上述芯片内部、片间、背板间和机柜间的互联以及信息交换,充分利用光传输速度快和传输损耗低的特点,将有效提升高性能计算机的性能。而利用光网络实现计算机的提速和降耗,离不开激光器、调制器、快速光开关矩阵、光电探测器、波分复用/解复用等光电子器件的集成。

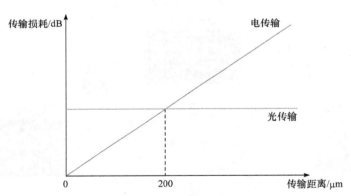

图 8-4　光、电传输的损耗与传输距离的关系

　　另外,在航空航天等需要体积小、重量轻、功耗低、可靠性高的光电子器件和系统的领域,对光电子集成同样有强烈的需求[1]。

8.1.3　光子集成的瓶颈问题

　　相较于集成电路按照摩尔定律每 18 个月翻倍迅速增长的集成度,就单个芯片所包含的器件个数而言,光电子集成芯片远远不及集成电路。苹果公司生产的 A12 芯片,所包含的晶体管数目达到了 69 亿个,而代表目前世界最高的集成难度和传输容量密度的"光电子融合系统基础技术开发"项目，也仅能够在 $1\,cm^2$ 的硅芯片上集成 526 个数据传输速度为 12.5Gbit/s 的光收发器，两者在集成度上竟相差了 7 个数量级。

两者在集成度上的巨大差距，从侧面反映了光电子集成在实现上的一些客观困难。

(1) 集成电路所含电子元件的种类较少，仅有电阻、电容、PN 结二极管、CMOS 场效应管等，而光电子集成模块除了需包含集成电路中的一些逻辑控制模块和驱动模块外，还需包含种类繁多的光子功能器件，如光延时线、光衰减器、不同性能的光放大器、相移器、激光器、波导光栅阵列、光波导等，在一些复杂的应用中还可能包含光隔离器、光环行器、光分插复用器、波分复用/解复用器、光电探测器、光开关等[1]。

(2) 集成电路能够基于硅基实现所有器件功能，而光电子集成电路的有源与无源器件所使用的材料难以匹配。在种类繁多的光电子器件中，半导体激光器是比较特殊的一类器件。作为光通信系统的信源，它无可替代的功能使得它在光电子器件的集成中处于非常关键的地位，而硅作为间接带隙材料，无法用来实现高效率的激光器，因此制作通信波段的半导体激光器都是基于 InP 材料进行的。另外，硅材料由于微电子芯片的大量应用而大放异彩。硅基和锗基材料可以用来制作性能优良的无源波导、调制器、光电探测器等无源光电子器件，硅基材料成熟的 CMOS 工艺也便于大规模低成本光电子集成芯片的制造，因此在硅基上集成基于 InP 等材料的激光器对光电子集成来说可能是一个比较优良的方案。然而从制造规模上来说，目前 InP 所采用的是 3in 或 4in 晶圆，而硅芯片则采用 8in 或 12in 晶圆；InP 更倾向于采用刻蚀形成特定结构而后钝化的工艺，这与以离子注入掺杂为核心的硅基工艺相差甚远；InP 和几乎所有适用于制备高性能无源器件的材料(如硅基材料、有机聚合物材料、铌酸锂材料以及玻璃基材料等)都无法实现晶格匹配，因此在无源材料上进行光电子集成有较大的难度[2]。

(3) 在集成电路中，仅仅依靠光刻对相同半导体材料的不同部位进行处理就能实现不同器件以及器件之间的互联。与集成电路所采用的平面工艺不同，光电子集成电路中不同的光子器件往往是基于不同的原理和不同的材料，以不同的加工工艺来实现的。即使是同一类型的功能器件，使用的材料和工艺也千差万别。以光开关为例，有机械开关和 MEMS 开关、热光开关、电光开关、磁光开关、声光开关等原理不同、工艺不同、难以集成的多种器件；甚至某一光学器件中又含有一些光学元件，例如，光隔离器中含有光学非互易性的旋光材料、波片、分光晶体和耦合光纤等[1]。

(4) 集成电路中各器件的内部连接可通过高浓度掺杂的低阻通路来完成，光子集成中各器件的连接则需要采用平面光波导或者采用不依赖于传播介质的自由空间光互联。自由空间光互联中，发射端和接收端之间通过自由空间的光路来传播光束，适用于芯片间或背光板之间的连接。虽然自由空间光互联具有互联密度高、无接触互联、易于实现重构互联等优点，但光路对准问题极其突出。另外，由高折射率材料层和上/下层低折射率层组成的平面光波导，需要与所对接器件的作用区之间折射率匹配，以防菲涅尔反射损耗；并且这种光波导互联方式不能像集成电路内部一样采用直角布线，为了防止光的辐射损耗，需要采用 "S" 形平滑过渡，这无疑增大了光电子集成电路的布局和集成难度。同时，随着系统集成规模的逐步扩大和新器件结构的引入，光子集成中光互联的封装和散热问题日益凸显[1, 3]。

(5) 集成电路与外电路是直接以金丝键合的,而光电子集成电路则是依靠模场匹配耦合的,金属的直接键合所产生的接触电阻微乎其微,而不同形状和不同折射率分布的光波导之间的模场耦合损耗却可能高达数 dB[1]。

8.1.4　光子集成发展的启示:InP 还是 Si

虽然微电子领域当中集成电路的成功能够为光电子集成电路的发展提供很多宝贵的经验,例如,硅基的 CMOS 工艺适合用于制作高性能的无源器件等,但是当今所面临的现实问题表明,光子集成有其独特的集成工艺方式。光电子集成中最突出的问题就在于,由于硅是间接带隙材料,无法在硅基上实现高性能的激光器,而基于 InP 等材料的光子集成芯片价格又相当高昂。本节将对 InP 和硅基的光电子集成器件分别做简要介绍并分析未来的发展方向。

基于 InP 的光子集成器件最早可以追溯到 1987 年,日本的研究人员在同一个芯片上集成了一个分布式反馈激光器(DFB)和一个电吸收调制器(EAM)。1995 年,InP 基的光子集成芯片在商业上获得大规模的应用。随着工艺的改进和集成度的提高,单个芯片所能实现的传输速率也在逐年提高。2004 年,美国的 Infinera 公司率先实现了 100Gbit/s 的发射器,并且逐渐走上了大规模光子集成的道路。虽然目前国际上推出自己光子集成芯片的公司非常多,如 Finisar、CyOptics 等,单芯片的传输速率可以达到 40Gbit/s 甚至 100Gbit/s,但总体来说基本都是 4 通道的,集成度并不高,并且基本上应用于传输距离较短的局域网。Infinera 是唯一有能力实现大规模光子集成芯片并且实现了集成芯片商业化的公司,在 2011 年成功实现了单芯片 10 通道、传输速率达到 1.12Tbit/s 的超级相干发射芯片,标志着光子集成芯片又向前迈进了一大步。与此同时,在欧洲建立的一个基于 InP 材料的光子集成芯片研究以及产业转化平台 JePPIX(Joint European Platform for InP-Based Photonic Integrated Components and Circuits),联合了欧洲在 InP 集成方面研究以及产业化水平最高的高校、研究所以及公司,希望建立一个公用的通用工艺加工平台以利于集成。这样的通用工艺方式借鉴了集成电路中的成功经验,一旦建立成熟的通用集成技术平台,欧洲国家在光子集成芯片大规模应用方面必定会有所作为。

因集成电路而大放异彩的硅也是很好的无源材料,结合锗可以制作高性能的无源波导、调制器、光电探测器等器件。利用成熟、高精度的 CMOS 工艺,可以大规模低成本地制备硅基光电子集成芯片,因而很多著名的公司以及研究所都致力于硅基光子器件的产业化研究,如 IBM、Intel 等,其中 Intel 公司在硅基光子集成方面已经有了 20 年的技术积累,研制出的光子集成芯片成功应用于 Facebook、Google 等公司的数据中心。尽管基于硅材料可以制作很多性能优良的调制器、探测器等光电子器件,但是间接带隙材料无法直接制作半导体激光器的弊端始终是硅基光电子集成的软肋。虽然人们不断地尝试制作基于硅基的半导体激光器,但在性能上远远无法和基于 InP 的激光器相比,因此目前将硅基光子集成芯片和基于 InP 半导体激光器相结合是最有前景的一种方案。由于 InP 和 Si 晶格常数相差较大,目前将两者结合的方式有机械耦合封装、键合等,前者对于耦合技术和耦合效率是不小的挑战,后者则具有实现未来大规模低成本光电子集成芯片的潜力。

虽然基于 InP 的光子集成芯片率先获得了商业上的成功，但硅光子学有 CMOS 成熟工艺和经验，具有一定的发展潜力。光电子集成器件的未来究竟是 InP 还是 Si，一直是业内人士争论和思考的问题[2, 4]。就目前而言，一些具有前景的方向如下。

(1) 基于 InP 材料的通用工艺加工平台。图 8-5 展示的是如何通过无源波导、相位调制器、半导体光放大器和偏振转换器这四种基本功能模块制备多种具有复杂功能的集成器件，如 2×2 光开关、多波长激光器和偏振分束/复用器等。因此，由基本功能模块建立通用的集成技术平台是可能实现的，在大规模光电子集成上会有很大的成本优势。

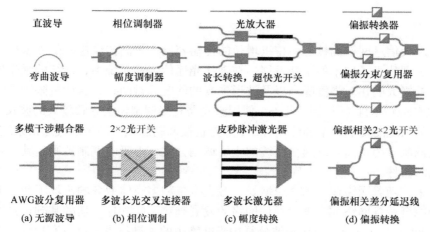

图 8-5 通过基本功能模块实现复杂功能的例子

(2) 在现有基础上提升硅基和 InP 基激光器的耦合效率、键合稳定性等。半导体激光器的脊条宽度一般在 2μm 左右，而硅波导的尺寸一般为 500nm 左右，两者宽度的不对称导致模式的严重不匹配，需要如图 8-6 所示在耦合段制作锥形的模式转换器以提高耦合效率，在波分复用系统这样需要不同波长半导体激光器的场合，耦合则更为复杂，有待进一步进行优化和探索。通过键合的方式实现半导体激光器和硅基器件之间的结合，分

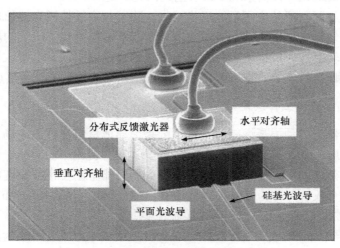

图 8-6 DFB 半导体激光器和硅波导的耦合[5]

子之间具有强力的作用力，保证了芯片的稳定性；同时，半导体激光器的量子阱可以和硅波导距离更近，从而得到更大的光场限制因子以获得更好的性能，是很有潜力的一种集成方式。

8.2　半导体光调制器

8.2.1　电吸收调制器的基本原理与工作特性

1. 引言

作为现代信息网络的核心，持续增长的传输容量、更高传输速率的需求推动了光纤通信技术和现代光子技术的不断发展。在现代光通信传输系统中，传统的激光器直接调制所带来的极大的相对强度噪声以及波形失真的问题日益凸显，这严重限制了激光器在高频率(20GHz)下的直接调制；此外，使用激光器直接调制还会导致较大的波长啁啾，制约光纤通信系统的传输速率和传输容量，激光直接调制已无法满足现代通信系统的需要，因而外腔调制成为目前光纤通信系统的主要调制方式，电吸收调制器则是其中备受关注的一类调制器件。

近年来，随着网络业务的高速增长，各类宽带和多媒体业务的市场不断扩大，高速大容量的综合业务网络成为现代通信网络的发展趋势，实现这一切的基础正是波分复用(WDM)光网络。而波长变换作为波分复用光网络中的关键技术，可以实现从一个波长到另一个波长的转换，从而实现波长的再利用，增加信道的利用率，解决网络中的路由调度和波长竞争问题，降低网络阻塞率，提高波分复用光网络的灵活性和可扩性。在众多的波导器件中，电吸收调制器具有优越的非线性光传输特性，因此基于电吸收调制器的交叉吸收调制效应在全光波长转换技术的研究中得到了广泛关注。电吸收调制器体积小、结构紧凑、利于集成、驱动电压低，可以与半导体激光器形成紧凑、稳定的集成光源模块，已然是高速长距光纤传输系统中最有前途的光源之一。

如今，电吸收调制器的应用领域逐步扩大，除了与半导体激光器形成集成光源模块外，在高速波分复用(WDM)及光时分复用(OTDM)领域也得到了广泛的应用，基于电吸收调制器的波长转换和时钟提取、信号再生等技术也已经实现。电吸收调制器的发展应用已取得了令人瞩目的成果，是当前光通信技术和光网络技术的研究热点。

2. 电吸收调制器的工作原理

电吸收调制器是一种损耗调制器，利用的是半导体材料在外加电场下的吸收边向长波方向移动的性质。1958 年，Franz 和 Keldysh 分别独立提出了在对半导体材料外加电场时本征吸收带边效应的突破性理论，即在施加电场时能量小于带隙宽度的光子也可以被半导体吸收，这个效应即称为 Franz-Keldysh(F-K)效应[6]。Franz-Keldysh 效应在 1960 年和 1961 年分别被 Williams 和 Moss 通过实验证实[7, 8]。

图 8-7 为半导体材料内部发生 Franz-Keldysh 效应的示意图。图(a)为没有外加电场时的情况，此时若入射到半导体材料的光子能量小于禁带宽度，则没有足够的能量将位于

价带中的电子激发到导带，因此光子不能被吸收。而图(b)中，在半导体 PIN 结构中施加反向偏压的情况下，材料的能带发生倾斜，此时图中 A 处的价带顶和 B 处的导带底的能量差减小，使得 A 处价带中的电子可以吸收一个能量为 hv 的光子跃迁到 B 处的导带，发生 "光子辅助带间隧穿"。这样的过程产生了一对(导带中的)电子-空穴(价带中的)对，即激子，可以看出，随着半导体材料内部电场强度的增大，能带倾斜程度增大，A 处价带顶与 B 处导带底的能量差将进一步缩小，因此发生 "光子辅助带间隧穿" 的概率增大，导致吸收系数增加。

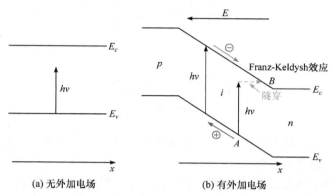

(a) 无外加电场   (b) 有外加电场

图 8-7　半导体材料内部发生 Franz-Keldysh 效应的示意图

按照 Tharmalingam 的结果[9]，半导体材料在恒定电场下由 F-K 效应决定的场致光吸收系数可由以下式子表达：

$$\alpha_{\mathrm{FKE}}(hv, F) = \frac{e^2 \, |P_{CV}|^2}{2\pi\varepsilon_0 hvcnm_0^2}\left(\frac{2\mu}{h}\right)^{\frac{3}{2}}\sqrt{\theta_F}\left(-\beta\,|\mathrm{Ai}(\beta)|^2 + |\mathrm{Ai}'(\beta)|^2\right) \tag{8-1}$$

式中，hv 为入射的光子能量；E 为半导体内部电场强度；e 为电子电量；ε_0 为真空介电常数；c 为真空中的光速；n 为材料的光学折射率；m_0 为自由电子的质量[6]；Ai 为 Airy 函数，由式(8-2)定义：

$$\mathrm{Ai}(\beta) = \frac{1}{\sqrt{\pi}}\int_0^\infty \cos\left(\frac{1}{3}u^3 + \mu\beta\right)\mathrm{d}u \tag{8-2}$$

Ai′ 表示 Airy 函数的一阶导数。μ、θ_F、β 的定义如下：

$$\frac{1}{\mu} = \frac{1}{m_e} + \frac{1}{m_h} \tag{8-3}$$

$$\theta_F = \left(\frac{e^2 F^2}{2\mu\hbar}\right)^{\frac{1}{3}} \tag{8-4}$$

$$\beta = \frac{E_g - \hbar v}{\hbar\theta_F} \tag{8-5}$$

式中，m_e、m_h 分别表示电子和空穴的有效质量；E_g 表示材料的禁带宽度；P_{CV} 表示材料的光学矩阵元，由式(8-6)定义：

$$|P_{CV}|^2 = |\langle u_C | \hat{e}p | u_V \rangle|^2 = M_0 M^2 \tag{8-6}$$

其中，u_C 和 u_V 分别表示导带和价带中的 Bloch 波函数；M_0 表示偏振系数，对于体材料其值取 1/3；$\hat{e}$ 表示光波的单位偏振矢量；p 表示动量算符，平均矩阵元 M^2 可近似由式(8-7)得到：

$$M^2 = \left(\frac{m_0}{m_e^*} - 1\right) \frac{(E_g + \Delta)}{2\left(E_g + \frac{2}{3}\Delta\right)} m_0 E_g \tag{8-7}$$

或

$$M^2 = \frac{m_0^2 E_g (E_g + \Delta)}{12 m_e \left(E_g + \frac{2}{3}\Delta\right)} \tag{8-8}$$

　　从场致光吸收系数的公式可以看出，F-K 效应带来的吸收系数的变化反比于 $E_g - h\nu$，即带隙与入射光子能量的差值。

　　基于体材料的电吸收调制器实现了电场强度调制吸收系数的跨越，然而由于体材料吸收效率低，且需要较高的驱动电压才能实现，此类电吸收调制器已经不能满足新一代光纤通信系统的要求。此时吸收效率较体材料高出 50 倍的量子阱材料电吸收调制器进入了研究人员的视野，它具有响应速度快、驱动电压低、结构紧凑的优异特性，其基本原理为量子约束 Stark 效应。

　　在无外加电场和有外加电场的情况下，量子阱结构中的能带图如图 8-8 所示，量子约束 Stark 效应反映的是外加电场垂直作用于量子阱结构时，材料的吸收峰发生红移的现象。与体材料电吸收调制器中的情形不同，量子阱材料电吸收调制器中电子和空穴的运动受到势垒的限制，产生的激子为具有较大激子结合能的准二维激子，在室温下能够稳定存在，从而形成吸收曲线带边尖锐的激子吸收峰，对应的吸收峰的位置为 $h\nu = E_g + E_e + E_h - E_b$，其中 $h\nu$ 表示吸收光子的能量，E_g 表示半导体材料的带隙，E_e 和 E_h 分别表示导带中电子能级和价带中空穴能级的位置，E_b 表示激子结合能。对于重空穴而言，如图 8-8 所示，当有外加电场作用于量子阱时，能带结构发生倾斜，电子和空穴的限制因而发生改变，电子和空穴的能级下降，因此导致吸收峰的红移。而对于质量较小的轻空穴而言，由于电子能级和空穴能级之间的差值较大且激子结合能较小，激子吸收峰位会向短波长的方向移动。同时在外加电场的作用下，电子和空穴向相反的方向移动，从而导致激子结合能的减小，对吸收边有一定的蓝移作用，但此效果相对于电场对电子和空穴能级的影响来说可以忽略，因此一般可以忽略激子结合能的变化。另一个重要的现象是，在外加电场存在时，电子和空穴波函数的重叠减小，激子共振强度降低，激子吸收峰更低[6]。不同电场强度下，不同波长入射光的吸收谱如图 8-9 所示，可以看出除上述现象外，还存在 F-K 效应等导致的吸收峰展宽。

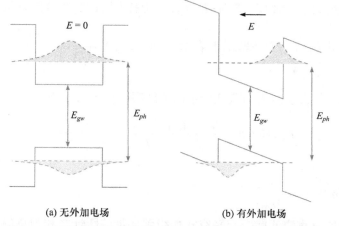

(a) 无外加电场　　　　　　　　　　　(b) 有外加电场

图 8-8　无外加电场和有外加电场下量子阱结构中的能带示意图

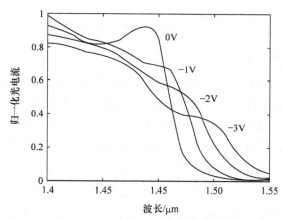

图 8-9　不同电场强度下不同波长入射光的吸收谱[10]

为了对 QCSE 效应进行模拟, 通常先利用传输矩阵法、格林函数等解析和数值方法得到近似的电子与空穴的包络波函数, 并以此来计算重叠积分: $M_{CV} = \left| \int_{-\infty}^{\infty} f_e(z) f_h^*(z) \mathrm{d}z \right|$, 其中 $f_e(z)$ 和 $f_h(z)$ 分别代表电子和空穴的包络波函数[6]。利用得到的重叠积分即可得到对于不同波长光子的吸收系数。单量子阱的吸收系数可由电子和空穴能级间的激子共振表示:

$$\alpha_{ex}(h\nu, F) = \frac{4e^2 h |P_{CV}|^2}{\varepsilon_0 c n m_0^2 E_x \lambda_{ex}^2 L_x} M_{CV}^2 B(h\nu, E_{ex}) \tag{8-9}$$

式中, F 表示外加电场强度; E_x 表示入射光子的能量 $h\nu$ 、激子跃迁能、阱层材料的禁带宽度 E_g; L_x 表示阱层的厚度; P_{CV} 表示之前定义的材料的光学矩阵元。对于重空穴的 TE 模, 偏振系数 $M_0 = 1$, TM 模 M_0 取 0; 轻空穴的 TE 模 M_0 取 $\frac{1}{3}$, TM 模 $M_0 = \frac{4}{3}$。在没有应变的量子阱器件中, 相较于轻空穴, 重空穴的激子共振位于长波长处, 此时 TE

模的 QCSE 效应远大于 TM 模。$B(\hbar\nu, E_{ex})$ 表示所有不同的吸收峰展宽机制的展宽函数的卷积，每个展宽机制由一个高斯函数表示：$B(\hbar\nu, E_{ex}) = \dfrac{1}{\sqrt{2\pi}\xi}\mathrm{e}^{\frac{(\hbar\nu - E_{ex})^2}{2\xi^2}}$，其半高全宽为 2.35ε。

由导带能级和价带能级之间跃迁产生的连续吸收谱可表示为

$$\alpha_{con}(\hbar\nu, F) = \frac{\mu \mathrm{e}^2 |P_{CV}^2| M_{CV}^2}{\varepsilon_0 c n m_0^2 \hbar^2 \nu L_x} \frac{2}{1 + \mathrm{e}^{-2\pi\sqrt{\frac{\hbar\nu - E_{ex}}{R_y}}}} \tag{8-10}$$

式中，Rydberg 常数 $R_y = \dfrac{\mathrm{e}^4\mu}{2\varepsilon_0^2\hbar^2}$。

单量子阱中所有重空穴能级与轻空穴能级到导带的跃迁之和为总的吸收系数，可表示为

$$\alpha_{\mathrm{Total}}(\hbar\nu, F) = \alpha_{ex}(\hbar\nu, F) + \alpha_{con}(\hbar\nu, F) \tag{8-11}$$

3. 电吸收调制器的工作特性

电吸收调制器具有吸收特性、消光特性、偏压特性、插入损耗特性、啁啾特性这五个重要的特性参数，前面已介绍了吸收特性，下面将对剩余特性做进一步介绍。

电吸收调制器在不加偏压时吸收系数较小，此时光束的输出功率最大，处于导通状态；施加偏压后调制器的吸收峰红移，对应波长处的吸收系数增大，调制器处于关断状态。消光比即定义为导通和关断状态下输出光强度 p_{out} 和 p_{in} 的比值：

$$\mathrm{on/off} = -10\lg(p_{\mathrm{out}}/p_{\mathrm{in}})(\mathrm{dB}) \tag{8-12}$$

体材料的透射光强度可利用吸收系数与入射光强表示，因此有

$$p_{\mathrm{out}}/p_{\mathrm{in}} = \exp(-\Gamma\Delta\alpha L) \tag{8-13}$$

$$\mathrm{on/off} = 0.434\Gamma\Delta\alpha L(\mathrm{dB}) \tag{8-14}$$

式中，Γ 表示光限制因子；$\Delta\alpha$ 表示吸收系数的变化量；L 表示有效的吸收长度。由此可知调制器的消光比主要取决于吸收系数的变化量，而材料的吸收系数和外加电场、入射光波长等有关。因此想要得到较大的消光比，需要综合考虑各因素的影响：当入射光波长减小时，消光比增大，但相应的插入损耗也增大(将在下面进行阐述)，所以在选择波长时考虑的是消光比和插入损耗之间的折中。

一般来说，电吸收调制器是一种 PIN 结构的器件，这样可以对器件施加较大的反向偏压而只带来极小的漏电流。其中 I 层由多量子阱波导构成，当不施加反向偏压时，量子阱的吸收系数较小，光束能够透过；当反向偏压逐渐增大时，量子阱的吸收边红移，原波长处的吸收系数变大，光束不能透过，这就是电吸收调制器的偏压特性。

在实际应用中，电吸收调制器的响应速度也是一个关键的参数。从时域来说，给 EAM 施加一个上升或下降的电脉冲，测量相应的光脉冲即可得到延时；从频域来说，给电吸收调制器施加不同频率的正弦信号，即可得到频率响应。频率响应如图 8-10(a)所示，输

出光信号的功率下降到低频响应的一半处(–3dB)的频率 $\nu_{-3\mathrm{dB}}$ 即代表了装置的响应速度。装置的等效电路图如图 8-10(b)所示,由于 EAM 本身的电阻只有几欧,因此在忽略外加偏置电路的寄生阻抗的情况下有

$$\nu_{-3\mathrm{dB}} = \frac{1}{2\pi R_s C_{\mathrm{MOD}}} \tag{8-15}$$

式中,R_s 为串联电阻;C_{MOD} 表示 PIN 结构的电容,因此可以减小结电容来提高响应速度。

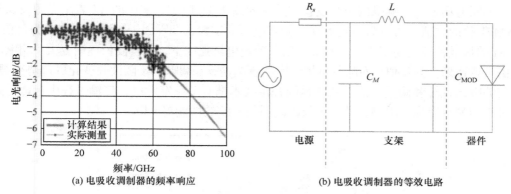

(a) 电吸收调制器的频率响应 (b) 电吸收调制器的等效电路

图 8-10　电吸收调制器的频率响应与等效电路

电吸收调制器的插入损耗是指在导通状态下输出信号相比输入信号的功率损失,主要包括传输损耗、反射损耗以及耦合损耗。传输损耗包括量子阱在导通状态下对入射光存在的吸收、产生自由载流子的损耗以及散射损耗,其中导通状态下量子阱的吸收是电吸收调制器插入损耗的最主要来源。这部分插入损耗可以表示为

$$T_{\mathrm{abs}} = \exp(\Gamma \alpha_{\mathrm{min}} L) \tag{8-16}$$

插入损耗主要取决于量子阱的最小吸收系数 α_{min},增大工作波长虽然可以减小吸收系数,但会减小吸收系数在通断状态下的差值,从而减小消光比,因此需要选择合适的工作波长实现插入损耗和消光比的折中。除传输损耗外,还存在入射光与波导端面模点尺寸不匹配带来的耦合损耗,以及光在半导体/空气界面反射产生的反射损耗(可通过抗反射涂层消除)[6]。

由于电吸收调制器的原理是外加电场改变吸收系数,而材料折射率的虚部 κ(即消光系数)和吸收系数的关系为

$$\alpha = \frac{4\pi\kappa}{\lambda} \tag{8-17}$$

根据 Kramers-Kronig 关系,吸收系数的改变将会导致介质折射率的改变:

$$\Delta n(\hbar\nu, F) = \frac{\hbar c}{\pi} \mathrm{V.P.} \int_0^\infty \frac{\Delta\alpha(E, F)}{E^2 - (\hbar\nu)^2} \mathrm{d}E \tag{8-18}$$

式中,V.P.表示柯西主值,$\mathrm{V.P.}\int_0^\infty$ 表示 $\lim\limits_{\delta\to 0}\left[\int_0^{\hbar\omega-\delta} + \int_{\hbar\omega+\delta}^\infty\right]$。因此,EAM 在改变吸收系

数和光强的同时必然带来折射率和相位的改变，这将导致光波频率的展宽，即频率啁啾。频率啁啾会导致光脉冲信号在传输一段距离后发生展宽、互相交叠，引起信号的形变，是限制长距离、高速率通信系统性能的重要因素。EAM 的啁啾定义为折射率变化 Δn 与消光系数变化 $\Delta \kappa$ 的比值，即复折射率实部变化量与虚部变化量的比值：$\alpha_{LEF} \equiv \dfrac{\Delta n}{\Delta \kappa}$，其中下角标 LEF 表示线宽增强因子。实际可通过测量得到 $\Delta \alpha$，然后通过 Kramers-Kronig 关系得到 Δn，由此得到 EAM 的啁啾。

　　不同电场强度下啁啾因子与波长的关系如图 8-11 所示，图中的 $\Delta \lambda$ 表示光源波长与 EAM 带隙的差值。可以看出随着反向偏置电压的增大，啁啾因子逐渐由正值变为负值。EAM 的啁啾特性还与工作波长有关：某一确定电场强度下，随着波长逐渐变大，啁啾因子由负值逐渐变为正值；而随着电场强度的逐渐增大，啁啾因子随波长变化的趋势变缓。目前啁啾的计算和测量方法以及啁啾的补偿技术都有了一定发展，传输过程中色散等效应带来的啁啾得到了限制，助力了长距离通信系统的性能提升[6]。

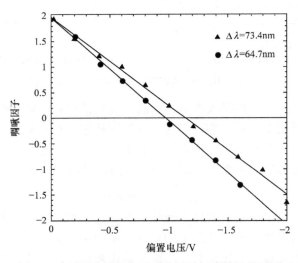

图 8-11　不同电场强度下啁啾因子与波长的关系[11]

8.2.2　M-Z 调制器的基本原理与工作特性

　　上述的电吸收调制器通过外加电场改变消光系数的方法实现了低驱动电压、易于集成的调制方式，然而有限的带宽、伴生的啁啾和波长相关性限制了电吸收调制器进一步在高速、长距离光纤通信系统中的应用。相较之下，马赫-曾德尔(M-Z)调制器可以生成高速、无啁啾、特性与波长无关的传输信号，被认为是高速波分复用传输系统的最佳选择。目前基于 LiNbO$_3$ 晶体材料的 M-Z 调制器已经实现了商用，带宽可达 40GHz 左右，具有低插入损耗、无频率啁啾的优异特性，因此下面主要对基于 LiNbO$_3$ 材料的 M-Z 调制器进行介绍。

　　M-Z 调制器的原理是线性电光效应,最早由 Pockels 于 1893 年发现,因此称为 Pockels 效应。其具体原理为在外加电场下，晶体内的束缚电荷重新分布以及晶格的微小形变，这些都会对晶体的折射率产生影响。由于晶体光学的各向异性，分析折射率分布时需要采用折射率椭球法。在此给出折射率椭球的一般形式：$\sum_{i,j} \beta_{ij} x_i x_j = 1 (i, j = 1, 2, 3)$，其中 $x_i (i = 1, 2, 3)$ 表示椭球上某点的坐标，β_{ij} 表示相应的逆介电张量。施加电场后各逆介电张量随电场强度发生线性改变：

$$\Delta \beta_{ij} = \gamma_{ijk} E_k, \quad k = 1, 2, 3 \tag{8-19}$$

式中，E_k 为相应方向的电场分量，由式(8-19)晶体的折射率随外电场强度线性改变。以 $LiNbO_3$ 晶体为例，当外加电场 $E \parallel x_3$ 时，x_3 方向折射率的变化量为 $\frac{1}{2} n_e^3 \gamma_{33} E_3$，其中 n_e 为 x_3 方向无外加电场时的折射率。铌酸锂晶体正是由于其较大的电光效应常数，在较小的偏置电压下就能产生明显的折射率变化。

M-Z 调制器的结构如图 8-12 所示，它由两个 $LiNbO_3$ 相位调制器、两个 Y 分支波导以及驱动电极所组成。$LiNbO_3$ 相位调制器通过前述的线性电光效应对输入光实现相位调制，当驱动电极施加不同的电压时，$LiNbO_3$ 晶体的折射率不同，因此出射后相位不同。两个 Y 分支波导完成分光合光功能，输入到调制器的光载波信号被左侧的 Y 分支波导分成振幅与频率完全相同的两支；在上下两个 $LiNbO_3$ 相位调制器的作用下，出射的两支路信号出现相位差，相位差为 0 和 π 时分别出现相干相长和相消，从而实现对光载波信号的调制。此结构巧妙地将相位调制转化成了幅度调制，不再需要起偏器和检偏器，在器件制备和应用中提供了极大的便利性，因而广泛应用。

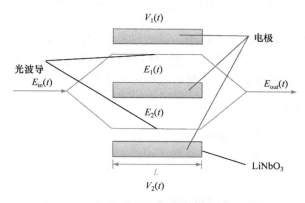

图 8-12　马赫-曾德尔调制器结构的示意图

设图 8-12 中输入光场为 $E_{in}(t)$，在不考虑 Y 分支波导的非对称性等非理想因素的情况下，经过功率均分到达两相位调制器的分支光束 $E_1(t) = E_2(t) = E_{in}(t)/\sqrt{2}$。如前所述，考虑将电场加在晶体 x_3 方向的情况，折射率的变化量为 $\Delta n = \frac{1}{2} n_e^3 \gamma_{33} \frac{V}{d}$，其中 V 表示加在电极上的电压，d 表示电极的间距，$\frac{V}{d}$ 表示 $LiNbO_3$ 晶体上的外加电场强度；经过相位调制器后，输出信号的相移为

$$\Delta\varphi = \frac{2\pi\Delta nL}{\lambda} = \pi n_e^3 \gamma_{33}\frac{VL}{d} \tag{8-20}$$

式中，L 表示 LiNbO$_3$ 光波导的长度。定义相移 180° 时所加的电压为半波电压 V_π，$V_\pi = \frac{\lambda d}{n_e^3\gamma_{33}L}$，此时相移可写成 $\Delta\varphi = \frac{\pi}{V_\pi}V$。两分支波导由于电光效应产生的相位变化分别为 $\Delta\varphi_1 = \frac{\pi}{V_\pi}V_1$，$\Delta\varphi_2 = \frac{\pi}{V_\pi}V_2$，经过 M-Z 调制器的两分支光束汇合后，输出的光场可表示为

$$E_{out}(t) = \alpha\frac{1}{2}E_{in}(t)(e^{j\Delta\varphi_1}+e^{j\Delta\varphi_2}) = \alpha E_{in}(t)\cos\left(\frac{\Delta\varphi_1-\Delta\varphi_2}{2}\right)\exp\left(j\frac{\Delta\varphi_1+\Delta\varphi_2}{2}\right) \tag{8-21}$$

式中，α 为插入损耗系数。将相位用输入电压表示后得到

$$E_{out}(t) = \alpha E_{in}(t)\cos\left[\frac{\pi(V_1-V_2)}{2V_\pi}\right]\exp\left[j\frac{\pi(V_1+V_2)}{2V_\pi}\right] \tag{8-22}$$

M-Z 调制器一般工作在推挽输出状态下，此时 $V_1+V_2 = 0$，而 V_1-V_2 则由一个固定的直流偏压 V_{bias} 和射频信号 $V_{RF}(t)$ 组成，即

$$E_{out}(t) = \alpha E_{in}(t)\cos\left[\frac{\pi(V_{RF}(t)+V_{bias})}{2V_\pi}\right] \tag{8-23}$$

经过 M-Z 调制器后的光信号功率为

$$P_o = E_{out}(t)E_{out}^*(t) = \frac{kP_i}{2}\left[1+\cos\left(\frac{\pi(V_{RF}(t)+V_{bias})}{V_\pi}\right)\right] \tag{8-24}$$

式中，k 表示插入损耗系数；P_i 表示输入的光功率。M-Z 调制器输入电压与输出功率特性曲线如图 8-13 所示,通过设置不同的直流偏压和射频信号幅度可得到不同码型的信号，例如，设置输入电压在半波电压位置处可得到 BPSK 信号。

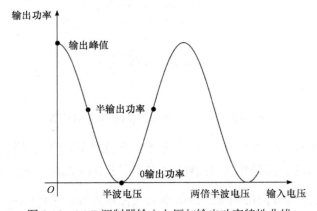

图 8-13　M-Z 调制器输入电压与输出功率特性曲线

M-Z 调制器最初采用较为简单集总电极结构，即让调制信号直接加在图 8-12 中的电极上对波导折射率进行调制。此时为了提高调制效率，需要增加集总电极的长度，电极长度的增加带来了更大的寄生电容，这严重限制了 M-Z 调制器的调制速率(通常采用集总

电极结构的调制器速率小于 10Gbit/s)。为了解决这个问题，进一步提高调制速率，人们提出了如图 8-14 所示的行波电极结构，射频信号沿传输线传播的同时对波导内的光信号进行调制。当射频信号与光信号的相速度相等时，两者相位一致，此时调制效率最高，理论上带宽可以达到无穷大。

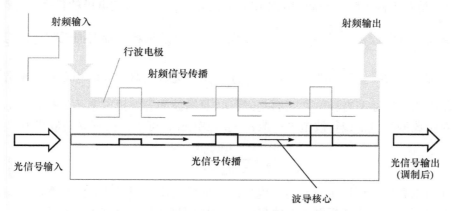

图 8-14　M-Z 调制器的行波电极结构示意图

衡量 M-Z 调制器的主要性能指标包括工作波长、半波电压、调制带宽、插入损耗等。受制于波导材质，为了实现较低的传输损耗，M-Z 调制器的工作波长一般为 1310nm 或 1550nm。作为衡量调制器性能的重要指标，足够低的半波电压可以省去通信系统中的微波驱动电路，从而降低整体成本。而半波电压除了与理想情况下铌酸锂晶体的电光效应系数、折射率以及所施加的电场强度等因素有关外，在实际器件中还与调制电场和波导中的光场在空间上的重叠情况有关。电场和光场的重叠程度越高，表明调制时电场的利用效率越高。考虑这一因素的影响后，半波电压可以写成 $V_\pi = \dfrac{\lambda d}{n_e^3 \gamma_{33} L \Gamma}$。其中 Γ 表示电光重叠积分因子：

$$\Gamma = \frac{d}{V} \cdot \frac{\iint_{\mathrm{EOcore}} \mathrm{Ee}(x,y)\,|\,\mathrm{Eo}(x,y)|^2\,\mathrm{d}x\mathrm{d}y}{\displaystyle\int_{-\infty}^{\infty}\int_{-\infty}^{\infty} |\,\mathrm{Eo}(x,y)|^2\,\mathrm{d}x\mathrm{d}y} \tag{8-25}$$

式中，V 表示行波电极上施加的电压；d 表示电极间的间距；$\mathrm{Ee}(x,y)$ 表示微波电场的分布函数；$\mathrm{Eo}(x,y)$ 表示波导中光功率的分布函数。由于铌酸锂材料本身对电光调制系数和波导折射率的限制，要想获得较小的半波电压，可通过增大电极长度、提高电极间的电场强度或增大电光重叠积分因子来实现。其中增大电极长度的方法会降低调制带宽(将在后面进一步阐述)，同时更长的波导必然会带来更高的传输损耗，因此提高行波电极的电场或者提高电场的利用率来增大电光重叠积分因子是降低半波电压较为可行的方法。

调制带宽是 M-Z 调制器的另一个重要指标，当施加相同幅值的调制电压时，相位调制量下降到直流时的一半处，此时的调制频率就是带宽 f_m 的大小。根据定义，带宽是以下频率响应方程的解：

$$\mathrm{FRp}(f_m) = \frac{\Delta\phi(f_m, V)}{\Delta\phi(0, V)} = \left(\frac{1 + \mathrm{e}^{-2\alpha L} - 2\mathrm{e}^{-2\alpha L}\cos(\beta' L)}{\left(\alpha^2 + \beta'^2\right)^2 L^2} \right)^{\frac{1}{2}} = \frac{1}{2} \tag{8-26}$$

式中，$\Delta\phi$ 是对于特定频率的调制电压出射光的相移；L 是行波电极的长度；c 是光速；电极的分布衰减常数 $\alpha = \dfrac{\alpha_0 \times \sqrt{f_m} \times 100}{8.686}$，在不考虑介质损耗和辐射损耗时，仅与欧姆损耗系数 α_0 有关；$\beta'^2 = \dfrac{2\pi \times f_m \times 10^9}{c}(n_m - n_e)$，$\beta'$ 是光波与微波间的相对相位常数，表示经过单位距离的传播两者相位之间的差值，n_m 是微波的等效折射率，n_e 是光波的等效折射率。对于典型的微带线行波电极，取 $\alpha = 2.4\mathrm{dB/cm}$，可解得调制器的带宽为

$$f_m = \frac{1.895c}{\pi \mid n_m - n_e \mid L} \tag{8-27}$$

由此可以看出，调制带宽与行波电极的长度成反比；同时和光波与微波之间的相位匹配程度密切相关，两者折射率差值趋于 0 时调制带宽趋于无穷大；除此之外，还是损耗系数 α 的函数。

行波电极的设计是 M-Z 调制器设计中最为关键的步骤，需要综合考虑电极的宽度、厚度、间距和材料，以实现较低的半波电压和较大的调制带宽。同时还需要注意输入端微波的阻抗匹配，避免引起微波反射，造成调制功率的浪费。

8.3　半导体集成光源

在第 4 章中已对半导体激光器做了较为详细的介绍，而如何实现具有光产生、调制、放大、探测、波长转换等功能的有源器件和承担光的互连、隔离、滤波、开关、功率分配、波分复用、偏振控制等功能的无源器件之间的互联，是光子集成的核心问题。在本节中，将对半导体光源、8.2 节中介绍的电吸收调制器和无源波导器件集成的基本技术进行介绍。

8.3.1　对接生长技术

对接生长技术的具体步骤如图 8-15 所示，为了将器件 A(有源器件)与器件 B(量子阱或体材料波导等无源器件)集成，需要经过图 8-15 所示的"剪切和粘贴"过程[12]：(1)外延生长器件 A 的有源区和包层的基本结构(图(a))；(2)对特定区域进行刻蚀(图(b))；(3)在刻蚀位置外延生长器件 B 的基本结构与器件 A 对接(图(c))；(4)外延生长其余结构，如波导层和欧姆接触层等(图(d))[1]。对接生长技术能够对不同区域的材料分别进行优化设计和外延生长，通过对材料厚度、组分、电学性能的精确调控，能够制作出高性能的光子集成器件。对接生长质量不仅与 MOCVD 的生长参数相关，还与生长前界面的形貌直接相关，因此对接界面和外延生长工艺都需要仔细优化以减少对接界面的反射与耦合损耗。

尽管对接生长技术中光子集成每增加一个功能都需要额外的光刻、刻蚀和外延生长

工艺，这使得工艺步骤变得十分复杂，但是对接生长技术仍然以其高度的灵活性在高性能光子集成器件的制备中广泛应用。

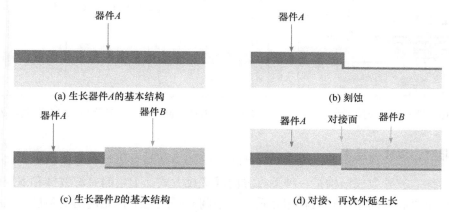

图 8-15　对接生长技术的具体步骤

8.3.2　选区生长技术

选区生长技术是指通过在衬底、外延片等基片上制作具有特定图形的介质掩模层，而后刻蚀出一定宽度的窗口在所需位置利用 MOCVD 方法进行外延生长。对于化合物材料，可在不同部位采取不同的窗口宽度来改变各元素的生长速率，从而一次外延生长的同时得到不同材料组分和厚度的功能单元。同时，由于生长窗口处存在横向气体扩散效应和表面质量迁移效应，窗口周围存在组分和厚度的平滑过渡，可以实现具有不同带隙的功能波导之间无明显界面的耦合连接。然而相比于对接生长技术，由于不同位置的材料厚度不同，选区生长技术不能对各个波导功能单元的光场限制因子进行独立优化；同时由于选区生长技术依赖外延材料在半导体材料和掩模材料之间表面动力学的差别，MOCVD 的条件控制必须非常精确；另外，器件之间的过渡区长度受限于表面扩散长度(约为几十微米)，因此在多器件集成时总长度较大，不利于集成度的提高[13]。

8.3.3　量子阱混合技术

如图 8-16 所示的量子阱混合技术是一种后生长技术，其原理为：在量子阱结构生长完成后，由于阱区和垒区采用不同的材料，两者之间存在元素组分梯度，通过后续的离子注入、杂质热扩散、无杂质空位扩散或者光吸收诱导等方法加速原子的互相扩散或自扩散，从而改变材料的性质，尤其是带隙。

量子阱混合技术在同一外延片的不同区域实现不同带隙结构，以此达到横向光子集成的目的。图 8-17 展示了通过量子阱混合技术实现的取样光栅可调谐激光器与 EAM 单片集成器件，量子阱混合使得反射镜、移相区和 EAM 区域的带隙增大，从而利于光栅可调谐激光器获得较高的调谐效率和较低的传输损耗。量子阱混合避免了对接生长中繁复的刻蚀和外延生长工艺，也不存在衔接界面处的反射和耦合损耗，但是其可能带来的量子阱掺杂轮廓的畸变、晶格缺陷会导致附加损耗，可靠性仍有待优化，这限制了量子阱混合技术在商业化光子集成芯片中的应用。

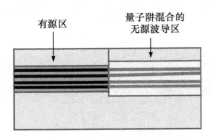

图 8-16　量子阱混合技术示意图

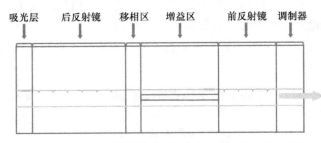

图 8-17　取样光栅可调谐激光器与 EAM 单片集成器件

8.3.4　非对称双波导技术

　　非对称双波导集成结构是一种垂直方向的集成方式，上层的有源波导和下层的无源波导平行于衬底方向生长且两者相互垂直，中间有一层对工作光透明的包层材料作为隔离，通过倏逝波进行垂直耦合，如图 8-18 所示。有源波导和无源波导的传播常数略有差别，相互之间的耦合效率对于层厚、折射率、器件长度非常敏感，使用横向的锥形耦合器则可以很好地突破这个局限，实现低功率损耗、无反射的垂直耦合。非对称双波导技术的工艺流程如图 8-19 所示，图(a)和图(b)分别为利用非对称双波导技术制作半导体激光器/光放大器和光电探测器的工艺流程，上层的波导包括了激光器的有源区和光电探测器的吸收区，下层则是无源波导。

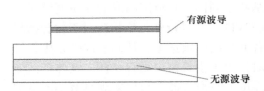

图 8-18　非对称双波导集成结构

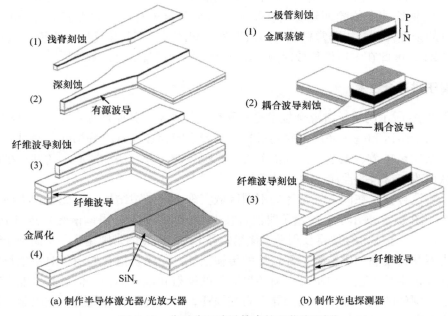

(a) 制作半导体激光器/光放大器　　　　　(b) 制作光电探测器

图 8-19　非对称双波导技术的工艺流程[14]

课 后 习 题

1. 参考集成电路相对分立元件系统的优势，如何理解光电子集成在光纤通信网络和高性能计算机中的重要意义？

2. 发展光子集成的瓶颈问题在于哪些方面？从集成电路的成功经验上来看，有哪些策略可供借鉴？

3. 电吸收调制器的主要性能参数有哪些？在长距离光纤通信中，哪些参数最为关键？

4. 除了铌酸锂外，M-Z 调制器还可以采用何种材料？这些材料有哪些异同？

5. 光电子集成的主要工艺手段有哪些？结合光电子集成的瓶颈问题，这些工艺各自存在着哪些限制因素？

参 考 文 献

[1] 黄德修. 半导体光电子学[M]. 3 版. 北京: 电子工业出版社, 2018.

[2] 陈向飞, 唐松. 光子集成研究进展[J]. 电信科学, 2015(10): 1-8.

[3] 骆扬. 光纤通信系统中接收端光电子器件集成结构及工艺兼容若干问题的研究[D]. 北京: 北京邮电大学, 2014.

[4] LIANG D, BOWERS J E. Photonic integration: Si or InP substrates?[J]. Electronics letters, 2009, 45(12): 578-581.

[5] 贾丽敏, 陈根祥. 电吸收调制器及其在现代光子技术中的应用[J]. 光通信技术, 2007, 31(10): 4.

[6] 高辉. 电吸收调制器的数值模拟研究[D]. 哈尔滨: 黑龙江大学, 2010.

[7] WILLIAMS R. Electric field induced light absorption in CdS[J]. Physical review, 1960, 117(6): 1487-1490.

[8] MOSS T. Electric field optical absorption edge in GaAs and its dependence on electric field[J]. Journal of applied physics, 1961, 32(10): 2136-2139.

[9] THARMALINGAM K. Optical absorption in the presence of a uniform field[J]. Physical review, 1963, 130(6): 2204-2206.

[10] SATO K, KOTAKA I, WAKITA K, et al. Strained-InGaAsP MQW electroabsorption modulator integrated DFB laser[J]. Electronics letters, 1993, 29(12): 1087-1089.

[11] ISHIZAKA M, YAMAGUCHI M, SHIMIZU J, et al. The transmission capability of a 10-Gb/s electroabsorption modulator integrated DFB laser using the offset bias chirp reduction technique[J]. IEEE photonics technology letters, 1997, 9(12): 1628-1630.

[12] STRZODA R, EBBINGHAUS G, SCHERG T, et al. Studies on the butt-coupling of InGaAsP-waveguides realized with selective area metalorganic vapour phase epitaxy[J]. Journal of crystal growth, 1995, 154(1-2): 27-33.

[13] 黄德修, 张新亮, 黄黎蓉. 半导体光放大器及其应用[M]. 北京: 科学出版社, 2012.

[14] MENON V M, XIA F, FORREST S R. Photonic integration using asymmetric twin-waveguide (ATG) technology: part II -devices[J]. IEEE journal of selected topics in quantum electronics, 2005, 11(1): 30-42.

第9章　半导体光电子器件制造技术

半导体制造技术是各种光电子器件、集成电路和芯片设计与制造的基础。自 1948 年晶体管发明以来，半导体技术的发展经历了三个主要阶段：1950 年，研究人员采用合金工艺首次生产出了实用的合金结三极管；1955 年，基于扩散技术为制造高频器件开辟了一条新的途径；1960 年，平面工艺和外延技术的出现，极大地改善了器件的频率和功率特性，提高了器件的稳定性和可靠性，从而实现了半导体集成电路的工业化批量生产。至今，平面工艺仍是半导体器件和集成电路生产的主流技术，其主要是指通过沉积技术在硅片或其他基底表面生长多层不同的薄膜。

半导体科学的发展及其与材料、物理等学科的进一步交叉融合，各种新材料、新器件结构以及新加工手段的不断涌现，极大地促进了半导体光电子器件与芯片的发展。同时，随着芯片集成度的提高，器件的各种参数需要进行同等比例的缩小，使原有的材料加工工艺和集成难度发生了很大变化。

本章将讨论半导体光电子器件及芯片所涉及的各种制造技术，重点介绍生长、光刻、刻蚀、离子注入与快速退火、处理优化、测试与封装等技术。

9.1　生　长　技　术

在中规模集成电路和大规模集成电路时代，半导体芯片加工要相对简单一些：在硅片上直接加工器件并互连到金属导电层。而在当今高级微芯片加工中，常需要将多种不同类型的材料沉积在硅片上，其中部分薄膜作为器件的功能层，其余则充当牺牲层，会在后续工艺中除去。因此，沉积可靠的薄膜材料显得至关重要，它是光电子器件与芯片加工中的一个主要工艺步骤。本节将讨论薄膜沉积过程和所需的设备，重点讨论物理气相沉积和化学气相沉积等技术。

9.1.1　薄膜的制备技术

1. 薄膜的生长过程

薄膜是指一种在基底(也叫基板、衬底或基片等)上得到的扁薄状固体物质，即其某一维尺寸(常指厚度)远远小于另外两维度的尺寸，它是半导体器件的重要组成部分。薄膜通常结合在比其本身尺寸大很多的基底上，其厚度一般在纳米到微米量级。

薄膜的制备与生长过程本质上是沉积原子(或分子)在基底表面迁移或扩散，并与其他原子(或分子)结合形成晶核的过程。以原子为例，随着原子的不断沉积，晶核生长并形成一个稳定的岛屿状结构。岛屿继续增长，直到岛和岛之间的边界连接起来，形成一个连续的薄膜。薄膜生长过程如图 9-1 所示，主要分为三个过程：晶核生长、聚集成岛和形成连续薄膜。

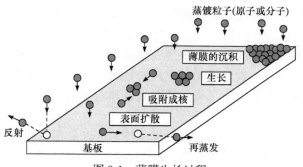

图 9-1　薄膜生长过程

　　固体薄膜表面与体内晶格结构有着很大的区别，主要在于原子间的化学键在界面处中断，形成不饱和键。这种键具有吸引外来原子或者分子的能力，称为吸附。从待蒸发原料蒸发的气流扩散到基底表面，由于能量过大，一些原子会从基底表面反射回来，另一些则会被基底表面吸附。在被吸附的原子中，部分因能量稍大会再次蒸发，剩下吸附在基底表面的原子由于非弹性碰撞，失去了垂直于表面的动量，而只留下平行于表面的动量。依靠这种动量，被吸附的原子在基底表面扩散、碰撞，形成小原子团并在基底表面冷凝；这个小原子团会继续与吸附在表面的原子碰撞，结合成一个整体，或释放出原子。该过程在基底表面不断重复，当小原子团中的原子数超过某一临界值时，原子将不再被释放，小原子团会不断地增长，逐渐发展成稳定的原子团。在这个过程中，当原子数等于临界值时，原子团称为临界核；当原子数超过临界值时，稳定的原子团则称为稳定核。稳定核继续与其他吸附原子碰撞，或与扩散到基板表面的原子结合，从而进一步生长成小岛。随着众多晶核在基底表面形成，它们不断地接触并合并形成岛屿状结构；岛屿继续生长，最终形成连续均匀的薄膜。

　　2. 薄膜制备技术分类

　　随着超大规模集成电路的发展，在基底上沉积的薄膜种类与数量越来越多，薄膜沉积工艺已然成为半导体加工中的一个重要工艺步骤。经沉积后，基底表面会形成一层连续致密的薄膜，而形成薄膜的材料来自外部提供的一个源，它可以是经过化学反应生成的物质，也可以是固态的靶材。薄膜沉积技术可以分为物理工艺技术和化学工艺技术，这里主要介绍物理气相沉积(Physical Vapor Deposition，PVD)和化学气相沉积(Chemical Vapor Deposition，CVD)。物理气相沉积实质上是利用蒸镀或溅射材料来制备薄膜，其对沉积材料和基底材料没有限制，目前已广泛应用于电子工业、家用电器、汽车制造、航空航天及国防军工等领域。而化学气相沉积是指气相原子在高温下发生化学反应生成固体物质，最后沉积在基底表面。目前化学气相沉积主要应用于半导体集成电路中制备硅、金属、氧化物等外延膜和绝缘保护膜。与物理气相沉积相比，化学气相沉积因沉积过程中对基底的损伤小，所以成为 MOS 管生产的中坚力量。下面对物理气相沉积和化学气相沉积以及其他技术的基本原理与特点进行详细介绍。

9.1.2　物理气相沉积

物理气相沉积是利用物理方法将原料(固体或液体)升华或气化为气态原子或分子,或部分电离成离子,并在真空条件通过低压气体(或等离子体)工艺在基底表面沉积具有特殊功能薄膜的一种技术。它能够沉积各种金属膜层,还能沉积碳化物、氮化物、氧化物、有机物、甚至复合材料等。物理气相沉积最初是通过灯丝蒸发实现的,接着是电子束,然后又通过溅射实现。中间由于又引入了激光束和离子束,物理气相沉积的功能得到了很大的扩展与提高。

由于粒子发射的方式不同,物理气相沉积技术可以呈现多种方法,基本方法有蒸发法和溅射法两种。前者因其简单和高效,已被人们广泛地应用;后者由于成本较高,且在设备方面要求严格等,一直以来较多地运用于科研工作中,而很少应用于工业生产中。此外,人们结合这两种沉积方法,还开发了一种新的物理沉积技术——离子镀法。下面对这几种方法进行详细介绍。

1. 蒸发法

在半导体生产的早期,所有的金属层都是通过蒸发沉积的。蒸发是指在真空室的蒸发容器中加热原料,使其原子或分子蒸发并从表面逸出,形成蒸汽流并扩散到基板表面,从而沉积薄膜的方法。这种方法操作简单,只需要提供一个真空环境并提供给原料足够的蒸气压即可,缺点是薄膜与基板的结合性差。真空蒸发系统一般由三个部分组成:真空室、加热器、基板(底)及其加热器。图9-2是蒸发法原理示意图。

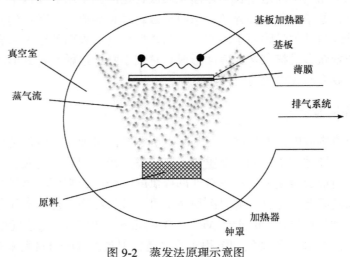

图9-2　蒸发法原理示意图

在原料的蒸发过程中,蒸发原子或分子的运动具有明显的方向性,这会影响薄膜的均匀性和微观结构。为了提高薄膜的均匀性。可以增加待蒸发原料与基板表面之间的距离。但这种方法不仅会降低薄膜的生长速率,而且会增加原料的损失。因此,在实际镀膜过程中,经常采用旋转基板的方法来提高薄膜的均匀性。

蒸发法得到的薄膜纯度主要受三个因素影响:待蒸发原料的纯度、加热器本身被污染的程度、真空系统中含有残余气体的量。可以通过使用高纯度材料作为待蒸发原料或改进加热器来避免前两个因素的影响；而避免最后一个因素的影响则需要提高设备的真空条件，包括提高真空室的气密性和真空泵的性能。

蒸发法根据其加热原理，可以分为以下四种蒸发方式。

1) 电阻蒸发装置

电阻蒸发装置是一种应用广泛的蒸发装置，是指将待蒸发原料放置在电阻加热器上，通过外加电源使电阻加热，从而导致原料蒸发气化。加热用的电阻材料通常要求具有使用温度高、蒸汽压低、不与待蒸发原料发生化学反应等特点。因此，电阻一般由高熔点的金属材料制成，如钨、钼、钽等。另外，电阻丝通常采用螺旋丝或箔片的形状，以提高加热效率。对于实验中易与金属发生反应的待蒸发原料，可在电阻材料表面涂覆 Al_2O_3 层。此外，使用电阻蒸发装置时还必须防止物质溅入通风管道。电阻加热的主要缺点有：支撑原料的坩埚与待蒸发原料可能会发生反应；蒸发率较低；加热时化合物可能会分解。目前实验室大多仍采用的是电阻加热法来制备单质、氧化物、化合物薄膜等。

2) 电子束蒸发装置

由于电阻加热存在一系列的缺点，可通过电子束蒸发来避免这些缺点。具体地，一束电子通过电场加速，直接轰击在原料表面，与此同时，能量迅速转移给待蒸发原料，并使其熔化蒸发。在电子束蒸发装置中，待蒸发原料放置在水冷坩埚中，在坩埚的水冷作用下，大部分剩余的待蒸发原料将处于低温状态，这样避免了坩埚壁与原料发生反应。然而由于电子束蒸发装置较为昂贵且结构复杂，所以其在工业中使用较少。

3) 电弧蒸发装置

电弧蒸发装置是指在薄膜沉积过程中，待蒸发原料作为放电电极，通过调节电极之间的距离点燃电弧，并利用电弧点燃过程中产生的高温使电极端蒸发，从而实现物质沉积。这种方式可以避免电阻、坩埚等设备造成的污染。由于其加热温度高，适合蒸发具有一定导电性的难熔金属、石墨等材料。

4) 激光蒸发装置

激光蒸发是一种较理想的薄膜制备方法，这是因为激光器可以安装在真空室之外，不但简化了真空室的布置，而且避免了加热器产生的蒸气对薄膜的污染。图 9-3 是激光加热待蒸发原料的设备原理图。此外，激光加热可以瞬间将待蒸发原料加热到极高的温度，加速了对某些合金或化合物的蒸发。但由于制作大功率连续式激光器的成本较高，所以激光蒸发装置在工业中的应用也受到一定的限制。

上述蒸发法存在的最大不足在于：首先，间隙填充能力较差，这直接导致了超大规模集成电路(VLSI)时代初期蒸发法的淘汰；其次，使用蒸发法时为了沉积更多的薄膜，在装置内需要放置更多的坩埚，这使得最终很难控制薄膜成分的精度。而后来的溅射法却能提高蒸镀的覆盖能力，所以很快取代了蒸发法在硅基半导体制造业中的地位。

2. 溅射法

溅射是指带电离子轰击靶材时，固体靶材中的原子或分子获得足够的能量并从表面逸出，最后沉积在基板表面的过程。实际上，入射离子95%的能量用于使靶材产生晶格

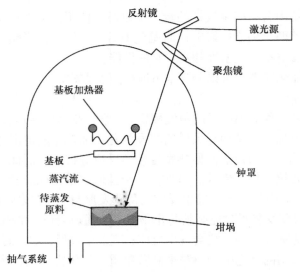

图 9-3　激光加热待蒸发原料的设备原理图

热振动，只有 5%左右的能量传递给了溅射粒子。由于溅射过程含有动量的转换，所以溅射出的粒子是具有方向性的。与蒸发法相比，溅射法主要具有以下优点：溅射使用的靶材范围广；薄膜结构更致密，黏附力更好。而其较蒸发法不足的是沉积速率低，基板会因为等离子的作用而导致温度升高。

　　表征溅射特性的主要参数有溅射阈值、溅射输出值等。溅射阈值是指为将靶原子溅射出来，入射离子所需要的最小能量。当入射离子的能量小于阈值时，溅射无法发生。溅射阈值与入射离子的质量无明显对应关系，而与靶原子序数有关，随其增加而减小。溅射输出值是描述溅射特性的一个重要参数，为了衡量溅射程度，将每个入射离子轰击靶材后从表面打出的原子数的平均值定义为溅射输出值。输出值不仅取决于入射离子的能量，还取决于入射离子的质量，质量越大，溅射输出值越高。

　　溅射法由于装置的种类繁多，按方法可分为直流溅射、射频溅射、磁控溅射等。直流溅射一般只能用于以靶材为导体的溅射。而射频溅射的适用范围较广，导体、半导体、绝缘体均可作为靶材。磁控溅射通过施加磁场来改变电子的运动方向，从而束缚和延长电子的运动轨迹，进而提高气体的电离率和沉积速率。下面将一一叙述。

　　1) 直流溅射

　　直流溅射是众多溅射法中最简单的一个，将靶材制成圆盘状与电源的阴极相连接，基板则相对应地连接到阳极。通过外加直流电源，充入真空室中的惰性气体便开始辉光放电，产生的正离子移向阴极轰击靶材，使表面的原子逸出，最终在基板上沉积薄膜。与此同时，轰击靶材会产生二次电子，它们在电场的作用下加速跑向基板，这些电子会在途中与气体原子相碰撞产生更多的离子，更多的离子轰击靶材又释放出更多的电子，从而使辉光放电达到平衡。需要注意的是，如果真空室压力太低或者阴阳极之间距离太短，则会造成二次电子在打到阳极之前不会有足够多次数的离化碰撞出现；若压力太大或距离太长，所产生的离子会因为非弹性碰撞而造成能量损失，从而没有足够的能量来产生二次电子，导致沉积速率低下。目前在应用中已较少采用直流溅射。

2) 射频溅射

直流溅射因需在靶材上加负电压，所以默认靶材为导体。在一般的直流溅射系统中，如果将靶材换成绝缘体，在离子轰击时，正电荷会在靶材的表面累积，从而使电位上升，离子加速电场就要逐渐减小，以至于到后面溅射就会停止。而研究发现如果同时用离子束和电子束轰击绝缘体，这种现象便不会出现[1]。于是，射频溅射系统横空出世。将射频电源加在绝缘靶材下面的金属电极上，由于电子的质量比离子小很多，具有更高的迁移率，因此在负半周期将会有更多的电子到达靶材，来中和表面积累的正电荷，从而实现对绝缘材料的溅射；同时在靶面积累大量电子，使其呈现电负性，而当转入正半周期时，吸引离子轰击靶材，从而实现在正负半周期均可产生溅射。事实上，射频溅射也存在着不足，射频溅射系统的输出值较低，导致其沉积速率较低，因此其应用受到了限制。

3) 磁控溅射

与前两者相比，磁控溅射可以在较低的温度下获得高质量的薄膜，同时也可以在较低的压强下得到较高的沉积速率。引入磁铁将会使阴极表面附近的磁力线形成一个封闭曲线，如图 9-4 所示。前期与直流溅射类似，正离子轰击靶材，形成溅射。在溅射粒子中，中性的靶原子或分子沉积在基板上形成薄膜，而产生的二次电子将会受到电磁场的作用，沿着 $\boldsymbol{E}$(电场)×$\boldsymbol{B}$(磁场)所指的方向漂移，简称 $\boldsymbol{E}×\boldsymbol{B}$ 漂移，其运动轨迹近似于一条摆线。电子被限制在基体表面附近，这延长了电子在等离子体中的轨迹，可以电离出大量的正离子来轰击靶材，从而实现了沉积速率高的特点；另外，可以有效地提高电子与气体分子碰撞的可能性。随着碰撞次数的增加，二次电子的能量消耗殆尽，逐渐远离靶材表面，在电场的作用下最终沉积在基板上，由于能量很低，传递给基板的能量少，导致基板温升作用微乎其微，但使薄膜质量得到提高。

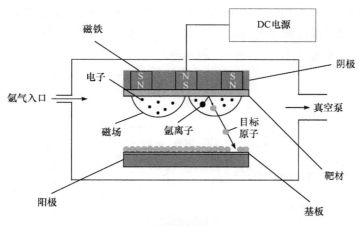

图 9-4　磁控溅射系统示意图

4) 离子束溅射

上述三种溅射方法，都是直接利用辉光放电产生的离子进行溅射，并且基板也处于等离子体中，因此在成膜过程中会不断地受到周围环境各种粒子的轰击，沉积的薄膜性质往往差异较大；另外，对于溅射气压、靶电压等成膜条件，无法做到精确控制。而在离子束溅射中，离子枪能够提供一定束流强度和能量的氩离子流。离子束以一定的入射角轰击靶材并将原子溅到基板表面，后者沉积在基板表面形成薄膜，如图 9-5 所示。当靶材不导电时，需要在离子枪外或靶材表面附近向离子束提供电子，以中和离子束携带的电荷。离子束溅射具有较高的真空度和较少的气体杂质污染，可以提高薄膜的纯度。此外，由于基板附近没有等离子体，因此不会出现如基板温度升高和等离子体轰击基板表面造成的离子轰击损伤等问题；同时，可以精确控制束流强度和离子束能量，溅射的原子不需要通过碰撞即可直接沉积到基板上。因此，离子束溅射非常适合沉积薄膜，这也进一步扩大了溅射在填补高深宽比的间隙中的应用。然而，离子束装置复杂，操作成本高，且薄膜沉积速率较低，无法运用于大规模生产。

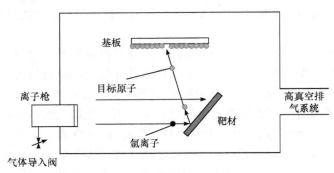

图 9-5　离子束溅射示意图

3. 离子镀法

离子镀法是指在真空条件下，基板和靶材之间加数百到数千伏的直流电压，使气体或待蒸发原料电离，产生离子轰击效应，最终将待蒸发原料或反应产物沉积在基板上，如图 9-6 所示。离子镀法将辉光放电、等离子体技术与真空蒸发技术结合在一起，改善了薄膜的性能，因此近年来在国内外得到迅速发展。

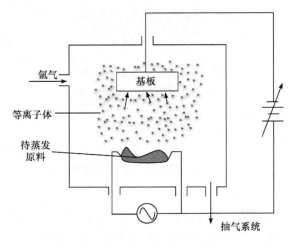

图 9-6　离子镀法原理示意图

与蒸发法、溅射法相比，离子镀法具有以下特点。

(1) 膜与基板的黏附力强：在离子镀过程中，辉光放电产生的大量高能粒子会在基体表面产生溅射效应，并将表面的污染物和附着气体进行清洗与溅射。该清洗将与反应一起进行，直到沉积完成，所以它有很好的黏附力。

(2) 薄膜均匀致密：在沉积过程中，薄膜不断受到离子轰击而导致溅射，从而大大减少了薄膜中的孔洞。

(3) 良好的覆盖能力：待蒸发原料电离成正离子后，它们会沿着电场的方向移动，基板的所有表面都处于电场中。

(4) 沉积速率高，可镀厚膜。

(5) 金属或非金属材料可镀在金属或非金属表面。

4. 三种 PVD 镀膜方法性能比较

表 9-1 展示了三种 PVD 镀膜方法的性能，并进行了相应的比较。

表 9-1　PVD 的三种基本镀膜方法比较

项目	类型					
	蒸发		溅射		离子镀	
	电阻	电子束	直流(DC)	射频(RF)	电阻	电子束
被镀膜的物质：	能		能		能	
低熔点金属	不能	能	能		能	
高熔点金属						
高温氧化物	不能	能	能		能	
粒子能量/eV： 蒸发原子 离子	0.1~1		1~10		0.1~1 数百到数千 eV	
沉积速率/(μm/min)	0.1~3	1~75	0.01~0.5		0.1~2	1~50
镀层外观	光泽	光泽~半光泽	半光泽~无光泽		半光泽~无光泽	
镀层密度	低温时密度低		高密度		高密度	
镀层孔洞、气孔	低温时较多		少		少	
膜与基片的界面层	若不进行热扩散处理，界面清晰		很清晰		有扩散层	
黏附性	不太好		较好		非常好	
膜的纯度	取决于待蒸发原料的纯度		取决于靶材纯度		取决于待蒸发原料的纯度	
基体镀膜情况	仅面对待蒸发原料的基片		对向靶材基片表面被镀膜		在一定范围内所有表面完全被镀膜	

9.1.3　化学气相沉积

不同于物理气相沉积，化学气相沉积(CVD)需要一定的化学反应，是指使一种或数种物质的气体(如氢气)作为载流气体通过源(或采用液态源)，带着源蒸汽进入反应腔，以某种方式激活后，在基底表面发生化学反应，并在基底上沉积出所需的固体薄膜。到目前为止，该技术已作为一项不可或缺的技术广泛应用于航空航天、核反应领域、医用材料等许多工业领域。近年来，人们采用 CVD 技术还研制出了各种功能薄膜，如金刚石薄膜、超导薄膜等[2, 3]，因此其更加受到了重视与发展。

利用 CVD 技术制备薄膜具有许多明显的优点，由于 CVD 技术是利用各种气体反应来组成薄膜，所以可以任意控制薄膜的组成，从而制备出各种新材料薄膜，并且可以在相对较短的时间内形成；所得薄膜均匀性良好，具有台阶覆盖性能，适用于复杂形貌的基板，即使有深孔、细孔，也不影响薄膜的沉积效果。由于其沉积速率高、孔洞少、纯度高、结构致密等，应用范围非常广泛。

在化学气相沉积中，不同气体在真空室中混合，在适当温度下发生化学反应生成沉积物，并最终在基板上形成薄膜。在沉积过程中可以控制的变量有气体流量、气体组分、沉积温度、气压等。因此可以将化学气相沉积分为三个阶段：反应物输运过程、化学反应过程、去除反应副产物过程。而为了满足 CVD 技术的需要，反应物、副产物和反应类型的选择一般应满足以下基本要求：反应物在室温或不太高的温度下最好是气态的，或有较高的蒸气压而易于挥发成蒸汽的液态或固态物质，且有很高的纯度；通过化学反应易于生成所需要的沉积物，而其他副产物均易挥发且可气相排出或易于分离；反应容易控制。

本节主要介绍化学气相沉积的基本原理、特点、基本反应类型以及几种主要的 CVD 技术。

1. 化学气相沉积工艺步骤

CVD 过程中产物的析出可分为以下步骤。

(1) 反应气体向基底表面扩散：气体从反应室入口区域扩散到基底表面。

(2) 膜先驱物的形成：气相反应导致膜先驱物(成膜前的原子和分子)和副产物的形成。

(3) 基底对膜先驱物产生吸附。

(4) 吸附在基底上的物质在其表面发生化学反应：表面化学反应导致薄膜沉积和副产物的产生。

(5) 移除基底表面的副产物。

(6) 将副产物从反应室移除：副产物将随气流流动到反应室出口并排出。

在上述这些步骤中，反应最慢的一步决定了反应的沉积速率。

2. 化学气相沉积工艺的基本原理

最常见的化学气相沉积反应有热分解反应、还原反应、氧化反应、化学合成反应和歧化反应等。下面就每种沉积反应举例说明。

1) 热分解

一般通过对基板高温加热，使氢化物、羰基化合物和金属有机物等分解成固体薄膜与参与气体。例如，多晶硅和非晶硅膜的制备：

$$SiH_{4(g)} \longrightarrow Si_{(s)} + 2H_{2(g)}, \quad 温度 = 650℃ \tag{9-1}$$

2) 还原

一般用氢气作为还原性气体在高温下对卤化物、羰基卤化物和卤氧化合物以及含氧化合物进行还原反应。例如，硅膜的同质外延：

$$SiCl_{4(g)} + 2H_{2(g)} \longrightarrow Si_{(s)} + 4HCl_{(g)}, \quad 温度 = 1200℃ \tag{9-2}$$

3) 氧化

一般用氧气、二氧化碳作为氧化性气体在高温下对卤化物、羰基卤化物进行氧化反应，生成氧化物薄膜。例如，SiO_2 薄膜的低温合成(大规模集成电路的生产)：

$$SiH_{4(g)} + O_{2(g)} \longrightarrow SiO_{2(s)} + 2H_{2(g)}, \quad 温度 = 450℃ \tag{9-3}$$

4) 化学合成

利用两种或多种气体进行化学气相反应，生成各种化合物薄膜，用氢还原卤化物沉积金属和半导体薄膜，选用氢化物、卤化物或金属有机化合物沉积绝缘膜。例如，硬质涂层的化学气相沉积：

$$
\begin{aligned}
SiCl_{4(g)} + CH_{4(g)} &\longrightarrow SiC_{(s)} + 4HCl_{(g)} \\
TiCl_{4(g)} + CH_{4(g)} &\longrightarrow TiC_{(s)} + 4HCl_{(g)} \\
BF_{3(g)} + NH_{3(g)} &\longrightarrow BN_{(s)} + 2HF_{(g)}
\end{aligned}
\tag{9-4}
$$

5) 歧化

在反应中，若氧化作用和还原作用发生在同一分子内部且处于同一氧化态的元素上，使该元素的原子(或离子)一部分被氧化，另一部分被还原，则这种发生在自身内部的氧化还原反应称为歧化反应。利用一些挥发性物质的稳定性与温度有关的特点，采用不同的反应温度实现薄膜的合成。例如，Ge 薄膜的制备：

$$2GeI_{2(g)} \Longleftrightarrow Ge_{(s)} + GeI_{4(g)} \tag{9-5}$$

3. 化学气相沉积的影响因素

影响沉积薄膜的主要因素有温度、压力、气体组成以及反应体系成分等，其影响参数如表 9-2 所示。

表 9-2　影响薄膜沉积的主要参数

因素	影响
温度	影响 CVD 的主要因素。一般随着温度升高，薄膜生长速度也增加，但一定温度后，生长速度增加缓慢。通常根据反应气体和成分以及成膜要求设置 CVD 的温度
压力	CVD 本质上是一个气相的输运和反应过程，压力可以改变气体的扩散系数，对于提高薄膜均匀性有很大的作用
气体组成	控制薄膜生长的主要因素之一
反应体系成分	CVD 原料一般要求室温下为气体，或者选用具有较高蒸气压的液体或固体材料。常用的氢化物有 SiH_4、B_2H_6、PH_3 等

4. CVD 技术分类

化学气相沉积反应器的设计根据沉积工艺中的压力方式可以分为常压式和低压式反应器，根据加热方式可以分为热壁式和冷壁式反应器，而根据结构又可分为开管式和闭管式反应器。其中，常压式反应器的缺点是需要输入大流量气体，薄膜污染程度高；而低压式反应器需要的气体量较少，从一端输入，从另一端用真空泵抽出，因此低压式反应器得到了迅速发展。热壁式反应器则需要整个反应器达到化学反应所需要的温度；而对于冷壁式反应器，加热区只局限于基板。

开管体系 CVD：CVD 反应器中最常用的类型，通常在常压下操作，这种类型有利于沉积厚度均匀的薄膜，并且工艺容易控制，重复性好，装卸方便。开管的特点是可以同时连续补充反应气体混合物和排出废弃的反应产物。这就使得反应总是处于非平衡状态，利于薄膜的沉积。

闭管体系 CVD：先将一定量的反应物和相应的基体分别放在反应器的两侧，将反应管内抽成真空，然后充入一定体积的输运气体，再将反应器置于两温区炉内，这样反应管内会形成一定的温度梯度。温度梯度的变化将会产生自由能的变化，自由能是传输反应发生的驱动力，所以反应物从闭管的一端输送到另一端并沉积下来。这种反应系统常常需要对反应器壁加热，所以也属于热壁式。闭管法的优点是可以减少反应物和反应产物被大气污染，同时无须连续抽运即可保持真空，可以用来沉积蒸气压高的物质。它的不足之处在于用这种方法，材料的生长速度缓慢，不利于大规模生产；并且反应管只能使用一次，损耗大，成本高；同时管内压力控制难度大，涉及一定的危险性。

5. 常用的化学气相沉积技术

1) 常压化学气相沉积

早期常压化学气相沉积(APCVD)技术以开管法为主。其显著优点是可以在常压下工作，沉积速率较快(600～1000nm/min)，工艺重复性好，生产成本低。其缺点是气体分子碰撞频率较高，容易发生同质成核化学反应，从而使形成的薄膜中可能含有颗粒。目前 APCVD 主要应用于制备氮化硅薄膜和非晶硅薄膜等领域。

2) 低压化学气相沉积

低压化学气相沉积(LPCVD)技术的产生，极大地提高了薄膜的均匀性以及薄膜的质量，LPCVD 设备如图 9-7 所示。其原理与 APCVD 基本相同。二者的主要区别在于低压下气体扩散系数的提高。由气体分子运动理论可知，气体的密度和扩散系数都与压力有关，前者与压力成正比，而后者与压力成反比。扩散系数大，代表着反应物和副产物的质量传输速度快，气体在整个系统中均匀分布，从而使薄膜覆盖良好，孔洞较少。在气体运输过程中，参与化学反应的反应物在一定温度下吸收一定的能量，使得反应物能够被激活并处于活化状态，从而使其参与化学反应的速率得到提高，这也是 LPCVD 薄膜沉积速率快的原因之一。

LPCVD 工艺过程对温度变化极为敏感，所以，LPCVD 技术主要控制温度变量，重复性优于 APCVD；而且 LPCVD 装片密度高，生产成本低。目前，利用这种技术可以沉积多晶硅、氮化硅、二氧化硅等。

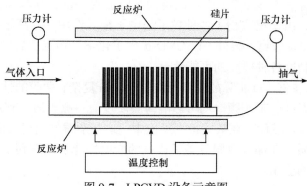

图 9-7　LPCVD 设备示意图

3) 等离子增强化学气相沉积

等离子增强化学气相沉积(PECVD)的基本原理是利用辉光放电来激活化学气相沉积反应，其设备结构示意图如图 9-8 所示。辉光放电产生的等离子体中，由于电子与离子的质量悬殊，所以二者通过碰撞来交换能量的过程比较缓慢，于是在等离子体内部，二者分别达到各自的热平衡，因此在这样的等离子体中将不存在统一的温度。而从宏观上看，等离子体的温度并不高，但其中电子的能量足够使气体分子化学键断裂，产生具有活性的物质(分子/原子/离子等)，使本来需要在高温下进行的化学反应，由于等离子体的电激活作用，从而可以在较低的温度下沉积薄膜。由此可见，PECVD 既包括了化学气相沉积，也含有辉光放电的增强作用。

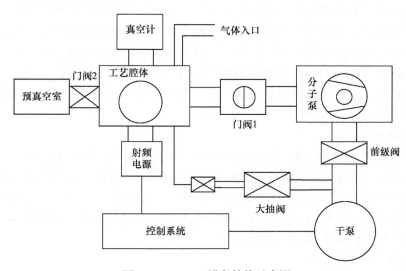

图 9-8　PECVD 设备结构示意图

PECVD 的主要优点是能够在低温条件下大面积生产，并且可以有效控制沉积过程中的薄膜的微结构，避免了高温对基板的伤害。这种沉积工艺对温度敏感的基体是非常有益的。例如，Si_3N_4 薄膜在热激活化学气相沉积工艺过程中需要 800～900℃的高温，如此高的温度就无法在集成电路板上沉积得到 Si_3N_4 钝化层；而使用 PECVD 技术就可以用 SiH_4/NH_3 做原料气体，在 350℃ 下就可以得到高质量的 Si_3N_4 薄膜。而且 PECVD 可以在较低的压强下进行，由于反应物中各种粒子与电子相互作用，提高了薄膜的均匀性，减少了孔洞，使结构更加致密。另外，PECVD 扩大了化学气相沉积的应用范围，特别是提供了在不同基体上制取各种薄膜的可能性。

必须指出的是，PECVD 实际的化学反应过程十分复杂，薄膜的性质与沉积条件密切相关。压力、基板温度、工作频率均可影响薄膜质量。一般来说，利用 PECVD 技术很难得到高纯度的薄膜。然而，在某些特别反应中，这些杂质的出现反而是有益的。例如，由于其中含有氢杂质，非晶硅薄膜具备了优良的光电性能，这有利于其在太阳能电池制造行业中得到广泛的应用。

6. 化学气相沉积的应用

1) 保护涂层

在许多特殊环境中使用的材料往往需要有涂层保护，使其能够发挥耐磨、耐腐蚀、耐高温氧化和耐射线辐射等作用。用 CVD 技术制备的 TiN、TiC 等薄膜具有很高的硬度和耐磨性，在刀具切削面上仅覆 $1\sim3\mu m$ 的 TiN 薄膜就可以使其使用寿命提高 3 倍以上。而其他一些金属氧化物、碳化物、氮化物、硅化物、磷化物、立方氮化硼和类金刚石等膜，以及各种复合膜也表现出优异的耐磨性。另外，通过沉积获得的 Al_2O_3、TiN 等薄膜的耐蚀性更高。

2) 微电子技术

在半导体器件和集成电路的基本制作流程中，半导体薄膜的外延、介质隔离、扩散掩模和金属膜的沉积等是核心步骤。化学气相沉积在制备这些材料层的过程中逐渐取代了高温氧化和高温扩散等旧技术，在现代微电子技术中占主导地位。在生产超大规模集成电路时，化学气相沉积可以用来沉积多晶硅膜、钨膜、铝膜、金属硅化物、氧化硅膜以及氮化硅膜等，这些薄膜可以作为栅电极、多层布线的层间绝缘膜、金属布线、电阻以及散热材料等。

3) 太阳能利用

太阳能是取之不尽的能源，利用太阳能的一个重要途径是利用无机材料制成太阳能电池。目前制备多晶硅薄膜太阳能电池多采用 CVD 技术，包括 LPCVD 和 PECVD 技术。现在的硅、砷化镓同质结电池，以及利用Ⅱ-Ⅴ族、Ⅰ-Ⅵ族等半导体制成的多种异质结太阳能电池，如 SiO_2/Si、GaAs/GaAlAs、CdTe/CdS 等，几乎全部需要制备成薄膜形式，而化学气相沉积是它们最主要的制备技术。

4) 制备晶体或晶体薄膜

由于现代科学技术对无机新材料的迫切需求，晶体生长领域得到了非常迅速的发展。化学气相沉积技术不仅能大大改善某些晶体或晶体薄膜的性能，而且还可以制备出其他技术无法制备的晶体，已广泛应用于新型晶体的研究与探索。其最主要的应用之一就是在一定的单晶衬底上进行单晶层的外延。最早的气相外延技术是硅的外延生长，其后又制备出外延化合物半导体层。气相外延技术也广泛用于制备金属单晶薄膜(如钨、钼、铂和铱等)及一些化合物单晶薄膜(如 $NiFe_2O_4$、$Y_3Fe_5O_{12}$ 和 $CoFe_2O_4$ 等),该技术将在 9.1.4 节详细介绍。

5) 晶须的制备

晶须是以单晶形式生长的一种纤维,其直径非常小(微米数量级)。晶须在复合材料领域有重要的应用,是制备新型复合材料的重要原料。在早期通常采用升华-凝聚法制备晶须,这种方法必须将源物质加热至接近材料的熔点,这对于高熔点物质来说生长太慢。随后,该方法逐渐被化学气相沉积技术所取代。CVD 技术生长晶须广泛采用金属卤化物的氢还原反应。CVD 技术不仅可以生长各种金属晶须,还可以制备化合物晶须,如 Al_2O_3、SiC 和 TiC 晶须等。

7. PVD 和 CVD 两种技术的对比

(1) 温度高低是 CVD 和 PVD 之间的主要区别。通常 CVD 的工作温度为 800~1000℃,而 PVD 的炉内温度为 200~600℃。

(2) CVD 技术对反应器的清洁要求低于 PVD 技术,因为附着在工件表面的一些污染物很容易在 CVD 高温下烧掉。此外,高温下得到的镀层结合强度相比之下更好些。

(3) CVD 镀层往往比 PVD 镀层略厚些,前者厚度在 7.5μm 左右,而后者通常不到 2.5μm。CVD 镀层的表面与基底表面相比略显粗糙。相反,PVD 得到的镀膜能够很好地反映材料的表面,得到的金属膜不用研磨也可以具有很好的金属光泽。

(4) CVD 反应发生在真空度低的气态条件下,具有很好的绕射性,所以 CVD 反应器中工件的所有表面均能完全覆盖,甚至深孔和内壁也能镀上。而 PVD 技术由于气压较低,以及绕射性较差,工件背面和侧面的覆盖效果并不理想。

(5) 在 CVD 工艺流程中,要严格控制工艺条件,否则,系统中的反应气体或反应产物的腐蚀作用会使基体脆化。

(6) 比较 CVD 和 PVD 这两种技术的成本有些困难,原因在于在设备投资方面,PVD 是 CVD 的 3~4 倍,而 PVD 技术的生产周期是 CVD 的 1/10。综合比较可以看出,在两者均可用的范围内,采用 PVD 技术要比 CVD 技术代价高一些。

(7) 操作运行安全问题的比较。多数情况下,PVD 是一种几乎没有污染的工程,有人称它为“绿色工程”。而 CVD 的反应气体、反应尾气都可能具有一定的腐蚀性、可燃性以及毒性,同时反应尾气中可能还会有粉末状或碎片状的物质,因此对设备、环境、操作人员都必须采取一定的措施加以防范。

9.1.4　其他技术

1. 外延

外延是指一定条件下,在单晶基底上生长一层薄的单晶层。由于所生长的单晶层是基底晶格的延伸,所以称所生长的材料层为外延层。

根据外延层生长方法和器件的制作方式,可以把外延分成不同的种类。如果外延层与基底是同种材料,则称为同质外延;如果涉及不同种材料,则称为异质外延。若器件制作在外延层上，叫正外延；若器件制作在基底上而外延层只起支撑作用，则叫作反外延。由外延生长方式来看，外延可以分为直接外延和间接外延两种方式。直接外延是指通过加热、电子轰击或外加电场等方法使生长材料原子获得足够的能量，直接迁移沉积到基底表面上完成外延生长，如真空沉积、溅射、升华等。但是这种方式对设备的要求苛刻，例如，真空沉积要求真空度在 $10^{-8}Pa$ 以下。另外，薄膜的导电性能、厚度的重复性差，因此一直未能用于硅外延生产中。间接外延是通过化学反应在基底表面上生长外延层，即化学气相沉积，前面已详细介绍，这里不再赘述。而根据相变过程，外延又可分为气相外延、液相外延、固相外延。

外延技术的相关基本原理涉及热力学、质量传输动力学、表面过程，Stringfellow 对此已有详尽的评述[4]。本节将主要讨论气相外延(VPE)、金属有机物化学气相沉积(MOCVD)、分子束外延(MBE)。

1) 气相外延

以硅外延为例，最常用的技术就是气相外延，它使挥发性强的硅源在高温下与氢气发生反应或热解，生成的硅原子沉积在硅衬底上长成外延层。在硅片进入 VPE 反应室之前，反应系统应先用氮气或氢气净化，然后通入 HCl 气体。反应气体伴随着掺杂气体一起被通入到反应室中，此时硅片已经加热到反应所需要的温度。一旦反应物和掺杂气体进入反应室，就会产生必要的化学和物理反应并沉积掺杂的外延层。

2) 金属有机物化学气相沉积

金属有机物是指由金属原子与活性有机物分子结合形成的化合物，在该化合物中，金属与碳原子之间形成共价键，以热分解反应的方式在衬底上进行气相外延，来生长各种化合物半导体以及它们的多元固溶体的薄层单晶材料。原料必须满足以下条件：在常温下稳定且容易处理；反应生成的副产物不应该阻碍外延生长，不污染外延层；为适应气相生长，在室温下应具有适当的蒸气压。通常选用金属的烷基或芳基衍生物、烃基衍生物、羰基化合物等作为原料。这些原料通常是易燃、易爆、毒性很大的物质，因此在MOCVD 系统的设计上，通常要考虑系统密封性、精确的流量和温度控制、组分变换要迅速等。一般的操作系统由加热系统、冷却系统、气体运输系统及尾气处理系统、控制系统组成。

MOCVD 近十几年来之所以得到迅速发展，主要是因为其独特的优点：反应器较为简单，生长温度范围较广；可以对化合物的组分进行精确控制，膜的均匀性较好；原料气体对薄膜不产生刻蚀，在沿薄膜生长方向上的掺杂浓度可以发生明显变化；只通过改变原料就可以生成各种成分的化合物。

而 MOCVD 技术的主要缺点在于：虽然采用金属有机化合物取代了普通 CVD 中常用的卤化物，排除了卤素带来的污染和腐蚀，但是许多金属有机化合物蒸汽有毒且易燃，这给金属有机化合物的制备、储存、运输和使用带来了困难；由于反应温度低，有些金属有机化合物在气相中就发生反应，生成颗粒再沉积在衬底表面，形成薄膜杂质；价格比较昂贵，对于某些膜系的化合物没有现成产品，需要专门合成，这增加了其使用成本；最后，金属有机物易挥发，必须严格精确控制反应室压力。

尽管金属有机化合物价格昂贵，但 MOCVD 技术在光电子领域仍然得到了广泛利用，用于半导体材料的外延生长。在集成电路技术中，MOCVD 可用来生长 Al、Cu 等金属薄膜作为硅的连接线。此外，MOCVD 还可以用于生长铁电薄膜、超导体薄膜以及介质薄膜等金属化合物薄膜。

3) 分子束外延

分子束外延是在超高真空条件下，精确控制原料的中性分子束强度，并使其在加热的基板上进行外延生长的一种技术。从本质上来讲，分子束外延也属于蒸发法，但不同的是，分子束外延系统具有超高真空，并配备有原位监测和系统分析，能够获得高质量的单晶薄膜。

与其他外延技术相比，分子束外延具有以下特点：在超高真空下生长，环境污染小，制备的外延膜纯度高；生长温度低，可以减少热缺陷的产生；可以精确地、有效地控制薄膜的成分、厚度和掺杂浓度，且生长速率慢，可以生长复杂的多层异质结构。当然，分子束外延也存在着一些问题，如设备昂贵、维护费用高、生长时间过长、不易大规模生产等。

2. 电镀

电镀是指电流通过电解液并发生化学反应，最终将靶材物质沉积在阴极基板上的过程。电镀系统由浸在适当电解液中的阳极和阴极构成。其中大部分电解液是离子化合物的水溶液，而薄膜材料正是以离子的形式存在于电解液中。当外加电压，并使金属达到析出电位后，电镀就可以进行了。同时应提高阳极的电位，只有当外加电位远高于阳极标准电位时，阳极金属才有可能不断溶解，并且只有使溶解速率大于阴极的沉积速率，才能保证电镀过程的正常进行。这种技术只适用于在导电的基板上沉积金属与合金。电镀过程需遵从法拉第定律，即化学反应量与通过的电流成正比。另外，在通过相同的电流量的情况下，所析出或溶解出不同物质的物质的量相同。

利用电镀技术制备的薄膜的性质取决于电解液、电极和电流密度。由于电镀是在常温下进行的，所以镀层具有平整光滑以及无孔洞的特点，并且薄膜生长速度较快，基板可以是任意形状的，这是其他技术所无法比拟的，因而在电子工业中得到了广泛的应用。电镀技术的缺点是其过程一般难以控制。

3. 化学镀

化学镀是指在没有任何电场的情况下，直接通过化学反应实现沉积薄膜的技术。准确地说，化学镀的过程是在有催化剂的条件下在镀件表面发生氧化还原的过程。催化剂可以分为敏化剂和活化剂两种，它可以使化学镀过程发生在具有催化活性的镀件表面。如果被镀金属本身不能自动催化，沉积过程将在基板表面被沉积金属全部覆盖之后自动停止；相反，对还原反应具有催化作用的金属(如 Ni、Co、Fe 等)，可以使覆盖完全后的反应继续进行，直至镀件取出，反应才停止。通常所说的化学镀是指后者类型的化学镀。

化学镀是一种非常简单的技术，它不需要电源，没有导电电极，而且还可以沉积氧化物膜，如 PbO_2、TiO_2 膜等，可以在复杂的镀件表面形成均匀的镀层，同时镀层的孔隙率也比较低。这使其在电子行业中得到了广泛的应用。

为方便理解与记忆，这里将前面所介绍的多种薄膜沉积技术进行总结，如表 9-3 所示。

表 9-3 薄膜沉积技术

化学技术		物理技术
化学气相沉积(CVD)	电镀	物理气相沉积(PVD)
常压化学气相沉积(APCVD)	电化学沉积(ECD)，通常指电镀	蒸发
低压化学气相沉积(LPCVD)	化学镀	溅射
等离子增强化学气相沉积(PECVD)		离子镀
气相外延(VPE)和金属有机化学气相沉积(MOCVD)		分子束外延(MBE)

9.2 光刻技术

光刻技术是光电子器件和微电子制造过程中的关键技术，是一种可实现高精度微纳加工的工艺技术。光刻技术起源于印刷技术中的照相制版，是可将掩模版上的图形转移至覆盖在半导体晶圆上的感光薄膜层的工艺[5]。它在当前半导体集成电路制造领域中起到了极其重要的作用。每一个芯片的制造往往需要经过数千次的光刻过程，光刻的精度直接决定了芯片制程，并影响着芯片的运算能力。可以说当前半导体工业的集成电路技术的发展，是随着光学光刻技术不断创新推进的。光刻技术严重依赖于光刻机，这使得光刻机成为半导体制造领域的核心设备。目前，国内外从事光刻机研发与生产的厂家有荷兰的阿斯麦(Advanced Semiconductor Material Lithography，ASML)、日本的尼康株式会社(Nikon)、国内的上海微电子装备有限公司等。本节将详细介绍光刻技术的基本原理、光刻胶的性质、光刻工艺流程和各种曝光原理，并介绍极紫外光刻技术、电子束光刻技术以及其他光刻技术中涉及的物理和化学机制等。

9.2.1 光刻技术基本原理与流程

1. 光刻胶

光刻胶是光刻技术所用到的最关键的功能材料，它又称为光刻抗蚀剂，具有光或高能粒子的反应特性，包括可见光、紫外光、电子束等，在受到辐射(曝光，即光或电子束等的照射)，经过化学反应后，其溶解性发生显著的变化。利用光刻胶的这种特性，可在光刻胶上形成与掩模版相同的图形，完成图形转移，或者直接在其上写出事先定义好的图形(即无掩模光刻)，并进一步结合其他微纳制作技术将图形转移至基底。

光刻技术的一个重要指标就是光刻分辨率，它是指光刻工艺可以达到的最小图形的尺寸。光刻分辨率受到光刻系统、光刻胶和工艺条件等各方面的限制，所用的曝光光源为光子、电子、离子和 X 射线等，均具有波动性，所以从量子物理的角度看，限制分辨率的因素是光或粒子束的衍射现象。根据瑞利公式，光刻过程中所能达到的特征尺寸(Critical Dimension，CD)满足以下关系：

$$CD = k\lambda / NA \tag{9-6}$$

式中，k 为系统参数，取决于成像光学器件的质量、掩模的投影方式以及掩模版图形本身；λ 为光源波长，从根本上决定了光刻工艺的制程；NA 为镜头的数值孔径。长期以来，光刻制程的发展主要依靠光源波长的不断缩小，从高压汞灯的 g 线(436nm)和 i 线(365nm)光源，发展到等离子光源 KrF(248nm)与 ArF(193nm)，再到如今的极紫外光刻技术(13.5nm)，半导体制程在不断进步，光刻胶也随之不断地发展。

光学光刻胶基于在光刺激下的响应方式，可分为负性光刻胶和正性光刻胶。在其曝光区域，正性光刻胶在显影液中的溶解度会增加并且会溶解，在其他区域则不能溶解，使得与掩模版图形相同的图形出现在光刻胶上，即正像；负性光刻胶则相反，即其在曝光区域，在显影液中的溶解度降低，甚至不会溶解，与掩模版图形相反的图形出现在光刻胶上，即反像。这两种光刻胶的应用领域有着很大的不同，在半导体微光刻技术中，最早使用的光刻胶主要是负性光刻胶。然而，由于显影时的变形和膨胀，负性光刻胶通常只有 $2\mu m$ 的分辨率。随着大规模集成电路及其相关微米、亚微米电路图形尺寸的出现，负性光刻胶被正性光刻胶所取代。目前，正性光刻胶的使用更为普遍，占到总量的 80%以上，但是它的黏附性比较差。

目前的光刻胶主要含有三种成分：①聚合物材料：在光的照射下不发生化学反应，其主要作用是保证光刻胶薄膜的黏附性和抗腐蚀性，也决定了光刻胶薄膜的其他物理特性，如膜厚、弹性和热稳定性。②感光材料：一般为复合物(也称感光剂)，在光辐射之后会发生化学反应。③溶剂：作用是使光刻胶保持为液体状态，确保后续利用旋涂等工艺制成薄膜。

光刻胶的物理化学性质具体可以分为三方面：①光学性质：包括光敏度和折射率。②力学和化学特性：包括固溶度、黏滞度、黏附度、抗蚀性能、热稳定性、流动性和对环境气氛的敏感度。③其他特性：如纯度(所含粒子数)、金属含量、可应用的范围、储存的有效期和燃点等。

1) 光敏度

光敏度是基底表面的光刻胶薄膜产生一个良好图形所需要的一定波长光的最小能量(以毫焦每平方厘米或 mJ/cm^2 为单位)，所提供给光刻胶的光子能量通常称为曝光量。

2) 黏附性

光刻胶的黏附性描述了光刻胶黏附于基底的强度。光刻胶必须能够黏附于许多不同类型材料的表面，包括硅、多晶硅、二氧化硅、氮化硅和不同的金属表面。它的黏附性必须经受住曝光、显影和后续工艺(如刻蚀和离子注入)。如果光刻胶黏附性不足，就会导致图形变形。

3) 抗刻(腐)蚀能力和热稳定性

光刻胶的抗刻(腐)蚀能力是指在图形从光刻胶向硅片表面转移的过程中，光刻胶抵抗刻(腐)蚀的能力。通常光刻胶对使用液体试剂的湿法刻蚀有较好的抗刻蚀能力，对于使用等离子体的干法刻蚀，大部分光刻胶的抗刻蚀能力比较差。其中，常用的紫外正型 DQN 光刻胶(由感光剂和基体材料酚醛树脂组成)，对干法刻蚀具有较好的抗刻蚀能力，但它的光敏度低。另外，可针对使用的刻蚀剂来提高光刻胶的抗刻蚀能力，例如，对于氯化物的刻蚀剂，可以在光刻胶中添加氟化物来加强抗刻蚀能力。大部分 X 射线和电子束非光学光刻技术的光刻胶的抗干法刻蚀的能力要比光学光刻胶差。

4) 存储寿命

光刻胶中的成分会随时间和温度而发生变化。由于负性光刻胶易于自动聚合成胶化团，通常负性光刻胶的储存寿命要比正性光刻胶短。从热敏性和老化等情况看，如果储存得当，正性光刻胶可以保存六个月至一年。在储存期间，由于交叉链接作用，DQN 正性光刻胶中的高分子成分会增加，这时 DQN 的感光剂不再可溶，会结晶形成沉淀物。另外，如果保持在高温条件下，光刻胶会发生交叉链接，从而增加光刻胶中微粒的浓度。

2. 光刻工艺流程

对于一般的半导体光刻工艺，需要经历表面清洗与处理、旋涂光刻胶、软烘、对准与曝光、后烘、显影、坚膜、刻蚀、去胶等工序，以硅片基底为例，其光刻工艺主要流程示意图参见图 9-9。

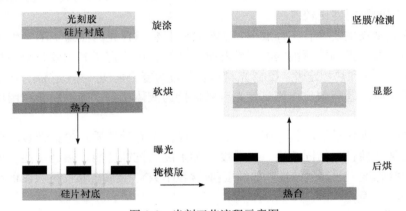

图 9-9　光刻工艺流程示意图

1) 旋涂

涂胶的目的是在硅片表面涂上一层厚度均匀、黏附性强、没有缺陷的光刻胶薄膜，可通过使用匀胶机使光刻胶均匀地旋涂在硅片表面，通过滴胶与甩胶两个步骤实现。光刻胶的厚度与其黏附性、匀胶机的旋转速度等参数密切相关。以硅片为例，硅片表面的硅原子可与水分子形成硅烷纯基，使硅片表面具有亲水特性，而光刻胶一般为疏水材料，故而难以在硅片上形成黏附性强的均匀薄膜。因此，在涂胶前，还常需在硅片表面涂上一层黏附剂，其目的是增强光刻胶在硅片表面的黏附性。

目前使用比较多的黏附剂是六甲基二硅氮烷(Hexa-Methyl-Disilazane，HMDS)。它主要以气相方式进行涂布，即 HMDS 以气态的形式输进密闭腔室中，然后在腔内硅片的表面吸附完成涂布。以 SiO_2 为例，HMDS 首先与 SiO_2 表面的水反应，生成气态的 NH_3 和 O_2，同时 HMDS 在加热后与释放的 O_2 反应，形成三甲基硅烷的氧化物，并且键合在 SiO_2 的表面上。通过上述反应，就在 SiO_2 上形成了疏水表面，从而增强了光刻胶在 SiO_2 表面的黏附性。

2) 软烘

在硅片上旋涂光刻胶后，硅片需要在一定的温度下进行烘烤，这一步骤称为软烘，也叫前烘。光刻胶软烘的原因有：去除光刻胶薄膜中残留的溶剂；增强光刻胶的黏附性，以便在显影时光刻胶可以很好地黏附；缓和在旋转过程中光刻胶薄膜内产生的应力；防止光刻胶粘到设备上。软烘温度通常为 85～120℃，时间通常为 30～60s，具体可参考光刻胶生产商推荐的工艺参数。

3) 对准与曝光

为了成功地在硅片上形成图形，必须把硅片上的图形与掩模版上的图形进行对准，即确定硅片上图形的位置、方向，然后与掩模版图形建立起正确的关系。对准过程，是指将每个后续的图形与已光刻的图形匹配，也可称为套准。其中，所形成的图形层和前一次光刻中制备的图形层的最大相对位移称为套准容差。一般而言，套准容差大约是关键尺寸的 1/3。例如，对于 0.15μm 的设计规则，套准容差预计为 50 nm。为了实现高精度对准，可以制作一些对准标记，即置于掩模版和硅片上用来确定其位置和方向的可见图形，它们可以是掩模版上的一根或多根线，也称为指示或基准标记，这些标记在光刻到硅片上后会形成沟槽。

在曝光过程中，从光源发出的光需要通过对准掩模版(掩模版上分布有不透明和透明的区域，这些区域形成了要转移到衬底表面的图形)，才能实现图形的转移：涂覆在基底上的光刻胶经过紫外线曝光，在与掩模版透明区域对应的光刻胶薄膜区域形成掩模版图形的精确映像，使得光刻胶的曝光位置发生光化学变化，从而使感光与未感光区域的光刻胶在显影溶液中的溶解度不同。在所有其他条件相同时，曝光所使用光的波长越短，曝出的特征尺寸就越小。

4) 后烘

显影之前，需要经历一个热处理的过程，称为后烘。其主要作用是除去光刻胶中剩余的溶剂，增强光刻胶对硅片表面的黏附性，同时提高光刻胶在刻蚀过程中的抗刻蚀能力和保护能力。

5) 显影

显影是指通过显影液将可溶解的光刻胶溶解，除去曝光后可溶解的光刻胶。对于正性光刻胶而言，剩余不可溶解的光刻胶形成的图形为掩模版图形的准确复制，光化学变化使正性光刻胶曝光的部分变得可溶解，负性光刻胶则反之。影响显影效果的主要因素包括曝光时间、前烘的温度与时间、光刻胶的膜厚、显影液的浓度、显影液的温度及其搅动情况等。显影方式有许多种，目前使用较为广泛的是喷洒式。该方式适用于流水线作业，工艺流程可以分为三步：首先将硅片置于旋转台上，在硅片表面上喷洒显影液，然后将硅片在静止的状态下进行显影；显影完成后，由于显影液在没有完全去除之前仍然会有影响，需要进行漂洗；最后旋转甩干。

6) 检测

最初旋涂的光刻胶，虽经过曝光前后的两次烘烤，但仍存在溶剂，并会含有显影液残留物。为了去除残留溶剂，并增强图形强度，提高抗刻蚀和离子轰击性能，显影后的光刻胶还需要进行一次加热处理，称为坚膜。为了查找光刻胶中图形的缺陷，需要在显影后进行检测。在继续进行随后的刻蚀或离子注入工艺之前，必须进行检查以鉴别并除去有缺陷的硅片，对带有图形缺陷的硅片进行刻蚀或离子注入会使硅片报废。显影检查也用来检查光刻工艺的好坏，并为光学光刻工艺生产人员提供用于纠正的信息。该步骤主要是通过使用光学显微镜、扫描电子显微镜(SEM)等表征手段来检测图形尺寸是否满足要求；所检测内容包括掩模版选取是否正确；光刻胶层的质量是否满足要求(无污染、无划痕、无气泡等)；图形质量(边界情况、图形尺寸和线宽等)。

若上述检测未达到要求，即显影后检查出现有问题的硅片，一般有两种处理办法：如果由先前操作造成的硅片问题无法解决，硅片将直接报废；如果问题与光刻胶中的图形质量有关，则把硅片返工，即将硅片表面的光刻胶剥离，然后重新进行光学光刻。在硅片制造工艺中，只有极少数的操作可以重新进行，硅片返工就是其中之一。但返工的比例必须控制在一个适当范围内。制造商的目标是零缺陷，但许多制造商认可的比例是2%以内。如果返工的比例大于4%，说明制造的硅片质量有问题，需要进行纠正。

7) 刻(腐)蚀或沉积

在完成上述工艺之后，绝缘光刻胶层可以作为掩模层，进行后续工艺，如刻(腐)蚀。关于刻(腐)蚀工艺的内容，将在9.3节中详细介绍。或利用离子注入，可以对暴露的半导体区域进行掺杂，而被掩模层保护的区域不会被注入掺杂。或进行薄膜沉积，形成图形。

8) 去胶

在进行完刻(腐)蚀或沉积工艺后，光刻胶作为保护层的作用已经完成，需将其从硅片上去除，这一剥离光刻胶的过程称为去胶。去胶方式主要包括湿法去胶和干法去胶，而湿法去胶又可分为有机溶剂去胶和无机溶剂去胶。

有机溶剂去胶，主要是使光刻胶溶于有机溶剂中，所选用的有机溶剂主要有丙酮(Acetone)和芳香族的有机化合物。无机溶剂去胶是利用光刻胶本身为有机物的特点，通过使用一些无机溶剂，将光刻胶中的碳元素氧化成二氧化碳，从而达到去胶的目的。其可以使用一种强酸(如 H_2SO_4)或酸-氧化合物(如 H_2SO_4-Cr_2O_3)来侵蚀并去除光刻胶，但不会侵蚀氧化物或硅。需注意的是，如果后烘温度较低(小于 120℃)或时间较短，可以使用丙酮溶液去胶；但如果经过 140℃以上温度的后烘，则光刻胶表皮会逐渐变得坚硬而不得不使用干法去胶。

干法去胶是使用等离子体将光刻胶剥除，其可以获得比湿法去胶更干净的表面，而且很少有毒性、易燃和危险化学品的问题，去胶速率几乎恒定，不会出现钻蚀和光刻胶的增宽，对晶圆上的金属有更低的腐蚀性。但相对于湿法去胶，干法去胶存在反应残留物的沾污问题，所以通常干法去胶与湿法去胶搭配使用，效果更加好。干法去胶有三种技术，分别是氧等离子体去胶、臭氧(Ozone)去胶和紫外线/臭氧。以使用氧等离子体为例，硅片上的光刻胶通过与电离出的活跃氧原子(O)发生化学反应，生成气态的 CO、CO_2 和 H_2O，将有机光刻胶转变为可以抽走的气体产物。具体相关内容可参见9.3节。

3. 光刻设备

从早期的硅片制造开始至今，光刻设备可以分为五代，分别是接触式光刻机、接近式光刻机、扫描投影光刻机、分步重复光刻机、步进扫描光刻机。图形转移依靠这些光刻曝光设备来完成，它们的性能直接决定了光刻的分辨率、对准精度和产率。其涉及的光学曝光方式可分为两种，一种是遮蔽式曝光，另一种是投影式曝光。其中遮蔽式曝光可分为掩模版与晶圆直接接触的接触式曝光和两者相邻的接近式曝光，如图 9-10 所示。

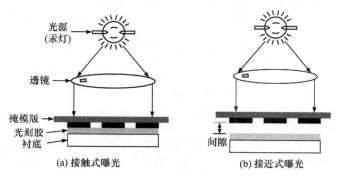

图 9-10　遮掩式曝光示意图

1) 接触式光刻机

接触式光刻机曝光过程中，一旦掩模版和基底(以硅片为例)对准，掩模版就开始和硅片表面的光刻胶层直接接触。此时硅片和掩模版经紫外(UV)光曝光，紫外光通过掩模版透明部分，进而将掩模版的图形转移到光刻胶上。由于接触式光刻的掩模版和硅片紧密接触，减少了图形失真，可提供 1μm 的分辨率，因此能够在硅片表面形成高分辨率的图形。然而，接触式光刻机依赖于人的操作，且容易沾污，颗粒沾污会损坏光刻胶层与掩模版，使得每 5～25 次操作就需更换掩模版。如今，接触式光刻早已退出硅集成电路制造领域，仅应用于某些研究领域的细线条图形光刻。

2) 接近式光刻机

接近式光刻机是从接触式光刻机发展而来的，如今仍然在生产量小的实验室或较老的生产分离器件的硅片生产线中使用，适用于线宽尺寸 2～4μm。在接近式光刻中，掩模版不与光刻胶直接接触，掩模版和硅片表面光刻胶之间有 2.5～25μm 的间距。接近式光刻机通过在光刻胶表面和掩模版之间形成可以避免颗粒的间隙，缓解接触式光刻机的沾污问题。但紫外光通过掩模版透明区域和空气时会发生发散，从而会使接近式光刻机的分辨率有所降低。

3) 扫描投影光刻机

为了避免遮蔽式曝光中存在的沾污、边缘衍射、分辨率限制并且依赖操作者的问题，投影式曝光应运而生。投影式曝光示意图见图 9-11。光源经过一个透镜后变成平行光，然后通过掩模版，由另一个透镜(物镜)聚焦后将掩模版上的图形投影至相距几厘米之外已旋涂光刻胶的晶圆上，并在其上形成掩模版图形的像，硅片支架和掩模版间有一个对准系统。这种曝光方式可以得到媲美接触式光刻的高分辨率，而且不会产生缺陷，并提高了掩模版的利用率。为了增加分辨率和获得均匀的曝光光源，每次只曝光一小部分掩模版图形。利用反射镜投影系统把有 1∶1 图形的整个掩模版图形投影到硅片表面，其图形没有经过放大和缩小，使硅片上的图形和掩模版图形尺寸相同。基于这些优点，投影式曝光已成为小于 3μm 光刻的主要曝光技术之一。

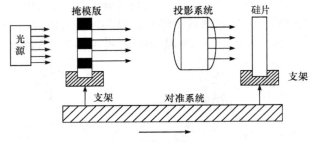

图 9-11　投影式曝光示意图

4) 分步重复光刻机

分步重复光刻机每一次曝光都会把掩模版通过投影透镜聚焦到硅片表面，利用紫外光穿过掩模版上的透明区域，完成对光刻胶的曝光，然后步进到硅片下一个位置重复全部过程，通过这种连续的曝光过程，最终把所有芯片阵列复制到硅片表面。这种分步重复曝光系统，目前可应用于 10nm～2μm 的集成芯片的研制与生产。

分步重复光刻机的优势在于它可以使用高分辨透镜缩小成像，把正确的图形尺寸成像在硅片表面，掩模版上的特征图形是硅片上最终图形所缩小的数倍，这使得掩模版的制造更容易。而不使用高分辨透镜缩小成像的投影光刻机，其优点是成本低，可用于非关键层图形的制造。

5) 步进扫描光刻机

步进扫描光刻机是一种混合设备，融合了扫描投影光刻机和分步重复光刻机技术，通过使用缩小透镜扫描一个大图形，并将其投影至硅片上的一小部分区域来实现。这里使用一束聚焦的狭长光带同时扫描掩模版和硅片，一旦这一扫描转印图形的过程结束，硅片就会步进到下一个曝光区域重复这个过程。使用步进扫描光刻机曝光硅片的优点是增大了曝光视场，可以获得较大的芯片尺寸。大视场的主要优点是可以在掩模版上多放几个图形，从而使一次曝光可以多曝光一些芯片。

9.2.2　极紫外光刻技术

极紫外光刻(Extreme Ultraviolet Lithography，EUV)技术是前期光学光刻发展的技术成果，采用的光源是激光产生的等离子体或同步辐射光源。由于所使用的曝光光源波长短，因此这种曝光方式具有优异的分辨率，能够把光刻技术的特征尺寸减小到 30 nm 以下，且不会降低产率[6]。极紫外光刻原理实验早在 20 世纪 80 年代由日本科学家提出并验证。而在 EUV 商业化进程中，2001 年美国的极紫外公司出资完成了工程实验样机 ETS(Engineering Test Stand)的研制，其物镜系统由四枚发射镜构成，微缩倍率为 4 倍，通过步进扫描的方式实现对 24mm×32.5mm 区域的曝光，这加速推进了 EUVL 的商业化。经过近十年的发展，ASML 成为目前世界上最大的光刻设备生产商，并仍在不断地加大研发投入，开发新一代光刻机。

图 9-12 是 EUV 曝光系统的简单示意图，其主要由四部分构成，分别是极端紫外光

源、反射投影系统、光刻模板、能够用于极端紫外的光刻胶层。利用激光轰击靶材产生等离子体，而等离子体会发出 EUV 辐射，并经过由周期性多层薄膜反射镜组成的聚焦系统入射到反射式掩模版上，再通过反射镜组成的投影系统，将反射式掩模版上的集成电路的几何图形成像到硅片上的光刻胶中，从而形成集成电路所需要的光刻图形。

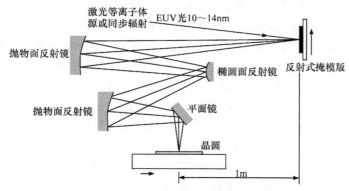

图 9-12　EUV 曝光系统简单示意图[7]

极紫外光由于本身容易被透镜等光学元件吸收，因而其光学系统需要采用反射式透镜技术。与上一代 193nm 光源所用的折射光学系统相比，EUV 技术所用到的反射光学系统更复杂，光线需要经过多次反射汇聚才能到最终的曝光过程，相应的掩模制造工艺等方面也面临着极大的挑战。该技术将 EUV 辐射与基于反射光学的成像技术相结合，目前已经达到了较高的成熟度。它采用的是由 Mo 和 Si 原子组成的多层反射镜，可以将掩模版图形投影到晶圆上，其最关键的问题是 EUV 光的汇聚效率问题。

9.2.3　电子束光刻技术

电子束光刻(Electron Beam Lithography，EBL)，它所使用的光源为电子束，其工艺流程基本上与光刻工艺流程相同，但它可以完成 $0.1\sim0.25\mu m$ 的超微细图形的加工，甚至可以实现对几十纳米线条的曝光。其优点包括：可产生纳米几何图形、高度自动化、高精度控制、更大的焦深，以及无需掩模版可直接通过软件描绘图形，曝光时也可由计算机控制进行选择性曝光，从而容易设计与制备各类图形。其缺点是电子束光刻曝光技术的曝光产量低，在分辨率小于 100nm 时约为每小时 2 片晶圆，这样的效率仅可满足掩模版制作、需求量小的定制电路或电路设计验证。

电子束光刻技术的原理是利用一定能量的电子与光刻胶碰撞，使之发生化学反应从而完成曝光。电子束光刻所使用的感光剂也与一般光学光刻胶类似，是一种聚合物。在辐射下，光刻胶会发生物理或化学变化，例如，常用的正性光刻胶聚甲基丙烯酸甲酯(Poly-Methyl Methacrylate，PMMA)，与电子的相互作用会造成化学键断裂，形成较短的分子结构，显影时显影液会将分子量小的光刻胶溶解。对于常用的负性光刻胶 COP，辐射造成聚合物联结在一起，使得辐射区产生复杂的三维结构，其分子量变得比非辐射区大，从而使显影液不会侵蚀辐射后的高分子量光刻胶，而非辐射区的光刻胶则能够溶解于显影液中。

电子束在进入光刻胶后，主要会发生以下三种情形：①电子束穿过光刻胶层，既不会发生方向的变化，也没有能量的损失；②电子束与光刻胶分子碰撞发生弹性散射，碰撞后飞行方向发生变化，但是碰撞过程中不损失能量；③电子束与光刻胶分子发生非弹性散射，不但改变方向，而且有能量损失。电子散射决定了电子束曝光中的分辨率，这与光学图形曝光不同，后者的分辨率主要由光的衍射所决定。

目前常见的电子束曝光系统主要有改进的扫描电镜(SEM)系统和高斯扫描系统。改进的扫描电镜(SEM)系统使用扫描显微镜搭载图形发生器，其分辨率取决于所选用的 SEM，价格相对便宜，其工作台的移动较小，但可满足基本的研究工作需求。高斯扫描系统通常有两种扫描方式：一种是光栅扫描方式，对掩模上的每一个位置进行扫描，在不需要曝光的位置上电子束被关闭；另一种是矢量扫描方式，只对需曝光的图形进行扫描，没有图形的部分快速跳过。高斯扫描系统采用高精度激光控制台面，分辨率可以达到几纳米。图 9-13 为电子束光刻曝光系统的装置示意图。其中电子枪为产生电子束的部件，聚透镜将电子束聚焦成直径为 10～25nm 的束斑；电子束偏转线圈由计算机相应软件控制，将聚焦电子束投射至衬底扫描区域的任意位置。另外，由于扫描区域较小，且扫描精度高，因此需要高精密的机械工作台。

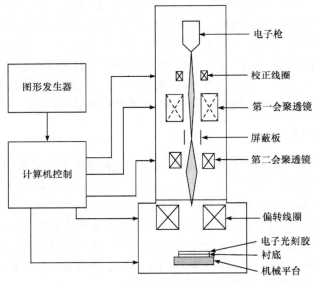

图 9-13　电子束光刻曝光系统的装置示意图[8]

电子束光刻技术一般主要用于制作光刻技术所用的光刻掩模版，只有少量的设备专门利用聚集电子束直接对光刻胶进行曝光。在光学光刻中，掩模版是用石英玻璃制成的。先在石英玻璃上沉积一层很薄的铬膜，然后由电子束或者激光束直接在铬膜上刻写形成掩模版图形。早期集成电路工艺中，使用碳酸钠-石灰玻璃和硼硅酸盐玻璃作为掩模版材料，但由于其热膨胀系数较高，无法满足超大规模集成(Ultra-Large-Scale Integration, ULSI)电路中的要求，而石英玻璃的热膨胀系数要小很多。

ULSI 的掩模版所使用的石英玻璃经过高度抛光，表面非常平整，且其表面和内部必须是无缺陷的。为了增加铬膜与石英玻璃之间的黏附力，使用溅射法先沉积一层铬的氮化物或氧化物薄膜，再沉积铬膜。溅射法沉积的薄膜黏附力好，而且厚度一致性较好。而之所以选择铬膜来形成图形，是因为铬膜的沉积和刻蚀都相对比较容易，而且对光线完全不透明。另外，为了防止在掩模版上形成缺陷，需要用保护膜将掩模版的表面密封起来，这可以避免掩模版遭到空气中微粒以及其他形式的污染。该保护膜需足够薄，以保证透光性，同时能够耐清洗，并且在长时间 UV 射线的照射下，仍可保持其特性。有保护膜的掩模版可以使用去离子水清洗，以去掉保护膜上大多数的微粒，然后通过弱表面活性剂和手工擦洗，最终完成对掩模版的清洁处理。

9.2.4　其他光刻技术

1. 纳米压印光刻技术

纳米压印光刻技术是一种新型精密图形的转移技术。这种技术与传统光刻技术不同，是一种传统的模具复形方式，可直接用于微纳制造的图形化技术。这种技术具有生产效率高、成本低、工艺流程简单等优点，已被认为是纳米结构大面积复制最具发展前途的下一代光刻技术之一。相对于传统光刻技术及电子束光刻技术，纳米压印光刻技术摆脱了传统加工技术中分辨率受到的光学衍射极限和电子散射的限制，具有分辨率高、操作简单、高效的优点，可以实现大面积的图形化制备，目前该技术的分辨率达到了 5nm 以下的水平。

纳米压印光刻技术是加工聚合物结构最常用的方法，它采用高分辨率电子束等方法将复杂的纳米结构图形制作在印章(具有结构图形的硬质模板)上，然后用这种预先图形化的印章使聚合物材料变形，从而在聚合物上形成结构图形。通常，聚合物为基底表面旋涂的一层热塑性聚合物，只要将模板结构压在聚合物上，使其表面的结构进入聚合物，固化后将模板与聚合物分离，随后通过反应离子刻蚀等方法将压印过地方的残余聚合物清理掉，就可以实现模板图形的转移。

纳米压印光刻技术中热压印是出现时间最早、应用最为广泛的一种压印方法。它的工艺流程主要包括模板制备、压模、脱模。模板必须是够硬的材料，防止在压膜和脱模过程中有磨损与变形。纳米压印光刻技术得到的结构形状和尺寸取决于模板的图形，因此制备一个高质量、高精度、高分辨率的可重复利用的模板，是获得高质量、高精度、高分辨率表面图形的关键。通常利用电子束刻蚀或聚焦离子束刻蚀的方法来制备具有精细结构的纳米压印模板。另外，模板的材料性能也非常重要。在压膜和脱模过程中，高硬度的模板可以保证其不变形并避免磨损，尤其是对于分辨率高的模具，确保其能够多次重复利用。此外，模板的材料还应具备较低的热膨胀系数。在热压印中，需要将聚合物加热到玻璃转化温度(Tg)以上，使聚合物流动塑形，如果模板的热膨胀系数太大，容易引起图形变形。塑形后，为了使模板易从聚合物脱离，需要在压印之前将模板的表面修饰一层防粘层，用于降低模板与聚合物接触面处的黏附力。然而重复使用多次的模板会受到不可避免的污染，需要用强酸或者有机溶剂进行清洗，因此模具还需耐腐蚀。通常用来制备模板的材料有二氧化硅、氮化硅、金刚石等。

在热压印的过程中，加热温度通常要高于聚合物玻璃转化温度几十摄氏度，以便增加聚合物的流动性，减小黏附性。如果存在空气，空气的挤压，会造成聚合物与模板的间隔和结构变形。因此，热压印通常会在真空条件下进行。压印完成后，经过冷却降温脱模，在压入的区域会留下被压下去的残留聚合物，需要通过氧反应离子刻蚀等方法再次将它去除露出基底，从而将模板上的图形转移到基底表面。通过一次压印过程，得到的图形是与模板互补的结构，在此基础上再使用刻蚀等方法，在基底上便可得到与模板相同的结构。

与传统的光刻技术不同，纳米压印光刻技术基于对有机聚合物的机械压印，因此在加工过程中会有一些传统光刻技术不曾出现的问题，例如，在加工过程中出现模板与基底热膨胀不匹配，导致套刻精度差；在模具剥离过程中，聚合物与模具会有粘连，尺寸越小、结构密度越高的结构，剥离越困难。为了解决这些问题，新型的常温紫外-纳米压印光刻技术利用透明的模具和紫外光固化树脂的前驱体材料(液态)，在室温下便可以实现结构的压印。在压印时，由于材料为液态的，具有较低的硬度和黏度，因此不容易与模具粘连。另外，一些新型的快速热固化的聚合物材料，如基质为 PDMS 的液体树脂，120℃下可在 10s 内进行固化，大大缩短了加热固化的时间。PDMS 材料为有机硅材料，由于硅元素的存在，相比普通的聚合物，可大大地提高后续处理中对氧离子刻蚀的耐蚀性。

2. X 射线光刻技术

X 射线光刻技术是一种成熟的技术，可以在硅片上实现关键尺寸小于 100nm 的图形。X 射线源将 X 射线投影到特殊的掩模上，在已涂胶的硅片上形成图形。这种技术与光学光刻技术相比需要更高的资金投入，因而在硅片制造业并没有得到广泛的应用。X 射线是利用高能电子束轰击金属靶材产生的。当高能电子撞击金属靶材时将损失能量，而能量损失的主要机理之一就是用来激发核心能级的电子，当所激发的电子落回到核心能级时，就会发射出 X 射线。在 X 射线投射的路径中放置掩模版，透过掩模版后 X 射线照射到硅片表面的光刻胶，从而完成曝光。而考虑到吸收的问题，X 射线的波长范围为 2～40Å，属软 X 射线区。当图形尺寸小于 1μm 并大于 20Å 时，影响分辨率的主要原因是半阴影和几何畸变，而不是衍射效应；由于所选择 X 射线的波长小于 40Å，因此在线宽小于 20Å 时，衍射效应才较为显著。

X 射线光刻技术对光源的主要要求有：①功率密度需大于 $0.1W/cm^2$，以保证曝光时间小于 60s；②为了满足高分辨率曝光的需要，要求 X 射线源的尺寸小于 1mm；③X 射线的能量要求为 1～10keV，以保证 X 射线对掩模版的透光区有较好的透过率。

X 射线曝光掩模版的功能与光学曝光所用掩模版一致，即在掩模版上需形成可透过 X 射线的图形和不透 X 射线的区域，从而达到有效曝光的目的。但由于 X 射线的特殊性，大多数材料对于小于 2Å 的 X 射线几乎不吸收，而对大于 40Å 的 X 射线的吸收很强，造成其掩模版的材料和制作工艺在不同波段有所不同，相较光学光刻掩模版的制作难度更大，也更为复杂。当 X 射线波长为 2～40Å 时，低原子序数的轻元素材料(如氮化硅、氮化硼、铍等)对 X 射线的吸收较弱，而高原子序数的重元素材料(如金)对 X 射线的吸收较强。因此，通常使用氮化硼和氮化硅作为掩模版的基体材料，而对于掩模版中的非透光区则选用对 X 射线吸收强的材料，通常选用金作为图形材料。

由于 X 射线具有很强的穿透能力，通常的深紫外曝光用光刻胶对 X 射线的吸收较弱。因此，X 射线曝光所用的光刻胶需要在光刻胶合成时，添加在 X 射线波长范围内具有高吸收峰的元素，从而增强在 X 射线波长范围内的化学反应，即针对特定的 X 射线波长，在光刻胶中掺入特定的杂质以提高光刻胶的灵敏度。

3. 导向自组装光刻技术

导向自组装(Directed Self-Assembly，DSA)光刻技术是一种极具发展潜力的新型图形化工艺。这种技术的原理与传统光刻以及纳米压印等图形技术完全不同，DSA 的原理是基于嵌段共聚物(Block Copolymer，BCP)所特有的微相分离特性，通过自组装构建高分辨图形，从而能够突破传统光学光刻的衍射极限，具有高通量、低成本和延续性好等显著优势。

由两种或两种以上化学性质截然不同的均聚物(由一种单体聚合而成的聚合物)通过共价键连接形成的一类特殊的聚合物，称为嵌段共聚物。由于不同聚合物的热力学性质差异，在一定条件下嵌段共聚物会发生相分离。若将化学性质不同的均聚物 A 和均聚物 B 进行简单的混合，将在宏观层面产生相分离的现象；而嵌段共聚物中的均聚物 A 和均聚物 B 之间通过共价键连接，无法在宏观层面相分离，但能在微观尺度发生相分离并进行分子自组装，形成特定的图形。

目前，研究最广泛的嵌段共聚物是聚苯乙烯(Polystyrene，PS)和聚甲基丙烯酸甲酯(PMMA)合成的二嵌段共聚物 Polystyrene-b-Poly(Methyl Methacrylate)，简写为 PS-b-PMMA。其中，PS 是非极性聚合物，而 PMMA 属于极性聚合。PS 与 PMMA 的表面能在较大的温度范围内均接近，PS-b-PMMA 在中性基底上经退火工艺进行微相分离，易形成垂直于基底的柱状或层状纳米结构。通过氧等离子体刻蚀/干法刻蚀，使 PS 与 PMMA 刻蚀选择比约为 1∶2，就可以选择性移除 PMMA，从而得到 PS 纳米结构。PS-b-PMMA 嵌段共聚物微相分离最终形成的结构，与基底表面、形貌、薄膜厚度及其组分等多种因素有关。将 DSA 与其他光刻技术(如极紫外光刻、紫外光刻和纳米压印光刻等)相结合，可以极大地提高加工图形的分辨率以及器件的密度。

9.3　刻　蚀　技　术

刻蚀是半导体制造过程中的一项重要技术，各种器件结构的形成都有赖于刻蚀技术。从湿法刻蚀到干法刻蚀，从离子束溅射刻蚀到反应离子刻蚀，从低密度等离子体刻蚀到高密度等离子体刻蚀，刻蚀技术自出现以来取得了显著的进步和发展。本节将详细介绍刻蚀技术的基本原理、性能参数，分析湿法刻蚀、离子束溅射刻蚀、等离子体刻蚀和反应离子刻蚀中涉及的基本物理和化学机制，概述不同材料的刻蚀工艺及刻蚀剂类型等。

9.3.1　刻蚀技术基本原理与性能参数

刻蚀是利用物理或化学方法有选择地从衬底表面去除冗余材料的过程，是半导体器件制作过程中相当重要的一个步骤，与光刻紧密相连，其基本目标是完成光刻胶图形的转移。在图形转移的过程中，刻蚀与光刻相继进行，先通过光刻对光刻胶进行曝光处理，将掩模版上的图形转移到光刻胶上，再通过刻蚀将光刻前所沉积的薄膜中未被光刻胶覆盖和保护的部分去除，以达到转移掩模版图形到薄膜上的目的。如图 9-14 所示，刻蚀过程主要包括以下三个步骤：①反应物输运到要被刻蚀的薄膜表面；②反应物与要被刻蚀的薄膜表面进行反应；③反应产物从薄膜表面向外扩散。

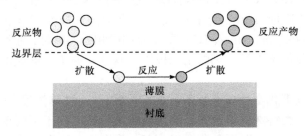

图 9-14　刻蚀基本步骤示意图

随着超大规模集成技术的发展，构成各种图形中的线条越来越细，对图形转移的重现精度和尺寸的要求也越来越高。作为图形转移的基本技术之一，刻蚀需要满足一系列性能要求，如刻蚀速率、刻蚀均匀性、刻蚀选择性、刻蚀方向性等。刻蚀速率是指在刻蚀过程中单位时间内去除的衬底表面材料的厚度，单位通常用 nm/min 表示。影响刻蚀速率的因素很多，包括刻蚀剂类型和浓度、被刻蚀材料类型、刻蚀工艺和参数设置、刻蚀区域面积等。刻蚀均匀性是指一个、多个或多批硅片上刻蚀速率的变化，均匀性问题是由于刻蚀速率与刻蚀剖面、图形尺寸和密度有关而产生的，保证刻蚀均匀性是保证器件性能一致性的关键。在刻蚀技术的各项性能参数中，刻蚀选择性和刻蚀方向性是反映刻蚀工艺特性的两个最关键参数，两者决定了刻蚀形成图形剖面结构的完好性。其中刻蚀选择性(S)是指刻蚀过程中不同材料之间的刻蚀速率比，可用式(9-7)表示：

$$S = \frac{r_1}{r_2} \tag{9-7}$$

式中，r_1 是待刻蚀材料的刻蚀速率；r_2 是掩模层或衬底材料的刻蚀速率。在刻蚀过程中，通常以光刻胶作为掩模层，但有时也需要像 SiO_2 和 Si_3N_4 这样的硬掩模层，以提高图形转移的精度。当刻蚀剂对掩模层和衬底材料的刻蚀速率远低于需要去除的材料时，掩模层可以起到有效的掩蔽作用，同时可以避免对衬底的损伤，从而得到完好的器件结构。有些刻蚀工艺也可以不需要掩模层，利用刻蚀剂的选择性只将特定的某种材料去除而不对其他部分造成影响。刻蚀方向性取决于不同方向的刻蚀速率，通常用各向异性度(A)来衡量，该参数表达式如下：

$$A = 1 - \frac{r_{//}}{r_\perp} \tag{9-8}$$

式中，$r_{//}$ 是横向刻蚀速率；$r_{\perp}$ 是纵向刻蚀速率。当 $r_{//} = r_{\perp}$，即 $A = 0$ 时，为完全各向同性刻蚀，如图 9-15(a)所示；当 $r_{//} = 0$，即 $A = 1$ 时，为完全各向异性刻蚀，此时可以得到理想的剖面结构，如图 9-15(b)所示；但常见情形是 $r_{//} < r_{\perp}$，即 $0 < A < 1$，如图 9-15(c)所示。图中箭头方向代表刻蚀方向，长度反映刻蚀速率。

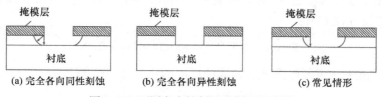

(a) 完全各向同性刻蚀　　　(b) 完全各向异性刻蚀　　　(c) 常见情形

图 9-15　不同方向性刻蚀的剖面示意图

刻蚀技术主要分为湿法刻蚀和干法刻蚀，其中湿法刻蚀只含有化学作用，包括浸泡式和喷射式两种主要方法。湿法刻蚀是利用化学溶液进行腐蚀，由于选用的化学溶液只对需要除去的材料具有腐蚀性，因此湿法刻蚀的选择性较好。此外，湿法刻蚀具有操作简便、对设备要求低、易于实现大批量生产的优点。但由于化学溶液与材料反应通常是各向同性的，因此很难得到理想的剖面结构，导致图形转移的重现精度较差。在半导体制造技术发展早期，光刻图形转移均是由湿法刻蚀实现的。

随着半导体器件尺寸的不断缩小，图形尺寸的微小偏差都将严重影响器件的性能，只有各向异性刻蚀才能保证图形转移精度，湿法刻蚀并不满足要求。因此以气体等离子体为基础的干法刻蚀逐渐发展起来，成为精密结构图形转移的主要刻蚀途径。干法刻蚀是物理作用和化学作用的有机结合，包括离子束溅射刻蚀、等离子体刻蚀和反应离子刻蚀三种主要技术。干法刻蚀既继承了湿法刻蚀选择性好的特点，同时弥补了其各向同性的不足，具有各向异性的优势。虽然以气体等离子体为基础的干法刻蚀已成为半导体制造技术中的主流刻蚀技术，但选择性湿法刻蚀仍不可或缺，后面将对湿法刻蚀和干法刻蚀的机理进行详细分析和介绍。

9.3.2　湿法刻蚀

在半导体器件制作过程中，湿法刻蚀仍有其独特的应用，用来形成器件中的某些局部结构。对于金属、半导体和介质各类不同材料，需要选取不同的化学腐蚀液。化学腐蚀液通常是由酸、碱和去离子水按一定比例配制而成的混合溶液。在湿法刻蚀过程中，选用的化学腐蚀液应具有较好的选择性，得到的反应产物必须是气体或能溶于化学腐蚀液的物质，否则会造成反应产物沉淀，进而影响腐蚀过程正常进行。湿法刻蚀涉及的材料和化学腐蚀液较多，由于其发展较早，目前一些常用材料的湿法刻蚀工艺已较为成熟，本节仅对 Si、SiO_2 和 Si_3N_4 的湿法刻蚀工艺进行简要介绍。

1. Si 的湿法刻蚀

在半导体器件制作过程中，常应用 Si 的湿法刻蚀工艺。其中多晶 Si 和非晶 Si 的湿法刻蚀具有各向同性的特点，而单晶 Si 的湿法刻蚀却显著不同，对于不同的化学腐蚀液，分别具有各向同性和各向异性两类湿法刻蚀。其中强氧化剂和氢氟酸组成的化学腐蚀液对单晶 Si 的腐蚀是各向同性的, Si 的典型各向同性腐蚀液是硝酸和氢氟酸配制成的混合溶液。Si 在该化学腐蚀液中的化学方程式如下:

$$Si + HNO_3 + 6HF \longrightarrow H_2SiF_6 + HNO_2 + H_2O + H_2 \qquad (9\text{-}9)$$

该化学反应分为两步进行, 首先强氧化剂硝酸分解出 NO_2, 将 Si 原子氧化形成 SiO_2, 该过程的化学反方程如下:

$$Si + 2NO_2 + 2H_2O \longrightarrow SiO_2 + H_2 + 2HNO_2 \qquad (9\text{-}10)$$

接着 SiO_2 被溶液中的氢氟酸腐蚀, 该腐蚀反应的化学方程式如下:

$$SiO_2 + 6HF \longrightarrow H_2SiF_6 + 2H_2O \qquad (9\text{-}11)$$

整合式(9-10)和式(9-11)可以得到式(9-9)。通过式(9-10)和式(9-11), 可以得出 Si 在该腐蚀液中的腐蚀机制取决于硝酸对 Si 的氧化反应以及氢氟酸对 SiO_2 的腐蚀反应两个过程。当硝酸的浓度较低时, 有足够的氢氟酸来溶解 SiO_2, 腐蚀速率由硝酸浓度决定; 当氢氟酸浓度较低时, 腐蚀速率则取决于氢氟酸浓度。为了更好地控制腐蚀速率, 可以在硝酸和氢氟酸的混合溶液中添加适量的醋酸与氟化铵作为缓冲剂, 分别起到抑制硝酸和氢氟酸解离的作用。由于该化学腐蚀液对 Si 的不同晶面具有几乎相同的腐蚀速率, 因此认为这种湿法刻蚀是各向同性的。

Si 的各向异性腐蚀是指化学腐蚀液对 Si 的不同晶面具有不同的腐蚀速率, Si 的各向异性腐蚀液有多种, 通常为碱性化合物溶液, 既有有机化合物, 也有无机化合物。有机化合物包括乙二胺(EPW)、邻苯二酚(EDP)和四甲基氢氧化铵(TMAH)等; 无机化合物包括氢氧化钾(KOH)、氢氧化钠(NaOH)、氢氧化锂(LiOH)、氢氧化铯(CsOH)和氢氧化铵(NH_4OH)等, 这些碱性化合物溶液对 Si 的腐蚀速率强烈依赖于晶面取向。单晶 Si 是由两套面心立方格子沿体对角线位移 1/4 长度套构而成的, 与金刚石结构一样。由于其不同晶面上原子的分布和成键情况具有显著差异, 其在碱性化合物溶液中的湿法刻蚀具有各向异性的特点。单晶 Si 中(111)晶面的原子密度最大, (111)晶面上的一个 Si 原子与次表面的三个 Si 原子形成三个背键, 仅有一个悬挂键。(110)晶面的原子密度次之, (110)晶面上的一个 Si 原子与次表面的一个 Si 原子形成一个背键, 同时与表面两个 Si 原子形成两个表面键, 也仅有一个悬挂键。(100)晶面的原子密度最小, (100)晶面上的一个 Si 原子与次表面的两个 Si 原子形成两个背键, 具有两个悬挂键。在碱性腐蚀液中, 悬挂键可使 Si 原子直接与-OH 基团成键, 有利于腐蚀反应的进行。由于(100)晶面上 Si 原子的悬挂键数量最多, 因此腐蚀速率最快。(111)晶面和(110)晶面上 Si 原子的悬挂键数量一样, 但由于 Si 原子间的背键远强于表面键, 因此(110)晶面的腐蚀速率远大于(111)晶面。综上所述, 不同晶面的腐蚀速率大小关系为(100)晶面 > (110)晶面 > (111)晶面。由于(111)晶面的腐蚀速率远低于(100)晶面和(110)晶面, 因此, 当对<100>或<110>晶向的单晶 Si 进行腐蚀时, 得到的腐蚀坑侧壁总是(111)晶面。如图 9-16(a)所示, <100>晶向的单晶 Si 经碱性腐蚀液腐蚀后通常会形成 U 形或 V 形沟槽, 形成的沟槽的形状取决于腐蚀窗口的宽度。腐蚀窗口宽时常形成 U 形沟槽, 腐蚀窗口窄时常形成 V 形沟槽。<110>晶向的单晶 Si 经碱性腐蚀液腐蚀后通常形成直壁沟槽, 如图 9-16(b)所示。

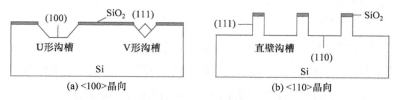

图 9-16 不同晶向的单晶 Si 经碱性腐蚀液腐蚀后形成的沟槽形貌

研究表明，Si 在碱性腐蚀液中的各向异性腐蚀是由—OH 基团主导的[9]，—OH 基团可与 Si 反应生成一些不稳定的中间产物，如 $Si(OH)_2^{2+}$、$Si(OH)_4$ 等，由于 Si—Si 键结合能(226kJ/mol)远小于 Si—O 键结合能(452kJ/mol)，这些中间产物最终将转化为以 Si—O 键主导的化合物。Si 在碱性腐蚀液中的腐蚀反应可用以下简化的化学方程式表示：

$$Si + 2OH^- + 2H_2O \longrightarrow SiO_2(OH)_2^{2-} + 2H_2 \tag{9-12}$$

在 Si 的各向异性腐蚀液中，KOH 等金属碱性腐蚀液对 Si 的腐蚀速率较大，但为了避免金属离子污染，通常应用 TMAH 有机碱性腐蚀液。虽然 TMAH 的腐蚀速率仅为 KOH 的一半，但其对 SiO_2 和 Si_3N_4 的腐蚀速率均很低，具有较好的选择性。此外，为了调节腐蚀速率，通常会在 Si 碱性腐蚀液中添加适量的异丙醇作为缓冲剂。目前，Si 的各向异性腐蚀已广泛用来制作各种微纳结构，包括 U 形、V 形晶体管以及各种 Si 基 MEMS 器件[10]。

2. SiO_2 的湿法刻蚀

常选用氢氟酸溶液对 SiO_2 进行湿法刻蚀，虽然氢氟酸是弱酸，但对许多氧化物具有较强的腐蚀性。由于氢氟酸不与 Si 反应，因此当需要对 Si 衬底上的 SiO_2 进行湿法刻蚀时，氢氟酸是一种较为理想的刻蚀剂。SiO_2 在氢氟酸溶液中的化学反应可用式(9-13)表示：

$$SiO_2 + 4HF \longrightarrow SiF_4 + 2H_2O \tag{9-13}$$

反应生成的氟化硅在常温下为气体，极易与氢氟酸反应，化学方程式如下：

$$SiF_4 + 2HF \longrightarrow H_2SiF_6 \tag{9-14}$$

以上反应生成的氟硅酸为强酸(pH = 1)，整合式(9-13)和式(9-14)，可以得到 SiO_2 在氢氟酸溶液中反应的另一表达式：

$$SiO_2 + 6HF \longrightarrow H_2SiF_6 + 2H_2O \tag{9-15}$$

氢氟酸溶液对 SiO_2 的腐蚀速率很快，实际应用中需要先对氢氟酸溶液进行稀释，以便更好地控制反应速率，稀释比例为 H_2O：HF = 10～100。由于在腐蚀 SiO_2 的过程中，HF 不断被消耗，导致腐蚀速率不断降低。为了解决该问题，常在腐蚀液中添加 NH_4F 作为缓冲剂，NH_4F 不直接参与腐蚀过程，但它可以分解产生 HF，从而对 HF 浓度进行动态调控，使反应速率保持相对稳定。由 HF、NH_4F 和 H_2O 按一定比例配制成的混合溶液称为缓冲氢氟酸腐蚀液，简称 BHF。由于该混合溶液是用来腐蚀 SiO_2 的，因此也称为缓冲氧化物腐蚀液，简称 BOE。

3. Si₃N₄ 的湿法刻蚀

Si₃N₄ 是一种超硬介质材料，具有良好的化学稳定性，不与盐酸、硝酸、硫酸等多种强酸反应，但会和氢氟酸反应。Si₃N₄ 在氢氟酸中的化学反应可用式(9-16)表示：

$$Si_3N_4 + 4HF + 9H_2O \longrightarrow 3H_2SiO_3 + 4NH_4F \tag{9-16}$$

由于 Si₃N₄ 在氢氟酸中的腐蚀速率较慢，实际应用中很少用氢氟酸腐蚀 Si₃N₄，而通常采用浓度在 80%以上的热磷酸溶液进行腐蚀[11]，腐蚀温度介于 150~200℃，腐蚀过程可用以下化学方程式表示：

$$3Si_3N_4 + 4H_3PO_4 + 27H_2O \longrightarrow 9H_2SiO_3 + 4(NH_4)_3PO_4 \tag{9-17}$$

该腐蚀液具有较好的材料选择性，对 Si₃N₄ 的腐蚀速率远高于对 Si 和 SiO₂。由于光刻胶在高温下难以起到掩蔽作用，因此当用热磷酸溶液对 Si₃N₄ 进行腐蚀时，通常不直接采用光刻胶作为掩模层，而是在 Si₃N₄ 上沉积一层薄 SiO₂。在光刻胶的掩蔽下，先用氢氟酸溶液对 SiO₂ 进行腐蚀，将光刻胶图形转移到 SiO₂ 层，再以 SiO₂ 层作为硬掩模层，用热磷酸溶液对 Si₃N₄ 进行腐蚀，得到 Si₃N₄ 图形。

9.3.3 干法刻蚀

由于湿法刻蚀存在很多局限性，如各向同性、分辨率不高、步骤烦琐、腐蚀性化学试剂毒性大等，目前在半导体器件结构制作过程中，湿法刻蚀正逐渐被干法刻蚀所替代。干法刻蚀按照刻蚀机理不同分为三种技术：离子束溅射刻蚀、等离子体刻蚀和反应离子刻蚀。其中离子束溅射刻蚀属于物理性刻蚀，是利用高能离子束轰击材料表面，使材料原子发生溅射。由于其刻蚀机制只涉及物理作用，因此可以做到各向异性刻蚀，但选择性较差。等离子体刻蚀属于化学性刻蚀，是利用等离子体中的化学活性原子团与被刻蚀材料发生化学反应，从而达到刻蚀目的。该刻蚀技术与湿法刻蚀相近，具有较好的选择性，但各向异性较差。反应离子刻蚀属于物理化学性刻蚀，是利用带电离子对衬底的物理轰击与自由基表面化学反应双重作用进行刻蚀。该刻蚀技术兼具离子束溅射刻蚀和等离子体刻蚀的优势，可以做到各向异性刻蚀，同时具有较好的选择性。

本节将分别介绍离子束溅射刻蚀、等离子体刻蚀和反应离子刻蚀三种干法刻蚀技术，概述不同材料的干法刻蚀，并对刻蚀损伤和负载效应进行讨论。

1. 离子束溅射刻蚀

高能粒子(如 Ar 离子)轰击固体表面，引起表面各种粒子如原子、分子或团束从表面逸出的现象称为"溅射"。物理学家 W. Grove 最早在 19 世纪中期就观察到了物质溅射现象[12]，在研究气体放电过程中，他发现在气体放电室的器壁上有一层金属沉积物，沉积物的成分与阴极材料完全相同，但当时他并不知道产生这种现象的物理原因。直到 20世纪初期，物理学家 E. Goldstein 才对这种溅射现象给出了确切的物理解释，认为它是由阴极受到电离气体中的离子轰击造成的。20 世纪 60 年代以后，随着半导体制造技术不断发展，溅射现象在薄膜沉积和材料刻蚀方面得到广泛应用。

离子束溅射刻蚀(IBE)又称为离子铣刻蚀，是最早发展起来的一种干法刻蚀技术，该技术利用 Ar、Kr、Xe 等惰性元素离子对材料表面进行轰击，通过碰撞，高能离子与被碰撞原子之间发生能量和动量的转移，从而使被撞原子受到扰动，如果轰击离子传递给被撞原子的能量比原子之间的结合能大，就会使被撞原子脱离原来的位置飞溅出来，从而达到刻蚀目的。从刻蚀机制可知，离子束溅射刻蚀完全是一种物理性刻蚀技术，因此不具有选择性，可用于加工各种材料的精细图形结构，包括各种金属、半导体以及介质材料等。

图 9-17 给出了离子束溅射刻蚀系统的简化示意图。将 Ar、Kr、Xe 等惰性气体充入离子源放电室并使其电离形成等离子体，离子吸出栅利用所加电场将离子引出并加速，形成具有一定能量的离子束，射向待刻蚀衬底表面。在离子束溅射刻蚀的各项性能参数中，刻蚀均匀性和刻蚀速率是两个最关键的参数。刻蚀均匀性取决于离子束流均匀性。刻蚀速率取决于被刻蚀材料种类、离子能量、离子束流密度和离子束入射角度等。在刻蚀过程中，离子能量必须达到某一阈值后，才能产生溅射，离子溅射阈值能取决于被刻蚀的材料种类。离子入射角(β)是指离子轰击方向与垂直衬底方向的夹角，在一定范围内，随着离子入射角增大，衬底原子脱离表面的概率增大，使得刻蚀速率增大。当离子入射角超过某一值后，表面反射的离子增多，刻蚀速率下降；当离子入射角达到 90° 时，刻蚀速率减小到零。在离子束溅射刻蚀过程中，不同材料的刻蚀速率最大值对应着不同的入射角，选择合适的入射角既可以提高刻蚀速率，也可以控制刻蚀图形的形貌。

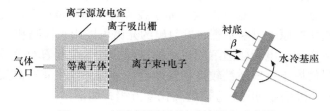

图 9-17　离子束溅射刻蚀系统简化示意图

离子束溅射刻蚀具有方向性好、分辨率高、不受刻蚀材料限制等优点，但也存在离子轰击损伤、刻蚀选择性差等难以避免的弊端，因此在半导体器件制作过程中较少应用，但它可以作为一种去除衬底表面氧化物或其他污染物的有效方法。此外，一些对损伤不敏感的器件，也可以采用离子束溅射刻蚀来形成精细结构。在离子束溅射刻蚀的基础上，又发展了一种无须掩模且刻蚀深度更大的刻蚀技术，称为聚焦离子束溅射刻蚀[13]。与常规离子束溅射刻蚀不同，这种刻蚀技术通常采用液态金属离子源，如 Ga 离子等。

2. 等离子体刻蚀

1) 等离子体中的刻蚀物质

等离子体刻蚀技术中常用的刻蚀物质是含卤素的气体，如 Cl_2、CF_4、SiF_6、HBr 等。在干法刻蚀技术发展早期，曾尝试过直接用这些气体去腐蚀材料，但这些气体在常态下的化学反应活性较低，并且在材料表面的吸附率低，导致刻蚀速率低且难以控制。在气体放电等离子体中，含有大量的高反应活性物质，其中可以实现刻蚀功能的物质主要分为两类：一类是各种离子；另一类是各种化学自由基。自由基又称为游离基，是指具有不成对电子的原子、分子或原子团。自由基是极其不稳定的高反应活性粒子，当遇到其他物质时，自由基通常会争夺其他物质的电子从而发生化学反应，并生成稳定的化合物。等离子体中的各种离子和化学自由基都是通过电子与气体分子碰撞产生的。因此，电子在等离子体刻蚀技术中起主导作用，它们从气体放电中获取能量，通过与气体分子碰撞诱导多种化学过程。其中，电子碰撞离化和解离是等离子体刻蚀中的两个主要过程，它们决定了各种离子和化学自由基的浓度。电子碰撞离化是指电子撞击气体分子或原子，使该分子或原子失去电子而成为正离子的过程。电子碰撞解离是指电子撞击气体分子，使其分裂为化学自由基的过程。在实际的等离子体刻蚀工艺中，常添加 O_2、H_2、Ar 等辅助气体用于改善刻蚀速率、选择性等刻蚀特性。例如，在 CF_4 中掺入少量 O_2 可以提高对 Si、SiO_2 和 Si_3N_4 的刻蚀速率，掺入少量 H_2 则可以提高 SiO_2、Si_3N_4 对 Si 的刻蚀选择性。和刻蚀气体一样，这些辅助气体在与电子的碰撞中也会发生离化和解离。O_2、Ar 和 CF_4 的电子碰撞离化化学方程式如下：

$$e^- + O_2 \longrightarrow O^+ + O + 2e^- \tag{9-18}$$

$$e^- + Ar \longrightarrow Ar^+ + 2e^- \tag{9-19}$$

$$e^- + CF_4 \longrightarrow CF_3^+ + F + 2e^- \tag{9-20}$$

如果电子碰撞能量不足以使气体原子离化，而是使外层电子跃迁至高能级，则会形成激发态原子，如 O^*、Ar^* 等，这些激发态原子在等离子体刻蚀中起着促进化学反应的重要作用。此外，激发态原子返回基态时发射出的光谱可以用来检测和控制刻蚀过程。

除了电子碰撞离化，电子碰撞解离对刻蚀过程的进行也起着至关重要的作用，因为电子碰撞解离可以使原本反应活性较低的气体分子分裂，产生具有高反应活性的化学自由基。其中 O_2、Cl_2 和 CF_4 的电子碰撞解离化学方程式如下：

$$e^- + O_2 \longrightarrow O + O + e^- \tag{9-21}$$

$$e^- + Cl_2 \longrightarrow Cl + Cl + e^- \tag{9-22}$$

$$e^- + CF_4 \longrightarrow CF_3 + F + e^- \tag{9-23}$$

电子碰撞离化和解离都存在一定的能量阈值，其中离化能量要使外层电子完全挣脱原子的束缚，解离能量要高于分子结合能。由于外层电子挣脱原子束缚所需的能量远高于分子结合能，因此电子碰撞解离发生的概率高于离化过程，使得化学自由基浓度高于离子浓度。因此，具有高反应活性的化学自由基是等离子体刻蚀工艺中实现刻蚀功能的主要物质。

在等离子体中，除了电子碰撞外，各种原子、分子和离子之间也存在碰撞。例如：

$$O^+ + O_2 \longrightarrow O + O_2^+ \tag{9-24}$$

$$O^+ + Cl^- \longrightarrow O + Cl \tag{9-25}$$

$$Ar^* + O_2 \longrightarrow Ar + O^* + O \tag{9-26}$$

这些较重粒子之间的碰撞也会影响等离子体特性和刻蚀过程的进行。

综上所述，在气体放电等离子体中存在各种粒子之间的相互碰撞，并通过碰撞产生各种反应活性物质，包括离子、化学自由基和激发态原子，这些反应活性物质对刻蚀过程的进行起着决定性作用。在实际的等离子体刻蚀过程中，如果反应产物中存在非挥发性物质，则与刻蚀过程相反的薄膜淀积过程会同时进行。例如，在用 CF_4 等离子体进行刻蚀时，产生的氟碳化合物会沉积在衬底表面形成聚合物薄膜，进而阻止刻蚀过程的进行。但有时这种聚合物薄膜会在侧壁形成保护膜，阻止横向刻蚀的发生，促进刻蚀的方向性。

2) 等离子体刻蚀机制

等离子体刻蚀发生在材料表面，是由活性自由基主导的化学反应过程。与湿法刻蚀类似，都是通过刻蚀剂与材料之间的化学反应来达到刻蚀的目的的。如图 9-18 所示，等离子体刻蚀主要分为以下五个过程：①电子与输入的刻蚀气体碰撞产生原子、分子等活性自由基；②等离子体中的活性自由基通过扩散到达被刻蚀材料表面；③活性自由基以一定的概率吸附在被刻蚀材料表面并在表面迁移，吸附概率取决于黏附系数；④吸附的活性自由基与被刻蚀材料薄膜表层原子进行化学反应，并生成挥发性产物；⑤生成的挥发性产物从材料表面脱附，并被真空系统排出放电室。

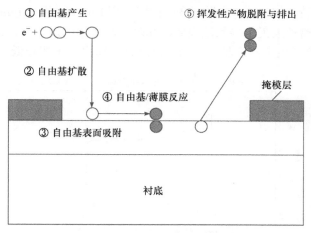

图 9-18　等离子体刻蚀过程示意图

由于活性自由基与被刻蚀材料之间的化学反应是随机的，因此等离子体刻蚀通常表现为各向同性。其优势是具有较好的选择性，选择合适的刻蚀气体，可以实现对特定材料的刻蚀。例如，O_2 等离子体可以实现对光刻胶的刻蚀，活性 O 原子会和光刻胶有机高分子中的 C、H 原子结合，生成挥发性的 CO_2、H_2O 等，从而达到去除光刻胶的目的。而 O_2 等离子体对 Si 却无刻蚀作用，它会把 Si 氧化成 SiO_2，SiO_2 不具有挥发性，反而会对 Si 起到保护作用。当需要对 Si 进行刻蚀时，可以选用含 F 等离子体，活性 F 原子会和 Si 原子反应，生成 SiF_4。SiF_4 是一种极易挥发的气体，易于从衬底表面脱附。此外，可以通过添加辅助气体的方式来提高刻蚀选择性。例如，当对 Si 衬底上的 SiO_2 进行刻蚀时，可以在刻蚀气体 CF_4 中加入少量 H_2，降低对 Si 的刻蚀速率，提高 SiO_2/Si 刻蚀选择比。

　　由于等离子体刻蚀机制主要为表面化学反应，因此理论上刻蚀速率会随衬底温度的升高而增大。但在实际刻蚀过程中，衬底温度低有利于活性自由基的吸附，衬底温度高有利于反应产物的脱附。因此，在刻蚀过程中应结合刻蚀工艺具体需要，选择合适的衬底温度。

3. 反应离子刻蚀

　　反应离子刻蚀(RIE)是离子束溅射刻蚀和等离子体刻蚀两者的有机结合，利用带电离子对衬底的物理轰击与自由基表面化学反应双重作用进行刻蚀，属于物理化学性刻蚀。反应离子刻蚀的物理和化学过程并不是两个相互独立的过程，而且相互有增强作用。离子轰击除了具有溅射效应，还可以打断分子化学键，造成晶格损伤，去除表面抑制物，从而有助于活性自由基与材料表面化学反应的进行。此外，离子轰击也会促进挥发性产物的生成和脱附，从而进一步提高刻蚀速率。由于反应离子刻蚀涉及离子、活性自由基与材料表面多种物理和化学相互作用，因此刻蚀机制较为复杂。为了研究反应离子刻蚀过程中离子轰击物理作用与活性自由基化学反应之间的相互关系，曾经有研究者将离子束与反应气体组合，得到其单独和共同刻蚀多晶硅的速率变化[14]。如图 9-19 所示，先以 6×10^{15} 分子/($cm^2 \cdot s$)的流量将 XeF_2 气体单独充入反应室对多晶硅进行刻蚀，此时刻蚀速率很低；随后在保持 XeF_2 气体流量不变的同时，以 1.6×10^{14} 离子/($cm^2 \cdot s$)的流量利用能量为 450eV 的 Ar 离子束轰击多晶硅表面，此时刻蚀速率迅速升高；最后停止充入 XeF_2 气体，仅利用 Ar 离子束轰击多晶硅表面，此时刻蚀速率又迅速降低。

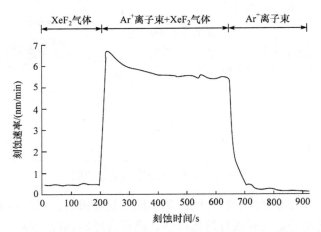

图 9-19　XeF_2 气体、Ar 离子束单独和共同刻蚀多晶硅的速率变化

　　由以上实验结果可以得出结论：单独对多晶硅进行化学反应刻蚀或离子束溅射刻蚀时，刻蚀速率很低。但将化学刻蚀剂与离子束轰击结合，同时对多晶硅进行刻蚀时，刻蚀速率会迅速升高。这一实验事实表明，在反应离子刻蚀过程中，离子束轰击的物理作用与刻蚀气体的化学作用并非简单相互叠加，而是相互促进，并可以产生两者单独作用难以达到的刻蚀效果。因此，反应离子刻蚀也称为离子增强刻蚀或离子诱导反应刻蚀。

　　在反应离子刻蚀过程中，离子轰击起到的作用主要是诱导被刻蚀材料表面改性、促进刻蚀气体解离和吸附以及反应产物脱附。其中离子轰击造成的表面改性可以显著增强刻蚀物质与被刻蚀材料表面的化学反应。此外，在刻蚀过程中，常常会在被刻蚀材料表面沉积一些低挥发性中间产物，形成阻止刻蚀物质与材料表面反应的抗蚀层。离子轰击则可以有效地清除这些抗蚀层，促进表面化学反应，提高刻蚀速率。离子轰击在促进化学反应刻蚀的同时，也存在一些副作用。例如，被离子轰击溅射出来的部分物质会重新沉积在被刻蚀材料表面，造成损伤与污染。因此，在刻蚀过程中，应适度减小离子能量，抑制离子轰击强度。

实际上，反应离子刻蚀并不能很好地反映这项工艺的特点。在介绍等离子体刻蚀时已指出，刻蚀气体的电子碰撞离化过程会产生具有反应活性的离子，如 CF_3^+ 等，这些反应活性离子在反应离子刻蚀工艺中确实可以起到重要作用。但在刻蚀气体放电形成的等离子体中，反应活性离子浓度很低，远低于中性自由基浓度。因此，在反应离子刻蚀技术中，常常需要掺入 Ar 等惰性气体，用来提供无反应活性的离子。针对不同的刻蚀气体和被刻蚀材料，反应离子刻蚀机制可能有所不同，但都可以概括为是以离子增强表面化学反应为主的复合刻蚀过程。

相比等离子体刻蚀，反应离子刻蚀的突出优势在于方向性，可以形成侧壁陡直的剖面结构。使反应离子刻蚀具有方向性特征的因素有两个：一是离子的定向轰击；二是侧壁聚合物的掩蔽作用。在电场的加速作用下，带电离子垂直射向被刻蚀材料表面，而反应活性物质与被刻蚀材料之间的反应仅局限于被离子轰击的表面，不会扩展至侧壁。在介绍等离子体刻蚀时已指出，在刻蚀气体放电等离子体中，可能会产生一些低挥发性物质。例如，在用 CF_4 等离子体进行刻蚀时，产生的氟碳化合物会形成聚合物薄膜，沉积在被刻蚀材料表面和侧壁，阻止刻蚀过程的进行。由于被刻蚀材料表面受到离子轰击，其溅射效应可以有效地分解和清除这类聚合物，而侧壁较少受到离子轰击，聚合物薄膜被保留下来，成为抑制横向刻蚀的掩模层。在反应离子刻蚀过程中，这两个方向性因素可以单独作用，也可以相互结合，共同促进刻蚀的方向性。

反应离子刻蚀在具有方向性优势的同时，也存在一定的局限性。例如，当刻蚀到一定深度时，由于副产物的堆积，刻蚀速率会大幅下降甚至为零。此外，随着刻蚀过程的进行，持续的离子轰击会损伤掩模层，导致材料过刻蚀。因此，应用传统的反应离子刻蚀技术，无法得到高深宽比结构。为了满足半导体器件制造对高深宽比结构的需求，在传统的反应离子刻蚀技术基础上，发展了多种高密度等离子体刻蚀技术，如电感耦合等离子体(ICP)刻蚀技术[15]、电容耦合等离子体(CCP)刻蚀技术[16]和电子回旋共振(ECR)等离子体刻蚀技术[17]等。在这些高密度等离子体刻蚀技术中，较低的气压使粒子运动自由程增大，从而可以减小离子遭受中性离子散射的概率，提高刻蚀的方向性。尽管在低气压下，刻蚀气体浓度会降低，但由于输入的射频功率增大，刻蚀气体的离化率和解离率均显著提高，使得离子和活性自由基的浓度反而升高，从而增大刻蚀速率。

4. 不同材料的干法刻蚀

在半导体器件制作过程中，需要对多种材料进行干法刻蚀，包括 Si、SiO_2、Si_3N_4、各种金属和光刻胶等。对于不同材料，需要选择不同的刻蚀剂，并根据选择性、方向性等不同刻蚀要求，选择相应的干法刻蚀技术。对于同一种材料，若需要形成不同的器件结构，可能也需要采用不同的干法刻蚀工艺。本节将对 Si、SiO_2、Si_3N_4、各种金属和光刻胶等常用材料的干法刻蚀工艺进行简要介绍。

1) Si 的干法刻蚀

Si 是半导体器件制作过程中研究最为深入的刻蚀材料之一，Si 的干法刻蚀通常采用反应离子刻蚀工艺，常用的刻蚀气体为氟、氯、溴等卤素及其化合物，反应生成的 SiF_4、$SiCl_4$、$SiBr_4$ 等硅的卤素化合物均具有一定的挥发性，易于从材料表面脱附，并被真空系统排出刻蚀腔体。在 Si 的反应离子刻蚀技术发展过程中，先后研究了不同组分的卤素化合物刻蚀剂对 Si 的刻蚀效果，如 CF_4、CF_4/O_2、CF_4/H_2、SF_6、Cl_2、CCl_4、CF_3Cl、CF_3Br、CHF_3、C_2F_6/Cl_2、$SF_6/Cl_2/O_2$、$HBr/Cl_2/O_2$ 等[18]，将不同气体混合作为刻蚀剂的目的在于改善刻蚀特性，如刻蚀速率、刻蚀选择性和刻蚀方向性等。此外，为了进一步优化刻蚀特性，还需添加 Ar、Kr、Xe 等惰性气体以及调节刻蚀工艺各项参数，如衬底偏置电压、气体压强、放电功率等。

用于刻蚀 Si 的气体放电等离子体分为三类：氟基等离子体、氯基等离子体和溴基等离子体。其中氟基等离子体对 Si 的刻蚀表现为各向同性。为了促进刻蚀的方向性，通常在刻蚀气体中添加 C_2F_6、CHF_3 等气体或加入适当比例的 H_2、O_2，促进氟碳化合物的生成。沉积在侧壁的氟碳化合物薄膜将有效地阻止氟基等离子体的横向刻蚀，从而得到各向异性的剖面结构。相比氟基等离子体，氯基等离子体刻蚀 Si 具有一定的优势，其可以实现更为理想的各向异性刻蚀，且具有更大的 Si/SiO_2 刻蚀选择比，但同时也存在一些弊端，氯基等离子体的反应活性不如氟基等离子体，且反应产物 $SiCl_4$ 的挥发性不如 SiF_4。应用氯基等离子体刻蚀 Si 时，需要借助离子轰击来增强表面化学反应，尽管单独的离子轰击对 Si 的溅射速率很低，但与氯基等离子体共同作用于 Si 时，可以显著提高刻蚀速率。离子轰击不仅可以引起 Si 表面改性，同时可以将 Si 表面吸附的气体分子解离为活性自由基，从而促进 Si 表面的化学反应。在氯基等离子体刻蚀 Si 的过程中，会产生一些低挥发性的物质沉积在侧壁，进一步提高刻蚀的方向性。溴基等离子体应用于 Si 刻蚀时，可以通过混合多种气体来改善刻蚀的方向性和选择性，其中 $HBr/Cl_2/O_2$ 混合气体刻蚀 Si 不仅可以提高刻蚀的方向性，同时可以降低对 SiO_2 的刻蚀速率，提高 Si/SiO_2 刻蚀选择比。

综上所述，Si 的干法刻蚀具有多种刻蚀剂，刻蚀剂种类会影响 Si 的刻蚀特性，应根据具体的刻蚀要求选择合适的刻蚀剂。实际上，除了刻蚀剂种类会影响 Si 的刻蚀特性以外，Si 材料本身的一些性质也会影响其刻蚀效果，如导电类型、掺杂浓度、晶面取向等。对于不同导电类型的 Si 而言，N-Si 的刻蚀速率显著高于 P-Si。对于同一导电类型、不同掺杂浓度 Si 而言，N^+-Si 的刻蚀速率显著高于低掺杂 Si，而 P^+-Si 的刻蚀速率则显著低于掺杂 Si。此外，当刻蚀 Si 为晶体时，不同晶向的刻蚀效果可能会有所差别。

2) SiO_2 和 Si_3N_4 的干法刻蚀

SiO_2 是半导体器件制作过程中应用最多的介质材料，多种器件结构的形成均需要对 SiO_2 进行刻蚀。常用的 SiO_2 刻蚀气体为氟化物，如 CF_4、C_2F_6、C_3F_8、SF_6、CHF_3 等。与 Si 一样，SiO_2 的干法刻蚀也通常采用反应离子刻蚀工艺，刻蚀的基本化学方程式如下：

$$SiO_2 + 4F \longrightarrow SiF_4 + O_2 \tag{9-27}$$

在 SiO_2 刻蚀工艺中，为了提高刻蚀速率或改善刻蚀选择性和方向性等，常在刻蚀气体中添加 O_2、H_2 等辅助气体，形成混合气体。

在 CF_4 中添加少量 O_2 可以提高对 SiO_2 的刻蚀速率，这是由于 O_2 和 CF_4 等离子体中的碳化物反应生成的 CO、CO_2 等气体，被真空系统排出反应腔体，使得氟自由基浓度升高。但加入 O_2 的含量不能太高，比例通常为 20%左右，过高会导致反应活性物质浓度降低，同时促进式(9-21)逆过程(即 SiO_2 沉积过程)的进行，从而降低刻蚀速率。

在 CF_4 中加入少量 H_2 则可以促进刻蚀方向性，同时提高对 Si 的选择性。其中加入 H_2 促进刻蚀方向性有两方面原因。一方面，H 原子会和 F 原子反应生成 HF 气体，使得氟自由基浓度降低，从而会减弱对侧壁的刻蚀。而材料表面由于受到离子轰击，化学反应得到增强，氟自由基浓度的降低对其刻蚀过程的影响较小。另一方面，氟自由基浓度降低会使碳含量升高，促进氟碳化合物生成，沉积在侧壁的氟碳化合物可以作为抗蚀层，阻止横向刻蚀，促进刻蚀方向性。纯的 CF_4 等离子体对 SiO_2 和 Si 的刻蚀速率相近，在 CF_4 中加入 H_2 后，相比 SiO_2，生成的氟碳化合物更易于沉积在 Si 表面，使得 Si 的刻蚀速率下降幅度远大于 SiO_2，从而提高 SiO_2 对 Si 的选择性。为了促进 SiO_2 刻蚀方向性并提高对 Si 的选择性，除了可以选择 CF_4/H_2 混合气体外，也可以应用 C_2F_6、C_3F_8 等碳含量更高的气体放电等离子体。

Si_3N_4 是半导体器件制作过程中应用较多的另一介质材料，与 SiO_2 一样，Si_3N_4 的干法刻蚀也通常采用氟基等离子体，并为改善刻蚀选择性和刻蚀方向性而在刻蚀气体中添加辅助气体。其中 CF_4/O_2 混合气体等离子体对 Si_3N_4 的刻蚀表现为各向同性，但对 SiO_2 具有较好的选择性。应用 CF_4/H_2 混合气体等离子体则可以实现 Si_3N_4 各向异性刻蚀，且对 Si 具有较好的选择性。Si_3N_4 的最佳刻蚀剂实际上是 CH_2F_2 或 CHF_3/O_2 气体等离子体，不仅可以实现各向异性刻蚀，同时对 SiO_2 和 Si 均具有较好的选择性。

3) 铝等金属的干法刻蚀

铝作为半导体器件中的金属互连线，也需要应用刻蚀工艺形成图形结构。相比 Si、SiO_2 和 Si_3N_4，铝的干法刻蚀更难实现。一方面，铝的卤化物通常为非气态物质，挥发性较差。例如，铝的氟化物 AlF_3 熔点高达 1040℃，挥发性极差，一般情况下很难将其排出反应腔体。因此，铝的干法刻蚀不能采用氟基等离子体，而一般应用氯基等离子体。相比氟基等离子体，氯基等离子体与铝的化学反应活性更高，且反应产物 $AlCl_3$ 熔点较低，约 194℃，在适当升温的情况下易于从衬底表面脱附，并被真空系统排出。另一方面，当铝长时间暴露在空气中后，铝的表面会被氧化并形成致密的氧化铝薄膜，从而阻止氯基等离子体对铝的刻蚀作用。在实际刻蚀过程中，需要先应用 BCl_3、$SiCl_4$ 等刻蚀气体或 Ar 离子束将铝表面的氧化铝薄膜清除掉，再应用氯基等离子体对铝进行刻蚀。同时，为了保证在刻蚀过程中铝表面不被再次氧化，必须严格控制反应腔体中的氧和水蒸气含量。

与刻蚀 Si 不同，氯基等离子体可以直接反应刻蚀铝，不需要借助离子轰击来增强表面化学反应。因此，在氯基等离子体刻蚀铝的过程中，难以避免侧壁刻蚀。为了抑制横向刻蚀，促进刻蚀方向性，常应用 Cl_2 和 CCl_4、$CFCl_3$ 等卤素碳化物的混合气体作为铝的刻蚀剂。这些卤素碳化物在放电过程中会形成聚合物薄膜，它沉积在侧壁，成为阻止横向刻蚀的抗蚀层。由于氯对光刻胶具有较强的腐蚀性，当利用光刻胶作为铝刻蚀的掩模层时，同时要考虑对光刻胶进行保护。因此，在铝的刻蚀剂中还常添加 N_2，其作用在于刻蚀过程中与光刻胶中的碳反应生成 CN 聚合物，其沉积在光刻胶表面形成抗蚀层。

在铝刻蚀完成后，必须将残留的氯化物清除。残留的氯化物会与空气中的水蒸气结合生成 HCl，从而腐蚀铝。清除铝表面残留氯化物的方法主要有两种：一种方法是将衬底升温至 100～150℃，使残留氯化物挥发并脱附；另一种方法是利用 CF_4 或 CHF_3 等离子体进行处理，将残留氯化物转化为氟化物。

与铝一样，金属钛的刻蚀也可以应用氯基气体，如 Cl_2、BCl_3、CCl_4 等。但由于反应产物 $TiCl_4$ 的挥发性较差，钛的刻蚀速率远低于铝。为了提高钛的刻蚀速率，可以借助离子轰击来增强表面化学反应。金属钨的刻蚀既可以应用氟基气体(如 CF_4、SF_6)，也可以应用氯基气体(如 Cl_2、CCl_4)。但相比氟基气体，氯基气体对 SiO_2 具有更好的选择性。

4) 光刻胶的干法刻蚀

半导体器件在光刻和刻蚀工艺后，通常要将作为掩模层的光刻胶去除。光刻胶是由 C、H、O、N 等元素组成的有机高分子化合物，通常应用 O_2 等离子体将其分解和去除，反应生成的 CO、CO_2、H_2O、N_2 等物质均具有一定的挥发性，易于从表面脱附并被真空系统排出。在光刻胶的干法刻蚀工艺中，为了避免离子轰击造成的刻蚀损伤，通常不采用反应离子刻蚀模式，而只应用普通的等离子体刻蚀模式，利用纯化学反应机制实现刻蚀。光刻胶的等离子体刻蚀工艺通常也称为光刻胶灰化工艺。

在光刻胶的等离子体刻蚀过程中，为了避免等离子体中的离子、电子、电磁辐射等对器件造成损伤，通常采用如图 9-20 所示的"下游式"干法刻蚀系统。利用该装置可以将等离子体放电区与刻蚀区进行有效分离。刻蚀气体在"上游区域"放电产生等离子体，通过合理设计进气、抽气系统以及喷射器结构，使自由基及其他反应活性粒子在压力差和浓度梯度的共同作用下进入刻蚀区，并将离子、电子等易对器件造成损伤的粒子阻挡在刻蚀区外，从而实现无损的纯化学反应刻蚀。

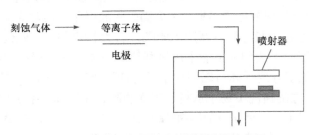

图 9-20　"下游式"干法刻蚀系统示意图

在进行灰化工艺之前，光刻胶曾作为刻蚀过程中的掩模层，受到过多的离子轰击，从而其结构发生变化，有时表面会形成一层硬壳。因此，在进行 O_2 等离子体处理之前，通常需要对光刻胶进行物理轰击，以去除表面的硬壳。此外，在刻蚀工艺结束后，通常会有残留的刻蚀剂。因此，在进行光刻胶灰化工艺之前，有时需要用去离子水冲洗。在光刻胶灰化工艺结束之后，也要考虑残留物的去除问题，通常会加入 CF_4 或 NF_3 气体将残留物转变为易溶于水的产物，后续再用去离子水冲洗清除。

O_2 等离子体刻蚀，除了可以用于光刻、刻蚀工艺后光刻胶的去除外，还可以用于在光刻工艺后、刻蚀工艺前使光刻胶线条尺寸缩小，从而获得更细的光刻胶图形。由于 O_2 等离子体刻蚀是纯化学反应的各向同性刻蚀，在刻蚀过程中，光刻胶图形同时受到横向和纵向刻蚀，使得光刻胶图形的宽度和厚度均匀减小。以这种尺寸缩小后的光刻胶图形作为后续刻蚀工艺的掩模层，可以超越光刻机分辨率极限，制作出更小线宽的器件结构。

5. 刻蚀损伤与负载效应

1) 刻蚀损伤

在反应离子刻蚀过程中，存在离子、电子、自由基等粒子与被刻蚀材料之间的多种物理和化学作用，这些相互作用在形成所需结构的同时，往往会引起刻蚀损伤，给半导体器件的光学特性和电学特性带来严重的不利影响。刻蚀损伤主要体现在以下三个方面：①等离子体中的元素进入被刻蚀材料中，造成非故意掺杂；②离子轰击造成被刻蚀材料化学键断裂，同时形成粗糙表面、悬挂键和缺陷等；③刻蚀产物及掩模材料等产生的化学污染。这些刻蚀损伤对器件性能的影响可能不会立即显现出来，但会随着器件工作时间的积累，逐渐使其功能失效或退化。

因此，在刻蚀工艺结束之后，通常需要借助多种工艺表征和器件测试技术对刻蚀损伤进行检查，以确保刻蚀质量。最早是用白光或紫外光手动显微镜来检查表面沾污等缺陷，随着检测技术不断进步和发展，手动显微镜逐渐被自动检测系统所取代，用于监测刻蚀过程中产生的图形缺陷和形变。此外，在对刻蚀损伤进行检查的同时，需要对刻蚀工艺进行反复实验，不断调整工艺具体步骤及参数，选择合适的刻蚀剂种类并严格控制其用量，通过工艺的不断优化，尽可能减少刻蚀损伤对器件性能的影响。

2) 刻蚀的负载效应

在刻蚀过程中，负载效应是影响刻蚀均匀性的重要因素之一。负载效应分为三种形式：宏观负载效应、微观负载效应以及与刻蚀深宽比有关的负载效应。其中宏观负载效应指的是随着刻蚀过程的进行，刻蚀总面积不断增大，消耗更多的反应活性物质，造成反应活性物质供给不足，从而使整体刻蚀速率下降。微观负载效应又称为局部负载效应，是指图形密度不同导致刻蚀速率不同的现象。通常一个衬底上的待刻蚀图形分布是不均匀的，如图 9-21(a)所示，有的区域需要刻蚀图形的分布较密集，而有的区域则较稀疏。图形密集区域需要消耗更多的反应活性物质，导致反应活性物质的浓度迅速降低，从而使刻蚀速率下降。因此，图形密集区域的刻蚀深度通常要小于图形稀疏区域，导致样品整体刻蚀深度不均匀。除了刻蚀图形分布不均匀会影响刻蚀速率以外，图形深宽比不同也会导致刻蚀速率不同，这种现象称为与刻蚀深宽比有关的负载效应。图 9-21(b)给出了一组刻蚀时不同深宽比的通孔，从图中可以看出，深宽比大的狭窄通孔，刻蚀速率明显低于深宽比小的通孔。造成这一现象的原因可能是到达通孔底部的自由基的浓度与其深宽比有关。在反应离子刻蚀过程中，自由基需要通过扩散进入通孔内部，由于不是垂直入射，有相当一部分会被通孔侧壁阻挡。因此，通孔宽度会直接影响到达通孔底部的自由基数量，开口小的通孔则可能有更少的自由基到达其底部参与化学反应刻蚀。此外，随着刻蚀深度不断增大，被通孔侧壁阻挡的自由基数量增多，导致通孔底部自由基数量减少，刻蚀速率下降。因此，刻蚀速率显著依赖于通孔的深宽比，导致刻蚀不均匀。为了减弱负载效应对刻蚀不均匀的影响，通常会进行适当的过刻蚀。

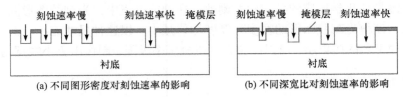

(a) 不同图形密度对刻蚀速率的影响　　　　　　(b) 不同深宽比对刻蚀速率的影响

图 9-21　图形密度和深宽比对刻蚀速率的影响

9.4　离子注入与快速退火技术

　　离子注入技术起源于 20 世纪 60 年代，是半导体和微电子工艺中定域、定量掺杂的一种重要方式。它的基本原理是利用高能的离子束与晶圆中的原子发生相互作用，入射的离子逐渐损失能量并最终停留在晶圆中的某个位置，从而使晶圆的局部区域具有相应的电学特性，并且可以很好地控制其导电类型和导电能力。离子注入技术具有注入离子种类易控、掺杂浓度易控、注入深度易控等工艺特性，因而在现代半导体制造中基本取代了传统的扩散技术，成为最主要的掺杂工艺。本节就离子注入原理、离子注入设备、快速退火技术、离子注入应用等方面进行介绍。

9.4.1　离子注入概述

　　早在 1952 年，美国贝尔实验室就开始研究用离子束轰击技术来改善半导体表面的特性。1954 年前后，Shockley 提出采用离子注入技术制造半导体器件，并预言这种方法可以应用于薄基区的高频晶体管的制造。1955 年，英国的 W.D. Cussins 等发现硼离子掺杂锗晶片时，可以在锗的 N 型材料上形成硼的 P 型层[19]。到了 1960 年，对离子射程的计算和测量、辐射损伤效应以及沟道效应等方面的重要研究已基本完成。离子注入技术开始在半导体器件生产上广泛应用。

　　离子注入技术自 20 世纪 60 年代发展起来，在很多方面都优于传统扩散技术。1968 年报道了采用离子注入技术制造的、具有突变结杂质分布的变容二极管以及铝栅自对准的 MOS 晶体管。1972 年以后，人们对离子注入现象有了更深入的了解，并采用离子注入技术制造了比硅集成电路有更多独特优点的砷化镓高速集成电路。目前，离子注入技术已被半导体器件与集成电路工艺广泛采用，成为超大规模集成电路制造中不可缺少的掺杂手段。

　　应用离子注入技术实施掺杂，包括离子注入和退火再分布两个过程。离子注入是将某元素原子或携带该元素的分子经离化变成带电的离子，在强电场中加速获得较高的动能后，射入材料(靶)表层，以改变该材料表层物化性质的基本过程。靶材一般是指被掺杂的基底材料，晶体和非晶体均可以。通常非晶靶材也称为无定形靶。常用的介质膜，如 SiO_2、Si_3N_4、Al_2O_3 和光刻胶薄膜等，都属于典型的无定形材料。集成电路制造中大多用晶体作为靶材，但为精确控制注入深度，避免直接穿过原子列包围成的直通道，即沟道效应(详见 9.4.4 节)，往往将靶材的晶轴方向与入射离子束的方向调制成具有一定角度[19]，此时的晶靶就可以按非晶靶处理。

通常，离子注入的深度较小且浓度较大，必须使它们重新分布。同时，靶材结构由于高能粒子的撞击而发生晶格损伤。为了修复损伤和使杂质达到预期分布并具有电活性，需进行退火再分布，即在离子注入后进行的热处理过程。根据注入杂质的数量不同，退火温度可选择为 450～950℃，掺杂浓度大，退火温度高，反之则退火温度低。在退火过程中，掺入的杂质就会向硅体内部进行再分布。如果有需要，还要进行后续的高温处理以获所需的结深和分布。

1. 离子注入特点

离子注入技术主要有以下优点。

(1) 注入离子是通过质量分析器选取出来的，被选取的离子纯度高，能量单一，从而保证了掺杂纯度不受杂质源纯度的影响，即掺杂纯度高；且注入过程在清洁、干燥的真空条件下进行，各种污染降也到了最低水平，注入时元素纯度高。

(2) 可通过精确控制掺杂剂量(10^{11}～10^{17} 离子/cm^2)和能量(1～200keV)来达到各种注入浓度与杂质分布，同一平面的内掺杂均匀性和重复性可精确控制在 1%内，可实现大面积均匀掺杂。

(3) 离子注入温度较低，衬底温度一般保持在室温或低于 400℃，可用多种材料作为掩模，如二氧化硅、氮化硅、铝和光刻胶；避免了高温过程引起的热扩散，且容易实现对化合物半导体的掺杂。

(4) 离子注入是个非平衡过程，不受杂质在衬底材料中的固溶度限制，原则上可通过离子注入技术对各种元素均进行掺杂，做到浅结低浓度或深结高浓度。

(5) 由于注入的直进性，注入杂质按掩模的图形近乎垂直入射，横向效应比热扩散小得多，有利于器件尺寸的缩小。

离子注入技术也存在着一定的缺点。

(1) 会产生缺陷，甚至非晶化，必须经高温退火加以改进。

(2) 很浅和很深的注入分布无法实现；在高剂量注入时，离子注入的产率受限制。

(3) 设备相对复杂、相对昂贵，尤其是超低能量离子注入机。

(4) 有不安全因素，如高压、有毒气体等。

2. 离子注入与热扩散比较

离子注入工艺与传统的热扩散工艺是两种主要的掺杂工艺，如图 9-22 示意(c 表示掺杂浓度，x 表示半导体距离表面的深度)，两种掺杂工艺的区别主要是掺杂浓度的分布不同。离子注入掺杂浓度在半导体内呈现峰值分布，分布的形状主要取决于掺杂离子质量和注入离子能量。两种掺杂工艺各有优缺点，表 9-4 从工作温度、掩模层、掺杂源、动力、掺杂浓度等方面对二者进行了比较。

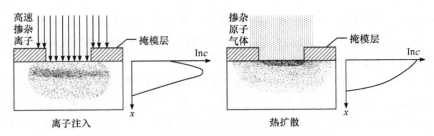

图 9-22　两种掺杂工艺及浓度分布示意图

表 9-4　离子注入工艺与热扩散工艺的比较[7, 8]

比较项目	离子注入	热扩散
工作温度	常温注入，退火温度在 800℃以上。 可低温、快速退火	高温工艺，1000℃以上
掩模层	金属薄膜、光刻胶、二氧化硅、氮化硅	耐高温材料，一般为二氧化硅
掺杂源	各种掺杂源均可	要考虑诸多因素， 一般采用硼、磷、砷、锑
动力	动能，50～500keV，非平衡过程	高温、杂质的浓度梯度是热扩散的动力，平衡过程
杂质浓度	杂质纯度高、注入浓度范围广， 浓度不受限于固溶度	受表面固溶度限制，掺杂浓度过高、过低都无法实现
浓度控制	可用束流和时间精确控制	受源温、气体流量、扩散温度、时间等多种因素影响
结特性	能制作浅结、超浅结(小于 125nm)， 结深控制精确，适于突变结	结深控制不精确，适于制作深结(几到几十微米)、缓变结
横向扩散	较小，几乎没有。 特别在低温退火时，线宽可小于 1μm	严重。横向扩散是纵向扩散的 75%～87%，扩散线宽 3μm 以上
均匀性	大面积掺杂面内均匀性高， 电阻率波动约 1%	电阻率波动约 10%
晶格损伤	损伤大，退火也无法完全消除	损伤小
杂质污染	小	易受钠离子污染
工艺卫生	高真空、常温注入，清洁	易沾污
设备及费用	设备复杂、费用高	设备简单、费用低
应用	浅结的超大规模电路	深层掺杂的双极型器件或电路

　　随着 VLSI 技术的发展，芯片的特征尺寸越来越小，这两种掺杂工艺已成为影响器件与电路集成度的主要因素。芯片制造中，热扩散和离子注入均可以向硅片引入杂质元素，但有具体区别。热扩散是利用高温来驱动杂质穿过硅的晶格结构，掺杂效果受时间和温度的影响，而离子注入是通过高压离子轰击把杂质引入硅片，杂质与硅片发生原子级高能碰撞后才能被注入。离子注入技术以其掺杂浓度控制精确、深度控制灵活等优点，正在取代传统的热扩散技术，并在集成电路(特别是 VLSI 乃至 ULSI)制造中有着广泛应用。

9.4.2　离子注入设备及工艺

1. 离子注入机

离子注入机是一种特殊的粒子加速器，可用来加速杂质离子，使离子能穿透硅晶体到达几微米的深度。离子注入机系统如图 9-23 所示，主要包括以下几个部分：离子源、磁分析器、加速器、扫描器、偏束板、靶室、真空排气系统、电子控制器。

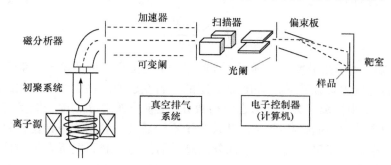

图 9-23　典型的离子注入机系统示意图

离子注入机的主要部分及结构如下。

1) 离子源

离子源又称为离子源发生器，是产生注入离子束的装置，有高频离子源、电子振荡型离子源、溅射型离子源等常用类型。该装置可将含有注入杂质的化合物或单质元素以固态、气态或液态的形式引入离子源发生器中，经离化作用产生所需离子。气体离子源使用较普遍，具有源供应简便、调节容易的优点，但大多数气体离子源都有毒、易燃易爆，使用时须注意安全。在半导体应用中，为了操作方便，一般采用气体离子源。例如，在硅工艺中常用的气体有 BF_3、AsH_3 和 PH_3，GaAs 工艺中常用的气体有 SiH_4 和 H_2。固体离子源主要用在产生金属离子的场合，不如气体离子源使用普遍。若用固体或液体离子源材料，一般先加热得到蒸汽，再将其导入放电腔室。该腔室将进来的气体分解成各种原子或分子并使其中一部分电离。

为获得所需高质量的离子束并稳定可靠地工作，离子源可产生多种元素的离子，离子束强度适当，结构简单，束流调节方便，稳定性、重复性好，能较长时间使用，引出的束流品质(如离子束分散度等)好[8]。

2) 磁分析器

从离子源引出的离子束通常有多种离子，而所需注入为单一离子，因此，必须对输出的离子束进行质量分离，可以通过分析器来保障离子束的质量单一性。通常采用磁分析器和正交场分析器，且前者使用更广[8]。

这里简单介绍磁分析器原理。为简便起见，仅讨论均匀磁场的情况。如图 9-24 所示，离子在与均匀磁场垂直的平面内，以恒定速度 v 在真空中运动。由电磁学原理可知，质量为 m，电荷为 nq(n 表示离子的电荷数，q 表示电子电量的绝对值)的离子受到洛伦兹力 $\boldsymbol{F} = nq\boldsymbol{v} \times \boldsymbol{B}$ 的作用。这个力就是带电粒子做圆周运动时所受的向心力，方向垂直于 v 和

B 所组成的平面。由牛顿第二定律可知

$$nqvB = m\frac{v^2}{r} \tag{9-28}$$

则 $r = \dfrac{mv}{nqB}$。如果离子进入均匀磁场前具有大小为 E 的能量，则 $v = \sqrt{\dfrac{2E}{m}}$。那么，在磁分析器中，离子运动半径 r 为

$$r = \frac{\sqrt{2mE}}{nqB} \tag{9-29}$$

由式(9-29)可知，离子在磁场中做圆周运动的半径 r 是由离子的质量 m、离子的电荷数 n、离子所具有的能量 E 以及磁感应强度 B 决定的，若在扇形磁铁的切线延线的前后各设一个狭缝 S_1 和 S_2 来限制离子束，那么在电荷数 n、磁感应强度 B 和离子能量 E 一定时，唯有某一质量的离子才能通过狭缝 S_2，其余离子不能通过。利用这一特性，磁分析器就能把不同种类的杂质离子区分出来，达到分选离子的目的，继而把所需某一种杂质离子送进加速器进行加速。

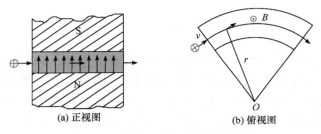

(a) 正视图　　　　　(b) 俯视图

图 9-24　离子在均匀磁场中的运动

3) 加速器

原子失去电子变为离子后带有正电荷，此时还需利用强电场吸引离子，使杂质离子获得很大的速度，并不断地加速直至具有足够的能量穿越、运动并注入靶材内部。离子加速可采用"先加速、后分析"、"先分析、后加速"和"前后加速、中间分析"的方式。

4) 扫描器

离子束的直径通常在毫米数量级，且中间密度大、四周密度小，这样注入靶片时注入面积小且不均匀。按照集成电路离子注入掺杂的工业应用要求，需要在较大面积上获得均匀的离子束。因此，必须把离子束聚焦得比较细，利用扫描方式将离子束均匀注入整个靶片上。扫描方式有靶片静止，离子束在 X、Y 两方向上做电扫描；离子束在 Y 方向上做电扫描，靶片沿 X 方向做机械扫描；离子束不扫描，完全由靶片的机械运动实现全机械扫描。以前两者居多。

5) 靶室和偏束板

靶室，又称为工作室，内有安装靶片的样品架，它靠电动装置进行转动，使靶片接收离子束的注射。

在装置内行进的杂质离子束，可能会与真空系统中残留中性气体原子(或分子)相碰撞，进行电荷交换，使得残留中性原子(或分子)失去电子，成为正离子。而带正电的束流离子获得电子变成中性原子，这些中性原子不受扫描器静电偏转板的作用，因而不发生偏转，保持原来的速度和方向，与离子束一起前进成为中性束，一直打在靶片的中心位置上。由此，靶片中心浓度较周围偏高，造成注入杂质的不均匀分布。为此，扫描器后设有一对偏束板，使离子束在原行进方向上偏转 5°左右再注入靶片。而中性原子因直线前进不能到达靶室，从而保证了注入离子的均匀分布。

6) 真空排气系统

离子注入的实现须在高真空环境下进行，由真空排气系统来实现所需的真空环境。

7) 电子控制器

离子注入机需要十分完善的电子控制系统，主要工作是控制离子源、真空系统和靶室等部分。目前，注入机的控制系统逐步实现自动化，可保证注入机的安全运行和生产程序的自动化。

2. 离子注入工艺实现

1) 离子源与衬底(靶)

离子源可将含有注入杂质的化合物或单质元素，以气态、液态或固态的形式引入离子源发生器中，经过离化作用而产生所需离子，其中以气体离子源使用较普遍。为掺杂某原子，离子源主要采用含杂质原子的化合物气体，如 B 源有 BF_3、BCl_3，P 源有 $H_2 + PH_3$，As 源有 $H_2 + AsH_3$。

衬底为(111)晶向硅时，为了防止沟道效应，一般采用偏离晶向 6°、平面偏转 15°的注入方法。

2) 掩模

因为离子注入是在常温下进行的，故光刻胶、二氧化硅薄膜、金属薄膜等多种材料均可作为掩模使用，要求掩蔽效果达到 99.99%。

光刻胶作为掩模时，光刻显影后无须进行后烘即可进行离子注入。负性光刻胶在离子注入后，胶膜的高聚物交联，难以用一般方法去除，多数采用等离子体干法去胶；或者将胶膜尽量做厚，使注入离子只分布在胶外层，胶/硅界面处的胶未受离子轰击，易于去除。二氧化硅作为掩模时，二氧化硅薄膜因离子注入而损伤，在后续工艺操作时，与光刻胶的黏附性下降，其腐蚀速率增快 1～2 倍[8]。

3) 工艺方法及参数

离子注入可分为直接注入法、间接注入法和多次注入法。顾名思义，直接注入法是指离子在光刻窗口直接注入衬底，一般在射程大、杂质重掺杂时采用。间接注入法是离子通过介质薄膜或光刻胶注入衬底晶体。间接注入法沾污少，介质薄膜有保护硅的作用，可精确获得表面浓度。多次注入法可通过多次注入使杂质纵向分布精确可控，与高斯分布接近，具体为先注入惰性离子，使单晶硅转化为非晶态，再注入所需杂质。也可以将不同能量、不同剂量的杂质多次注入衬底硅中，使杂质分布为设计的形状。

离子注入向衬底掺杂的过程中，需要离子注入设备通过控制束流与能量来实现杂质数量和深度的准确控制。剂量、射程、注入角度是离子注入技术的三个重要参数，离子注入可控主要依靠这三大重要参数的调节。

(1) 剂量：注入硅片表面单位面积的离子数。正杂质离子形成离子束后，其流量为离子束电流。当加大电流时，单位时间内注入的杂质离子数量也增大。

(2) 射程：离子穿入硅片内的总距离，与注入离子的能量和质量有关，能量越高，杂质离子的射程越远。而离子能量需通过离子注入设备的加速管控制加速电势差来获得。能量单位一般以电子电荷和电势差的乘积表示，即电子伏特(eV)。

(3) 注入角度：角度控制也会影响到离子注入的射程。

4) 退火

为了激活注入的离子，恢复迁移率和其他半导体参数，还必须进行适当的退火，以使杂质原子处于晶体点阵位置，即替位式状态，成为受主或施主中心，实现杂质的电激活。退火方式有高温退火、激光退火、电子束退火等。高温退火是在扩散炉内进行的，一般通入氮气进行保护，或者通入氧气同时生长氧化层；而后两种是低温退火方式。

9.4.3　离子注入原理

离子注入是离子被强电场加速后注入靶中，不断与原子核及其核外电子碰撞，逐步损失能量，最终停留其中，经退火后成为具有电活性杂质的一个非平衡物理过程。在靶的表面处反射回而不能进入靶内的离子称为"散射离子"，进入靶内的离子则称为"注入离子"。

在集成电路制造中，注入离子通常有几到几百千电子伏特的能量。典型的离子注入能量范围为 5～500keV，而注入的往往是重离子。这种情况下，注入离子不仅会与靶内的自由电子和束缚电子发生相互作用，与靶内的原子核也会发生相互作用。基于此，1963年 Lindhard、Scharff 和 Schiott 首先确立了注入离子在靶内的分布理论，简称 LSS 理论，该理论在实际应用中得到了验证。该理论认为，注入离子在靶内的能量损失分为两个彼此独立的过程，包括核阻止(Nuclear Stopping)——入射离子与原子核的碰撞，以及电子阻止(Electronic Stopping)——入射离子与电子(束缚电子和自由电子)的碰撞。这两个过程的能量损失之和，即为总的能量损失值。

引用阻止本领(Stopping Power)来描述材料中注入离子的能量损失大小，也就是单位路程上注入离子因核阻止和电子阻止所损失的能量($S_n(E)$, $S_e(E)$)。设 E 为注入离子在其运动路程上某点 x 处的能量，N 为靶原子密度(例如，硅的靶原子密度是 $5 \times 10^{22} \text{cm}^{-3}$)，定义核阻止本领 $S_n(E)$ 和电子阻止本领 $S_e(E)$ 如下：

$$S_n(E) = \frac{1}{N}\left(\frac{dE}{dx}\right)_n, \quad S_e(E) = \frac{1}{N}\left(\frac{dE}{dx}\right)_e \tag{9-30}$$

那么，注入离子由于核碰撞和电子碰撞在单位距离上损失的能量为

$$\frac{dE}{dx} = -N\left[S_n(E) + S_e(E)\right] \tag{9-31}$$

1. 核碰撞

核碰撞指的是注入离子与靶原子核之间的相互碰撞过程。由于注入离子与靶原子的

质量一般为同一数量级，每次碰撞后，注入离子都可能发生大角度的散射，并失去一定的能量。靶原子核也因碰撞而获得能量，如果获得的能量大于原子的束缚能，靶原子核就会离开原来所在的晶格点阵位置而进入晶格间隙，并留下一个空位，形成空位缺陷。

核阻止本领是一个能量的概念，可以理解成能量为 E 的一个注入离子，在单位密度靶内运动单位长度的距离时所损失给(传递给)靶原子核的能量。核阻止本领来自靶原子核的阻止，属于经典两体碰撞理论。核阻止过程示意图如图 9-25 所示，可以看作一个能量为 E_0、质量为 m_1 的注入离子与初始能量为 0、质量为 m_2 的靶原子核之间的碰撞。

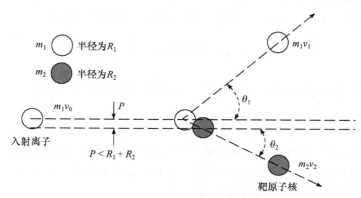

图 9-25　核阻止过程示意图

如果把注入离子和靶原子核看成两个半径分别为 R_1 和 R_2 的不带电硬质球体。在两硬质球体的发生弹性碰撞的情况下，两球体之间的碰撞距离用碰撞参数 P 来表示。碰撞参数 P 是指运动球体经过静止球体附近而不被散射的情况下，两球体之间的最近距离。对于该分析模型，只有 $P \leqslant R_1 + R_2$ 时才能发生碰撞和能量的转移。

质量为 m_1 的运动球体在碰撞前的速度和动能分别为 v_0 和 E_0，在碰撞后的速度和动能分别为 v_1 和 E_1，散射角为 θ_1。质量为 m_2、半径为 R_2 的静止球体在碰撞后的运动速度和动能分别为 v_2 和 E_2，其散射角为 θ_2。

当 $P = 0$ 时，发生正面碰撞，入射硬质球体的能量损失最大，损失的能量为

$$\frac{1}{2}m_2v_2^2 = \frac{4m_1m_2}{(m_1 + m_2)^2}E_0 \tag{9-32}$$

式(9-32)所得即为 m_1 硬质球体转移给 m_2 硬质球体的能量。由于 m_1 和 m_2 属于同一数量级，因此在核阻止过程中，m_1 硬质球体可将大部分能量转移给 m_2 硬质球体。但用经典两体碰撞理论讨论入射离子和靶原子核之间的相互作用时，并未考虑入射离子和靶原子核之间的相互作用。实际上，入射离子与靶原子核之间存在吸引力或排斥力而形成一个势函数关系。假设入射离子与靶原子核之间发生弹性碰撞，两粒子之间的相互作用力只是电荷作用力 $F(r)$，那么相应的势函数 $V(r)$ 只与两粒子间的距离有关。

忽略外围电子屏蔽作用，则两粒子之间的电荷作用力为

$$F(r) = \frac{q^2 Z_1 Z_2}{r^2} \tag{9-33}$$

用势函数形式表示为

$$V(r) = \frac{q^2 Z_1 Z_2}{r} \tag{9-34}$$

式中，Z_1、Z_2 为两个粒子的原子序数；r 为两个粒子之间的距离。

对于运动缓慢而质量较重的入射离子来说，若忽略外围电子的屏蔽效应，结果与实际不符。一般来说，当两个原子核非常接近时，可以简化为库仑势，而在距离较远时，须考虑电子的屏蔽作用。

考虑电子屏蔽时，注入离子与靶原子核之间相互作用势函数为

$$V(r) = \frac{q^2 Z_1 Z_2}{r} f\left(\frac{r}{a}\right) \tag{9-35}$$

式中，$f(r/a)$ 为电子屏蔽函数，表示原子周围电子的屏蔽效应；a 为屏蔽参数，$a = 0.8853\left(Z_1^{\frac{2}{3}} + Z_2^{\frac{2}{3}}\right)^{-\frac{1}{2}} a_0$，$a_0$ 为玻尔半径，$a_0 = 0.529 \times 10^{-8}$ cm。

电子屏蔽函数形式选取不同，将影响核阻止与离子能量关系的精确性。一般地，当 r 由 0 变为 ∞ 时，$f(r/a)$ 由 1 变到 0，其形式依赖于两个原子核外电子的数目及对原子核的影响，最简单的电子屏蔽函数选取形式为

$$f\left(\frac{r}{a}\right) = \frac{a}{r} \tag{9-36}$$

此时，注入离子与靶原子之间的势函数与距离的平方成反比，注入离子与靶原子核碰撞的能量损失率为常数，用 S_n^0 表示。如图 9-26 所示，当 $\frac{r}{a} \to 0$，$f\left(\frac{r}{a}\right) \to 1$；$\frac{r}{a} \to \infty$ 时，$f\left(\frac{r}{a}\right) \to 0$，基本反映了原子周围电子的屏蔽作用。当选取此电子屏蔽函数时，入射离子能量损失率与注入离子能量的关系如图 9-27 所示。虚线表示最简屏蔽函数形式下的核阻止本领 S_n^0，注入离子与靶原子核碰撞的能量损失率为常数；实线表示选用 Thomas-Fermi 屏蔽函数时的能量损失率与离子能量间的关系，核阻止本领为 $S_n(E)$。

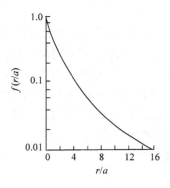
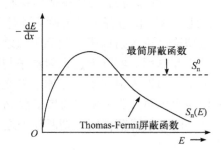

图 9-26　Thomas-Fermi 屏蔽函数形式　　　图 9-27　入射离子能量损失率与注入离子能量的关系

当离子刚进入靶内时，离子能量最大，入射离子能量损失率较低；随着离子能量减小，能量损失率增大，经过一个极大值后，能量损失率又下降，最后离子能量完全损失而停止在靶内某一位置；能量低时，核阻止本领随能量增加呈线性增加，在某个中等能量处达到最大值；能量高时，因快速运动的离子没有足够的时间与靶原子进行有效的能量交换，所以核阻止本领变小。

2. 电子碰撞

电子碰撞是指注入离子与靶内自由电子及束缚电子之间的碰撞过程，这种碰撞能够瞬时地形成电子-空穴对。由于两者质量差非常大(通常可达 10^4 数量级)，在每次碰撞中注入离子的能量损失很小，而且散射角度也非常小。也就是说，每次碰撞都不会显著改变注入离子的动量，虽然经过多次散射，但注入离子运动的方向基本不变。

图 9-28 是电子阻止过程的示意图。电子阻止本领来自靶内自由电子和束缚电子的阻止。根据 LSS 理论，固体中的电子可看作自由电子气[20]，电子的阻止就类似于黏滞气体的阻力。电子阻止本领与注入离子的速度大小成正比，与注入离子能量的平方根成正比，即

$$S_e(E) = Cv_{ion} = k_e E^{1/2} \quad (9-37)$$

式中，v_{ion} 为注入离子的速度；C 为电子阻止本领与注入离子速度成正比的系数；系数 k_e 与注入离子的原子序数、质量和靶材的原子序数、质量有着微弱的关系。对于无定形硅靶来说，k_e 可近似为一个常数。

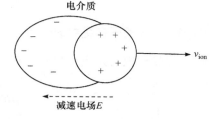

图 9-28　电子阻止过程示意图

3. 总阻止本领

在 LSS 理论中引进了简化参数 ε 和 ρ：

$$\varepsilon = \frac{E_0 a m_2}{\left[Z_1 Z_2 q^2 (m_1 + m_2)\right]}$$
$$\rho = \frac{(RNm_1m_2 4\pi a^2)}{(m_1 + m_2)^2} \quad (9-38)$$

式中，m_1 和 m_2 分别是注入离子和靶原子的质量；N 是单位体积内的原子数；a 为屏蔽长度；a 的表达式为

$$a = \frac{0.88 a_0}{\left(Z_1^{1/3} + Z_2^{2/3}\right)^{1/2}} \quad (9-39)$$

其中，ε 和 ρ 分别是无量纲的能量和射程参数。由 ε 和 ρ 可以描述出核碰撞能量损失的通用曲线。图 9-29 是核阻止本领和电子阻止本领曲线。图中通过原点有一组斜率不同的直线，分别表示不同 k_e 值对应的电子阻止本领。注入离子的能量可分为三个区域：在低能区，核阻止本领占主要地位，电子阻止本领可忽略；在中能区，核阻止本领和电子阻

止本领同等重要，这是一个比较宽的区域；在高能区，电子阻止本领占主要地位，核阻止本领可忽略。但一般高能区能量值超出 IC 工艺中实际应用范围，属于核物理的研究课题。

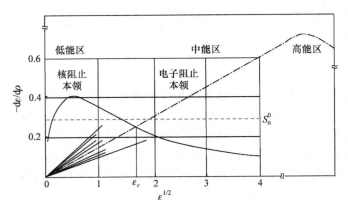

图 9-29　核阻止本领和电子阻止本领曲线

9.4.4　注入离子在靶中的分布

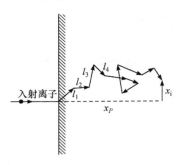

图 9-30　离子注入行径示意图

　　像热扩散的杂质在衬底中有一定的浓度分布一样，注入靶中的杂质离子也有一定的浓度分布。离子注入的过程，实质是入射的杂质离子与靶中的原子核和电子不断碰撞的过程。图 9-30 是离子注入行径的示意图。在碰撞时，离子的运动方向将不断发生偏折，并不断失去能量，最终在靶中的某一点停止。因此，离子注入行径是一条十分曲折的路径。入射离子的能量不同，在靶内形成的路径也不同。高能离子刚进入靶材时，能量高，阻止弱，主要以电子阻止为主，不改变运动方向，路径较直，随着能量减小，核阻止占主导，路径更曲折。

　　入射离子的射程(Range)指离子从进入靶起到停止点所通过路径的总距离 R，即每相邻两次碰撞所经历的路径 l_1、l_2、l_3、…之和。投影射程(Projected Range)指 R 在入射方向上的投影距离，以 x_P 表示。一个入射离子进入靶后所经历的碰撞是随机过程，因此，即使入射离子及其能量相同，但各个离子的射程和投影射程不一定相同。平均投影射程指所有入射离子投影射程的平均值，以 R_P 表示。

　　图 9-31 是注入离子的二维分布图。每个注入离子的射程是无规则的，但对于大量同能量入射的离子，存在一定的统计规律性。沿着投影射程离子浓度的统计波动称为投影射程的标准偏差(Straggling)，以 ΔR_p 表示。一些离子的碰撞次数小于平均值，所

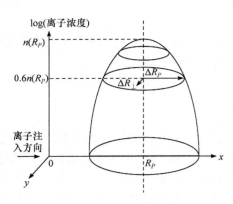

图 9-31　注入离子的二维分布图

以离子停在比 R_p 更远处，反之则停在比 R_p 更近处。同时，离子在垂直于入射方向的平面上也有散射。定义横向离子浓度的统计波动为横向标准偏差(Traverse Straggling)，以 $\Delta R_\perp$ 表示。

1. 纵向分布

图 9-32 是注入离子的分布图($N_{\max}$ 代表离子注入最大浓度)，注入杂质沿入射轴的分布可以按照高斯分布近似。由 LSS 理论可知，在忽略横向离散效应和一级近似下，注入离子在靶内的纵向分布可近似取高斯函数形式：

$$n(x) = \frac{Q_T}{\sqrt{2\pi}\Delta R_P} \exp\left[-\frac{1}{2}\left(\frac{x - R_P}{\Delta R_P}\right)^2\right] \tag{9-40}$$

式中，Q_T 为注入剂量(ions/cm^2)，即单位面积注入的离子数，$Q_T = \sqrt{2\pi}\Delta R_P N_{\max}$。但真实分布非常复杂，不服从严格的高斯分布。图 9-33 是注入离子硼(B)和锑(Sb)的真实分布图。当轻离子硼(B)注入硅中时，会有较多的硼离子受到大角度的散射(背散射)，引起在峰值位置与表面一侧有较多的离子堆积；而重离子锑则散射得更深。

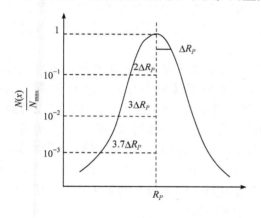

图 9-32　注入离子的分布图

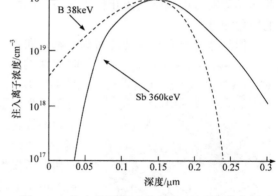

图 9-33　注入离子硼(B)和锑(Sb)的真实分布图

2. 横向效应

横向效应指的是注入离子在垂直于入射方向的平面内的分布情况。举例来说，横向效应会直接影响 MOS 晶体管的有效沟道长度,对小尺寸 MOS 器件的性能有重要的影响。对于掩模边缘的杂质分布，或者离子通过一窄窗口注入，而注入深度又同窗口的宽度差不多时，横向效应的影响更为重要。图 9-34 显示了注入离子的横向分布和横向扩散。由于离子通过掩蔽窗口注入靶后，不断遭受碰撞而产生了射程的横向分布，而且还会向横向扩散，所以离子到达掩模的下方。如图 9-34(b)所示，假定掩模窗口宽为 $2a$，窗口区域为$(-a, +a)$，在掩模窗口的内侧，离子浓度较窗口中央有所减少；而在掩模窗口边，离子浓度降低至最大值的一半；距离大于 $+a$ 或小于 $-a$ 时，各处浓度按余误差分布。

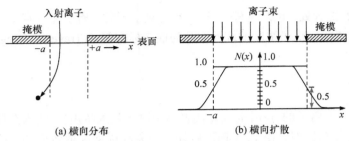

(a) 横向分布　　　　　　　　　　(b) 横向扩散

图 9-34　注入离子的横向分布和横向扩散

横向效应与注入离子能量、注入离子种类有关。随着离子能量的增加，不但分布朝离开表面的深度方向移动，并且横向扩散逐渐变大；在注入能量相同的情况下，质量轻的离子横向扩散大于纵向扩散，随离子质量的增加，情况逐渐向反方向变化[8]。轻离子注入的横向效应大于重离子注入的横向效应，但与热扩散法掺杂时杂质的横向扩散线度接近结深相比，采用离子注入技术掺杂杂质的横向扩散要小得多。

3. 沟道效应

对于非晶靶，原子短程有序而长程无序。入射离子在非晶靶中的碰撞是随机的，因此非晶靶对入射离子的阻止作用是各向同性的，以一定能量沿不同方向注入靶中的离子的射程相近。

但晶体材料具有一定的对称性和各向异性。单晶靶对入射离子的阻止作用不再是各向同性的，而是与靶的晶体取向有关。以 Si 为例，如图 9-35 所示，如果沿着<110>轴观察硅晶体，可以看到由原子列包围成的直通道，好像管道一样，称作沟道。而倾斜旋转硅片后，偏离晶向观察，看到的原子排列是"紊乱"的，而且很"紧密"。这时注入离子必然与靶原子和电子发生严重碰撞，受到较大的阻止作用，甚至发生大角度散射，射程较短[8]。

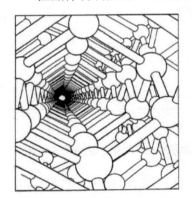

图 9-35　沿<110>轴的硅晶体视图

对于晶靶，当离子沿晶轴方向注入时，其运动轨迹不再是无规则的，大部分离子将沿沟道运动，几乎不会受到原子核的散射，并且沟道中的电子密度很低，因此受到的靶原子阻止作用和电子阻止作用都很小，离子能量损失率很低，离子方向基本不变，可以走得很远，大大超过了预期的射程，即超过了设计的结深。在其他条件相同的情况下，注入离子的浓度分布很难控制，注入深度大于在无定形靶中的深度，并使注入离子的分布产生一个很长的拖尾，注入纵向分布峰值与高斯分布不同，这种现象称为离子注入的沟道效应(Channeling Effect)。

通常，可以用晶体主轴的临界角 Ψ_c 来描述发生沟道效应的界限，用 J.Lindhard 的理论计算 Ψ_c：

$$\psi_c = 9.73° \sqrt{\frac{z_i z_t}{E_0 d}} \tag{9-41}$$

式中，z_i、z_t 分别为入射离子和靶原子的原子序数；E_0 为入射能量，单位为 keV；d 为沿离子运动方向上的原子间距，单位为 Å。

根据式(9-41)可知，入射离子能量越大，Ψ_c 越小。Ψ_c 是入射离子能否进入沟道的重要条件。当离子的速度矢量与晶体主轴方向的夹角比 Ψ_c 大得多时，就很少会发生沟道效应。

沟道效应的存在，不仅会给注入离子在深度上的精确控制带来麻烦，也影响大规模半导体器件与集成电路的制造。例如，MOS 器件结深因沟道效应而导致注入距离超过了预期的深度，将会使元器件失效。因此，在离子注入时，需要考虑并抑制这种现象的产生。为了减小沟道效应，可使晶体相对注入离子呈现无定形情况，主要有以下几种措施，如图 9-36 所示。

(1) 表层覆盖无定形介质层，如 SiO_2、Si_3N_4、Al_2O_3、光刻胶等无定形材料(图 9-36(a))。

当晶体表面覆盖无定形介质层时，即使离子注入方向平行于晶体某个晶向，但注入离子在无定形介质层中已经历多次碰撞，即注入方向在离子进入晶体前已偏离了晶体晶向。

(2) 晶圆方向扭转，偏移主要晶面 3°～7°(图 9-36(b))。

使晶体的主轴方向偏离注入方向，偏离的典型值为 7°左右，这时入射离子将受到较大的阻挡作用，不会发生沟道效应，这种入射方向称为紊乱方向。离子沿紊乱方向射入晶体时，类似于射入非晶靶。

(3) 晶圆表面形成损伤层(图 9-36(c))。

可以通过在注入前破坏晶体结构来减小沟道效应。使用重离子(如硅、锗)对晶圆表面进行的预损伤注入会在晶圆表面形成非晶层。

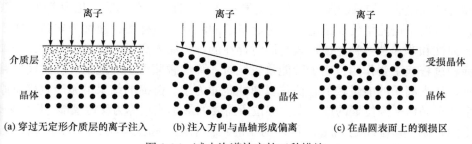

(a) 穿过无定形介质层的离子注入　(b) 注入方向与晶轴形成偏离　(c) 在晶圆表面上的预损区

图 9-36　减小沟道效应的三种措施

4. 注入离子分布的影响因素

注入离子分布受到诸多因素影响。对于非晶靶，射程分布取决于入射离子的能量、质量和原子序数，还有靶原子的质量、原子序数和原子密度，以及注入离子的总剂量和注入期间靶的温度。对于单晶靶，射程分布还依赖于晶体取向。

实际的注入离子分布非常复杂，并不严格服从高斯分布。其中一个重要的影响因素是粒子背散射。当一束高能离子入射到靶片上时，由于库伦排斥作用，一小部分足够靠近靶原子核的入射离子与靶原子核发生大角度的弹性散射，从样品表面反射回来，这样的粒子称为背散射粒子。其能量与靶原子的质量和位置有关。

此外，实际注入时还有其他影响离子注入的因素，包括衬底材料、晶向、离子束能量、注入杂质剂量、入射离子性质等。

9.4.5　注入损伤

离子注入技术的最大优点是可以精确控制掺杂杂质的注入数量(注入剂量)及注入深度(注入射程)。但是，在这个过程中，基底(即靶)的晶体结构受到损伤是不可避免的。高能离子注入后与靶原子发生一系列碰撞，可能使靶原子发生移位，被移位的原子还可能把能量依次传给其他原子，结果产生一系列的间隙-空位缺陷对及其他类型晶格无序的分布。这种因为离子注入而引起的简单或复杂的缺陷统称为晶格损伤。同时，注入离子中只有少量的离子处在电激活的晶格点阵位置上。因此，必须通过退火等技术尽可能恢复靶由于注入而引入的晶格损伤，以期达到注入前的状态和水平，并使注入的杂质原子处于电激活状态，达到掺杂的目的。

1. 级联碰撞

靶内的原子和电子在碰撞过程中获得能量。注入离子与电子的相互作用不使原子移动，但与原子核碰撞会使原子移动。如果靶原子在碰撞过程中获得的能量很大，大于靶原子激活能 E_a，则靶原子就可能从原晶格平衡位置脱出，成为移位原子，同时在晶格中留下一个空位。定义因碰撞而离开晶格点阵位置的原子为移位原子。注入离子通过碰撞把能量传递给靶原子核及其电子的过程，称为能量淀积过程。能量淀积一般可以通过弹性碰撞和非弹性碰撞两种形式进行。如果注入离子在靶内的碰撞过程中，不发生能量形式的转化，只是把动能传递给靶原子，并引起靶原子的运动，则总动能是守恒的，这样的碰撞为弹性碰撞。如果碰撞过程中总动能不守恒，有一部分动能转化为其他形式的能，例如，注入离子把能量传递给电子，引起电子的激发，这样的碰撞称为非弹性碰撞。实际上，弹性和非弹性两种碰撞形式是同时存在的。当注入离子的能量较高时，非弹性碰撞的淀积过程起主要作用；离子的能量较低时，弹性碰撞占主要地位。在集成电路制造工艺中，注入离子的能量较低，往往以弹性碰撞为主。碰撞的结果可能产生移位原子，使一个处于晶格平衡位置的原子发生移位所需要的最小能量称为移位阈能，用 E_d 来表示。靶材不同，原子移位阈能 E_d 也不同。对于硅靶材来说，移位阈能 E_d 一般为 $14 \sim 15 \mathrm{eV}$。注入离子在与靶原子碰撞时，可能出现如下三种情况。

(1) $E < E_d$ 时，无移位原子产生。被碰原子只在平衡位置振动，将获得的能量以振动能的形式传递给近邻原子，表现为宏观的热能。

(2) $E_d \leqslant E < 2E_d$ 时，有位移原子产生。被碰原子本身可离开晶格点阵位置，成为移位原子(也称为反冲原子)，并留下一个空位。但这个移位原子离开晶格点阵位置后，所具有的能量小于 E_d，不可能使与它碰撞的原子移位。这种与入射离子碰撞而发生移位的原子，称为第一级反冲原子。

(3) $E \geqslant 2E_d$ 时，被碰原子可使与它碰撞的原子发生移位，这种不断碰撞的现象就称为级联碰撞。与第一级反冲原子碰撞而移位的原子，称为第二级反冲原子，以此类推。级联碰撞的结果会使大量的靶原子移位，产生大量的空位和间隙原子，形成损伤。

值得一提的是，对于晶格完整性受到一定程度破坏的区域中的原子，其移位阈能 E_d

可能比上述数值范围要小，这是因为被移位的原子往往不需要再打破四个价键。

2. 注入损伤的分类

每一个移位原子，无论是由注入离子还是高能反冲原子产生的，都将形成弗伦克尔(Frenkel)缺陷，即空位和间隙成对出现的缺陷。根据对缺陷的讨论，注入离子在硅衬底中产生的损伤主要有以下几种。

(1) 在原本完美的硅晶体中产生孤立的点缺陷或者缺陷群，注入离子每次传递给硅原子的能量近似于 E_d。

(2) 单位体积内的移位原子数目接近半导体的原子密度时，在晶体中形成局部的非晶区域。多发生在低剂量重离子注入情况。

(3) 由注入离子引起损伤的积累形成非晶层，即随着注入剂量的增加，局部的非晶区域将相互重叠而形成非晶层。

在此，根据退火方式分类，将第一类和第二类损伤称为简单晶格损伤，退火方式相同，将第三类损伤称为非晶层形成状态。值得一提的是，无论哪类晶格损伤，移位原子的数量通常都大于注入离子的数量。这些移位原子的产生将降低损伤区域中载流子的迁移率，同时在能带间隙中产生缺陷能级。这些能级具有很强的从导带和价带俘获自由载流子的倾向。因为大量移位原子的存在，以及在实际注入的离子中只有极少的一部分可能占据晶格点阵位置而成为替位原子，所以注入区域未经退火前呈现高电阻状态。

3. 简单晶格损伤

分析离子注入造成的晶格损伤是十分重要的。例如，当靶为硅时，若注入轻离子(硼)，或注入小剂量的重离子(磷、砷、氩等)，注入离子在靶中均只产生简单的晶格损伤，但轻重离子引起的注入损伤形式是不相同的。离子注入损伤的形成与分布见图 9-37，损伤分布取决于离子与主体原子的轻重。

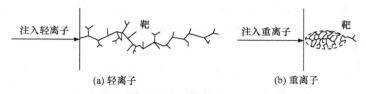

图 9-37　离子注入损伤的形成与分布示意图

与靶原子相比，若注入的是轻离子($m_1 < m_2$)，在初始阶段主要由电子阻止引起能量损失，并不产生移位原子。注入离子的能量随注入深度的增加而减小，当能量减小到小于 ε_c(即核阻止作用和电子阻止作用相同的能量)后，在注入离子运动过程中，核阻止将起主导作用。几乎所有的晶格损伤都产生于 ε_c 点以后的运动中。在每次碰撞中由于转移的能量正比于离子的质量，所以质量较靶原子轻的离子传给靶原子的能量较小，散射角较大，只能产生数量较少的位移原子。而碰撞时传递给第一级反冲原子的能量较小，所以第一级反冲原子在它的运动过程中也只能产生数量较少的移位原子。此外，注入离子也有相当比例的能量损失于非弹性碰撞中。注入轻离子的能量淀积及级联碰撞情况

如图 9-37(a)所示，其特点是注入离子运动方向变化大、射程较远、损伤密度小、不重叠、区域大，呈"锯齿形"。

当注入的是重离子($m_1 > m_2$)时，主要通过核碰撞损失能量。在相同情况下，每次碰撞中，注入离子的散射角很小，动量变化较小，基本沿原来的方向运动。但注入离子传输给靶原子的能量很大，被撞击的原子(反冲原子)离开正常晶格点阵位置。由于第一级反冲原子获得很高的能量，在反冲原子逐步降低能量的过程中，会引起多个近邻原子位移，形成一个小的级联碰撞，这个级联碰撞就在离子运动的轨迹附近。由于离子在每次碰撞中产生的第一级反冲原子均处于离子运动的轨迹附近，所以每个反冲原子产生的各个小级联碰撞轨迹互相重叠。离子注入靶后与原子多次碰撞而失去能量。因此，在离子运动轨迹的末端产生的反冲原子密度降低，并且从离子上得到的能量比离子刚进入靶时小，故整个级联的形状类似一个一端较粗，而另一端较细的椭球，区域的大小为 10～100Å[8]。重离子注入损伤的形成与分布如图 9-37(b)示意，特点是散射角小、射程较短、传递能量大、损伤区域小、损伤密度大，呈"旋转椭球形"，甚至会形成非晶区。一个重离子注入靶时，在其路径附近形成了一个高度畸变的损伤区域。

4. 非晶层的形成

注入离子引起的晶格损伤可能是简单的点缺陷，也可能是复杂的损伤复合体。当注入剂量较少时，各个入射离子形成的损伤区彼此很少重叠，注入区内形成的是许多互相隔开的损伤区。当注入剂量增大时，许多损伤区连在一起最终就形成连续的非晶层。开始形成连续非晶层的注入剂量称为临界剂量。当注入剂量小于临界剂量时，损伤量随注入剂量的增大而增加，当注入剂量超过临界剂量时，损伤量不再增加，而是趋于饱和。

影响临界剂量的因素如下。

1) 注入离子的质量

注入离子的质量越大，临界剂量越小。在室温下，以将 40keV 能量的离子注入硅晶体中为例，对于硼离子，形成非晶层所需的临界剂量大约是 10^{16} ions/cm^2，而对于锑离子则大约需要 10^{14} ions/cm^2 的临界剂量才能形成非晶层。

2) 注入离子的能量

注入离子的能量越大，临界剂量越小。在忽略沟道效应、复位碰撞中缺陷消失及入射离子与电子相互作用的情况下，晶格损伤程度可以用注入离子产生的移位原子数估计[8]。入射离子能量为 E_0，在碰撞时传递给受碰粒子的能量可以是 $0 \sim E_0$ 中的所有可能值。对于产生了第一个移位原子的情况，入射离子撞出第一个移位原子后的能量 E' 可取 $E_0 - E_a \sim 0$ 中的任一可能值。同样，由入射离子产生的第一个移位原子所具有的能量 E'' 也可取 $0 \sim E_0 - E_a$ 中所有可能值。它们也可能产生新一代移位原子。在 E_a 为几十 eV，远远小于入射离子能量的情况下，一个能量为 E_0 的入射离子可以产生的移位原子总数的平均值为

$$N(E) = \frac{E_0}{2E_a} \tag{9-42}$$

式(9-42)仅适用于入射离子能量 E_0 小于临界能量 E_c 的情形，即以核阻止作用为主的情形。

3) 注入温度

注入温度(靶温)越低，临界剂量越小。离子注入时的靶温，对晶格损伤有重要影响。如果降低注入时靶的温度，则空穴的迁移率减小，在注入过程中缺陷从损伤区逸出的速率降低，缺陷的积累率增加，有利于形成非晶层。因此，降低注入温度，临界剂量也随之减小。以硼、磷、锑离子注入硅中为例，在室温附近，临界剂量与温度的倒数呈指数关系，随着温度升高，临界剂量增大[20]。在低温时，临界剂量趋于一恒定值。

4) 注入离子剂量率

注入速度(通常用注入离子的电流密度来衡量，或称为注入离子剂量率)越大，临界剂量越小。注入离子剂量一定时，剂量率越大，注入时间就越短。一般地，随着剂量率增加，形成非晶层所需的临界剂量将减少。

5) 晶体取向

离子沿靶材的某一晶向入射还是随机入射，对应的形成非晶层所需要的临界剂量是不同的。实验证明，在一定条件下，离子沿着某一晶向入射形成非晶层所需的临界剂量高于随机入射所需的临界剂量。

9.4.6　退火

离子注入过程中，入射离子运动轨迹的周围会产生大量的缺陷，从而使靶晶格受到损伤。注入离子所造成的晶格损伤和畸变团，对半导体材料和微电子产品的电学性质将产生重要的影响。例如，由于增加了散射中心，载流子迁移率会下降；增加了缺陷中心，非平衡少数载流子的寿命会减少，PN 结漏电流增大。另外，与热扩散不同，离子注入是把欲掺杂的原子强行注入晶体内，被注入的杂质原子大多处在晶格间隙位置，而不是以替位形式处在晶格点阵位置，起不到施主或受主的作用，无电活性。如果注入区已变为非晶区，则无替位与间隙之谈。因此，若采用离子注入技术，必须在适当的温度和时间下进行退火，消除晶格损伤，使注入的杂质原子转入晶格点阵位置，即替位式状态成为受主或施主中心，以实现电激活，恢复迁移率及其他材料参数。

1. 退火技术

当一个移动的离子将足够的能量转移到一个目标原子，使其离开晶格点阵位置时，晶体目标就会产生辐射损伤。这时可以通过退火(Annealing)，利用热能对离子注入后的样品进行热处理，以消除辐射损伤，激活注入杂质，恢复晶体的电性能。具体工艺流程是将完成注入离子的晶体放置在一定的温度下，经过适当时间的热处理，使一定比例的掺入杂质得到电激活，并使晶体损伤区域外延生长为晶体，消除部分或绝大部分晶格损伤，恢复少数载流子的寿命以及迁移率。退火工艺可以实现两个目的：间隙原子可以进入某些空位，以减小点缺陷密度；在间隙位置的注入杂质原子能移动到晶格点阵位置，变成电激活杂质。

以被离子注入硅片为例，将其加热到某一温度并停留一段时间，以消除晶格损伤和使杂质激活，通常在 Ar、N_2 或真空条件下进行。退火温度取决于注入剂量及非晶化程度。修复晶格需要的退火温度一般在 600℃以上，时间最长可达数小时；杂质激活需要的退火温度为 650～900℃，时间为 10～30min。由于不同注入条件下形成的晶格损伤情况相差很大，且器件对电学参数恢复程度的要求不尽相同，具体的退火条件和退火技术要根据实际注入情况与器件的具体要求而定。

热退火技术简单，能够满足一般的要求，但也存在缺陷。一是热退火不能完全消除缺陷，而且会产生二次缺陷。实验发现，即使将退火温度提高至 1100℃，仍能观察到大量的残余缺陷。二是对于高剂量注入的电激活率不够高。三是杂质再分布。在热退火过程中，整个晶片(包括注入层和衬底)都要经过一次高温处理，增加了表面污染，尤其是长时间高温的热退火会导致明显的杂质再分布，破坏了离子注入技术固有的优点，过大的温度梯度增加了硅片的翘曲变形可能。随着集成电路的发展，对离子注入损伤的消除和器件电学参数的恢复，以及注入离子电激活率的要求越来越高，常规的热退火不再能满足要求。为了充分发挥离子注入的优越性，近年来还发展出了快速退火等新技术。

2. 快速退火技术

目前，快速退火(Rapid Thermal Annealing，RTA)的技术有激光退火、电子束退火和非相干宽带光源退火(如卤光灯、电弧灯、石墨加热器、红外设备)等。它们的共同特点是瞬时使硅片的某个区域加热到所需的温度，并在较短的时间内(10^{-3}～10^2s)完成退火。

激光退火是用功率密度很高的激光束照射半导体表面，使其中的离子注入层在极短的时间内达到很高的温度，从而达到消除损伤的目的。整个加热过程非常快速，且加热仅仅限于表面层，因而能减少某些副作用。按照工作模式，激光退火有脉冲激光退火和连续激光退火两种形式。

脉冲激光退火是利用高能量密度的激光束辐射退火材料表面，引起被辐射区域的温度突然升高，从而达到退火效果。脉冲激光退火的退火效果与激光束的能量密度、靶材的吸收系数、靶材的热传导系数、靶材的反射系数和注入层的厚度等有关。通常激光束辐射区域的温度很高，但仍为固相，非晶区是通过固相外延再生长过程逐步转变为晶体结构的(这样的退火模式也称为固相外延模式)。如果激光束辐射区域吸收足够多的能量，从而转变为液相，则这种退火过程称为液相外延。液相外延的退火效果比固相外延好，但因注入区已变成液相，其杂质热迁移情况较固相时活跃得多。而连续波激光退火过程是固-固外延再结晶的过程，样品不发生熔化且辐射时间短，因此注入杂质的分布几乎不受影响。

激光退火具有以下三个特点：第一，激光束在短时间内与半导体注入层相互作用并完成退火过程，避免了热退火的副作用，使衬底材料的少数载流子寿命等参数不受影响；第二，激光退火使注入层的辐射损伤得到充分消除，再结晶的注入层几乎能达到完美单晶水平；第三，注入离子的电激活率比热退火高(可以达到100%)。利用聚焦得到细微的激光束，可对样品进行局部退火。选择激光的波长和改变激光的能量密度，可在内部和表面进行不同的退火处理。因此，可以在同一硅片上制造出不同结深或者不同击穿电压的器件。激光退火可以较好地消除缺陷，且注入杂质的电激活率很高，对注入杂质的分布影响很小，是一种广泛采用的退火方法。

电子束退火是一种新型退火技术，其退火原理和激光退火相同，也可分为熔化型液相外延生长模型和固相外延生长模型。使用电子束照射损伤区，使损伤区在极短的时间内升至较高的温度，通过固相或液相外延过程使非晶区转化为结晶区，以达到退火目的。按照工作模式，它可分为脉冲电子束退火和连续电子束退火。电子束退火的束斑均匀性较激光束斑好，能量转换率在 50%左右，但电子束会在氧化层中产生中性缺陷。

目前用得较多的快速退火光源是非相干宽带光源，以卤光灯和高频感应加热方式为主。其设备简单，生产效率高，没有光干涉效应，且能保持快速退火技术的所有优点，退火时间一般为 10～100s。不同快速退火技术的退火时间与所用功率密度有关，其相应关系如图 9-38 所示。

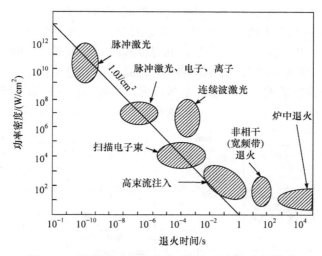

图 9-38　不同 RTA 技术退火时间与功率密度的关系

总而言之，热处理工艺的总体发展趋势是尽可能降低热处理温度和热处理时间以控制通过原子间扩散进行的原子运动。因为原子扩散运动会改变器件的结构和形态，或引起不必要的副作用，快速热处理(RTP)工艺正好满足这一要求。快速热处理是将晶片快速加热到设定温度，进行短时间快速热处理的技术，热处理时间是 $10^{-3}\sim10^2$s。近年来，RTP 工艺已逐渐成为微电子产品生产中必不可少的一项工艺，用于快速热氧化(RTO)、离子注入后的退火、金属硅化物的形成和快速热化学薄膜淀积。RTP 能快速地将单个硅片加热到较高的温度，避免有害杂质的扩散，减少金属污染，防止器件结构的变形和不必要的边缘效应，而且温度控制比较精确，适用于制造高精度、特征线宽较小的集成电路[8]。

9.4.7　离子注入在半导体工艺中的应用

长期以来，离子注入一直是半导体制造的重要环节，全球有近一万台离子注入机在使用[21]。在集成电路制造的隔离工序中防止寄生沟道用的沟道截断、调整阈值电压用的沟道掺杂、CMOS 阱的形成及源漏区域的形成等主要工序都采用离子注入，特别是浅结制作，从而使集成电路的生产进入超大规模直至甚大规模时代。下面就离子注入技术在浅结的形成、SOI 技术方面进行介绍。

1. 浅结

随着集成电路的快速发展，器件的特征尺寸越来越小。器件尺寸的缩小要求栅极尺寸按照一定的设计规则相应减小，而为了降低短沟道效应，源漏极的结深也要相应地缩小。例如，对于栅长 180nm 的器件，其结深应为 54±18nm；而对于栅长 100nm 的器件，其结深应为 30±10nm。在要求超浅结的同时，其掺杂层还须具有低串联电阻和低泄漏电流。为了实现这些目标，需要对源/漏掺杂和体内、沟道内的掺杂给予更多的关注。通常，可以使用离子注入技术实现浅结掺杂。

图 9-39 是离子注入、浅结形成技术的发展历程。不言而喻，浅结形成取得诸多可喜的进展，而离子注入技术功不可没。20 世纪后期的 250nm 节点是一个重要转折点，其中半导体掺杂的最后一个热扩散步骤被离子注入所取代[22]。采用传统的离子注入技术制备浅结，可以通过减小注入能量、降低热处理的温度和时间等来实现，如低能离子注入(L-E)、快速热退火(RTA)、预非晶化注入(PAD)等[8]。但是，通过这些技术实现超浅结存在很多问题：一是瞬态增强扩散的限制[23]；二是激活程度的要求；三是深能级中心缺陷的问题。

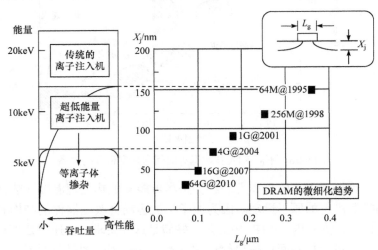

图 9-39　离子注入、浅结形成技术的发展历程

特别地，随着微细化的进展特征线宽到 100nm 级别，源/漏结深就达到 30～40nm 的程度。要形成这样的浅结，需要 5～10keV 的超低能量注入。这被认为达到离子注入装置的极限，按照传统方法减小离子注入能量难以实现。而大分子离子注入和低温离子注入技术的应用，可以得到更低的离子注入射程端缺陷和更好的非晶化效果，从而使注入离子有更好的活化效率。此外，鉴于更低技术节点离子注入的灵敏度增加，有必要进一步发展离子光学[22]。

超浅结工艺是近些年及未来相当一段时间内的研究热点，更是对离子束技术的挑战。离子注入超浅结工艺发展起来的新的"加速-减速"结构、团簇离子注入技术和等离子体掺杂技术的代表性成果不断涌现。新的超浅结离子掺杂技术正处于快速发展之中，如等离子体浸没掺杂、投射式气体浸入激光掺杂、快速气相掺杂及离子淋浴掺杂这些新兴超浅结离子掺杂技术[23]。半个世纪以来，离子注入设备在持续改良和不断发展中，离子注入超浅结工艺的发展态势对当今离子束技术的发展具有重要意义，而离子掺杂和改性技术在半导体工业未来发展中的应用前景也在不断扩展。

2. 离子注入在 SOI 技术中的应用

SOI(Silicon on Insulator)指的是绝缘衬底上的硅，是一种在硅材料与硅集成电路巨大成功的基础上发展起来，有独特优势并且能突破传统硅集成电路限制的新技术。与体硅材料和器件相比，SOI 具有诸多优点，如高速度、低功耗、消除寄生闩锁效应、与现有的硅工艺兼容等，因此被国际上公认为"21世纪的硅集成电路技术"。SOI 技术在高速、低压低功耗电路、高压电路、抗辐射、耐高温电路、微机械传感器、光电子集成等方面具有重要应用，是微电子和光电子领域发展的前沿。

离子注入技术在 SOI 技术中有两个重要应用：注氧隔离技术和智能剥离技术。

1) 注氧隔离技术

注氧隔离(Separate by Implant Oxygen，SIMOX)技术主要包括两个关键步骤：氧离子注入和高温退火，其工艺流程图如图 9-40 所示：①氧离子注入，用以在硅表层下产生一个高浓度的注氧层；②高温退火，使注入的氧离子与硅反应形成绝缘层。离子注入会对晶圆造成相当大的损坏，二氧化硅沉淀物的均匀性也不好，而高温退火可以帮助修复晶圆损坏层并使二氧化硅沉淀物的均匀性保持一致。SIMOX 技术制成的材料厚度均匀，可用于制作超薄型 SOI。

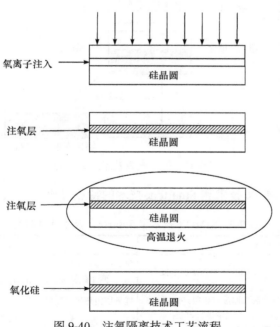

图 9-40　注氧隔离技术工艺流程

注氧隔离技术也存在着缺点，如大束流离子注入和高温退火成本高等问题：所用到的大束流注氧专用机的价格比较昂贵；为了消除氧注入损伤，实现表面硅层固相再结晶和形成良好的界面，还必须使用专用退火炉进行高温长时间的退火，从而导致材料的成本较高。

2) 智能剥离技术

在现有制造 SOI 材料的方法中，智能剥离(Smartcut)技术是一种较理想的 SOI 制备技术，最初由法国公司的 M.Bruel 等提出。在 Smartcut 技术中，可以控制氢注入和退火步骤以精确地分裂硅片，从而形成硅薄膜。其原理是利用氢离子注入在硅片中形成气泡层，将注氢片与另一支撑片键合，经适当的热处理，使注氢片从气泡层完整裂开，形成 SOI 结构。

Smartcut 技术主要包括三个关键步骤：离子注入、键合和两步热处理，其工艺流程图如图 9-41 所示。在室温下，将一定能量和剂量的氢离子注入硅片，在硅表层下产生一个气泡层。将硅片与另一硅片进行严格清洁处理后，在室温下键合。A、B 两硅片至少有一片表层已用热氧化法生长了 SiO_2 层，用作未来结构中的绝缘层。整个 B 片将成为结构中的支撑片。第一步热处理使注入、键合后的硅片 A 在 H^+ 气泡层上分开，上层硅膜与硅片 B 键合在一起，形成 SOI 结构。硅片 A 其余部分可循环做支撑片使用。最后将形成的 Unibonded SOI 片进行高温处理，进一步提高 SOI 的质量并加强键和强度。

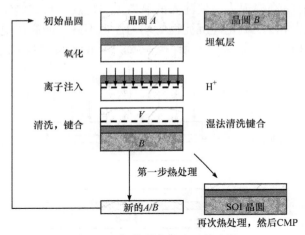

图 9-41　智能剥离技术工艺流程

表 9-5 列举了 SIMOX 技术和 Smartcut 技术的特点对比。

表 9-5　SIMOX 技术和 Smartcut 技术特点对比

SIMOX	Smartcut
发展最久，最成熟，是首先获得标准化的 SOI 加工技术	氢离子注入剂量为 5×10^{16} ions/cm^2，比 SIMOX 氧离子注入低两个数量级，因此可采用普通的离子注入机完成
工艺简单，步骤少。硅膜和氧化膜的厚度可以很好地通过选用合适的离子注入能量和注入剂量进行控制	埋氧层由热氧化形成，具有良好的 Si/SiO$_2$ 界面，同时氧化层质量较高
大束流离子注入和高温退火成本高	剥离后的硅片可以继续作为键合衬底，大大降低成本
大量离子注入引入缺陷和应力	将硅片键合和离子注入相结合，最具竞争力和发展前途

9.5　处理与优化技术

当器件的功能层制备完成后，需要对功能层进行进一步处理，以满足后续封装工艺的要求以及器件物理强度、散热性和尺寸的要求。常用的处理技术有减薄、抛光以及解离。

9.5.1　减薄技术

半导体功能层减薄是一种去除半导体表面材料的技术。对于半导体功能层来说，只有达到合适的厚度，才能使其性能达到一个较高的水平。一般要采用研磨的方法对半导体功能层进行减薄，通过研磨工具与半导体功能层在一定压力下的相对运动，对半导体功能层进行减薄处理。

半导体功能层的减薄对其性能有着至关重要的作用。首先，随着器件集成度的不断提高，结构也不断地向着小型化、复杂化发展，这使得热功耗逐渐成为不可忽略的因素。而功能层的减薄可以用来提高器件的散热能力：当功能层的厚度减薄时，较薄的半导体功能层能使热量更快地导出。其次，半导体功能层的减薄也有利于减小器件的封装体积，有利于实现其更高的集成度。最后，半导体功能层的减薄还有利于提高器件的机械性能，因为器件在工作中会产生大量的焦耳热，使得器件内部产生内应力，不同位置之间的热差异性会加剧，而较大的内应力会导致其破裂，减薄技术可提高器件的散热能力和机械强度，从而延长器件的寿命。半导体功能层厚度的减小还可促使器件向柔性功能器件的方向发展，进一步拓展器件的应用范围。

减薄技术种类繁多，主要有磁流体研磨、弹射发射加工、动压浮起平台研磨、超声波研磨、电解磁力研磨、砂轮约束磨粒喷射[24]。

1. 磁流体研磨

磁流体研磨最早是在 20 世纪 80 年代由 Kordonski 发明的，它利用的是具有磁性和流动性的磁流体在外磁场的作用下与器件发生的相对运动，通过磁流体与器件表面的摩擦，来实现功能层的减薄。其原理如图 9-42 所示。其中，磁流体中含有去离子水、铁粉和磨粒。磁流体具有两种形态，当有磁场作用时，它表现为固态形式；未受到磁场作用时，表现为流体形式。打磨器件的磁流体在这两种形态中来回切换，对器件不断来回旋转打磨，减薄器件功能层的厚度。磁流体研磨作为一种可控的减薄技术，它主要通过改变磁流体的黏度，来有效控制器件表面材料的去除速度。如今磁流体研磨已广泛应用于各类器件的减薄工艺中。

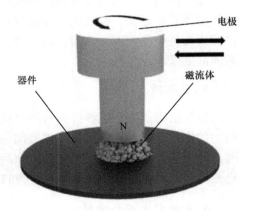

图 9-42　磁流体研磨原理示意图

2. 弹性发射加工

弹性发射加工的原理是将器件浸泡在磨料(由水和亚微米磨粒组成)之中,磨料与器件表面充分接触,考虑到器件表面原子与内部原子间的结合并不牢固,所以,当移除磨料后,由于磨料与器件的表面原子之间存在原子结合力,表面原子会随着磨料一起被带走,从而实现原子级的剥离,通过多层的表面原子的剥离,最终实现器件的减薄。由于这项技术的精度极高,粗糙度可达到原子级别,因此广泛应用于精密器件的减薄和研磨中。

3. 动压浮起平台研磨

动压浮起平台研磨,顾名思义,是基于平台的漂浮行为来对器件进行研磨减薄的一种技术。如图 9-43 所示,底部为一个研磨盘,它的表面一般带有沟槽,可以增强与上方研磨液的摩擦,并为器件提供动压力,将流体的动能转化成压力的形式。研磨液将研磨盘浸没,研磨液上方的器件受到转动的研磨盘对它的动压力以及研磨液对它的浮力而浮起,研磨液与器件相对运动,对器件的表面进行研磨打薄。动压浮起平台研磨能够加工出没有端面塌边及变形缺陷且粗糙度较低的器件。因此,半导体基片、结晶体和玻璃基片的研磨经常用这种技术,并且可以多片同时进行加工。

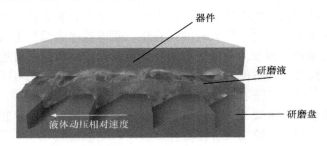

图 9-43　动压浮起平台研磨原理示意图

4. 超声波研磨

超声波研磨的原理是在超声波发生器工作时,产生的高频电振荡会在换能器的作用下转变为机械振荡,经放大后与器件连接,这样器件就会随超声波发生器共同高频地振动。当器件受到超声振动时,器件表面会被高频振动的磨料冲击,实现对器件表面打磨减薄的效果。

5. 电解磁力研磨

电解磁力研磨是把器件安放到磁极中,然后在磁性磨料中放入适量的电解液,在磁场力的作用下,磁性磨料对器件表面施加相当的压力,从而实现对器件的研磨。与此同时,由于器件接正极,在外电场的作用下,器件表面会发生电化学反应,凸出部分会被迅速溶解。器件表面会在电解和研磨的共同作用下被快速地平坦化。

6. 砂轮约束磨粒喷射

砂轮约束磨粒喷射是将磨粒直接喷射到器件表面的一种平坦化加工技术,原理如

图 9-44 所示。磨粒会在高速旋转砂轮的带动下对器件表面进行充分的研磨，这样就可得到一种较低表面粗糙度的器件，从而实现高效、高质量的表面精密平坦化加工。当磨粒喷射到砂轮和器件间的缝隙时，磨粒流体将与器件表面进行碰撞打磨，从而实现对器件表面的精密加工。

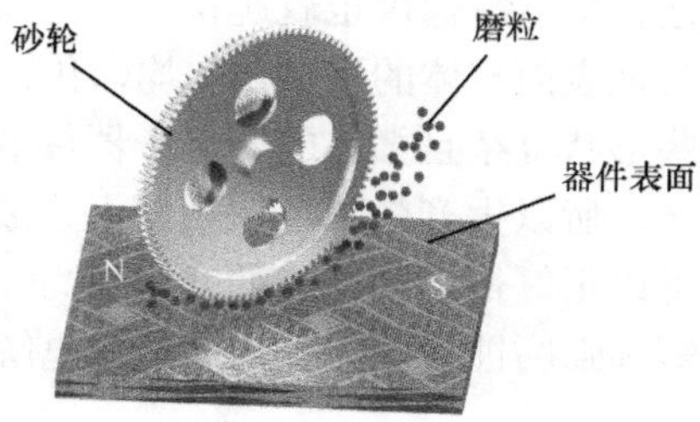

图 9-44　砂轮约束磨粒喷射原理示意图

9.5.2　抛光技术

半导体功能层经减薄技术处理后，一般会存在损伤，而损伤的位置存在残余的应力，更容易因为弯折变形而导致器件破碎，从而降低成品率。一般地，会采用抛光技术来去除光电子器件表面的损伤层，减小或消除残余应力，使器件能更好地适应弯折形变状态，有利于成品率的提高。

抛光是指利用机械、化学或电化学的作用，使器件表面粗糙度降低，以获得光亮、平整表面的加工技术。传统的抛光技术包括机械抛光、化学抛光及电解抛光。为了满足更高的生产需求，又衍生出了纳米抛光和化学机械抛光等新型抛光技术，这些技术在如今的半导体器件制造中得到了广泛的应用。

1. 机械抛光

机械抛光，其原理是通过抛光布和器件之间的相对运动，利用相对摩擦来抛光器件表面。一般采用柔软的毛织物作为抛光布，此外，在抛光过程中，还会在抛光布与待抛光器件表面之间加入氧化铬、氧化铝或氧化镁的水悬浮液作为抛光液，使器件表面更加平整。机械抛光原理简单、易上手且成本较低；但是鉴于其效率低，抛光的均匀性也不高，所以普遍用于小尺寸器件表面的抛光处理中。

2. 化学抛光

化学抛光是指利用化学试剂来使器件凹凸不平的表面变平整。对于化学抛光而言，化学试剂对器件表面的凹凸具有选择性，其会优先溶解表面凸出的部分，从而达到抛光的目的；它的精度可达到 $0.01 \sim 0.1\mu m$，与可见光波长相当，所以经过化学抛光后的器件表面会具有光泽性。一般地，化学抛光的抛光液是次氯酸、氢氟酸、过氧化氢及蒸馏水的混合溶液，其反应速率与配比有关。化学抛光设备简单、容易操作，并且由于试剂的流动性好，化学抛光普遍应用于结构较为复杂的器件，这是机械抛光所不具备的。但是，由于化学抛光工艺流程中包含化学反应，所以抛光液损耗量大；此外，在化学抛光加工完成后，会产生大量有害环境的化学试剂，其处理也会是一大难题。

3. 电解抛光

电解抛光利用的是电解的原理，将待抛光的器件作为阳极，接直流电源正极；将阴极材料接直流电源负极。当电源接通后，阳极失去电子并被腐蚀。值得注意的是，这里的腐蚀也是具有选择性的，对于器件表面的凸起和有毛刺的地方，其电流密度大，相应地，其溶解速度也就越快。因此器件表面凸起的位置腐蚀快，下凹的位置腐蚀慢，最后实现表面整体的平整化和均匀化，达到抛光的目的。图 9-45 呈现了用电解抛光来加工一些形状复杂且微小的光电子器件的原理。电解抛光的抛光时间短，而且可以多件同时抛光，所以生产效率高、规模大、成本较低，经电解抛光后的器件表面不会形成变质层，可以很好地消除原有的残余应力。但是在电解抛光中，电解液具有通用性差、使用寿命短和强腐蚀性等缺点，这使得电解抛光的应用范围受到限制。

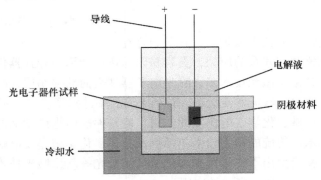

图 9-45　电解抛光原理图

4. 纳米抛光

纳米抛光是一种新型的抛光技术，利用等离子体与器件的碰撞和摩擦来实现抛光。一般地，等离子体可以通过加热中性气体或将中性气体置于强电磁场中人工产生。由于它的反应仅在原子层进行，所以该技术的处理深度与原子间距的量级相当，一般为 0.3～1.5nm，可以用于去除器件表面的分子污染物、活化器件表面等。

纳米抛光原理如图 9-46 所示。当对气体高压放电后，气态中性粒子部分电离，这种被电离的气体包括原子、分子、原子团、离子和电子，并且阳离子在电场的作用下向中间的器件运动，等离子态能量很大，当这些等离子和待抛光的器件摩擦时，顷刻间会使器件达到表面光亮的效果。

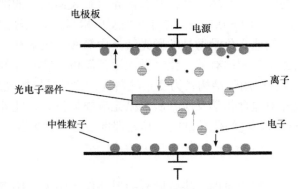

图 9-46　纳米抛光原理图

与传统抛光技术相比，纳米抛光技术的优势主要如下。

(1) 纳米抛光具有很高的工作效率。自动化水平高的纳米抛光设备，可以在几十秒内完成抛光工作。此外，纳米抛光还具备大尺寸的特点，有利于进行大规模生产，从速度和产量上都有了很大的提升。

(2) 纳米抛光的抛光质量特别高。首先，由于它的处理精度很高，经纳米抛光后的器件具有很高的平整度；其次，纳米抛光的速度控制十分精准，通常可控制在 0.1μm/min，整个器件表面和死角部位都可以达到一致的抛光效果；抛光过程中器件表面产生的一层钝化膜，可使其保持耐久光亮，有效防止氧化。

(3) 生产成本低。纳米抛光可以进行大规模生产，降低了生产成本，有益于工业生产；另外，纳米抛光的自动化程度高，也削减了一大部分的人工成本，有利于技术的普及。

(4) 随着技术的发展，纳米抛光的生产也日趋环保化和绿色化。其抛光环境比较封闭，并且废料易回收，对于环境保护具有重要的意义。

5. 化学机械抛光

化学机械抛光(Chemical Mechanical Polishing, CMP)是通过表面化学作用和机械研磨的技术结合来实现晶圆表面微米/纳米级不同材料的去除，从而达到晶圆表面纳米级平坦化的目的。19 世纪 60 年代，Monsanto 首次提出了化学机械抛光技术的概念。之后 CMP 技术一直用在加工高级的光学玻璃上。19 世纪 80 年代，CMP 技术首次由 IBM 公司用到制造 4M DRAM(Dynamic Random Access Memory，动态随机存储器)中，一直沿用至制造 64M DRAM 的技术线中。从那以后，在全球 CMP 技术得到了迅速的发展。CMP 运用"以柔克刚"的原理，其抛光所用的材料材质较软，用这样的材料实现对器件高质量的表面抛光。与研磨相似，抛光也需要压力。在磨粒的机械作用和抛光液的化学作用下，待抛光器件做相对运动，实现对器件表面的光亮加工。抛光分为全局抛光和局部抛光，相比其他抛光技术，CMP 的最大特点就是可以实现全局抛光。它已广泛地应用在半导体领域，如集成电路和超大规模集成电路。由于现在器件向微型化发展，这就要求对器件进行全局抛光，而 CMP 技术就是现在主流的能满足要求的全局抛光技术。

图 9-47 为化学机械抛光装置示意图，其具体工作过程如下：平台自身以一定的角速度转动，抛光垫粘贴在平台上，夹具上有个孔连通电机，电机用于抽真空，这样待抛光的器件就粘贴到了夹具上，同时夹具以一定的角速度转动，二者转动方向相同。由于夹

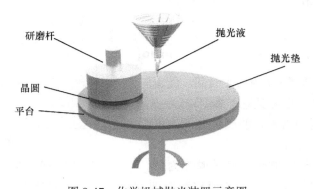

图 9-47　化学机械抛光装置示意图

具会对器件产生正压力，器件会被压在浸满抛光液的抛光垫上。在平台和夹具的共同作用下，抛光液会均匀地覆盖在待抛光面。这样在待抛光面与抛光垫之间就形成了一层由磨粒和化学氧化剂组成的抛光液薄膜，同时，由于转动的原因，抛光液会在器件表面流动，并与待抛光面发生机械研磨作用和化学氧化作用，加工期间产生的废料也会由于机械摩擦而被去除，这样的过程重复交替进行，就实现了对器件表面的精加工，最终达到所需的要求。

图 9-48 所示的是未经抛光的光电子器件表面的截面图。其中，用 P_u 和 P_D 分别表示凸起位置和下凹位置。这里，假定设备对凸起位置的抛光速率为 R_u，对下凹位置的抛光速率为 R_D。因此，器件表面的高度差削减速率为

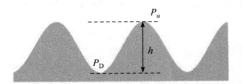

图 9-48　未经抛光的光电子
器件表面的截面图

$$\frac{\mathrm{d}h}{\mathrm{d}t} = -\left(R_u - R_D\right) \tag{9-43}$$

利用 Preston 方程式可以有效说明研磨的基本关系：表面材料削减速率与压力 p_u、抛光的速度大小 v_p 成正比，所以器件表面凸起位置和下凹位置的抛光速率分别为

$$R_u = Kp_u v_p \tag{9-44}$$

$$R_D = Kp_D v_p \tag{9-45}$$

式中，K 为 Preston 系数；p_u 为器件表面凸起位置的抛光压力；p_D 为器件下凹位置的抛光压力。将式(9-43)～式(9-45)联立得

$$\frac{\mathrm{d}h}{\mathrm{d}t} = -Kv\left(p_u - p_D\right) \tag{9-46}$$

通过简化模型，设凹凸位置处的抛光压力差值与两者的高度差成正比，所以有

$$p_u - p_D = \lambda h \tag{9-47}$$

将式(9-46)及式(9-47)联立得

$$\frac{\mathrm{d}h}{\mathrm{d}t} = -Kv\lambda h \tag{9-48}$$

经求解得

$$h = h_0 \mathrm{e}^{-Kv\lambda t} \tag{9-49}$$

式中，h_0 为初始高度差；t 为抛光时间。随着时间的增加，凹凸位置的高度差从 h_0 渐降为 0，从而实现器件表面的抛光，凹凸位置的高度差随抛光时间的变化如图 9-49 所示。

下面以 GaAs 材料的化学机械抛光为例，具体地解释化学机械抛光的工艺流程和原理。

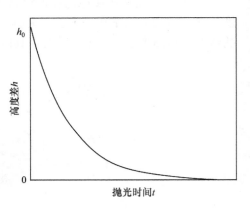

图 9-49　凹凸位置的高度差
随抛光时间的变化图

1) 化学反应

这里采用 NaOCl 作为抛光液，对于该试剂，其化学性质极其不稳定，遇到水和光照会自发地发生分解反应，其化学方程式如下：

$$NaOCl + 2H_2O \longrightarrow 2HOCl + 2NaOH \qquad (9\text{-}50)$$

$$HOCl \longrightarrow HCl + O \qquad (9\text{-}51)$$

这一系列反应中，最重要的便是产生了 O 原子，它具有极强的氧化性。GaAs 进行减薄处理后，其器件表面仍然很粗糙，存在大量的悬挂键。由于 Ga 和 As 存在空缺的化学键，所以当它们与 O 原子相遇后，就会被氧化，生成 Ga 和 As 的氧化物，一般的产物有 As_2O_3、Ga_2O_3 以及 As_2O_5，对应的化学方程式分别为

$$2GaAs + 6O \longrightarrow As_2O_3 + Ga_2O_3 \qquad (9\text{-}52)$$

$$As_2O_3 + 2O \longrightarrow As_2O_5 \qquad (9\text{-}53)$$

此外，考虑到 As_2O_5 和 Ga_2O_3 同时生成，所以它们还会发生复合反应：

$$As_2O_5 + Ga_2O_3 \longrightarrow 2GaAsO_4 \qquad (9\text{-}54)$$

2) 氧化物的溶解

在将器件表面具有众多悬挂键的 As 和 Ga 转化为氧化物后，下一步则应考虑将这些氧化物溶解，鉴于它们都能与碱反应，所以这里采用碱作为溶解剂。其化学方程式分别为

$$As_2O_3 + 6OH^- \longrightarrow 2AsO_3^{3-} + 3H_2O \qquad (9\text{-}55)$$

$$As_2O_5 + 6OH^- \longrightarrow 2AsO_4^{3-} + 3H_2O \qquad (9\text{-}56)$$

$$Ga_2O_3 + 6OH^- \longrightarrow 2GaO_3^{3-} + 3H_2O \qquad (9\text{-}57)$$

值得注意的是，GaAs 的溶解速率小于它被氧化的速率，这将会导致它的表面会有部分氧化物残留，而无法去除。

3) 机械抛光

在氧化物的溶解中提到，由于溶解速率小于氧化速率，所以 GaAs 表面会有部分氧化物残留，而这时，机械抛光就将展现其作用。在器件表面与抛光垫来回摩擦的过程中，这些残留物都会被抛光液带走，从而使光电子器件的表面更加平整。而整个 CMP 工艺流程就是不断重复以上这三个步骤，最后达到满意的抛光效果。

化学机械抛光综合了两种抛光技术，因此，影响抛光质量的因素也非常多。下面是影响化学机械抛光的因素。

(1) 抛光垫。

在 CMP 工艺流程中，对器件的抛光速率和精加工能力主要是由抛光垫决定的，抛光垫的材料大多数是软质多孔性结构。这种微孔有两个作用：首先是可以使抛光液均匀有效地分布，吸附抛光过程中产生的杂质；其次是在抛光过程中，为抛光废液和抛光废物的顺利排出创造有利条件。待抛光器件表面的磨粒在抛光垫的作用下，会对器件表面产

生作用力，达到改善器件表面特性的效果。影响抛光效率和器件表面的均匀一致性的因素主要包括两个方面：①抛光垫长时间浸入抛光液，会导致抛光垫变形；②磨粒对器件的作用力也与抛光垫局部的硬度有直接联系。这两方面都与抛光垫力学性能有关，因此抛光垫的微孔形状、孔隙率等因素会对抛光液在抛光区域的流量及其分布产生重要影响，最终会影响抛光质量、器件表面均匀性和抛光效率。

抛光性能主要包括均匀性、重复性和稳定性，这也就要求抛光垫材料要在物理、化学及表面形貌特性中保持稳定，所以抛光垫材料的选取至关重要，一般需要考虑以下参数：材质、密度、硬度、厚度、表面形态、化学稳定性等。然而，由于抛光垫长时间使用，抛光垫表面的性能降低，这就会导致抛光速率的下降，所以，抛光垫还需要定期更换。

(2) 抛光垫转速。

抛光垫转速是指旋转的抛光垫相对于器件表面的相对平均速度。对于整个 CMP 工艺流程，其主要影响包括两个方面：首先，它会影响抛光液与待抛光器件表面的充分接触；其次，它还会影响 CMP 工艺流程中废物的有效导出。如果转速过高，抛光液所受的离心力会加大，甩出的抛光液也会更多，这就导致抛光液的浪费；同时，转速过高，抛光液与器件表面的接触也会不均匀，这会导致器件表面出现划痕甚至断裂，从而影响抛光效率和抛光质量。

(3) 抛光液。

抛光液在半导体的 CMP 工艺流程中是关键的因素，它的性质优劣直接关系到器件表面精密加工的好坏。抛光液一般以去离子水作为溶剂，加入磨料(如 SiO_2、ZrO_2 纳米粒子等)、分散剂、pH 调节剂以及氧化剂等。合格的抛光液有如下要求：流动性好、分散稳定性好、悬浮性能好、抛光速率快、无毒、平整度好和低残留，还要有利于被抛光件的后续清洗。此外，如何保证抛光液在抛光垫和器件表面之间的均匀分布也是需要解决的一个重要问题。

(4) 抛光液流量。

在 CMP 工艺流程中对抛光液还有一项要求，就是抛光液流量。若流量太大，虽然器件表面和抛光液可以充分反应，但是容易造成浪费，同时对周围环境造成污染。若流量太小，抛光液的分布不均匀，在抛光过程中机械作用变强，由于摩擦作用，抛光区的温度会升高，最终会降低器件表面的平整度。不过适当的大的流量不仅可以加快抛光速率，使残留物迅速被冲下，而且还可以降低机械摩擦产生的热量，最终改善器件表面特性。

(5) 抛光液的温度。

抛光液温度在 CMP 工艺流程中是一个不可忽略的因素。由于在化学反应中温度会影响化学反应速率，所以抛光液的温度也会影响器件表面抛光速率。在温度升高时，虽然化学反应速率加快，但抛光液的挥发也加快，使得有些抛光液来不及反应就挥发掉，这样既浪费，抛光又不充分。若抛光温度太低，化学反应速率减慢，机械研磨作用和化学抛光作用不能达到平衡，器件表面的机械损伤会加重。因此，抛光的温度不能太高也不能太低，一般应为 20～30℃。

(6) 抛光压力。

与研磨压力相似，抛光压力也是抛光过程中一个非常重要的因素。一般来说抛光压力与抛光速率呈线性关系。抛光压力越大，抛光速率越高；但是抛光压力不能过高，否则会引起抛光温度升高，器件表面出现划伤甚至破碎。

(7) 残余应力。

残余应力是一种内应力，是指产生应力的各种因素不复存在时，由于形变、体积变化不均匀而存留在构件内部并自身保持平衡的应力。在半导体激光器芯片制造的过程中，残余应力会直接影响到最后成品的性能，因此去除残余应力至关重要。

(8) 其他影响因素。

除了上述因素以外，影响抛光效率和质量的因素还包括抛光液的浓度、器件本身的晶向、磨料的颗粒大小等。

从以上可以得知，要想获得优质的器件与器件表面特性和去除效率，必须对这些因素进行分析与优化，掌握上述因素在 CMP 中的机理与产生的作用。

9.5.3　解离技术

除了减薄技术和抛光技术，解离技术在半导体器件的处理中也发挥着非常重要的作用。解离(Cleavage)是指晶体在受到外力后，晶体内部结构在结合力较弱的位置发生断裂的性质；裂开的光滑平面则称为解离面。由于晶体具有各向异性，在不同的结晶方位上键力存在差距，解离往往是沿着面网上化学键力最弱的方向产生的。如果有一系列平行的质点面(由原子、离子或分子等质点组成的平面称为质点面，它平行于空间格子的某一组面网)，它们之间的结合力相对较弱，解离即沿这些面产生。解离面一般光滑平整，一般平行于面间距最大、面网密度最大的晶面，因为面间距大，面间的引力小，所以解离面一般的晶面指数较低，如 Si 的解离面为(111)。

解离技术是将加工好的器件芯片分解为单一管芯，且需要手工操作技术很强的工艺。在具有管芯的基底减薄后，用金刚石刀或解离机在晶体解离面方向适当用力切压，就能得到完全平行的面。再用金刚石刀垂直于镜面切割出所设计的单个管芯。然后通过测试，筛选出良好管芯并焊接到管壳上，用热压焊或者超声球焊机键合上金丝电极，从而得到单一管芯的器件。

9.6　封装与测试技术

在初步完成半导体器件的制作之后，为了保证器件性能的稳定与功能的正常，保护器件并使其可以与外部电路连通，还需要对其进行封装与测试。集成电路的封装与测试是整个芯片制造流程的后道程序。不同的电路种类，如模拟电路、数字电路、射频电路、传感器等，对封装与测试的需求和要求各不相同。本节从各种材料与工艺的角度出发，对电子封装与测试技术做了大致梳理。

9.6.1　封装技术概述

电子封装技术是设计以及制造电子设备的外部包装的技术，是处理电子系统内电子、机电与光电子元件的组装和连接的技术，封装的范围从单个半导体元器件到整个电子系统(如大型计算机)[25]。微电子技术的典型产品是一系列硅基芯片，包括执行特定功能的器件、集成电路、微机电系统(MEMS)和光电子元件。这些硅基芯片通过一系列精心设计的互连层与外部连接，并通过接口进行信号和能量的输入/输出(I/O)。电子封装可以提供机械支撑、热传导和内部环境保护，防止机械损坏、冷却、射频噪声发射和静电放电等问题。它是高度跨学科的，涉及电气、机械、工业、化学和材料等学科，以及电路设计和布线、电磁干扰(EMI)、机械和结构分析、材料加工和表征、散热、制造科学等领域。虽然小批量制造的产品原型可使用标准化的外壳封装，如插件式接头和预制封装盒，但是，大规模销售的商业化设备需要高度专业化的封装，以增加对消费者的吸引力。

随着 21 世纪微电子技术迅速发展，电子封装技术也日新月异。近几十年封装技术的发展趋势如图 9-50 所示。封装技术发展的方向主要有四点：低成本、便捷轻薄、高性能以及满足功能的多样性。纵观整个电子工业，电子系统的封装尺寸和元件数量逐渐减小。表面贴片的被动元件，如电阻、电容和电感，与半导体芯片必须安装在一起，以形成一个功能系统，且必须具备合适的可靠性和成本。为了减小被动元件的尺寸和重量，电子系统采用了较低的电压和较高的速度。此外，目前业界正朝着缩小被动元件尺寸、开发新型小间距封装的主动元件的方向发展，但印刷电路板(Printed Circuit Board，PCB)的尺寸限制了进一步的集成。另一个方向是向三维结构发展，系统整合构装(SOP)是达到三维封装结构的一种方式。另有类似的三维封装概念是"堆叠式封装"(PoP、PiP)[26]。

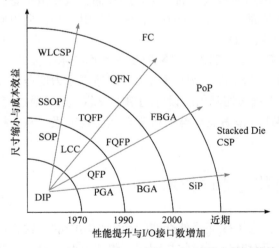

英文缩写	中文名称
DIP	双列直插式封装
PGA	针脚栅格阵列封装
SOP	小外形封装
LCC	无引脚封装
QFP	方型扁平式封装
BGA	球状引脚栅格阵列封装
SSOP	缩小型SOP
TQFP	薄型QFP
FQFP	细间距QFP
SiP	系统级封装
FBGA	细间距BGA
QFN	四面扁平无引线封装
WLCSP	晶圆级封装
FC	倒装芯片封装
PoP	封装体叠层技术
Stacked Die CSP	芯片叠层封装

图 9-50　近几十年封装技术的发展趋势

1. 1970 年前的封装技术

双列直插式封装(DIP 或 DIL)是由 Fairchild R&D 的 Don Forbes、Rex Rice 和 Bryant Rogers 于 1964 年发明的。DIP 具有矩形外壳和两排平行的金属引脚，如图 9-51(a)所示，

封装后可以通孔安装到 PCB 或插入插座中。然而当可用的引线数量成为集成电路应用的限制因素时，电路越复杂，需要的信号和电源的引线就越多，例如，微处理器和类似的复杂器件的引线超出了 DIP 的承载能力，从而促使了更高密度的芯片载体的发展。此外，矩形封装使封装下方的印刷电路板更容易布线。DIP 封装一般通过 DIP 与一个数字 n 的联合来命名，DIPn 中 n 是指引脚的总数。例如，具有两排七根垂直引脚的电路封装是DIP14。许多模拟和数字集成电路类型都采用 DIP 封装，还有晶体管、开关、发光二极管和电阻阵列。

DIP 封装基材通常由不透明的环氧树脂塑料制成，由镀锡、银或金的引线框架支撑器件芯片并提供连接引脚。某些类型采用陶瓷 DIP 封装，这些封装需要耐高温或高可靠性，或者器件需要留出通往封装内部的光学窗口。大多数 DIP 封装通过将引脚插入 PCB上的孔并焊接来进行固定。

DIP 封装的变体包括仅具有单排引脚的电阻阵列，且第二排引脚由散热片代替，以及具有四排引脚，每排分为两排并交错排列的类型。DIP 封装大部分已被表面贴片封装所取代，这避免了在 PCB 上钻孔并能达到更高的连接密度。

2. 1970～1990 年的封装技术

20 世纪 70 年代中期发展了方型扁平式封装(QFP)，是表面贴片封装的类型之一，引线从四边引出，形成如图 9-51(b)所示的海鸥翼(L)型。在三种基础材料(陶瓷、金属和塑料)中，塑料包装占了绝大部分。塑料 QFP 是最流行的多引线数字逻辑封装，多应用于微处理器、门阵列中；它还应用于模拟数字电路 LSI，如 VTR 磁带录像机信号处理和音频信号处理芯片。QFP 具有多种规格，根据封装体的厚度，可分为 QFP(2.0～3.6mm 厚)、LQFP(1.4mm 厚)和 TQFP(1.0mm 厚)。此外，一些 LSI 制造商将引脚中心距离为 0.5mm的 QFP 称为收缩型 QFP、SQFP 或 VQFP。当引脚的中心距离小于 0.65mm 时，引脚容易弯曲。为了防止变形，已经出现了几个改进的 QFP 品种，例如，BQFP 在封装的四个角上有树脂缓冲垫；GQFP 在引脚的前端有树脂保护圈覆盖；在封装体上设置测试凸点的TPQFP 可以在夹具上进行测试；多层陶瓷 QFP 封装、玻璃密封的陶瓷 QFP。

3. 1990～2000 年的封装技术

球状引脚栅格阵列封装(BGA)发展于 20 世纪 90 年代中期，由排列在网格中的锡球阵列(图 9-51(c))连接芯片和 PCB。BGA 因具有优良的散热能力、电气性能，并且引脚数量多，与系统产品的兼容性高，越来越为广泛的应用领域所接受。

(a) DIP　　　　　(b) QFP　　　　　(c) BGA

图 9-51　三种封装的示意图

BGA 经过研究升级，已经发展成多种不同的类型。PBGA 是塑料球栅阵列的简称，是由摩托罗拉公司发明的，现在已经得到了最广泛的关注和应用。用 BT(双马来酰亚胺-

三嗪)树脂或玻璃作为基材，加上塑料环氧模塑混合物作为密封。目前，含有 200～500个焊球的 PBGA 的应用更多，在双面 PCB 上的效果最好。人们在 BGA 的基础上开发了载带型焊球阵列(TBGA)封装技术。利用聚合物柔性引线框架作为芯片载体安装在 PCB上，能够有效地缩小封装厚度并提供出色的导电性。TBGA 适用于薄型封装的高性能产品，成本比 PBGA 高。EBGA(热增强型球栅阵列)是 PBGA 的另一种形式，二者唯一的区别是它在结构上增加了散热器。芯片直接贴在散热器上，利用倒装键合技术连接到引线框架。

CBGA 是陶瓷球栅阵列封装，采用陶瓷为基底材料以及高熔点的焊球(锡和铅的比例为 1∶9)，加上低熔点共晶焊料来进行 BGA 和 PCB 之间的完美连接。这种类型的连接具有良好的导热性和导电性。此外，CBGA 具有出色的可靠性，但成本较高，因此更适用于汽车或高性能芯片。FC-BGA 是倒装芯片球栅阵列的简称，在结构上与 CBGA 相似，但用 BT 树脂代替了陶瓷基材，节省了更多的成本。

MBGA(微型球栅阵列)封装是一种与芯片尺寸相当的封装形式，由 Tessera 公司开发。微型球栅阵列是最先进的表面贴片工艺(SMD)之一，MBGA 迅速成为电子电路设计的首选封装。典型的 BGA 的引脚间距为 0.8mm 或 1.0mm，而典型的 MBGA 的间距约为 0.4mm或更小。MBGA 的基本优势在于它的小型化和轻量化，让它在空间有限的产品中得到广泛的应用。

4. 21 世纪的封装技术发展

封装的发展伴随着元件 I/O 接口密度的增加，基片或封装技术正在向高密度互连进化，新的材料和原理也得到了应用。与长期以来使用的二维方法相比，包括互连在内的三维(3D)封装设计可以提高电学性能和封装密度[26]。系统级封装(SiP)通常用于空间尺寸较为紧张的地方，如智能手机内部。芯片可能会垂直分层布置在基板上的不同层内，并通过引线在内部连接。也有一种方案，利用倒装芯片(Flip-Chip)键合技术，用焊料凸块把堆叠的芯片连接在一起。3D 封装和互连可以通过堆叠集成电路(IC)将密度提高 50 倍以上。在 3D 封装中，必须预估器件性能变化的可能性，特别是器件的相互影响。层内的水平串扰和叠层之间的串扰均可能构成问题，在超高速芯片中问题会进一步加剧。此外，该方案可能需要在大功率器件中使用散热器，以达到符合热力学和热机械应力标准的设计。分层的封装模具包括芯片本身、芯片之间的电介质以及层间互连。SOP 技术具有模块化设计的灵活性和高性能异质芯片集成的潜力，可广泛应用于各类高产量/低成本的半导体芯片产品。SiP 市场在过去几年中显著增长，由于其成本更低、外形尺寸更小、集成度更高和电学性能更好，成为目前半导体行业发展最快的封装技术之一。

9.6.2　电子封装技术

1. 传统封装流程

1) 晶圆切割

电子封装一般从晶圆或芯片开始，一个传统电子封装工艺流程如图 9-52 所示。晶圆制造时，最上层金属走线完成之后，通常会淀积一层氧化物或氮氧化物，只在焊盘(晶片上用于引线键合的导电区域)处开窗,起到防潮、防污染、防静电、保护内部电路的作用,称为钝化层。钝化层可通过等离子增强化学气相沉积或聚合物旋涂技术制备。接着将钝化后的晶圆按照设计的芯片尺寸,用金刚石刀分解切片。

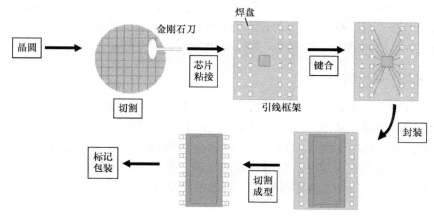

图 9-52　传统电子封装工艺流程

2) 芯片粘接

接下来根据不同情况,使用导电或绝缘的黏合剂(常用聚合物,如环氧树脂或聚酰亚胺)将硅芯片粘接到引线框架的模片上。某些情况下,金属和玻璃材料也可作为黏合剂,用于微电路或热量耗散巨大的功率器件,或对内部环境以及密封要求高的应用场景。然而,与聚合物相比,金属或玻璃材料更脆弱,成本更高,且需要更高的加工温度。

引线框架是集成电路的芯片载体,是电子信息产业中重要的基础制品。芯片的引线框架起着稳固芯片、电路连接、散热等作用。引线框架由焊盘和引线组成,通过冲压或蚀刻制造,其中冲压比蚀刻的成本低,但仅适用于引脚个数小于 200 的情况。常见的引线框架金属导电部分材料主要为铁镍合金和铜基合金两类。在封装之前,引线框架通常会镀上银、锡铅或镍钯焊料,以提高引线的黏附力。

3) 键合

在将芯片固定到基片上之后,通过引线键合(Wire Bonding)将芯片与引线框架连接起来。键合方式有两种,球焊(Ball Bonding)和平焊(Wedge Bonding)。进行球焊时,将金属丝送入一个毛细管的空心夹具中,向夹具施加电压进行电弧放电,熔化毛细管顶端的金属线。由于熔融金属的表面张力,金属丝的尖端形成一个球。通常加热到至少 125℃,将夹具落在芯片的指定接口上,金属球迅速凝固。机器将夹具向下推,同时通过一个附加的传感器施加超声波能量。此时,热量、压力和超声波能量的共同作用,使金属球和芯片表面之间形成焊点。接下来,金属丝通过夹具向外吐出,机器在几毫米的范围内移动到引线框架上,导线被压在引线框架和夹具的尖端之间。这时形成的第二个焊点不是球形的,也称为平焊点。当首尾两个焊点都为平焊点时,这个工艺就是平焊。最后,机器吐出一小段金属丝,并从夹具处将其断开。夹具的末端会留下一个小的线尾,接着循环进行键合操作,除了用于与 PCB 连接的键合工艺外,还有自动焊带(TAB)和倒装芯片粘接。

4) 封装

以上步骤完成后，互连的芯片组件被封装起来。在封装之前，对引线框架组件进行等离子清洗，以去除冲压引线框架上的冲压油，从而提高封装过程中的黏附力。封装过程包括成型、灌封、装配焊料球和底部填充。最后，多余的引线框架被切割，引脚可被塑造成各种形态，包括双排型、鸥翼型或 J 型。引线框架的暴露表面被镀上锡或锡铅合金，以防止焊料铅的腐蚀，并提高其装配到 PCB 时的可焊性。

2. 倒装芯片键合技术

倒装芯片键合技术最初的目的是解决高引脚数和高性能封装引起的难题。起初，倒装芯片键合大多应用于典型封装无法满足需求的高引脚数的片上系统(SoC)。此外，一些 SoC 包含高速接口(包括射频)，较长的封装引线会引起较大的电容。在过去的十年内，移动市场对至关重要的封装尺寸和信号性能的需求，推动了倒装芯片键合技术的发展。这项技术能够带来高引脚数、高信号密度、更低的功率耗散、低信号电感和良好的导电/接地效果。

倒装芯片键合技术的工艺流程如图 9-53 所示。倒装芯片这一名称描述了该技术将半导体芯片连接到衬底的方法，即将芯片接口处凸起，然后翻转覆盖到基片上进行连接。在进行工艺流程前先对芯片和基板进行预处理，确保二者的连接可靠性。首先，将芯片接口外凸，采用凸块下金属化(UBM)技术，将芯片表面接口区域镀上一层 Al 或 Cu 金属层来增加接口的粘接性，这是保证可靠性的一个重要工艺步骤。然后，需要在将要与芯片连接的基板上制备焊盘。基板是位于封装内的小型 PCB，其衬底的尺寸比一般 PCB 要小得多。基板的设计包括封装引脚和焊盘所需要的布局。基板可以由不同的材料制成，如层压板、堆积板、陶瓷等。制备焊盘的方法主要有蒸镀焊料、电镀锡点、印刷凸点、顶头焊锡凸点、喷射凸点以及焊锡凸点转移。焊盘可以覆盖整个芯片而不仅仅是芯片边缘，这使设计者能够在每个芯片上设计更多的焊点，缩小芯片尺寸，并优化信号完整性。基板可具有 2～18 层不等的结构，通过导电线路将内部信号与外部 PCB 进行连接。

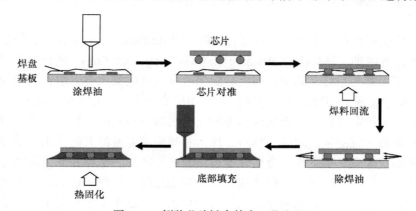

图 9-53　倒装芯片键合技术工艺流程

芯片与基板接点准备妥当后，晶圆被切分为晶粒，芯片被倒转过来覆盖到基片上，凸点与基板的焊盘一一对齐。基板上预先涂上焊油以帮助焊接。芯片对准放置后进行热压连接，通过加热加压增快金属的扩散，促进芯片和基板连接为一体封装。最后可使用绝缘材料并进行热固化对芯片和基片间的空隙进行填充，来增加封装的可靠性。

3. 封装材料

电子封装是材料科学最密集的应用领域之一。封装的材料种类包括半导体、陶瓷、玻璃、复合材料、聚合物和金属。其所需的工艺也同样多种多样：焊接、固化、冷加工和热加工、烧结、粘接、激光钻孔和蚀刻等[27]。

金属在封装中主要用于导电，但对于功率器件来说也可用于散热。这包括集成电路上由铝、铜或金制成的金属薄层互连，以及集成电路和封装之间的线束互连或焊点互连。金属还用来作为功率器件的散热器和射频器件的屏蔽物。

陶瓷和玻璃用作电介质或绝缘体。陶瓷在设备中作为电介质，构成电容和电感。在封装外壳中，陶瓷用作绝缘材料和基底，提供了一个结构性的基础，将导电线路和外界隔离。

聚合物用作绝缘体，也可以以复合材料的形式用作导体。作为一种绝缘体，聚合物可作为封装层、底部填充物和基材(聚合物与二氧化硅或玻璃填料相结合的复合材料)。聚合物也用作绝缘的黏合剂，将元件粘在基材或电路板上以提供机械支撑。在聚合物中加入金属颗粒可以使其成为一种导电材料，作为导电黏合剂用于互连。

复合材料是各种材料的混合体，可以为改善机械性能、提高散热或导电性而定制材料配比。许多用于包装的复合材料都是以聚合物基体为基础的，如上面的聚合物部分所述。

9.6.3　光电子封装技术

自 20 世纪 70 年代末以来，光电子器件已经在高速电信网络、数据中心互连、气体传感、热成像、陀螺仪等各种设备和应用中发挥作用。通常被封装的元件包括半导体光源，如发光二极管、法布里-珀罗激光器、分布式反馈激光器及垂直腔面发射激光器(VCS)、发射激光器(VCSELs)、无源光学元件、光电探测器和集成电路。图 9-54 展示了光电子芯片封装基本组成[28]。目前封装的成本往往超过了元件本身的成本。光电子封装通常以多芯片模块的形式连接到 PCB 上，并部署在系统中，下一代系统可在单个芯片之间实现互连。特别是高速光纤网络的发展增加了对高密度复杂互连的需求。光电子封装致力于光电子集成电路与光、电信号以及电源的连接，并将其封闭于氛围稳定的空间内。特别是光电子传感器，其应用范围很广，需要适应多变甚至恶劣的环境条件，如工业生产中的气体传感器、光纤陀螺仪等。

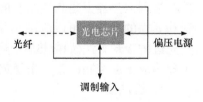

图 9-54　光电子芯片封装基组成

1. 面临的问题

光电子器件同时涉及光学和电学的互连，因此许多光电子元件的封装和组装过程可能比传统的微电子封装复杂得多。光电子封装对元件放置的要求极其高,以确保光 I/O 接口的对齐和耦合。在许多情况下,光信号的生成或检测会产生大量热量,如果没有选择适当的连接技术和材料以消散这些热量,则会对设备的性能产生负面影响。此外,由于使用助焊剂和一些有机材料会降低光学器件中表面的性能,封装组装过程可能会变得复杂。光电子封装要考虑多种接口的功能,以保证性能、可靠性和成本效益,这也可以视为封装的艺术。

1) 光学接口

光学性能主要取决于耦合技术。将元件的光场与光纤的模相匹配是光能有效传输的保障。耦合效率受波导的数值孔径、折射率变化(菲涅尔反射损耗)、纵向偏移 Δz、横向偏移 Δx 和 Δy 以及角度偏移 $\Delta \theta$ 的影响[29]。由于纵向偏移造成的损失比其他的影响更大,为了尽量减少耦合损失,在光纤和芯片之间可使用单个或多个透镜。图 9-55 总结了光电子芯片典型面内耦合方案[30]。对于面外的耦合,可以使用反射器或光栅耦合器。其他提高耦合效率的方法有在光学元件中引入锥度、在元件和光纤之间涂覆树脂,以及使用抗反射涂层等。

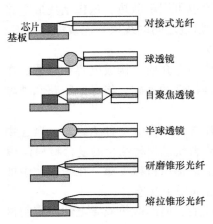

图 9-55　光电子芯片典型面内耦合方案

2) 电学接口

电学接口对于光电子元件的分配和数据信号传输是非常重要的。对于高频率应用,电学接口必须支持具备很短的上升时间和下降时间。需要阻抗匹配的导线,以尽量减少反射和传播损失。导线的几何形状和材料属性将决定基本电学参数,如电阻、电容、电感、介电常数、特征阻抗和传播常数。在设计互连时,必须考虑动态特性,如延迟、衰减、噪声、串扰以及上升和下降时间。

3) 散热

环境温度影响着光电子元件的性能和可靠性,从它们的制造到应用,元件暴露在各种温度条件下。优化热传导将提高给定系统内封装的光电子元件的可靠性。在设计封装时,热导率、热变形温度、玻璃化转变温度和热膨胀系数(CTE)是基本的热学参数,将元件粘接到散热器上是封装组装的第一步。组件的温度特性将直接受到材料选择、连接过程和界面的影响。可以应用几种技术来确保良好的热传导,如气体或液体冷却,以及一些先进的冷却方法(如散热管、热电冷却和微通道冷却)。也可以通过珀尔帖元件与温度传感器构成主动控制回路,来稳定光学设备的工作温度。

4) 机械接口

对于封装的机械稳定性,温度是需要考虑的一个关键因素。由于封装使用多种不同类型的材料,关注点是确保组件和载体之间可靠的机械界面,主要考虑的参数包括抗张强度、切变强度和耐疲劳度等。由于设备的制造、储存和操作阶段都会对元件与包装产生压力,不同的热膨胀系数造成的热应力对倒装芯片的器件影响非常大。对于光电子芯片封装,采用低加工温度可以减少热应力,能够提高机械稳定性,保证光学封装的机械强度。再加上光学耦合需要很高的精度，所选择的材料和接口必须能够容忍任何与热膨胀有关的失配，以建立可靠的光路。

2. 封装类型

光学半导体器件被封装成各种各样的配置，包括标准配置和定制配置，如图 9-56 展示的蝶型封装和 TO-Can 封装。

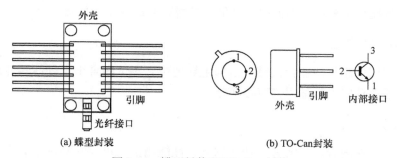

(a) 蝶型封装　　　　　　　　　　　　　(b) TO-Can封装

图 9-56　蝶型封装和 TO-Can 封装

1) 蝶型封装

蝶型封装用于大多数据传输和电信领域的收发器与激光光源，选择金属或陶瓷为封装外壳材料。信号(引脚)的数量通常为 10～20，并处于低频(LF)范围内。若要满足射频需求，应使用同轴连接器。这种表面贴片技术(SMT)封装很适合边光纤耦合元件，如边发射激光器，它们可以通过发射器的热电冷却器进行散热，不需要主动冷却。

2) TO-Can 封装

TO-Can 封装是指用带有标准接口的金属罐型外壳来包装光源或光电探测器的工艺，有各种标准，如 TO-05、TO-18 和 TO-46。从 20 世纪 80 年代开始，TO-Can 用于光学组件(OSA)封装。为减少所需的装配步骤和零件，从而降低成本并提高耦合性能，多年来产业界一直在开发 OSA 封装。带窗口/透镜的 TO-Can 是 OSA 的另一种变体，也用于包装光源或探测器。

3) 陶瓷封装

带互连的陶瓷封装气密性好、可靠性高、散热好，广泛用于 LED 封装，特别是需要高导热性的大功率 LED。在这种陶瓷封装中，空腔内部是反射的，密封窗口选择透明材料，有时还会有不同的颜色，应用于光引擎、背光灯。这样的陶瓷封装支持单芯片或芯片阵列，最多可达几百个芯片。

4) 表面贴片封装

表面贴片封装无须插入引脚，只需将待封装元件放置在印制电路板的一面，并在同一面进行焊接。该封装适用于封装半导体发光器件，其主要优点是低成本和大批量生产。表面贴片封装具有体积小、散射角大、发光均匀性好、可靠性高等优点。其发光颜色可以是各种颜色，用于便携式设备到车载设备等各种高亮度薄型封装的应用场景，如手机和笔记本电脑等。

5) 晶圆级封装

晶圆级封装主要用于相机模块。在这一方面，对封装的要求是面积小、成本低。器件晶圆，如图像传感器或 MEMS 器件，通常在芯片的一侧有一个有源传感器，该传感器需要足够的空间，不受任何限制地进行封装。晶圆封装与相黏合的高质量玻璃基片以及硅通孔结合，能提供灵活的封装。在一次封装完所有的芯片后，通过晶圆切割获得单个部件。通过减少部件的数量、装配步骤、封装尺寸、光学接口数量以及使用自动化装配，可以在现有装配技术和设备的前提下降低晶圆级封装的成本与优化设计。

9.6.4 半导体测试流程

半导体测试在芯片产业价值链上占据主导地位。测试融合于半导体器件的各个设计环节，是贯穿半导体生产过程的核心部分。

1. 测试分类

半导体测试在内容上主要分为功能测试、性能测试与可靠性测试三大类。功能测试指测试半导体器件的参数、指标和功能；性能测试的目标是筛选出缺陷少、性能好的器件；可靠性测试即通过人为制造条件以加速验证与评估器件产品的稳定性。

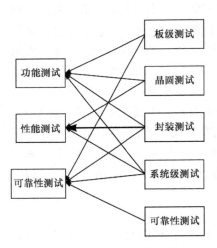

图 9-57　测试内容与测试方法关系图

就测试方法而言，半导体测试包括板级测试、晶圆测试(Chip Probing，CP)、封装测试(Final Test，FT)、系统级测试(System Level Test，SLT)与可靠性测试。板级测试是使用 PCB 连接半导体器件实现检测功能，验证设计的正确性，主要应用于功能测试与可靠性测试；CP 是对器件进行电性测试，用于筛除有故障的晶圆，常应用于功能测试与性能测试中；FT 用于检查产品功能，查找封装缺陷，多应用在功能测试、性能测试和可靠性测试中；SLT 是把产品置于系统环境下以检测功能，常作为 FT 的补充而存在，多应用于功能测试、性能测试和可靠性测试中；可靠性测试即对产品施加各种苛刻环境，人工加速进行环境实验与寿命实验，从而测定、验证或提高产品的可靠性。半导体测试内容与测试方法的关系如图 9-57 所示。

2. 测试的重要性

在半导体器件制作的过程中，杂质与缺陷的产生是不可避免的，如产生栅氧层孔洞、电路桥接、晶体管短路或开路、延迟缺陷、预期外的高阻态等问题。半个世纪以来，半导体科学与技术迅速发展，这使得相关行业不仅对半导体测试的准确性和精度的要求越来越高，其在检测内容上也发生了从宏观到微观角度的转变。随着工艺节点的持续下探和片上系统(SoC)规模复杂度的持续提升，半导体测试的重要程度也在不断增加。除此之外，自然科学与工程技术的长足发展也为半导体器件测试提供了坚实的技术手段。

半导体测试之所以不可或缺，主要有以下几点原因。

(1) 半导体制作工艺难以达到理想水平，器件有一定的概率存在故障，为了使每百万产品中的缺陷率 DPM(Defects Per Million)满足客户需求，保障器件的出厂品质，需要对半导体器件进行测试；而随着半导体工艺难度的不断提高，生产故障率也在逐渐增加，这对半导体测试的完备性提出了进一步的要求。

(2) 半导体测试中发现的故障问题可以反过来促进工艺和产品设计的优化。

(3) 半导体测试中可以人为加入超高电压短时应力测试，加速器件老化，有利于在短时间内筛掉早期失效的待测芯片 DUT(Device Under Test)，保证出厂产品性能的稳定。

3. 测试流程

要了解半导体器件的测试流程，首先需要知道器件的生产流程。半导体器件生产流程图如图 9-58 所示，器件的生产流程主要由设计、制造与封测三个部分组成，对应地有设计验证、前道量检测和后道测试三个模块。设计验证的对象是芯片或集成电路，主要应用于检测设计的功能是否达到要求；前道量检测以工艺流程中的晶圆为对象，主要应用于半导体产业链的中游晶体管结构检测；后道测试则以晶圆工艺完成后的芯片为对象，主要应用于半导体产业链的下游成品测试。在设计验证模块中，需要使用测试机(Tester)、分选机(Handler)、探针台(Prober)等设备对器件进行电学检测；在前道量检测模块中，主要使用椭偏仪、扫描电子显微镜和原子力显微镜进行光学及电子束检测；在后道测试模块中，对封装前的器件会使用测试机、探针台以及测试机与探针卡之间的机械接口(Mechanical Interface)进行晶圆测试，对封装后的器件则会使用自动测试设备(Automatic Test Equipment，ATE)、分选机等设备进行封装测试(FT)。

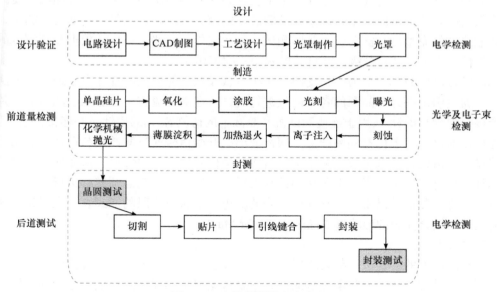

图 9-58　半导体器件生产流程

根据不同的测试阶段，半导体器件的测试流程主要可以分成三个环节：晶圆测试、封装测试和系统级测试。其中，最关键的两个环节为晶圆测试和封装测试，系统级测试则经常作为封装后成品最终测试的补充。测试的评判标准是产品的良率，即合格芯片的数量与总测试芯片的数量之比，测试目标即提升产品良率，并尽可能地降低测试成本。下面对半导体测试的具体方式进行详细介绍。

1) 晶圆测试

刚制作完成的晶圆上以网格状规则分布着成千上万的未封装的芯片(Die)，这些芯片的引脚由于尚未封装而处于裸露状态。在未实行封装的整片晶圆上，用探针将裸芯片和测试机相连接进行的芯片测试就是晶圆测试，即将一整片晶圆放到测试台上进行测试(图 9-59)。

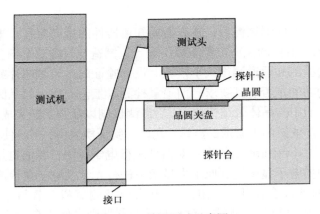

图 9-59　晶圆测试示意图

晶圆测试的目的是找出裸芯片中由工艺缺陷导致的残次品，从而提升晶圆的良率，并降低后续封装测试的成本。因为封装后芯片的部分引脚将被阻隔在内部无法测试，为了功能测试的完整性，需要引入晶圆测试；除此之外，一些公司也会根据晶圆测试的结果，按性能表现将芯片分级，并将其投入相应的市场。

探针台可以简单理解为一个支架，用于承载晶圆，并将晶圆逐片自动地传送至测试位置，通过引出探针对晶圆的各个部位进行测试。在测试流程中，晶圆上的待测芯片的每个接合焊盘与探针卡(用于连接测试机和晶圆上的待测芯片)的探针对齐连接，使得测试信号可以通过探针卡传输到晶圆上。探针输出的开始信号通过测试机与探针台之间的接口传输至测试机，测试机收集测试结果后将分类信号发送给探针台，从而使探针台可以对芯片进行打点标记。当一个芯片测试结束后，探针台会移动晶圆继续进行下一芯片的测试。最终，测试结果将通过软件以不同的颜色、形状或代码的形式表示在对应待测芯片的位置，结合晶圆的形状形成晶圆图(Wafer Map)。

2) 封装测试

在对晶圆上的芯片进行封装之后，需要对其进行最终测试——封装测试。这一测试的主要内容是芯片的功能与电参数测试，主要依据包括集成电路规范、芯片的数据手册(Datasheet)和用户手册等，测试目的是对芯片进行品相和等级的分类(Bin)。

封装测试的示意图如图 9-60 所示，具体过程如下：首先检查分选机与测试机之间的接口是否已经连通，再由分选机逐个抓取待测芯片固定到装载板的插座上，这一动作将通过接口把开始信号传递给测试机，之后由测试机发送测试信号至待测芯片，在得到输出结果后与规范值进行比较，判断芯片的功能及各项参数是否合格。最后，测试机将测试结果和测试结束信号发送给分选机，由分选机对芯片进行标记和分类。在封装测试中分类品级不佳的芯片大多是由封装工艺出错造成的，如芯片打线不当导致开路或短路。

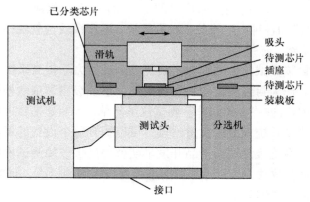

图 9-60　封装测试示意图

　　与晶圆测试的示意图 9-59 相比较，封装测试的不同之处主要在于其将探针台换成了分选机，将探针卡换成了装载板，但替换后的设备作用相似，两种测试的过程也大同小异。分选机同样起到了承载待测芯片，并将其逐片自动地传送至测试头的作用，但它还需要根据测试机得到的结果抓取芯片进行分类。除此之外，分选机还具有升温和降温的功能，可以为测试提供合适的温度环境。

　　装载板与探针卡类似，可以通过它传递电学信号至待测芯片；不同的是，装载板上还安装了可以直接插入待测芯片的插座，其种类取决于待测芯片的尺寸和封装种类。如果在装载板上安装多个插座，就可以同时测试多个芯片，从而大大提高测试效率。在测试时，只需要将电压或电流施加到装载板的对应接口上，这些电信号就可以通过电路传送到插座，再通过插座传递到芯片上。其示意图如图 9-61 所示。

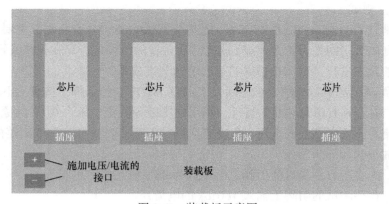

图 9-61　装载板示意图

3) 系统级测试

在封装测试之后，由于部分无晶圆厂模式公司(Fabless)出售的产品不是纯芯片，而是搭载了芯片的主板/系统板，因此有必要对其进行系统级测试。系统级测试的定义，从狭义上来说指使用测试机，通过测试板和测试插座对芯片进行电性测试与功能测试；广义上指集成电路制造商根据终端客户的需求，模拟其使用环境，对芯片进行软件测试以及检查电路功能模块(IP)之间的连接。就广义的定义而言，系统级测试在测试电路系统的 IP 块间接口、I/O 协议栈和各种电源模块、时钟模块、温度模块与软硬件交互模块方面具有十分高效且经济的优势。

与晶圆测试和封装测试的目的类似，系统级测试致力于提高系统板的产品良率与降低产品的生产成本。作为封装测试的补充与延伸，系统级测试依然根据测试仪的测量结果对系统级芯片(SoC)做进一步的划分。测试仪虽然单价昂贵，测试时间长，但它支持以异步工作模式并行测试系统板上的大量站点，可以提升每个设备的灵活性，并降低测试成本。从总体上说，系统级测试在产品开发早期就提高了故障测试的覆盖率，可以在产品出厂之前挖掘出潜在故障，从而降低后期返工复查维修的概率，加快产品上市的速度，从而大大降低了设备的整体成本。

随着 5G、物联网和人工智能等技术的快速发展，高端芯片和专用型芯片测试的需求将不断增加，系统级测试可能成为未来半导体器件测试中的重要一环。

9.6.5　半导体测试方法

不同的芯片具有不同的测试内容与方法，本节将简单介绍五种常见的内容及其测试方法。

1. DC 参数测试

DC 参数测试(DC Parameter Test)的常用方法是施加电压以测试电流，或者施加电流以测试电压，并可以测试相应的阻抗。一般将这些测得的数值与数据手册中的标准值相比较，确保其合乎规范。下面主要介绍 DC 参数测试中的连通性测试和漏电测试方法。

1) 连通性测试

连通性测试(Continuity Test)又称为开路/短路测试(Open/Short Test)，主要测试半导体芯片引脚与测试机之间是否正常连接，或者芯片自身的引脚是否存在开路或短路的问题。这项测试通常最先进行，以排查错误芯片，节约测试成本。

开路/短路测试的原理如图 9-62 所示。待测芯片(DUT)的引脚上挂有上下两个保护二极管。因为二极管具有单向导通的特性，利用硅二极管截止电压为 0.7V 的原理，对芯片引脚施加电流并测量引脚上的电压，以此来判断该引脚是否存在开路或短路的情况。

具体测试步骤如下(示例)：

第一步，先将所有不测试的引脚上电压置为 0V；

第二步，在待测试的引脚上输入 100 μA 的电流；

第三步，测量该引脚上的电压。该操作一般有三种情况：如果测得的电压为 0.7V，说明此芯片与测试机顺利连通，并且芯片本身的引脚没有开路或短路的问题；如果测得的电压接近 0V，说明该引脚与 VDD 端、接地端(GND 端)或者其他引脚之间存在短路；如果测得的电压是一个较大的正电压，则说明该引脚存在开路的情况。

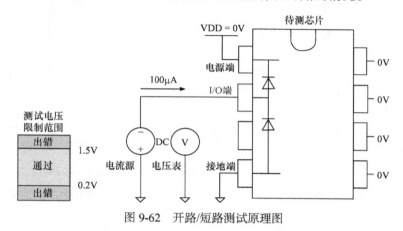

图 9-62　开路/短路测试原理图

根据实际电路，一般设定测试电压的范围限制在 0.2～1.5V。

2) 漏电测试

由于芯片内部的晶体管并非处于理想状态，总存在一定的漏电流，所以需要进行漏电测试(Leakage Test)，保证漏电流的大小维持在限定范围内，减少芯片缺陷，降低测试出错率。

漏电测试包括输入端的 IIH/IIL 测试，输出端的 IOZH/IOZL 测试、VOH/IOH 测试和 VOL/IOL 测试。其中，IIH/IIL 分别指输入高电平/低电平时产生的漏电流，IOZH/IOZL 分别指输出为高阻态高电平/高阻态低电平时的漏电流，VOH/IOH 分别指输出端为高电平时的最小电压/最大输出电流，VOL/IOL 分别指输出端为低电平时的最大电压/最小输入电流。下面以输入端的 IIH 测试、输出端的 IOZH/IOZL 测试和 VOH/IOH 测试为例。

IIH 测试是在芯片的某 I/O 引脚输入高电平，测量该引脚到芯片的地之间的漏电流，其原理图如图 9-63 所示。

在输出引脚处于高阻态时进行 IOZH/IOZL 测试。此时如果引脚上电压为 VDD，则在该引脚到芯片的地之间会有漏电流 IOZH；如果引脚处于接地状态，则在芯片的 VDD 端与该引脚之间会有漏电流 IOZL。根据漏电流和已知电压，可以得到输出端到 VDD/GND 端的阻抗大小。其原理图如图 9-64 所示。

当输出端引脚输出逻辑 1 时进行 VOH/IOH 测试。需要检验在一定的 IOH 的条件下，测得的 VOH 是否可以保持在逻辑 1 的状态，并可以求出此时从芯片的 VDD 端到该引脚之间的导通电阻的大小。其原理图如图 9-65 所示。

除了 DC 参数测试，相应地也存在 AC 参数测试和 ADC/DAC 测试。AC 参数测试以时序测量为主，包括开始时间、持续时间、传播延迟时间等测量内容，兼以检测交流信号质量；ADC/DAC 测试则测量经过模/数或数/模转换后的信号是否符合规范等。

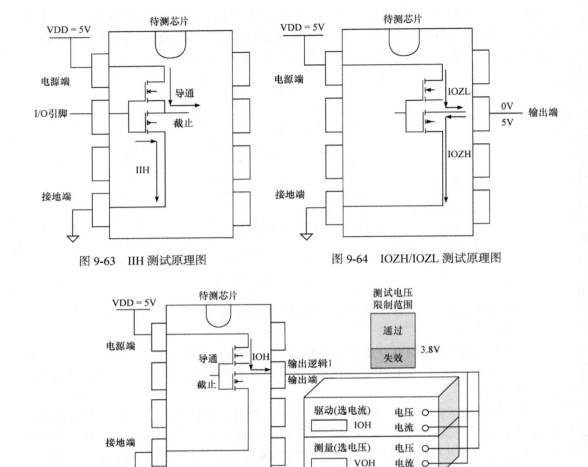

图 9-63　IIH 测试原理图　　　　　图 9-64　IOZH/IOZL 测试原理图

图 9-65　VOH/IOH 测试原理图

2. 数字功能测试

无论晶圆测试、封装测试还是系统级测试,其测试系统都具有相似的基本工作机制,即测试向量法,如图 9-66 所示。

首先,测试机按照编写的程序产生一组信号,这些信号将共同组成一个测试向量。然后,将此测试向量施加至待测芯片的输入端,得到的输出值将被传输到测试机中与编程值进行比较,若结果在容差范围内可以互相匹配,则测试通过,反之则不通过。

测试向量法的核心内容就是给芯片施加不同的电流、电压或时序信号,在此基础上再进行调试和特征化工作。

3. 数字结构测试

数字结构测试(Digital Structure Test)与数字功能测试(Digital Functional Test)相对应,

它可以提高芯片的测试覆盖率。

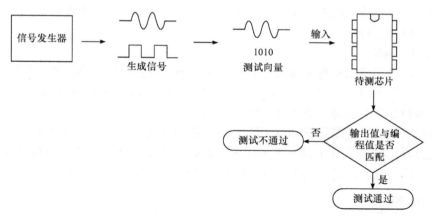

图 9-66 测试向量法流程图

1) 扫描路径法

扫描(Scan)路径法属于可测试型设计测试(Design for Test，DFT)，其测试对象是时序电路芯片，其作用是检测芯片的逻辑功能是否正确，测试原理是在不影响原本功能的基础上，将一个难以测试的时序电路转换成一个易测试的组合电路。

要实现从时序电路到组合电路的转换，需要通过扫描替换(Scan Replacement)和扫描连接(Scan Stitching)两个步骤。在 DFT 设计中，这两步由逻辑综合工具 Design Compiler 自动完成。

扫描替换在 D 触发器(DFF)上增加了扫描输入(SI)、扫描输出(SO)和扫描使能(SE)三个端口，其中 SO 端口与 Q 端口共用一个引脚，把普通的 D 触发器替换成了扫描 D 触发器；扫描连接使前一个扫描 D 触发器的 Q 端口与下一个扫描 D 触发器的 SI 端口相连接，多个扫描 D 触发器由此组成了一个扫描链。扫描替换与扫描连接的示意图如图 9-67 所示。

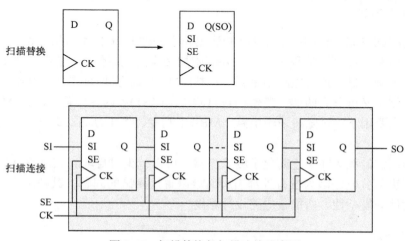

图 9-67 扫描替换与扫描连接示意图

在测试流程中，首先由 ATPG(Automatic Test Pattern Generation)自动生成扫描的测试

向量。先进入扫描切换模式，由自动测试设备(ATE)加载测试向量至寄存器；然后进入扫描捕捉模式，得到输出结果，在下一次进入扫描切换模式时输出结果至 ATE，并与预算好的测试向量相比较。

2) 边界扫描法

由于电路的集成水平越来越高，芯片体积变小，引脚增加，难以通过探针直接进行测试，因此产生了边界扫描(Boundary Scan)法。这种测试方法同样属于 DFT 中的一环，其作用是检验芯片的引脚功能是否正常。

边界扫描法的示意图如图 9-68 所示，其原理是在芯片的 I/O 引脚间加入主要由寄存器组成的边界扫描单元(Boundary Scan Cell，BSC)，通过联合测试工作组(JTAG)接口串联多个器件，输入激励，得到响应，以此检查芯片引脚间的互联是否有误。

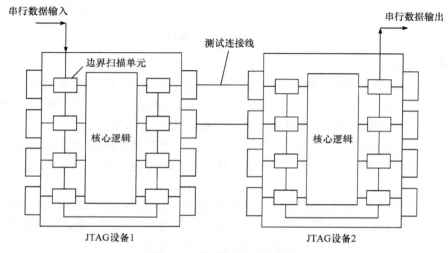

图 9-68 边界扫描法示意图

4. 内建自测试

内建自测试(Built-in Self Test，BIST)法也属于一种 DFT 技术，指在设计芯片时提前加入自测试电路，在测试流程中只需从外部施加必需的控制信号，就能在内部生成测试向量并实现自测，进而检查电路中是否存在缺陷或故障。其原理图如图 9-69 所示。

内建自测试又可分为两类：逻辑内建自测试(LBIST)和内存内建自测试(MBIST)。其中，LBIST 主要用于测试随机逻辑电路，MBIST 则专门用于存储器的读写与存储功能的测试。

内建自测试的优势在于它简化了测试步骤，可以减少对自动测试设备(ATE)的需求，也有利于解决部分电路因为没有外部引脚而难以直接测试的问题；其缺点在于它提高了芯片电路设计的复杂性，增加了电路设计难度。

5. 射频测试

对于射频器件而言，RF 测试(RF Test)是至关重要的。在晶圆测试阶段，需要对芯片射频模块的逻辑功能进行检测；在封装测试阶段，则需要对射频模块进行更进一步的性能测试。具体测试技术可参考《IC 测试原理-射频/无线芯片测试基础》[31]。

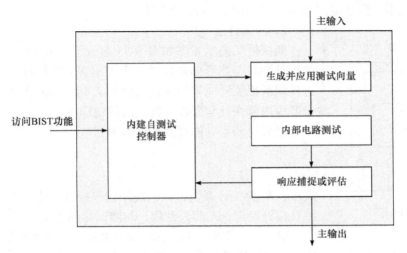

图 9-69　内建自测试原理图

9.6.6　半导体光电子器件参数测试

除了以上提及的对半导体芯片通用的测试之外，对于单个的半导体光电子器件，为了确定器件制程的特性，确保器件具有良好的性能，还可按要求对其进行物理参数的测试。

参数测试可在晶圆制造完成之后、封装测试之前进行，测试对象是晶圆上的特定测试结构，一般位于晶圆的划片槽上；测试内容以电学参数测试为主，包括导电类型、电阻率、载流子浓度、少子寿命、电子/空穴迁移率、空间电荷区场强等。下面将主要介绍半导体器件的电阻率、载流子浓度及迁移率和阻抗参数的测试方法，包括探针法、霍尔测试、电容-电压(C-V)测试与交流阻抗测试。

1. 探针法

对半导体器件电阻率的测量通常采用两探针法、四探针法、三探针法和扩展电阻法。

1) 两探针法

两探针法的示意图如图 9-70 所示。使用两根探针与半导体器件在长度方向的两个等位面上相接触，测得两点间的电势差 V，并量出流经器件的电流 I 与两点间的距离 L。

若半导体器件的截面积为 S，则其电阻率为

$$\rho = \frac{V}{I} \cdot \frac{S}{L} \tag{9-58}$$

由于两根探针与半导体器件之间为欧姆接触，所以可以忽略接触电阻对样品电阻率的影响，也减少了

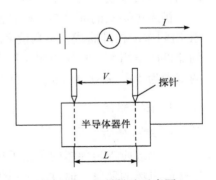

图 9-70　两探针法示意图

少数载流子的注入；除此之外，两探针法还具有与样品尺寸无关的优点。但是这种方法要求样品形状为长条形，且具有均匀的电阻率，限制条件较多，结果准确性较低。两探针法一般适用于测量电阻率为 $10^{-4}\sim10^{4}\Omega\cdot cm$ 的单晶硅。

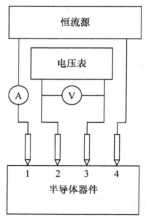

图 9-71　四探针法示意图

2) 四探针法

四探针法的示意图如图 9-71 所示。四根相距 0.5～1.5mm 的探针同时与半导体器件的一个平坦表面相接触，由恒流源通过外侧两根探针向半导体输入电流 I，然后用高阻抗的电压表测量两根内侧探针与器件接触点间的电压 V。

最后得到半导体器件的电阻率为

$$\rho = K\frac{V}{I} \tag{9-59}$$

式中，K 为探针系数，只取决于四根探针的排列方式与间距。一旦探针确定，K 即为常数，与测试样品无关。

对于半无限大样品，四根探针的排列方式不局限于直线型，也可以呈四边形状排列，常见的有正方形或长方形。四探针法的优势在于可以缩小测量区域，有利于测试样品电阻率是否均匀。

由于样品尺寸有限，而且在实际测试中电阻率还会受到探针距样品边缘距离、探针位置、样品厚度、样品直径、测试温度等因素的影响，因此需要引进修正因子 F。修正后的电阻率可由式(9-60)表示：

$$\rho = KF\frac{V}{I} \tag{9-60}$$

四探针法测量电阻率的范围为 $10^{-3}\sim10^{4}\Omega\cdot cm$，适用于单晶、异型层、低阻衬底上的高阻层外延材料及扩散层。

3) 其他测试方法

三探针法适用于测量相同导电类型、低阻衬底的外延材料的电阻率。它的原理是根据金属探针与半导体器件接触时发生反向偏置，利用反向击穿电压与半导体器件电阻率之间存在的函数关系，事先测量一组已知电阻率的标准单晶块的击穿电压，作出函数曲线图，就可以通过测量半导体器件的击穿电压，从函数曲线图中查得其电阻率。

扩展电阻法的原理与三探针法类似，需要先得到一条电阻率确定的单晶体的扩展电阻-电阻率的校准曲线，再测量金属探针与半导体器件接触形成的扩展电阻，从而查图得到器件的电阻率。扩展电阻法可用于测试硅单晶微区电阻率的均匀性，其测量的电阻率的范围为 $10^{-3}\sim10^{2}\Omega\cdot cm$，空间分辨率高。

2. 霍尔测试

1) 霍尔效应

霍尔效应指半导体的载流子在互相垂直的电场与磁场的作用下发生偏转、积累并产生横向电场的现象。通过测试霍尔系数，可以得到半导体材料的导电类型、载流子浓度和迁移率等参数。

　　以电子为例，霍尔效应的原理如图 9-72 所示，运动中的电子受到磁场强度 B 和电流 I 的影响向器件左侧不断聚集，形成横向电场。直到电场力与洛伦兹力相平衡时，霍尔电场达到稳定状态，可测得此时的霍尔电压为 U_{H}。

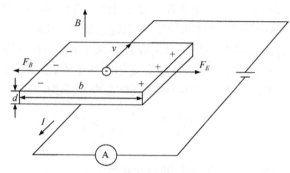

图 9-72　霍尔效应原理图

　　根据电子受力情况与电流的微观表达式进行推导，易得

$$U_{\mathrm{H}} = R_{\mathrm{H}} \frac{IB}{d} \tag{9-61}$$

$$R_{\mathrm{H}} = -\frac{1}{nq} \tag{9-62}$$

式中，R_{H} 为霍尔系数；I 为通过样品的电流；B 为样品所处的磁场强度；d 为样品厚度；n 为样品中的电子浓度；q 为电子电荷量。根据式(9-62)可以得到半导体器件的载流子浓度(以电子为例)：

$$n = \frac{1}{qR_{\mathrm{H}}} \tag{9-63}$$

　　在实际电路中，载流子迁移率会受到载流子速度的影响，理论上用霍尔迁移率 μ_{H} 来表示载流子的迁移率。若已经测得样品的电阻率 ρ 和霍尔系数 R_{H}，则可由

$$\rho = \frac{1}{nq\mu_{\mathrm{H}}} \tag{9-64}$$

得到霍尔迁移率的表达式：

$$\mu_{\mathrm{H}} = \frac{|R_{\mathrm{H}}|}{\rho} \tag{9-65}$$

　2) 范德堡法

　　范德堡法可以测量任意形状样品的电阻率和霍尔系数，它要求样品厚度与电阻率均匀，表面无孔洞，测试接触点应位于样品边缘。范德堡法示意图如图 9-73 所示。

　　在样品边缘选择四个接触点 A、B、C、D，尽量满足 $\overline{AC} \perp \overline{BD}$。为了方便实际测量，可以使待测薄膜样品为正

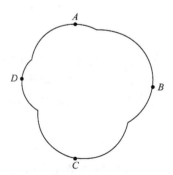

图 9-73　范德堡示意图

方形，四个接触点分别位于正方形的四个顶点，从而使接触点在几何上彼此等效。在测量霍尔系数时，需要在垂直于样品所处平面的方向施加一个场强为 B 的磁场，并在 A、C(或 B、D)点输入电流 I，再测量 B、D(或 A、C)点间的霍尔电压 U_H，即可由式(9-62)得到霍尔系数 R_H。但在实际情况下，还会存在爱廷豪森效应、能斯特效应、里吉-勒杜克效应和不等位这四种副效应影响测试结果[32]，可以通过调整磁场与电流的方向缓解。

范德堡法也可以测量电阻率，此时只需在任意两个相邻的接触点间输入电流，测量另一对接触点间的电势差，再换一组接触点重复相同的步骤，分别算出样品电阻 R_1 和 R_2，就可根据电阻率与两个阻值的关系式(9-66)得到样品电阻率为

$$\rho = \frac{\pi d}{\ln 2} \cdot \frac{R_1 + R_2}{2} f\left(\frac{R_1}{R_2}\right) \tag{9-66}$$

式中，$f\left(\dfrac{R_1}{R_2}\right)$ 为修正函数，反映了样品的不对称性。

在测得了霍尔系数和电阻率后，可以根据式(9-65)得到样品的载流子迁移率。

3. 电容-电压测试

1) 电容-电压法

电容-电压(C-V)法是指利用 PN 结或肖特基势垒在施加反向偏置电压时具有的电容充放电特性，计算得到半导体器件中的杂质浓度及分布。

以 PN 结为例，即 P 型半导体与 N 型半导体的交界处所形成的空间电荷区(势垒区)。当在 PN 结上施加反向偏压 V 时，偏置电压越大，空间电荷区越宽，相当于给电容充电；偏置电压越小，空间电荷区越窄，相当于对电容放电。以下给出 PN 结微分电容的表达式：

$$C = \left|\frac{\mathrm{d}Q}{\mathrm{d}V}\right| = \sqrt{\frac{q\varepsilon N_A N_D}{2(N_A + N_D)(V_i - V)}} \tag{9-67}$$

式中，ε 是半导体材料的介电常数；N_A、N_D 分别是 P 区、N 区的掺杂浓度；V_i 是 PN 结的内部电势。

对于某一边的掺杂浓度远高于另一边的单边突变结而言，有

$$C = \sqrt{\frac{q\varepsilon N_l}{2(V_i - V)}} \tag{9-68}$$

式中，N_l 为轻掺杂方的掺杂浓度。PN 结电容与轻掺杂方的掺杂浓度有关，简化了计算公式，因此在实际测试中，可以将待测器件制成单边结。由于掺杂具有不均匀性，N_l 实际上应表示成位置的函数 $N(x)$：

$$N(x) = -\frac{C^3}{q\varepsilon} \cdot \frac{\mathrm{d}V}{\mathrm{d}C} \tag{9-69}$$

肖特基势垒是金属与半导体接触产生的空间电荷区。肖特基结势垒电容的原理与公式和 PN 结电容相类似，可以参照式(9-68)和式(9-69)。

电容-电压法既适用于测量低阻衬底外延层中的载流子浓度与剖面分布，也可以测量

高阻衬底异型外延层的掺杂分布。

2) 电化学电容-电压法

传统的电容-电压法虽然具有操作简单、分辨率较高的优点，但其可测深度会受到势垒反向偏压击穿的限制，也难以表征高掺杂浓度的样品。而电化学电容-电压(ECV)法在可以测量电容-电压特性的基础上，还可以层层腐蚀已电解的材料，连续测量杂质分布，不受浓度和深度的限制，适合测量Ⅲ-Ⅴ族化合物半导体和多层结构的外延材料。

电化学电容-电压法是指利用外置直流偏压和电解液阳极氧化半导体器件，通过仪器设备自动重复腐蚀-再测量半导体薄层的步骤，实现连续测量。ECV 测试分两步进行，第一步是电容-电压测试，通过测量电解液-半导体界面形成的肖特基势垒电容，根据式(9-69)得到半导体的载流子浓度：

$$N = \frac{C^3}{q\varepsilon_0\varepsilon_r A^2} \cdot \frac{dV}{dC} \tag{9-70}$$

式中，ε_0 是真空介电常数；ε_r 是半导体材料的介电常数；A 是电解液-半导体界面的接触面积；V 是偏置电压。

第二步是对已测试的半导体薄层进行电化学腐蚀，并继续测量下一薄层的电容。通过可调制的高频电压不断改变电容 C 与参数 dC/dV，重复测试步骤可得到半导体器件的载流子浓度与深度的关系。推导步骤如下。

式(9-69)得到的载流子浓度 N 所对应的总测量深度为

$$x = W_d + W_r \tag{9-71}$$

式中，W_d 为耗尽层深度，由平板电容公式可知

$$W_d = \frac{\varepsilon_0\varepsilon_r A}{C} \tag{9-72}$$

W_r 为腐蚀深度，由法拉第电解定律可得

$$W_r = \frac{M}{zF\rho A}\int_0^t I dt \tag{9-73}$$

其中，M 为摩尔质量；z 为溶解数(每溶解一个半导体分子转移的电荷数)；F 为法拉第常数；ρ 为半导体样品的密度；A 为电解液-半导体的接触面积；I 为即时溶解电流。

由于半导体材料的电化学腐蚀需要有空穴的存在，而对于 N 型半导体而言，空穴为少子，所以需要用短波长的光照射阳极的 N 型半导体激发电子-空穴对，P 型半导体在进行电化学电容-电压测试时则无需光照。

4. 交流阻抗测试

对电化学系统施加直流偏压和小幅度交流电压，利用阻抗分析仪测量得到电极的交流阻抗，通过不断改变正弦波的频率，可以得到对应的阻抗谱，进而可以分析半导体材料的介电特性等信息。交流阻抗(EIS)测试的原理即将电解池简化为一个由电阻、电容和电感等元件组成的等效电路，通过阻抗谱分析和软件拟合可以得到等效电路的构成与参数信息。

在电化学系统满足因果性、线性性和稳定性条件的前提下，若对系统输入角频率为 ω 的正弦电流信号 $X(\omega)$，输出响应为角频率为 ω 的正弦电压信号 $Y(\omega)$，则系统的频率响应函数 $G(\omega)$ 就是系统的交流阻抗 Z。交流阻抗体现了器件对流经它的特定频率的交流电流的抵抗能力，是一个与频率有关的矢量，用复数形式表示为

$$Z = Z' - jZ'' \tag{9-74}$$

式中，Z' 是阻抗的实部，表示电阻；Z'' 是阻抗的虚部，表示电抗，包括容抗和感抗，$j = \sqrt{-1}$。

由式(9-74)易得阻抗的幅度值与相位角 θ 的正切值：

$$|Z| = \sqrt{Z'^2 + Z''^2} \tag{9-75}$$

$$\tan\theta = \frac{Z''}{Z'} \tag{9-76}$$

阻抗的矢量表示法如图 9-74 所示。对于电阻 R、电容 C 和电感 L 而言，它们的阻抗分别为 R、$-j/\omega C$ 和 $j\omega L$，$\omega = 2\pi f$。

为了衡量器件是否接近纯电抗，引入品质因数 Q，其定义是元件中存储能量与损耗能量的比值，表示为

$$Q = \frac{Z''}{Z'} = \tan\theta \tag{9-77}$$

品质因数 Q 一般适用于电感，对于电容则使用耗散因数 D 来表示纯度，有

$$D = \frac{1}{Q} = \frac{Z'}{Z''} = \tan\delta \tag{9-78}$$

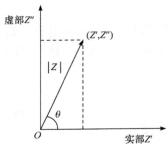

图 9-74 阻抗的矢量表示法

式中，δ 是 θ 角的余角，也称为器件的损耗角，如图 9-75 所示。

测得不同频率时阻抗的实部、虚部、幅度和相位角后，就可以绘制阻抗谱。阻抗谱可以用奈奎斯特图或伯德图来表示，前者以阻抗的实部为横轴，阻抗的虚部为纵轴，图上每点都处于某一特定频率下，频率从奈奎斯特图的右侧到左侧由低变高；后者包括幅度谱与相位谱，其横轴都是频率的对数，纵轴分别为阻抗模值的对数和阻抗的相位角。

在奈奎斯特图中，电阻是横轴正半轴上的一个点，电容是与纵轴正半轴重合的一条直线，电阻 R 与电容 C 的串联是在横轴 R 的刻度上与纵轴平行的一条直线，电阻 R 与电容 C 的并联是圆心在 $(R/2, 0)$，半径为 $R/2$，且在第一象限的一个半圆。

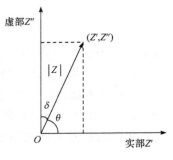

图 9-75 损耗角 δ 的示意图

下面将结合一个简单的例子对半导体光电子器件的阻抗谱进行分析。

1) 科尔-科尔图分析

器件的物理系统在受到较小的扰动后，其中的分子或偶极子将会偏离平衡状态，而

在扰动消失后，系统又会逐渐恢复到原来的平衡状态，这种物理过程叫作弛豫过程，所需的时间即为弛豫时间。弛豫时间可以用物理量 τ 来表示，$\tau = 1/\omega_c$，ω_c 为弛豫频率，可以从科尔-科尔图中得到。

科尔-科尔图(Cole-Cole Plot)类似于奈奎斯特图，它以阻抗实部为横轴，以阻抗虚部为纵轴，频率作为一个独立的参数隐性地体现在阻抗谱图上。某一器件的科尔-科尔图如图 9-76 所示。

从图 9-76 中可以看出，图上有且只有一个圆心在横轴上的半圆，说明该器件在受到外界的微小扰动时只发生了一个弛豫过程，且该系统的等效电路可以表示为一个电阻 R_P 与一个电容 C 并联后再与电阻 R_s 串联的形式，如图 9-77 所示。

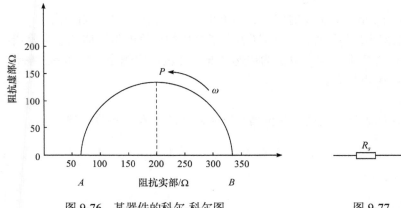

图 9-76　某器件的科尔-科尔图　　　　图 9-77　系统的等效电路

易得到系统的阻抗为

$$Z = R_s + \cfrac{1}{\cfrac{1}{R_P} + j\omega C}$$

$$= \left(R_s + \frac{R_P}{1 + \omega^2 R_P^2 C^2} \right) - j\frac{\omega R_P^2 C}{1 + \omega^2 R_P^2 C^2}$$

$$= Z' - jZ'' \tag{9-79}$$

式中，$Z' = R_s + \dfrac{R_P}{1 + \omega^2 R_P^2 C^2}$，$Z'' = \dfrac{\omega R_P^2 C}{1 + \omega^2 R_P^2 C^2}$，且有

$$\left(Z' - R_s - \frac{R_P}{2} \right)^2 + Z''^2 = \left(\frac{R_P}{2} \right)^2 \tag{9-80}$$

可知科尔-科尔图上的半圆以$(R_s + R_P/2, 0)$为圆心，以 $R_P/2$ 为半径。从低频区开始，由于电容具有阻低频的性质，最初的等效阻抗为 $R_s + R_P$，表现为图 9-76 中的 B 点；随着频率的增加，电容的作用逐渐凸显，曲线轨迹沿着半圆从 B 点转向 P 点，并在 P 点达到顶点；当频率趋向于无穷大时，电容阻抗趋于 0，系统的阻抗趋于 R_s，表现为图中的 A 点。根据 P 点的横坐标，还可以求出电容 C 的值：

$$Z' = R_s + \frac{R_P}{1 + \omega_c^2 R_P^2 C^2} = R_s + \frac{R_P}{2}$$

$$\omega_c R_P C = 1$$

$$C = \frac{1}{\omega_c R_P} \qquad\qquad (9\text{-}81)$$

P 点对应的频率就是弛豫频率 ω_c，所以弛豫时间为 $\tau = 1/\omega_c$。根据计算载流子迁移率的公式[33]可得

$$\mu = \frac{d^2}{\tau_{\text{dc}} \times V} = \frac{d^2}{0.56\tau \times V} \qquad\qquad (9\text{-}82)$$

式中，d 是样品的厚度；τ_{dc} 是平均弛豫时间；$\tau_{\text{dc}} = 0.56\tau$；$V$ 是施加的直流偏压。

除此之外，科尔-科尔图中半圆的直径 R_P 还表示了电子的传输电阻，体现了金属-半导体之间的接触情况和器件内部结构中电子的传递情况。传输电阻越小，界面的接触情况就越好，载流子的迁移率也越大。

2) 伯德图分析

伯德图可以显式地表明阻抗的模值、相位角与频率之间的关系，如图 9-78 所示。

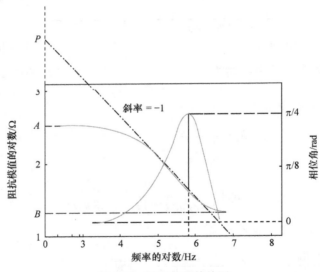

图 9-78　某器件的伯德图

由于图 9-78 中相位谱存在峰值，所以系统的等效电路中存在电容成分；由于相位谱中只有一个峰值，所以系统只有一个弛豫频率。

由器件幅度谱易得，在频率趋于 0 的时候，器件阻抗的模值对应于 A 点，为 $\lg(R_s + R_P)$；在频率趋于无穷大时，器件阻抗的模值对应于 B 点，为 $\lg R_s$。在频率处于中间范围内时，弛豫频率处的电容对系统阻抗的贡献达到最大，此时幅度谱的切线斜率为 -1，与纵轴相交于 P 点。因为 P 点横坐标为 0，即对应的频率为 $\omega = 1\text{rad/s}$，所以此时的阻抗模值为

$$|Z| = \frac{1}{C}$$

(9-83)

从而可以得到系统等效电路中电容的值。

　　对器件的相位谱进行分析，也可以确定电容 C 的值。相位谱的峰值对应的相位角为 $\pi/4$，对应的频率即为系统的弛豫频率 ω_c，电阻 R_P 的值易从幅度谱中得到，所以根据式(9-81)就可以得到电容 C 的值。

9.7　本 章 小 结

　　本章节较为系统地介绍了半导体光电子器件及其芯片的制造工艺，随着科学与技术的进一步发展，半导体器件微型化的生产工艺已接近物理极限，摩尔定律逐渐开始失效，也就是进入了后摩尔时代。随着新材料、新器件以及新机理的出现，必然会出现新的器件制造工艺技术，结合人工智能、可穿戴技术等应用领域的飞速发展，半导体光电子器件及芯片也必将迎来快速的更新与替换，如同晶体管代替电子管、集成电路代替晶体管一样。从空间尺度方面看，宏观上，半导体器件的性能会更好，制造成本会进一步地降低，应用的功能将更加多元化(如柔性、可穿戴等)，而微观上，制造工艺的极限会越来越接近分子甚至原子级别；从器件运行机制及架构方面看，受益于新原理(如自旋电子、分子电子学、量子光学等)器件的发展，各种新型半导体光电子器件及其芯片将会代替现有的部分器件；而从器件功能方面看，多元化光电子器件将会出现，随着智能器件的发展(如忆阻器等)，智能型光电子器件及其芯片会进一步为人们的生活带来便利。因此，光电子器件逐渐朝着高效率、微型化、集成化、智能化、多功能化、可操作性强和低碳环保的方向发展；相应地，现有的半导体的制造技术也将不断地推陈出新，努力实现低成本、高良率、更智能、长寿命的器件与芯片制造工艺。

课 后 习 题

　　1. 什么是薄膜？列举并描述薄膜生长的三个阶段。

　　2. 简述不同类型的 CVD 反应和它们的主要优势。

　　3. 简述光刻技术发展历史与现状。

　　4. 简述旋涂光刻胶前进行表面处理的原因与方法。

　　5. 简述电子束光刻技术的优缺点及应用领域。

　　6. 氟原子(F)刻蚀硅速率为：$R_{Si} = 2.86 \times 10^{-13} n_F \times T^{1/2} \exp(-E_a / RT)$ (nm/min)，其中 n_F 是氟原子浓度(cm^{-3})，T 是热力学温度(K)，E_a 是激活能(2.84kcal/mol)，R 是气体常数(1.987cal/(K·mol))。如果 n_F 是 3×10^{15} cm^{-3}，试计算室温下硅的刻蚀速率。

　　7. SiO_2 被氟原子刻蚀的速率如下：$R_{SiO_2} = 0.614 \times 10^{-13} n_F \times T^{1/2} \exp(-E_a / RT)$ (nm/min)，这里 $n_F = 3 \times 10^{15} cm^{-3}$，$E_a = 3.76$kcal/mol。试计算室温下 SiO_2 的刻蚀速率和 SiO_2 对 Si 的

刻蚀选择比。

    8. 注入离子在无定形靶纵向服从何分布？有何特点？

    9. 什么是离子注入中的沟道效应和临界角？如何才能避免沟道效应？

    10. 减薄技术的作用是什么？

    11. 化学机械抛光的原理是什么？

    12. 光电子封装与一般电子封装相比的区别和特征是什么？

    13. 现今最常见的电子封装技术是什么？有什么优势？

    14. 请比较分析晶圆测试与封装测试之间的相同点和不同点。

    15. 画出电阻 R 与电容 C 的并联电路的奈奎斯特图和伯德图，并标注有意义的坐标值。

参 考 文 献

[1] HINES R, WALLOR R. Sputtering of vitreous silica by 20-to 60-kev Xe$^+$ Ions[J]. Journal of applied physics, 1961, 32(2): 202-204.

[2] 胡昌义, 李靖华. 化学气相沉积技术与材料制备[J]. 稀有金属, 2001, 25(5): 5.

[3] 李嘉, 焦玉娟, 周正扬, 等. 多晶硅薄膜材料制备技术研究进展[J]. 现代化工, 2015, (5): 5.

[4] STRINGFELLOW G. Epitaxy[J]. Reports on progress in physics, 1982, 45(5): 469.

[5] NISHI Y, DOERING R. Handbook of semiconductor manufacturing technology[M]. Florida: CRC Press, 2000.

[6] GWYN C W, STULEN R, SWEENEY D, et al. Extreme ultraviolet lithography[J]. Journal of vacuum science & technology B, 1998, 16(6): 3142-3149.

[7] 鲍尔塔克斯. 半导体中的扩散[M]. 薛士鋆, 译. 北京: 科学出版社, 1964.

[8] 王蔚, 田丽, 任明远. 集成电路制造技术: 原理与工艺(修订版)[M]. 北京: 电子工业出版社, 2013.

[9] 唐彬, 袁明权, 彭勃, 等. 单晶硅各向异性湿法刻蚀的研究进展[J]. 微纳电子技术, 2013, 50(5): 7.

[10] PAL P, SATO K. Fabrication methods based on wet etching process for the realization of silicon MEMS structures with new shapes[J]. Microsystem technologies, 2010, 16(7): 1165-1174.

[11] REMBETSKI J F, RUST W, SHEPHERD R. The removal of hard masks in semiconductor processing[J]. Solid state technology, 1995, 38(3): 67-73.

[12] WASA K. Handbook of sputtering deposition technology[M]. NewYork: William Andrew, 2012.

[13] ALI M Y, HUNG W, YONGQI F. A review of focused ion beam sputtering[J]. International journal of precision engineering and manufacturing, 2010, 11(1): 157-170.

[14] COBURN J W, WINTERS H F. Ion-and electron-assisted gas-surface chemistry: an important effect in plasma etching[J]. Journal of applied physics, 1979, 50(5): 3189-3196.

[15] WELCH C C, OLYNICK D L, LIU Z, et al. Formation of nanoscale structures by inductively coupled plasma etching[C]. International conference micro-and nano-electronics 2012. Zvenlgorod, 2013.

[16] FEURPRIER Y, LUTKER-LEE K, RASTOGI V, et al. Trench and hole patterning with EUV resists using dual frequency capacitively coupled plasma(CCP)[C]. SPIE advanced lithography california. San Jose, 2015.

[17] SAMUKAWA S. Pulse-time-modulated electron cyclotron resonance plasma etching for highly selective, highly anisotropic, and notch‐free polycrystalline silicon patterning[J]. Applied physics letters, 1994, 64(25): 3398-3400.

[18] MOGAB C, LEVINSTEIN H. Anisotropic plasma etching of polysilicon[J]. Journal of vacuum science and technology, 1980, 17(3): 721-730.

[19] 李惠军. 现代集成电路制造工艺原理[M]. 济南: 山东大学出版社, 2007.

[20] 王贻华, 胡正琼. 离子注入与分析基础[M]. 北京: 航空工业出版社, 1992.

[21] WITTKOWER A, RYDING G, Peter H. Rose-father of ion implantation: the early years[C]. 2018 22nd international conference on ion implantation technology(IIT). Würzburg, 2018.

[22] JAIN A. The role of doping technology in the CMOS digital revolution[C]. 2018 22nd international conference on ion implantation technology(IIT). Würzburg, 2018.

[23] 成立, 李春明, 王振宇, 等. 纳米 CMOS 器件中超浅结离子掺杂新技术[J]. 半导体技术, 2004, 29(9): 6.

[24] 曹志锡, 邓乾发, 楼飞燕, 等. 纳米级研磨技术及发展动向[J]. 新技术新工艺, 2006, (5): 4.

[25] ARDEBILI H, ZHANG J, PECHT M G. Encapsulation technologies for electronic applications[M]. 2nd ed. New York: William Andrew Publishing, 2019.

[26] SZENDIUCH I. Development in electronic packaging-moving to 3D system configuration[J]. Radio engineering, 2011, 20(1): 214-220.

[27] FREAR D. Springer handbook of electronic and photonic materials.[M]. 2nd ed. Cham: Springer International Publishing, 2017.

[28] FISCHER U. Opto-electronic packaging, optoelectronics-advanced materials and devices[M]. London: Intech Open, 2013.

[29] LEE S H, LEE Y C. Optoelectronic packaging for optical interconnects[J]. Opt photon news, 2006, 17(1): 40-45.

[30] TEKIN T. Review of packaging of optoelectronic, photonic, and MEMS components[J]. IEEE journal of selected topics in quantum electronics, 2011, 17(3): 704-719.

[31] 许伟达. IC 测试原理-射频/无线芯片测试基础[J]. 半导体技术, 2006, (8): 588-590, 602.

[32] 胡安琪. III 族氮化物半导体材料及其在光电和电子器件中的应用[M]. 北京: 北京邮电大学出版社, 2020.

[33] CHAN K H. Using admittance spectroscopy to quantify transport properties of P3HT thin films[J]. Journal of photonics for energy, 2011, 1(1): 1-8.